Hannes Schammann
Ethnomarketing und Integration

Kultur und soziale Praxis

Hannes Schammann (Dr. phil.) ist Projektleiter für Migration und Integration bei der Robert Bosch Stiftung. Zuvor war er Referent für Grundsatzfragen der Integration im Bundesamt für Migration und Flüchtlinge. Er lehrt unter anderem an der Universität Passau.

Hannes Schammann

Ethnomarketing und Integration

Eine kulturwirtschaftliche Perspektive.

Fallstudien aus Deutschland, den USA und Großbritannien

[transcript]

Das vorliegende Werk wurde als Dissertation an der Philosophischen Fakultät der Universität Passau angenommen.

Bibliografische Information der Deutschen Nationalbibliothek
Die Deutsche Nationalbibliothek verzeichnet diese Publikation in der Deutschen Nationalbibliografie; detaillierte bibliografische Daten sind im Internet über http://dnb.d-nb.de abrufbar.

Umschlaggestaltung: Hans-Jürgen Rienert
Lektorat & Satz: Hannes Schammann
Druck: Majuskel Medienproduktion GmbH, Wetzlar
ISBN 978-3-8376-2428-1

Gedruckt auf alterungsbeständigem Papier mit chlorfrei gebleichtem Zellstoff.
Besuchen Sie uns im Internet: *http://www.transcript-verlag.de*
Bitte fordern Sie unser Gesamtverzeichnis und andere Broschüren an unter: *info@transcript-verlag.de*

Inhalt

FALLSTUDIEN

Vorwort

Dieses Buch ist im Laufe seiner Entstehung mit zahlreichen Erwartungen aus der Praxis konfrontiert worden: Einige meiner Gesprächspartner[1] erhofften sich, dass ein Handbuch zur Gestaltung von Ethnomarketing-Kampagnen entstehen würde. Andere wiederum erwarteten ein flammendes Plädoyer, wahlweise für oder gegen die Integrationskraft von Ethnomarketing. Diese Erwartungen kann und will diese Arbeit nicht erfüllen. Sie möchte stattdessen Praktiker und Wissenschaftler dazu einladen, das Phänomen Ethnomarketing in seinen gesellschaftlich relevanten Schattierungen und Widersprüchlichkeiten besser kennenzulernen, um sich ein eigenes, differenziertes Urteil bilden zu können.

Der Ausflug in ein bislang wenig erkundetes Grenzgebiet zwischen Kultur und Wirtschaft kann ganz nach individueller Interessenlage gestaltet werden: Wissenschaftlich interessierte Leser können in den theoretischen und methodischen Grundlagen nachvollziehen, wie ein interdisziplinäres Werkzeug zur Exploration des Forschungsfeldes entsteht. Stärker praxisorientierte Leser können sich direkt auf die Fallstudien konzentrieren, die jeweils für sich gelesen werden können. Marketingfachleute werden dort Beispiele für erfolgreiche Ethnomarketing-Projekte finden, Integrationsexperten werden besonders auf das Zusammenspiel von wirtschaftlichem Kalkül und gesellschaftlichen Diskursen achten. Für beide kann die Arbeit einen Anlass bieten, das eigene Handeln zu reflektieren und auf dieser Basis neue Ideen zu entwickeln.

Es ist ein wesentliches Kennzeichen der Studie, einen Brückenschlag zwischen Kultur- und Sozialwissenschaften einerseits und Wirtschaftswissenschaften andererseits zu versuchen. Dass ich bei den damit verbundenen, permanenten Perspektivwechseln nicht die Orientierung verlor, habe ich zahlreichen Personen zu verdanken. Insbesondere mein Doktorvater, Prof. Dr. Jürgen Kamm, hat mich von Beginn an dabei unterstützt, eine im Passauer Sinne ›kulturwirtschaftliche‹ Forschung zu wagen. Er stärkte mir den Rücken und half dem Projekt mit seinen Fragen immer wieder auf die richtige Spur. Auch

---

1 | Mit Nennung der männlichen Form ist in diesem Buch, sofern nicht anders gekennzeichnet, immer auch die weibliche Form mitgemeint.

meinem Zweitbetreuer Prof. Dr. Karsten Fitz gebührt Dank für die bereichernden Gespräche, insbesondere zur USA-Fallstudie. Prof. Dr. Christoph Barmeyer möchte ich dafür danken, dass er mir ermöglichte, an seinem Lehrstuhl sowohl Lehrerfahrung zu sammeln als auch an Kolloquien teilzunehmen, die mich zur kritischen Reflexion methodischer Zugänge ermutigten.

Meine berufliche Tätigkeit in der integrationspolitischen Praxis während der Arbeit an der Dissertation hat die Studie wesentlich geprägt und mein Verständnis von Integration geformt. Meinen ehemaligen Kolleginnen und Kollegen beim Bundesamt für Migration und Flüchtlinge, besonders aus der Abteilung Integration sowie der Forschungsgruppe, danke ich für wertvolle Anregungen und inspirierende Gespräche rund um Migration und Integration. Dieser kollegiale Austausch – auch zuvor bei der Bundesarbeitsgemeinschaft Ev. Jugendsozialarbeit und derzeit bei der Robert Bosch Stiftung – war und ist mir überaus wichtig. Dank gilt natürlich auch meinen Gesprächspartnern aus der Ethnomarketing-Praxis, die mir halfen, die betriebswirtschaftliche Perspektive trotz meiner Präferenz für gesellschaftliche Fragen nicht zu vergessen.

Danken möchte ich außerdem Dr. Holger Kolb für den Anstoß zu einer Arbeit, die sich bewusst zwischen den disziplinären Stühlen befindet, Dr. Stefan Werner für wichtige Anregungen zur Methodik, Hans-Jürgen Rienert für die Gestaltung des Buchcovers sowie Arno Goebel, Ioakim Agathagelidis und Gabi Billmaier für die kritische Durchsicht einzelner Kapitel. Auch meine Eltern haben das Manuskript sorgfältig Korrektur gelesen. Noch wichtiger aber ist, und dafür danke ich ihnen besonders, dass sie den Grundstein für mein Interesse an unkonventionellen Fragestellungen gelegt haben. Stella Voutta schließlich hat den Löwenanteil der Begleitung übernommen: Sie hat mich in allen Phasen der Arbeit unterstützt, inspiriert und jeden Absatz mit mir diskutiert. Das war großartig. Danke!

Stuttgart, im Februar 2013
Hannes Schammann

Einleitung

Die Märkte kennen keine Ehre und keine Kultur.
(Esser 2006: 34)

Ethnomarketing ist ein Phänomen multiethnischer Gesellschaften. Deutsche Ärzte beschäftigen türkischsprachiges Personal, um die Kommunikation mit ihren Patienten zu vereinfachen, im europäischen Einzelhandel kann man Gummibärchen, Parfum oder sogar Sekt mit einer islamischen Halal-Zertifizierung erhalten, ein Automobil-Werbespot während des US-amerikanischen Super Bowl wird in spanischer Sprache ausgestrahlt und die britische Royal Army wirbt in Medien der asiatischstämmigen Bevölkerung um Nachwuchs. Ethnomarketing erfasst die unterschiedlichsten Branchen – von Telefonanbietern über Finanzdienstleister und Lebensmittelhändler bis hin zur Kosmetik- oder Automobilindustrie. Immer mehr Unternehmen entwickeln spezielle Produkte, nutzen ethnisch segmentierte Vertriebs- und Kommunikationswege oder nehmen kulturell bedingte Änderungen an der Konditionenpolitik vor (vgl. u.a. Pires & Stanton 2005: 69).

Doch der betriebswirtschaftliche Trend »findet nicht überall Zustimmung« (Lembke 2011: 12), sondern provoziert im Gegenteil immer wieder öffentliche Diskussionen um seine gesellschaftlichen Nebenwirkungen: Die Einen deuten Ethnomarketing als Ausdruck einer weltoffenen, multikulturellen Gesellschaft (vgl. Pires & Stanton 2005: 256f.). Sie behaupten, dass es »wirtschaftlichen Erfolg und Integration« (Kern 2009) befördere oder preisen es gar als »Wunderwaffe der Integration« (Seidel 2008). In diesem Sinne zeigte sich der damalige türkische Botschafter in Deutschland, Ahmet Acet, bei einem Besuch in Wolfsburg davon überzeugt, dass das Ethnomarketing-Projekt des Volkswagen-Konzerns ein Musterbeispiel für die Achtung kultureller Werte sei und einen wichtigen Beitrag zur Integration leiste (vgl. Volkswagen 2009). Im Gegensatz dazu bezweifeln Kritiker den »Integrationscharakter« (Bialek 2012: 24) von Ethnomarketing und befürchten: »Using different marketing approaches for ethnic minorities threatens their integration into the mainstream.« (Gibson 2008: 36) Der Ansatz könne dazu beitragen, den gesellschaftlichen

Zusammenhalt zu destabilisieren und laufe Gefahr, zum »Ghetto-Marketing« (Nickel 2009: 4) zu verkommen. Ethnomarketing funktioniere zudem nur in einer dauerhaft segmentierten Gesellschaft, weshalb es »überhaupt nicht im Interesse dieser Disziplin [liege], die Integration von Zuwanderern voranzutreiben« (Dorfner 2009: 108).

Belege für die jeweiligen Standpunkte bleiben beide Seiten allerdings schuldig. Obwohl von Praxis und Wissenschaft seit Jahren gefordert wird, Forschung zu der Frage zu betreiben, ob Ethnomarketing »integrationsfördernd oder möglicherweise auch -hemmend« (Schuchert-Güler & Eisend 2007: 228) sei, sucht man entsprechende Studien bislang vergebens. Einzig die Konstruktion ethnischer Gruppen durch Ethnomarketing (Dávila 2001; Halter 2000; Kulinna 2007) oder moralisch-ethische Grundlagen von Ethnomarketing (Cui 1998; Pires & Stanton 2002) werden vereinzelt in den Blick genommen.

Um einen Beitrag zur Schließung dieser Forschungslücke zu leisten, verfolgt die vorliegende Arbeit zunächst das Ziel, Ethnomarketing und Integration theoretisch und methodisch zueinander in Beziehung zu setzen. Darauf aufbauend wird sie anhand von drei explorativen Fallstudien eine Nahaufnahme des Phänomens in seinem jeweiligen gesellschaftlichen Kontext vornehmen. Abschließend wird eine fallübergreifende Analyse Hypothesen zur Rolle von Ethnomarketing in Integrationsprozessen herausarbeiten und auf diese Weise zur Theoriebildung beitragen. Da die Ausrichtung an einer einzigen wissenschaftlichen Disziplin die Gefahr bergen würde, entweder dem Phänomen selbst oder seinem kulturellen Kontext nicht gerecht zu werden, wird die Arbeit theoretische Konzepte aus Wirtschafts-, Sozial- und Kulturwissenschaften[1] miteinander verbinden. Diese Triangulation[2] der Perspektiven hat das Ziel, einen in diesem Sinne kulturwirtschaftlichen Forschungsansatz zu entwickeln, der Grundlinien des Forschungsfeldes sichtbar machen und Ansatzpunkte für weitere Forschung identifizieren soll.

1 | Wenn der Begriff der Kulturwissenschaften in dieser Arbeit verwendet wird, orientiert er sich an der Definition von Raymond Williams, der sie als »study of relationships between elements in a whole way of life« (1961: 91) bezeichnet. Damit wird ein grundsätzlich interdisziplinäres Forschungsprogramm vorgegeben, das sich in kulturwissenschaftlichen Arbeiten zu Ethnomarketing jedoch kaum wiederfindet (vgl. Literaturüberblick am Ende der Einleitung). Zum Kulturbegriff vgl. auch Barmeyer (2010a: 13ff.) sowie Kamm (2010: 157ff.).

2 | Uwe Flick (2008: 12) versteht unter Triangulation »die Einnahme unterschiedlicher Perspektiven [...] bei der Beantwortung von Forschungsfragen. Diese Perspektiven können sich in unterschiedlichen Methoden [...] und/oder unterschiedlichen gewählten theoretischen Zugängen konkretisieren [...]. Weiterhin bezieht sie sich auf die Kombination unterschiedlicher Datensorten.« Dadurch könnten weitreichendere Erkenntnisse gewonnen werden, »als es mit einem Zugang möglich wäre« (ebd.).

Am Anfang der Studie steht die betriebswirtschaftliche Annahme, dass Ethnomarketing auf einer rationalen Kalkulation basiert. Nur wenn einem Unternehmen die Ansprache einer ethnischen Gruppe mehr zu nutzen scheint als sie kostet, wird eine Anpassung des Marketing-Mix, also der Produkt-, Preis-, Distributions- und Kommunikationspolitik, in Betracht gezogen (vgl. Pires & Stanton 2005: 6). Ethnomarketing begreift sich in diesem Sinne als »konsequente Fortführung des Gedankens der Kundenorientierung« (Klee & Wiedmann 2006: 169) und sieht seine Maßnahmen meist als Reaktionen auf faktisch gegebene Charakteristika der Zielgruppe (vgl. Bialek 2012; Hacker 2011; Kazim 2006). Geng Cui definiert Ethnomarketing entsprechend als »the deliberate effort by marketers to reach a group of consumers presumably due to their unique ethnic characteristics« (2001: 23). Dieses Verständnis ist grundsätzlich umfassend und bedeutet, dass Ethnomarketing ebenso Auswirkungen auf die Produktion und den Vertrieb haben kann, wie auf Preisgestaltung und Kommunikationswege. Nur eine Arbeit, die den ganzheitlichen Anspruch von Ethnomarketing anerkennt, wird eine Gleichsetzung von Marketing mit Werbung vermeiden.[3]

Die betriebswirtschaftlichen Überlegungen lassen sich um eine kulturwissenschaftliche Ausgangshypothese ergänzen. So heben einschlägige Untersuchungen auf Basis eines konstruktivistischen Ethnizitätsverständnisses den Beitrag von Ethnomarketing zur Entstehung ethnischer Gruppen hervor (vgl. u.a. Dávila 2001; Halter 2000). Dabei zeigt ein genauerer Blick in die kulturwissenschaftliche und jüngere betriebswirtschaftliche Literatur, dass einige Unternehmen zunehmend bewusst mit dieser aktiv konstruierenden Rolle umgehen und (ethnische) Zielgruppen mitzugestalten suchen (vgl. u.a. Cova et al. 2007). Diese Beobachtungen führen zu dem Schluss, dass Ethnomarketing nicht als rein ökonomisches Phänomen zu verstehen ist, sondern gesellschaftliche Wirkung entfalten kann.

Die hier eingenommene, kulturwirtschaftliche Perspektive lässt Ethnomarketing als betriebswirtschaftliches Phänomen mit sozialen Nebenwirkungen erscheinen. Doch wie steht es um den Begriff der Integration? Dieser gilt vielen Wissenschaftlern seit langem als »rather loose word« (Jenkins 1967: 267) oder gar als »chaotic concept« (Robinson 1998: 118), das von vielen benutzt, dabei aber meist unterschiedlich verstanden werde. Nicht selten heißt es, der Integrationsbegriff an sich sei viel zu unklar, vielschichtig und missverständlich, um ihn zur Grundlage einer empirischen Untersuchung zu machen (vgl. u.a. Hieronymus 2007). Daher muss es ein Etappenziel der vorliegenden Arbeit sein, ein praktisch anwendbares und für Ethnomarketing nutzbares Integrationsverständnis zu erarbeiten. Dieses ist Voraussetzung für die Entwicklung

3 | Diese Gleichsetzung ist in kulturwissenschaftlichen Veröffentlichungen zu Ethnomarketing meist anzutreffen und bewirkt stets, dass nur eine unvollständige Analyse des Phänomens durchgeführt wird (vgl. u.a. bei Dávila 2001; Kulinna 2007).

konkreter Forschungsfragen an die Fallstudien und wird sich als Dreh- und Angelpunkt der gesamten Untersuchung erweisen. Ausgangspunkt ist die programmatische Unterscheidung David Lockwoods (1964) in Sozialintegration und Systemintegration. Erstere wird hier auf Basis akteurszentrierter Ansätze, insbesondere mit Bezug auf die Arbeiten von Hartmut Esser (2001, 2006), begriffen und als Streben nach Teilhabe in struktureller, kultureller, sozialer und identifikativer Hinsicht definiert. Sozialintegration wird außerdem in zwei Formen unterschieden: Individuelle Sozialintegration bedeutet danach das Streben nach Teilhabe bei gegebenen Rahmenbedingungen. Kollektive Sozialintegration bezieht sich auf gesellschaftliche Aushandlungsprozesse, die eine Änderung der Rahmenbedingungen individueller Teilhabe zum Thema haben. Im Gegensatz zur akteurszentrierten Perspektive bei der Darstellung der Sozialintegration wird für die Operationalisierung der Systemintegration ein diskursanalytischer Standpunkt eingenommen. Dieser stützt sich vor allem auf die Arbeiten Michel Foucaults (1973, 1977a, 1977b, 2006, 2009) und dessen Interpretation durch Philipp Sarasin (2001a, 2004, 2005, 2008a, 2009). In diesem Zusammenhang wird dargelegt, wie diskurstheoretische Ansätze handlungsorientierte Perspektiven sinnvoll ergänzen und überindividuelle Mechanismen des gesellschaftlichen Zusammenhalts beschreiben können. Eine solche »Arbeitsteilung« (Münch 2002: 10) der theoretischen Perspektiven wird nicht zuletzt auf Lockwoods Forderung nach einer getrennten Betrachtung von Akteuren und Strukturen zurückgeführt.

Drei Elemente bilden also die theoretische Basis dieser Arbeit: Erstens wird Ethnomarketing als ganzheitliche betriebswirtschaftliche Strategie beschrieben, die weit mehr umfasst als Werbung. Zweitens wird herausgearbeitet, dass Ethnomarketing an der sozialen Konstruktion ethnischer Gruppen, sogenannten Ethnisierungsprozessen, beteiligt sein kann. Drittens wird ein dreigeteilter Integrationsbegriff entworfen, der eine individuelle, kollektive und diskursive Ebene beinhaltet. Auf diesem Fundament entwickelt die Arbeit fünf übergeordnete Forschungsfragen, die als Orientierungshilfe für die explorative Untersuchung des Zusammenhangs von Ethnomarketing und Integration dienen (vgl. ausführlicher in Kapitel 4):

- Wie sind die Ethnomarketing-Aktivitäten der untersuchten Unternehmen aus betriebswirtschaftlicher Sicht strukturiert?
- Wie wird die Zielgruppe als ethnische Gruppe konstruiert?
- Wirkt sich Ethnomarketing auf individuelle Teilhabechancen von Mitarbeitenden aus?
- Welche Rolle spielt Ethnomarketing in kollektiven Integrationsprozessen?
- Lässt sich die Ausgestaltung des Ethnomarketing-Mix durch den Blick auf gesamtgesellschaftliche Integrationsdiskurse erklären?

Fallauswahl und Methodik

Um Gemeinsamkeiten des Ethnomarketing vor dem Hintergrund unterschiedlicher Integrationsdiskurse herausarbeiten zu können, erscheint ein Vergleich von Ethnomarketing-Projekten aus verschiedenen Gesellschaften sinnvoll. Guilherme Pires und John Stanton (2005: 69) nennen 15 Nationen, in denen Ethnomarketing aufgrund der demografischen Zusammensetzung besondere Relevanz besitzt: »Australia, Canada, France, Germany, Great Britain, India, Korea, Malaysia, New Zealand, Portugal, Romania, Russia, South Africa, Spain and the United States«. Die vorliegende Arbeit untersucht daran anknüpfend Ethnomarketing in Deutschland, den Vereinigten Staaten von Amerika (USA) und dem Vereinigten Königreich von Großbritannien (UK). Diese Länder weisen einerseits ähnliche ökonomische Bedingungen und zahlenmäßig starke ethnische Gruppen auf. Andererseits unterscheiden sich ihre historischen Erfahrungen mit Migration wesentlich voneinander: Während die USA als klassisches Einwanderungsland gelten (vgl. Daniels 2002), ist das Vereinigte Königreich durch koloniale Migrationsnetzwerke (vgl. Lunn 2007) und Deutschland insbesondere durch die Folgen der Gastarbeiterzuwanderung geprägt (vgl. Bade & Oltmer 2007). Dies lässt tendenziell unterschiedliche Ausprägungen der Integrationsdebatten und -politiken erwarten.

Für die Auswahl konkreter Ethnomarketing-Projekte bietet es sich an, zunächst die jeweils größte ethnische Minderheit in den Blick zu nehmen. Dies bedeutet, dass die Arbeit ihren Fokus auf Ethnomarketing für Deutschtürken[4] (Deutschland), Hispanics[5] (USA) und British Asians[6] (UK) legt.[7] Um einen

4 | Deutschtürken stellen in Deutschland die mit rund 2,5 Millionen die größte Gruppe der Personen mit Migrationshintergrund (vgl. BAMF 2011: 191) und die bevorzugte Zielgruppe des Ethnomarketing dar. Polnisch- oder russischstämmige Personen werden nur vereinzelt angesprochen (vgl. u.a. Panjawin 2007; Rada 2002).

5 | Der Begriff der Hispanics umschließt lateinamerikanische Einwanderer, fokussiert spanischsprachige Länder, inkludiert aber auch Brasilianer. In einigen Veröffentlichungen wird abweichend von Latinos gesprochen, die Verwendung des Terminus Hispanics orientiert sich an der offiziellen Begrifflichkeit (vgl. Humes et al. 2011). In den USA hat die Wirtschaft neben den Hispanics auch die sogenannten Asian Americans als Kunden entdeckt (vgl. Barker 2001). Ethnomarketing für diese Zielgruppe ist jedoch längst nicht so weit entwickelt wie das für Hispanics (vgl. Mueller 2008).

6 | Der Begriff der British Asians oder Asian British bezieht sich auf die rund drei Millionen Personen zählende Gruppe der »South Asians«, die Inder, Pakistani und Bangladeshi umfasst (vgl. ONS 2011a: 2).

7 | Die Begriffe Hispanics und British Asians werden als Eigennamen behandelt und nicht kursiv gesetzt. Gleiches gilt für fremdsprachliche Begriffe. Kursiv gesetzt werden ausschließlich die Titel von Büchern, Gesetzen, Zeitungen, Filmen sowie von Ethnomarketing-Kampagnen.

Vergleich der Fallstudien zu ermöglichen, soll zudem länderübergreifend eine Branche betrachtet werden, die sich durch global ähnliche Produktionsbedingungen sowie ein relativ hohes Maß an strukturellen Ähnlichkeiten auszeichnet. Die Selektion verschiedener Unternehmen derselben Branche soll außerdem eine homogenisierende Wirkung von Unternehmenskulturen ausschließen. Auf Grundlage dieser Kriterien wird die Automobilindustrie mit den Unternehmen Volkswagen (Deutschland), Toyota (USA) und Mercedes (UK) ausgewählt (vgl. zur Struktur der Branche u.a. Brachat/Dietz/Reindl 2012): Während sich Volkswagen durch das intensivste Ethnomarketing-Engagement in der Automobilindustrie in Deutschland auszeichnet (vgl. u.a. Seidel 2008), gilt Mercedes als Pionier des Ethnomarketing im Vereinigten Königreich (vgl. u.a. Roy 2001). Toyota schließlich ist in den USA mit dem zweithöchsten Werbebudget der Branche Marktführer im Marktsegment der Hispanics (vgl. u.a. Advertising Age 2011). Alle Unternehmen sind global operierende Konzerne, ihre Ethnomarketing-Kampagnen[8] werden durch Marketing-Agenturen vor Ort durchgeführt. Als Untersuchungszeitraum werden die Jahre 2005 bis 2011 festgelegt. Der Beginn der Studie im Jahr 2005 ist in allen drei Ländern durch eine starke Diskussion von Integrationsthemen und entsprechende Gesetzgebungsverfahren gekennzeichnet (vgl. Kapitel 4). Das Ende der Untersuchung im Jahr 2011 ist in erster Linie durch forschungspraktische Gründe bestimmt, korreliert aber auch mit dem zehnten Jahrestag der New Yorker Terroranschläge, die in allen westlichen Ländern Integrationsdebatten maßgeblich beeinflusst hatten (vgl. u.a. Poppe 2009: 11).

In ihrem methodischen Ansatz orientiert sich die Arbeit an der Case Study Research nach Robert Yin (2009). Diese ermöglicht eine tief gehende, im Geertz'schen (2006 [[1]1983]) Sinne dichte und gleichzeitig transparente Beschreibung eines Phänomens in seinem »real-life context« (Yin 2009: 18). Zudem erlaubt sie im Basisdesign der »multiple-case study« einen validen Vergleich bei bereits zwei bis drei Fällen (vgl. ebd.: 46ff.). Dem ganzheitlichen Marketing-Verständnis dieser Arbeit wird der Ansatz außerdem durch die Forderung nach Einbezug möglichst vielfältiger Datensorten gerecht. Dies bedeutet, dass Printanzeigen, TV- und Radio-Spots genauso für die Untersuchung herangezogen werden wie Internetseiten, Pressemeldungen, Stellenanzeigen und Geschäftsberichte. Wo nötig, werden darüber hinaus Vor-Ort-Begehungen und semi-strukturierte Experteninterviews durchgeführt. Zur Auswertung wird das gesamte Material in Schrifttext umgewandelt und mit der Methode der qualitativen Inhaltsanalyse nach Mayring (2008) bearbeitet. Das Vorgehen der Arbeit ist somit deduktiv-induktiv: Auf Basis theoretischer Überlegungen werden for-

8 | Eine Kampagne wird hier als die Gesamtheit der Ethnomarketing-Maßnahmen eines Unternehmens zu einem Slogan oder Thema verstanden, bezieht sich also nicht nur auf die Kommunikationspolitik.

schungsleitende Fragen generiert, Ansatzpunkte für die Untersuchung erarbeitet und Datenmaterial ausgewählt. Anschließend werden über die Methode der qualitativen Inhaltsanalyse induktive Elemente eingeführt (vgl. Yin 2009: 35ff.).

Aufbau der Arbeit

Im Anschluss an die Einleitung werden die theoretischen Grundlagen der Arbeit vorgestellt. Kapitel 1 befasst sich mit Identität und ethnischen Gruppen und rekurriert dabei auf klassische Werke der Soziologie und Ethnologie (u.a. Barth 1996; Bourdieu 1979; Mead 1980; Weber 2001) sowie auf neuere Arbeiten zu kollektiver Identität (u.a. Anderson 2006; Giesen 1999; Heckmann 1992) und zu stärker individualisierenden Ansätzen (u.a. Bauman 2009; Beck 2007; Bhabha 1990, 2007). In der Gesamtschau ergibt sich ein facettenreiches Bild personaler und kollektiver Identität. Ethnische Identität wird dabei als eine Form kollektiver Identität begriffen, die sich in einem gesellschaftlichen Prozess durch Selbst- und Fremdzuschreibungen konstituiert.

Kapitel 2 erläutert unter Bezugnahme auf wirtschaftswissenschaftliche Standardwerke (u.a. Bartling & Lucius 2002; Kotler & Bliemel 2006; Mankiw 2001; Schmalen 2002) das Selbstverständnis des Marketing, die Komponenten des Marketing-Mix und die Grundlagen der Marktsegmentierung. Außerdem stellt es mit Klee & Wiedmann (2003, 2006) vier Typen von Ethnomarketing-Strategien vor und spürt unter Berücksichtigung der Überlegungen zu personaler und kollektiver Identität dem Selbstverständnis des Ethnomarketing als Reaktion auf Marktgegebenheiten nach. Mit Bezug auf Schriften der postmodernen Marketing-Theorie (u.a. Cova & Cova 2001; Cova et al. 2007) wird die Beteiligung des Ethnomarketing an der Konstruktion ethnischer Gruppen verdeutlicht.

Kapitel 3 entwickelt auf Basis soziologischer Literatur ein dreigeteiltes Integrationsverständnis, das die Basis für die Entwicklung konkreter Forschungsfragen bildet. Dabei stehen semantische und grundlegende soziologische Konzepte am Anfang, gefolgt von methodologischen Überlegungen zur Triangulation theoretischer Perspektiven. Neben Lockwood (1964) und Esser (1980, 2001, 2003) werden insbesondere die Werke von Archer (1995, 1996, 2003), Bommes (1999) sowie Kneer & Schroer (2009) rezipiert. Schließlich werden die drei herausgearbeiteten Ebenen der Integrationsprozesse auf individueller, kollektiver und diskursiver Ebene anhand zahlreicher, überwiegend soziologischer Arbeiten beschrieben (u.a. Esser 2001; Filsinger 2008; Foucault 1977b, 2008; Geißler 2005; Gordon 1964; Heckmann 1992; Nassehi 2006; Rauer 2008; Wiley 1967; Wimmer 2008a).

Im Anschluss an die Theorie wird in Kapitel 4 ein kulturwirtschaftliches Forschungsdesign erarbeitet. Dazu werden zunächst die oben erwähnten Forschungsfragen in Ableitung von den theoretischen Grundlagen entwickelt. Ausgehend von den Fragestellungen werden Fallauswahl und Forschungsdesign besprochen und die Analyse- und Interpretationsschritte der Untersuchung vorgestellt. Bezugspunkt ist dabei vor allem Robert Yins Standardwerk *Case Study Research* (2009). In ein dort vorgeschlagenes Basisdesign wird die qualitative Inhaltsanalyse nach Philipp Mayring (2008) integriert.

Die Ergebnisse aus den drei Fallstudien werden entlang der übergeordneten Forschungsfragen vorgestellt. Die Präsentation der Forschungsergebnisse führt dabei vom Konkreten schrittweise zum Abstrakten: Am Beginn der jeweiligen Studie steht die Beschreibung der betriebswirtschaftlichen Strategie, gefolgt von Interpretationen des direkt fallbezogenen Datenmaterials und schließlich der Auswertung von Kontextmaterial.

In Kapitel 5 wird die Ethnomarketing-Kampagne von Volkswagen Deutschland besprochen. Dabei handelt es sich um ein Projekt, das vor allem auf eine Anpassung der Kommunikations- und Vertriebsstrategie fokussiert. Neben der Erstellung zielgruppengerechter Werbemittel werden türkischsprachige Verkaufsberater eingesetzt. Volkswagen konstruiert sowohl Zielgruppe als auch Verkaufsberater als ›Türken in Deutschland‹, weshalb für letztere eine (Re-) Ethnisierung der Integrierten diagnostiziert wird. Außerdem wird deutlich, dass sich Volkswagen als sichere Oase kultureller Integration und als Hort der Wertschätzung präsentiert, ohne dass eine Teilnahme an gesamtgesellschaftlichen Aushandlungsprozessen stattfindet. Bei der Suche nach einer möglichen Erklärung für die Gestaltung der betriebswirtschaftlichen Strategie werden die Diskursfelder Integrationsdefizite, Islam, Leitkultur und Gesellschaftlicher Zusammenhalt in den Blick genommen.

Die Ethnomarketing-Aktivitäten Toyotas in den USA sind Gegenstand der Untersuchungen in Kapitel 6. Dabei wird eine umfassende Kommunikationspolitik festgestellt, die mit einer dezentral gesteuerten Anpassung der Distributionspolitik gekoppelt wird. Toyota differenziert die Zielgruppe der Hispanics nach Herkunftsländern und Lebensstilen in zahlreiche Subzielgruppen und unterstützt gleichzeitig die Konstruktion einer kollektiven Identität. Für Mitarbeitende bietet Toyota einen Anreiz zur Selbstethnisierung, da diese hoffen können, von der hauseigenen Diversity-Politik zu profitieren. In kollektiven Integrationsprozessen positioniert sich Toyota als Sprecher für eine Normalisierung der Präsenz von Hispanics in den USA. Allerdings wird diese Botschaft deutlich abgeschwächt, wenn die Kommunikation verstärkt über Kanäle der Mehrheitsgesellschaft erfolgt. Erklärungsansätze für die betriebswirtschaftlichen Techniken finden sich in den Diskursfeldern des demografischen Wandels, der nationalen Identität, der Integrationspolitik und des Liberalismus.

Die dritte Fallstudie in Kapitel 7 beschäftigt sich mit dem Ethnomarketing von Mercedes UK. Auch hier lässt sich eine Verzahnung von Kommunikations- und Vertriebspolitik feststellen. Zusätzlich ist ein Fokus auf die Produktsparte der zertifizierten Gebrauchtwagen zu erkennen. Die Kampagne betreibt Mercedes jedoch insgesamt wenig offensiv: Die ethnischen Anpassungen fallen gering aus und zeichnen das Bild einer relativ weit assimilierten, wenngleich sozial benachteiligten Zielgruppe. Für diese betreibt Mercedes eine Art »Ethclass-Marketing«, in dem zahlreiche Brüche und Widersprüche deutlich werden. Während beispielsweise einerseits ethnische Zugehörigkeit als individuelles Merkmal anerkannt wird, lassen sich für die Mitarbeitenden Anreize zu einer Assimilierung im Berufsleben feststellen. Das Datenmaterial weist zur Erklärung dieser Ambivalenzen auf die Diskursfelder Multikulturalismus, Kolonialismus, Britishness und Klassengesellschaft hin.

Die Ergebnisse der einzelnen Untersuchungen werden schließlich in Kapitel 8 fallübergreifend ausgewertet. Ziel dieser Vorgehensweise ist es, vom Einzelfall abstrahierte Hypothesen zu Ethnomarketing und Integration zu generieren. Das Kapitel versteht sich somit als Auftakt zur Entwicklung einer Theorie von Ethnomarketing und Integration. Als Struktur für die Präsentation der Ergebnisse dienen einmal mehr die forschungsleitenden Fragen. Die Schlussbetrachtungen fassen die wichtigsten Ergebnisse zusammen und ordnen die Arbeit in den wissenschaftlichen sowie praktischen Kontext ein. Außerdem werden Ansatzpunkte für die weitere Forschung vorgeschlagen.

Ethnomarketing in Wirtschafts- und Kulturwissenschaften

Wissenschaftliche Studien zum Zusammenhang von Ethnomarketing und Integration existieren bislang nicht, allerdings beleuchten zahlreiche Arbeiten Ethnomarketing entweder aus betriebswirtschaftlicher oder kulturwissenschaftlicher Perspektive.[9] Grundsätzlich lässt sich konstatieren, dass die englischsprachige Literatur hinsichtlich Quantität und Qualität der Studien wesentlich höher einzuschätzen ist als die deutschsprachige Forschung.

Wirtschaftswissenschaftliche Forschung

Als einziges wirtschaftswissenschaftliches Standardwerk zu Ethnomarketing kann *Ethnic Marketing. Accepting The Challenge Of Cultural Diversity* (2005) von Guilherme Pires und John Stanton gelten. Die Autoren erläutern darin einige Grundbegriffe des Ethnomarketing, identifizieren Eckpunkte einer entsprechenden Marktforschung und nehmen Stellung zur konkreten Umsetzung in den Elementen des Marketing-Mix. Von kulturwissenschaftlicher Seite wird häufig behauptet, dass die betriebswirtschaftliche Forschung ethnische Identität prinzipiell als »Faktizität und nicht als Konstrukt« (Kulinna 2007: 8) wahrnehme. Bei der Lektüre von Pires & Stanton zeigt sich, genauso wie bei der des

9 | Der Literaturüberblick beschränkt sich auf Ethnomarketing im engeren Sinne. Dies bedeutet, dass Arbeiten zu inter- oder multikulturellem Marketing, mit denen es durchaus Überschneidungen gibt, nicht berücksichtigt werden. Als wichtige Werke aus diesem Bereich können u.a. Burton (2009), Mueller (2008), Müller & Gelbrich (2004) sowie Usunier & Lee (2005) genannt werden.

US-Amerikaners Geng Cui (2000, 2001) oder des Briten Ahmad Jamal (2003a, 2003b, 2005, 2008), dass die Autoren ethnische Gruppen sehr wohl als sozial konstruiert begreifen.[10] Ganz explizit beziehen sie sich dazu immer wieder auf die berühmte »Introduction« aus der Aufsatzsammlung *Ethnic Groups and Boundaries* des norwegischen Ethnologen Fredrik Barth (1996 [[1]1969]) sowie auf die Methode der »thick description« von Clifford Geertz (2000 [[1]1973]).

Für die überschaubare deutschsprachige Forschung legen Alexander Klee und Klaus-Peter Wiedmann mit *Ethno-Marketing für Kreditinstitute* (2003) die bisher wohl fundierteste wirtschaftswissenschaftliche Arbeit zu Ethnomarketing vor. Ihre Erkenntnisse lassen sich auch für Unternehmen außerhalb der Bankenbranche anwenden (vgl. Klee & Wiedmann 2006). Eine breitere Rezeption wird in Deutschland jedoch bislang eher populärwissenschaftlichen, studentischen oder im praktischen Kontext entstandenen Arbeiten zuteil (vgl. u.a. Dorfner 2008; Erdem & Schmidt 2008; Kraus-Weysser & Ugurdemir-Brincks 2002; Nufer & Müller 2011; Valiente & Yetgin 2006; Wilken 2004). Ein sowohl praxisorientierter als auch wissenschaftlich-systematischer Blick, wie er in einer, allerdings noch recht rudimentären, Synopse empirischer Studien durch Gerpott & Bicak (2010) oder einer Studie zum Konsumentenverhalten durch Aygün (2005) versucht wurde, bleibt die Ausnahme.

Gemein ist allen betriebswirtschaftlichen Arbeiten zu Ethnomarketing das Ziel, Handlungsempfehlungen für die Praxis zu entwickeln. Eine tiefgehende Beschäftigung mit Fragen nach gesellschaftlichen Konsequenzen der betriebswirtschaftlichen Strategie bleiben sie meist schuldig – selbst wenn sie vereinzelt betonen, es sei unter Wohlfahrtsaspekten notwendig, Ethnomarketing »nicht alleine aus der Perspektive des klassischen Zielgruppen-Marketing zu betrachten, sondern insbesondere aus der Perspektive des Social Marketing« (Schuchert-Güler & Eisend 2007: 230). Zwar entwickeln Pires & Stanton einige Regeln für »ethnic marketing ethics« (2005: 226) und erklären diese zum elementaren Bestandteil für den Erfolg einer Ethnomarketingstrategie. Ihre Ausführungen bleiben jedoch auf der Stufe essayistischer Überlegungen, fordern sie doch lediglich: »The wider social interest needs to be considered.« (Ebd.: 242) Auch Geng Cui macht zwar »ethical issues in ethnic marketing« (2001: 29) als relevante Themen aus, die »ethischen Fragen« stehen aber etwas verwaist am Ende seiner Forschungsagenda:

10 | Für Arbeiten mit ähnlicher Diktion vgl. Brumbaugh & Grier (2006), Bryson York (2009), Chan & Ahmed (2006), Chung (2000), Chung & Fischer (1999a, 1999b), Fletcher (2003), Forehand & Deshpandé (2001), Guion & Kent (2005), Hui et al. (1998), Nwankwo (1998), Palumbo & Teich (2004), Pires & Stanton (2002, 2003, 2004, 2006), Rao (2006), Run (2005), Sirkeci (2009).

»Research topics have evolved over time, shifting from examining the portrayals of minorities in advertising to studies of ethnic factors and how they interact with various marketing functions and affect the effectiveness of ethnic marketing programs. Recent research topics have become more diverse, including treatment of ethnic consumers in marketing education, theories of ethnic consumer behavior and marketing responses, and ethical issues in ethnic marketing.« (Cui 2001: 29)

Kulturwissenschaftliche Forschung

In den Sozial- und Kulturwissenschaften wird Ethnomarketing ebenfalls seit einigen Jahren untersucht, wobei im Wesentlichen zwei thematische Schwerpunkte auszumachen sind: Auf der einen Seite werden durch Konsum bedingte, kulturelle Veränderungen der Mehrheitsgesellschaft analysiert, auf der anderen Seite nimmt man Ethnizität und ihre Konstruktion durch Marketing-Maßnahmen in den Blick. In Deutschland werden kulturwissenschaftliche Aspekte besonders mit Blick auf Deutschtürken thematisiert (vgl. Kulinna 2007), im Vereinigten Königreich stehen die asiatischen, und hier vor allem die indisch-pakistanischen Gruppen im Fokus (vgl. u.a. Baumann 1998; Jamal 2003a). In den USA wird meist das sogenannte Hispanic Marketing für die lateinamerikanische Minderheit analyisiert (vgl. u.a. Dávila 2001; Fonseca 2003; Hirschman 2001; Penaloza 1999), wobei immer wieder festgestellt wird, dass Ethnomarketing zunehmend an Einfluss auf den US-amerikanischen Massenmarkt gewinne und immer mehr lateinamerikanische Elemente den Weg in die Kultur der USA finden würden (vgl. u.a. Cohen 2002, 2005; Dávila 2001). Dies geschehe vor allem über den Umweg der Nahrungsmittelindustrie und der Populärkultur. So führt Fonseca an, dass im Jahr 2002 »an average American [...] about 5.4 pounds of tortilla chips per year« (2003: 17) konsumiert habe. Das ehemals ethnisch konnotierte Lebensmittel sei damit offensichtlich in der Mitte der Gesellschaft angekommen. Auch John und Jean Comaroff (2009: 16ff.), Verfasser der ethnologischen Studie *Ethnicity, Inc.*, erkennen das Potenzial des Ethnomarketing an, kulturelle Markierungen zu gestalten. In diesem Zusammenhang ist immer wieder von einer »Latinisation« (Cohen 2005: 7) der USA die Rede. James Cohen definiert diese als eine sprachliche, kulturelle, soziale, ökonomische und politische Verwandlung der Gesellschaft (vgl. ebd.). Hispanic Marketing steht in dem Ruf, diese Metamorphose zumindest zu begünstigen.

In Anspielung auf die Latinisation wird gelegentlich auch von einer »Asianization« (Barker 2001) der USA gesprochen, allerdings bleiben deren Effekte weit hinter denen der Latinisierung zurück. Viel eher würde der Begriff der Asianisierung auf die Situation im Vereinigten Königreich zutreffen, wo, insbesondere in den Metropolen Englands, eine pan-asiatische Ethnizität immer wieder Einfluss auf die Kultur der Mehrheitsgesellschaft nimmt (vgl. u.a. Jackson 2002). Neben einem Trend zu asiatisch geprägten Hochzeitsfeiern ist die Rezeptur des Chicken Tikka Masala Teil britischer Normalität geworden – und ähnelt als akkulturiertes Element durchaus den Tortilla Chips in den USA.[11] Die soziale Teilhabe der British Asians ist Thema zahlreicher, überwiegend soziologischer Studien (vgl. u.a. Hills et al. 2010; Modood 2004; Sekhon & Szmigin 2005). Dabei wird auch die Situation ethnischer Unternehmer in den Blick genommen (vgl. u.a. Dhaliwal & Kangis 2006; Jamal 2005). Ethnomarketing wird jedoch höchstens am Rande angesprochen (vgl. u.a. Baumann 1998).

Die bislang einzige kulturwissenschaftliche Arbeit zu *Ethnomarketing in Deutschland* (Kulinna 2007) beschäftigt sich mit der Konstruktion von Ethnizität und kollektiver Identität durch ethnisch angepasste Werbung. Matthias Kulinna fragt danach, wie im Ethnomarketing für Deutschtürken, bei ihm verstanden als Ethno-Werbung, die ethnische Identität der Zielgruppe konstruiert wird. Dabei kommt er zu dem Schluss, dass der Erfolg von Ethnomarketing »weniger auf Besonderheiten ethnisch-kulturell konstruierter Zielgruppen, als vielmehr auf deren Differenzerfahrungen zurückgehen« (ebd.: 134) könnte. Die Stereotypisierung des Türkischen erfülle für die Konsumenten die Funktion, »dass sie sich als Ethnie angesprochen und somit akzeptiert« (ebd.: 264) fühlten. Kulinna leitet aus diesen Feststellungen keine Schlussfolgerungen hinsichtlich des integrativen Potenzials von Ethnomarketing ab, sondern legt den Fokus auf die Konstruktionsleistungen der Werbeakteure. In seinen Interviews gelingt es ihm herauszuarbeiten, dass es meist ökonomische Motive sind, welche die Gestaltung der Kampagnen – und damit das Bild der Deutschtürken – beeinflussen. Unabhängig von jeder kulturellen Einbettung, sind die Marketing-Akteure außerdem davon überzeugt, eine rein ökonomische Entscheidung zu treffen (vgl. ebd.: 13). Mit seiner Argumentation, dass Werbung nicht eine unmittelbar existente ethnische Gruppe abbilde, sondern nur die Vorstellung von ihr (vgl. ebd.: 105), steht Kulinna in der Tradition der US-amerikanische Anthropologin Marylin Halter. Diese erklärt die betriebswirtschaftliche Orientierung an ethnischen Identitäten in *Shopping for Identity* (2000) durch das Bedürfnis des individualisierten Menschen nach einer eindeutigen kollektiven Identität (vgl. ebd.: 17). Die Identifikationsangebote des Marketing richteten sich zwar an vermeintlich authentischen ethnischen Identitäten aus, darüber hinaus aber interpretierten sie Ethnizität kreativ und entfernten sich von jedem realen Bezug zu einer ethnischen Gruppe. Ethnische Identität wird gestalt- und konsumierbar.[12]

11 | Bei der vermeintlich indischen Rezeptur des Chicken Tikka Masala handelt es sich um eine rein britische Erfindung (vgl. Dutt 2007). Im Übrigen darf nicht vergessen werden, dass die britische Asianisierung wesentlich stärker mit i.e.S. (post)kolonialer Bedeutung aufgeladen ist als die Latinisierung der USA (vgl. Kapitel 7).

12 | Halter (2000: 22f.) macht dies an zahlreichen Beispielen fest. So beschreibt sie einen Mann, dessen vermeintlich keltische Tätowierung auf seine irische Abstammung hinweisen soll. Das Muster stellt sich jedoch bei näherer Betrachtung als frei erfunden heraus. Dennoch erfüllt es seine Funktion als Zugehörigkeit stiftendes Merkmal.

An Halters Überlegungen anschließend, kommt die Anthropologin Arlene Dávila in *Latinos, Inc. The Marketing and Making of a People* (2001) zu dem Schluss, dass Unternehmen in den USA durch Hispanic Marketing, hier ebenfalls verstanden als Werbung, eine völlig neue kollektive Identität gestalteten, die jenseits von lateinamerikanischen Nationalkulturen auf eine Homogenisierung der Hispanics drängte (vgl. ebd.: 110ff.). Indem sprachliche Divergenzen nivelliert und Unterschiede bezüglich Hautfarbe oder kultureller Rituale ignoriert würden, entstehe das Bild einer homogenen, gesellschaftlichen Gruppe. Dieses Bild weiche, bedingt durch die Betonung vermeintlich positiver Aspekte durch das Marketing, erheblich von der Realität ab. So sei beispielsweise die Hautfarbe der Latinos in TV-Spots ungewöhnlich hell und die Sprache ohne geografischen Bezug. Derartige Verfremdungen ziehen laut Dávila gegensätzliche Konsequenzen nach sich: Einerseits werde die Dominanz der herrschenden Kultur bestärkt, indem Hispanic Marketing eine nördliche Herkunft als Wunschbild konzipiere. Andererseits führe ein als weniger fremd wahrgenommenes, positives Bild einer ethnischen Minderheit zu einer stärkeren Akzeptanz dieser bei der Mehrheitsgesellschaft (vgl. ebd.: 90). Dávilas zentrale Schlussfolgerung lautet:

»Ethnic marketing hence becomes the interlocutor for these populations vis-á-vis mainstream America, the site that regulates and mediates its ethnics – the immigrant, the alien, the raced, and the underclass – into their respective places within U.S. racial and ethnic hierarchies, creating in the process myths of peoplehood for these populations where docility, family, and spirituality run triumphant.« (Ebd.: 22)

Dávila macht hier deutlich, dass Ethno-Werbung die ethnische Stratifikation, die »ethnic hierarchies«, aufrechterhalte. Elizabeth Hirschman (2001: 238) weist in diesem Zusammenhang darauf hin, dass sich ethnische Konsumenten durch den Wunsch nach ethnischer Zugehörigkeit selbst stigmatisieren und sogar kolonialisieren würden. Ohne auf die stratifizierende Wirkung des Ethnomarketing einzugehen, sieht auch Lisa Penaloza (1999) die Unternehmen als Mittler zwischen ethnischen Gruppen. Sie trügen zu einer wechselseitigen Anpassung bei, indem sie »both accommodating their consumers and working to alter their consumption patterns to bring them into line with their own ethnic and larger [...] national market customs« (Penaloza 1999: 84). Im Gegensatz dazu bezweifelt James Cohen (2002: 127) einen Prozess der tatsächlichen kulturellen und vor allem sozialen Verschmelzung – und damit der seiner Meinung nach wirklichen Integration. Er geht vielmehr von einem Nebeneinanderexistieren der ethnischen Gruppen aus, wobei nur einzelne kulturelle Elemente in die eigene Kultur aufgenommen werden (vgl. ebd.: 131ff.). Außerdem fragt er nach möglichen Wegen, eine gemeinsame gesellschaftliche Ordnung auf Basis eines friedlichen Zusammenlebens zu definieren. Während Penaloza noch rein auf die Veränderungen ethnischer Merkmale fokussiert, bewegen sich Cohen und Dávila bereits auf die Interaktion von ethnischen Kollektiven zu.

Zusammenfassend lässt sich festhalten, dass kulturwissenschaftliche Studien zu Ethnomarketing vor allem Akkulturationsphänomene in Konsum und Kommunikation sowie die Hybridisierung, Pluralisierung und Entstehung kollektiver Identitäten thematisieren. Sie fragen nach Stereotypisierungen (Dávila 2001, 2008; Kulinna 2007), nach Machtverteilung (Hirschman 2001) oder nach der Bedeutung von Zugehörigkeit für das Individuum (Halter 2000). Ähnlich wie die wirtschaftswissenschaftliche Literatur tangieren auch kulturwissenschaftliche Studien die Frage nach den Auswirkungen des Ethnomarketing auf Integrationsprozesse immer wieder, ohne sie jedoch systematisch anzugehen oder gar umfassend zu beantworten. An dieser Stelle setzt die vorliegende Arbeit an.

Theoretische und methodische Grundlagen

1. Kulturwissenschaftliche Perspektiven auf ethnische Identität

Für ein profundens Verständnis von Ethnomarketing ist die Beschäftigung mit zentralen Debatten zu (ethnischer) Identität unumgänglich. Die folgenden Ausführungen beginnen daher bei grundsätzlichen Überlegungen zur Entstehung ethnischer Gruppen, nehmen die Grenzziehung zwischen kollektiven Identitäten in den Blick, befassen sich mit multiplen Zugehörigkeiten und stellen die Frage nach der Relevanz einer individualisierten »Bastelexistenz« (Hitzler & Honer 1994: 308). Am Ende des Kapitels sollte deutlich geworden sein, wie sich die Begriffe ethnische Gruppe und kollektive Identität zueinander verhalten und wie sie in die Konstitution personaler Identität eingebunden sind.

1.1 Von Objektivisten zu Konstruktivisten

Häufig wird in der Diskussion um die Konstitution ethnischer Gruppen zwischen zwei Extrempositionen unterschieden: den Primordialisten beziehungsweise Objektivisten und den Konstruktivisten. Erstere begreifen »ethnische Gruppen als ›natürliche‹, universelle Gruppen, die schon immer bestanden hätten« (Heckmann 1997: 48). Zweitere gehen davon aus, dass sich Gemeinschaft »im Prozeß sozialen Handelns von Akteuren konstituiert« (Dittrich & Lentz 1994: 29) und dabei fortwährenden Veränderungen ausgesetzt ist. Diese konstruktivistische Perspektive hat spätestens seit Peter Bergers und Thomas Luckmanns *Die gesellschaftliche Konstruktion der Wirklichkeit* (2004 [[1]1966]) eine enorme Popularität erfahren, wenngleich die Idee einer sozial konstruierten Welt eine wesentlich längere Tradition hat. So stellt beispielsweise der Historiker Philipp Sarasin (2003: 151) fest, dass bereits Ernest Renan im Jahr 1882 von einem ethnischen Gemeinschaftsglauben als Konstitutionsbedingung von Gemeinschaft spricht. Der Konstruktivismus ist also keineswegs eine neue Erscheinung, er hat sich jedoch in Bezug auf die Konstitution von kollektiver wie individueller Identität mittlerweile zur dominierenden Grundausrichtung in den Sozialwissenschaften entwickelt. Allerdings merkt Friedrich Heckmann in Bezug auf eine allzu radikal-konstruktivistische Sichtweise an, dass es »einfach nicht haltbar [ist], ethnische Gruppen nur als imaginiert zu betrachten« (Heckmann 1997: 51). Auch Valentin Rauer (2008: 89) weist in diesem Zusammenhang darauf hin, dass die starre Unterscheidung der Ansätze in objektivistisch auf der einen und konstruktivistisch auf der anderen Seite eine »Fehlinterpretation« der entsprechenden Autoren sei. Tatsächlich beinhalten nahezu alle üblicherweise angeführten objektivistischen Theoriekonzepte konstruktivistische Elemente, wie die folgenden Ausführungen deutlich machen werden.[1]

»Primordial Ties« und »Cultural Givens«

Im Jahr 1957 prägte Edward Shils in einem Aufsatz für das *British Journal of Sociology* den Begriff der »primordial ties« (vgl. im Folgenden Shils 1957). Er legt in seinen Ausführungen dar, dass Individuen auch in funktional ausdifferenzierten Gesellschaften durch persönliche Bande miteinander verknüpft seien. Diese Verbindungen seien bei Verwandten oder vergleichbaren Primärgruppen besonders stark ausgeprägt, was Shils zu der Annahme veranlasst, die als real empfundenen »tie[s] of blood« (ebd.: 131) seien das Bindemittel von Gemeinschaft. Der Ethnologe Clifford Geertz (1963: 109ff.) greift die Idee der »primordial ties« einige Jahre später im Zuge der weltweit zu beobachtenden Dekolonialisierung auf und verknüpft sie mit dem Begriff der ethnischen Gruppe. Die vermeintlichen Blutsbande sind allerdings auch bei ihm nicht real, können aber zu festen, primordialen Bindungen gerinnen. Sie sind von »civil ties« (ebd.) zu unterscheiden, die zivilgesellschaftliche Loyalitäten abbilden beziehungsweise ein Zeichen moderner Nationalstaaten darstellen (vgl. dazu auch Ganter 1995: 22). »Primordial ties« dagegen stellen »cultural givens« (Geertz 1963: 128) dar, die für das Mitglied der ethnischen Gruppe nicht hintergehbar sind. Mit Bezug auf Shils zählt Geertz zu diesen kulturellen Gegebenheiten Rasse, Sprache, Territorium, Religion und Brauch beziehungsweise Tradition. Als konstruktivistisches Element bringt er die individuelle Wahrnehmung der »primordial ties« ins Spiel. Anthony Smith merkt mit Blick auf Geertz an, dass es die einzelnen Mitglieder der Gemeinschaft selbst seien, die »assume that these features are givens, who attribute overwhelming importance to these ties, who feel an overpowering sense of coerciveness and so on« (2000: 21).

1 | Entgegen der in wissenschaftshistorischen Abrissen üblichen Darstellung theoretischer Konzepte ist die hier angestellte nicht durchgängig chronologisch, sondern folgt vergleichbaren Perspektiven auf den jeweiligen Untersuchungsgegenstand. Dieses Vorgehen orientiert sich an der Auffassung, dass es auch innerhalb des wissenschaftlichen Diskurses keine lineare und notwendige Bewegung zu einer absoluten Wahrheit hin geben kann (vgl. u.a. Foucault 2006).

Trotz der Betonung des subjektiven Gemeinschaftsglaubens wird Geertz meist dem objektivistischen beziehungsweise primordialistischen Lager zugerechnet, da die primordialen Bindungen für ihn unveränderlich sind. Der Geertz'schen Argumentation ist immanent, dass »primordial ties« durch Sozialisation bedingt verinnerlicht werden und so einen stabilen, unreflektierbaren Teil menschlicher Identität konstituieren. Das daraus entstehende »emotional stark aufgeladene Bewußtsein von Menschen, einer bestimmten Ethnie anzugehören« (Hillmann 1994: 199), ist bei Geertz (2007: 133) eine Grundlage des Denkens. Ethnizität kommt in symbolischer Form zum Ausdruck und stellt sich für den Forscher als subjektiv interpretierbares Sujet dar. Geertz geht von der Möglichkeit aus, kulturelle Symbole durch ihren Kontext interpretieren zu können und entwickelt dazu die Methode der »thick description« (vgl. Geertz 2000: 6ff.). Dabei kann der Wissenschaftler die Bedeutung sozialer Handlungen einzig aus der sozialen Praxis und nicht etwa aus der Rekonstruktion der Sinnmuster einzelner Akteure ableiten (vgl. dazu auch Kumoll 2006: 85).

Der norwegische Ethnologe Pierre van den Berghe erklärt die Entstehung ethnischer Gruppen im Gegensatz zu Geertz nicht aus einer symbolischen, sondern aus einer sozialbiologischen Warte. In der Einleitung zu *The Ethnic Phenomenon* (1987) konstatiert er, dass »social sciences are riddled with ideology, and that they have so long divorced themselves from the life sciences« (ebd.: 1). Er fordert daher die Vereinigung beider Wissenschaften und entwickelt auf Basis der seiner Ansicht nach unideologischen Evolutionstheorie eine theoretische Perspektive auf das Wesen ethnischer Gruppen auf. Ihren Zusammenhalt erklärt er mit der vermeintlich natürlichen Intention eines Lebewesens seine Gene zu erhalten und zu verbreiten. Dies schließt Altruismus gegenüber der Familie ein, die im Falle größerer Gemeinschaften auch eine fiktive sein kann (vgl. dazu auch Klein 2001: 190). Von nationalistischen Rassetheorien, die ethnische Zugehörigkeit ausschließlich über Gene definieren, ist die Konzeption van den Berghes dennoch deutlich abzugrenzen. Viel näher steht sie den modernen Theorien der Rational Choice, auf denen die meisten betriebswirtschaftlichen Ansätze genauso aufbauen wie große Teile der Sozialwissenschaften: Bei van den Berghe folgt der Mensch schlicht dem Prinzip der Nutzenmaximierung; er handelt mithin als homo oeconomicus.

Bei van den Berghe gilt außerdem, dass »[c]ulture grows out of biological evolution« (1987: 6): Einzig zum Zweck der gemeinsamen Erhöhung des Überlebenspotenzials, das heißt zur Verbesserung der »inclusive fitness« (ebd.), entwickeln ethnische Gruppen Kulturtechniken. Diese werden von den Mitgliedern der jeweiligen Ethnie inkorporiert und können objektiv analysiert werden. Kultur geht in dieser Konzeption also aus Natur hervor.

Geglaubte Gemeinsamkeit und vorgestellte Gemeinschaft

Wie Pierre van den Berghe wird auch Max Weber (2001 [[1]1922]) gelegentlich in die Nähe nationalistischer oder rassistischer Positionen gerückt. »Rassenzugehörigkeit« im Sinne Webers kommt allerdings nicht allein durch den Besitz »gleichartiger ererbter und vererblicher Anlagen« (ebd.: 168) zustande, sondern erst, wenn diese subjektiv als Merkmale einer gemeinsamen Abstammung empfunden werden. Weber geht noch einen Schritt weiter und stellt fest, dass auch »der Grad, in welchem das reale Blutsband als solches betrachtet wird, [...] durch andere Gründe als das Maß der objektiven Rassenverwandtschaft mitbestimmt« (ebd.: 170f.) ist. Als »andere Gründe« führt Weber unter anderem »[s]tändische, also anerzogene Unterschiede« (ebd.: 172) an, womit er neben der subjektiven auch auf die soziale Konstruktion von Ethnizität hinweist. Damit ist ethnische Identität trotz biologischer Bezugspunkte sozial konstruiert, der geteilte Glaube an »Abstammungsgemeinsamkeiten« (ebd.: 175) wird zur Konstitutionsbedingung ethnischer Gemeinschaften. Ganz im Duktus des später dominierenden Konstruktivismus, und besonders interessant für die Beschäftigung mit migrationsbedingt entstandenen ethnischen Minderheiten wie den Hispanics in den USA (vgl. Kapitel 6), formuliert Max Weber:

> »Fast jede Art von Gemeinsamkeit und Gegensätzlichkeit des Habitus [bei Weber i.S.v. Physiognomie; Anm. d. Vf.] und der Gepflogenheiten kann Anlaß zu dem subjektiven Glauben werden, daß zwischen den sich anziehenden oder abstoßenden Gruppen Stammverwandtschaft oder Stammfremdheit bestehe. Nicht jeder Stammverwandtschaftsglaube zwar beruht auf Gleichheit der Sitten und des Habitus. Es kann auch trotz starker Abweichungen auf diesem Gebiet dann ein solcher bestehen und gemeinschaftsbildende Macht entfalten, wenn er durch Erinnerung an reale Abwanderung, Kolonisation oder Einzelauswanderung gestützt wird.« (2001: 174)

Ähnlich wie bei Clifford Geertz beruht bei Weber ethnische Zugehörigkeit auf der Identifikation mit fiktiven oder verinnerlichten geteilten Merkmalen. Im Gegensatz zu Geertz bezweifelt Weber jedoch, dass eine Beeinflussung des individuellen Handelns allein durch die Zugehörigkeit zu einer ethnischen Gruppe bedingt wird (vgl. ebd.: 181).[2] Ethnische Gemeinsamkeit ist daher bei Weber »(geglaubte) ›Gemeinsamkeit‹, nicht aber ›Gemeinschaft‹ [...], zu deren Wesen ein reales Gemeinschaftshandeln gehört« (ebd.: 174f.).

Benedict Anderson führt im Jahr 1983 eine neue Begrifflichkeit in die Debatte um die Konstitution von (ethnischen und nationalen) Kollektiven ein. Nach Anderson entspringen Nationen als *Imagined Communities* (2006 [[1]1983]) der Vorstellungskraft, »because the members of even the smallest nation will never

2 | Dies wird erst in der Weiterentwicklung zur »politischen Gemeinschaft« möglich (vgl. Weber 2001: 184).

know most of their fellow-members, meet them, or even hear of them, yet in the minds of each lives the image of their communion« (ebd.: 6). Anderson geht der Frage nach, wie es zu einer solchen Imagination kommen kann und macht drei relevante historische Veränderungen aus: Die Fragmentierung religiöser Gemeinschaften, den Verfall monarchischer Dynastien und einen Wandel in der Wahrnehmung von Zeit. Als Ergebnis dieser Prozesse nimmt das Individuum eine »steady, anonymous, simultaneous activity« (ebd.: 26) der eingeschlossenen Menschen wahr und stellt sich diese als in einen gemeinschaftlichen Verbund eingebettet vor. Erleichtert durch die Erfindung des Buchdrucks und das Aufkommen des Kapitalismus beginnt die vorgestellte Gemeinschaft auch real zu existieren. Neben Souveränität und einer »deep, horizontal comradship« (ebd.: 7) ist in Andersons vorgestellter Nation vor allem der Gedanke einer begrenzten Gemeinschaft relevant, denn »no nation imagines itself coterminous with mankind« (ebd.). Sie habe stattdessen »finite, if elastic, boundaries, beyond which lie other nations« (ebd.).[3]

Grenzen der Gemeinschaft

Die Bedeutung der Grenzen für die Beschreibung ethnischer Gruppen hatte bereits Fredrik Barth in der Einleitung zu *Ethnic Groups and Boundaries* (1998 [[1]1969]) betont. Er kritisiert, dass ethnografische Beschreibungen bis dato davon ausgegangen seien, dass ethnische Gruppen nur stabil blieben, wenn sie geografisch und sozial isoliert seien (vgl. Barth 1996: 294). Dagegen stellt er fest:

> »First, it is clear that boundaries persist despite a flow of personnel across them. [...] Secondly, one finds that stable, persisting, and often vitally important social relations are maintained across such boundaries, and are frequently based precisely on the dichotomized ethnic statuses.« (Ebd.: 294f.)

Die Grenzen der ethnischen Gruppe bleiben also intakt, obwohl sich das Kollektiv in seiner personellen Zusammensetzung ändert und stabile Beziehungen zu Individuen und Kollektiven außerhalb der eigenen sozialen Einheit pflegt. Barth unterscheidet außerdem zwischen Ethnie und Kultur, indem er ethnische Gruppen als »culture bearing units« (ebd.: 297) konzipiert. Damit ist Kultur nicht mehr untrennbar mit Ethnizität verbunden, sondern geht mit der Exis-

3 | Ein verwandtes Konzept stellt nahezu zeitgleich der Historiker Eric Hobsbawm mit *The Invention of Tradition* (2008 [[1]1983]) vor. Er konstatiert, dass für die Entstehung einer Nation das Bewusstsein einer gemeinsamen Geschichte maßgeblich sei. Dieses Bewusstsein sei aber nicht natürlich, sondern werde von der Gesellschaft künstlich hergestellt. Von Anderson grenzt sich Hobsbawm dadurch ab, dass er zwischen Nationen und anderen Gemeinschaften unterscheidet. Anderson (2006: 6) dagegen weist explizit darauf hin, dass es nicht vorgestellte Gemeinschaften nicht gebe.

tenz der ethnischen Gruppe einher beziehungsweise ist eine Folge von Ethnizität. Durch die Unterscheidung von Ethnizität und Kultur gelingt es Barth, kulturelle Veränderungen und Annäherungen zwischen ethnischen Gruppen zu erklären ohne sofort die Auflösung ethnischer Gemeinschaften diagnostizieren zu müssen. Einzig die »ethnic boundaries« sind von Interesse, da sie als »limited set of cultural features« (ebd.: 323) einer potenziellen Veränderung unterworfen sind. Ethnizität entsteht über sie immer wieder neu als Abgrenzung zu einer anderen Gruppe (vgl. dazu auch Kohl 1998: 272ff.). Die ethnischen Grenzen bleiben bei Barth prinzipiell durchlässig: Ihre Überschreitung und die subjektive Identifikation mit der anderen Gruppe sind grundsätzlich möglich, auch für ihn ist »self-identification [...] the critical criterion of ethnic identity« (Barth 1996: 309f.). Er argumentiert allerdings auch, dass ethnische Identität als übergeordnete Kategorie vergleichbar sei mit »sex and rank, in that it constraints the incumbent in all his activities, not only in some defined social situations« (ebd.: 302). In diesem Zusammenhang weist er auf die Probleme hin, die sich für diejenigen ergeben, die über ethnische Grenzen hinweg migrieren. Um in der Aufnahmegesellschaft aufzugehen, passen sie nach Barth ihre Identität an. Dies jedoch »creates ambiguity since ethnic membership is at once a question of source of origin as well as of current identity« (ebd.: 314). Hier weist er am Rande bereits auf ein Problem hin, das später im Rahmen der Erosion der Eindeutigkeit kollektiver Identität unter dem Stichwort der (kulturellen) Hybridität eine Rolle spielen wird (vgl. Abschnitt 1.2).

Auch Bernhard Giesen beschäftigt sich mit der Frage nach der Grenzziehung zwischen Kollektiven und der Konstruktion von Gemeinschaftlichkeit. Wie für seinen »väterlichen Freund Shmuel N. Eisenstadt« (Giesen 1999: 10) sind Grenzen für Giesen eine existenzielle Grundlage jeder vorgestellten Gemeinschaft, etablieren sie doch »eine Abgrenzung zwischen innen und außen, Fremden und Bekannten, Familie und Verwandtschaft, Freunden und Feinden, [...] Zivilisation und Barbarei« (Eisenstadt 1999: 373). Damit teilt Giesen das bereits bei Barth dargestellte Moment der notwendigen Abgrenzung zu anderen Gruppen. Giesen verwendet allerdings nicht die Konzepte von ethnischer Gemeinschaft oder Ethnizität, sondern entwickelt eine Theorie der Konstruktion kollektiver Identität. Letztere wird normalerweise definiert als ein

> »gefühlsgeladenes Empfinden oder Bewußtsein von Individuen, gemeinsam einer bestimmten kollektiven Einheit oder sozialen Lebensgemeinschaft [...] anzugehören, die in unverwechselbarer Weise durch bestimmte Merkmale (spezif. Kultur, Sprache, Geschichte, ggf. auch Religion u. Rasse) gekennzeichnet ist u. sich dadurch von anderen Kollektiven unterscheidet.« (Hillmann 1994: 422)

Giesen stellt deshalb nicht die Interaktion mit anderen Gruppen, sondern die Selbstbezüglichkeit der kollektiven Identitätsbehauptung in den Vordergrund seiner Argumentation (vgl. Giesen 1999: 23). Ethnische Identität trägt aus dieser Perspektive als eine mögliche Erscheinungsform kollektiver Identität zunächst zur Selbstbehauptung und Selbstbestimmung eines Kollektivs bei (vgl. ebd.: 9). Valentin Rauer weist aber auch darauf hin, dass nach Giesen gelte: »Nicht Kultur, sondern soziale Grenzziehungen konstituieren Ethnizität.« (2008: 83) Neben den »situativen Bedingungen der Konstruktion [kollektiver] Identität« (Giesen 1999: 69ff.) legt Giesen den Schwerpunkt seiner Überlegungen deshalb auf die Art und Weise, wie Grenzziehungen vollzogen werden. Hier stellt er fest, dass elementare Unterscheidungen »mit vielen anderen Unterscheidungen unseres Wissens verbunden [sind und] ihre Bedeutung aus diesen Verbindungen und Verknüpfungen in einem semantischen Feld« (ebd.: 25) beziehen. Er betont, dass die Abgrenzungen umso schärfer ausfallen, je stärker Gegenpositionen (z.B. fremd/eigen) mit anderen gekoppelt sind (vgl. ebd.).

In den bisher besprochenen Konzepten bewegt sich das Individuum meist in einer relativ klar umgrenzten Gemeinschaft. In diese ist es entweder hineingeboren oder durch Migration, Sozialisation oder eigene Willenserklärung eingetreten. In der Regel gilt: Einem Individuum ist zu einem Zeitpunkt eine kollektive Identität zugeordnet. Diese Eindeutigkeit beginnt unter dem Eindruck einer beschleunigten Dekolonisierung nach dem Zweiten Weltkrieg und einer rasanten Globalisierung zu bröckeln.

1.2 Erosion der Eindeutigkeit: Identität und Individualisierung

> Something has happened. In the last two decades, before the end of this century, we have witnessed the emergence of the *Post*.
> (Toro 1999: 9; Herv. i.O.)

Pluralisierung kollektiver Identitäten

Postmodernismus, Poststrukturalismus und Postkolonialismus sind nur einige Begriffe, die die »Post-Theory« (McQuillan et al. 1999) seit den 1980er Jahren hervorgebracht hat – beeinflusst unter anderem durch den Zerfall großer Kolonialreiche und Herrschaftsbereiche, insbesondere des British Empire und, nach 1989, der Sowjetunion. Ihre Autoren beschreiben die Auflösung von Grenzen – realer geografischer oder politischer, aber auch sprachlicher und kultureller sowie derjenigen zwischen Wissenschaftsdisziplinen und Theorieansätzen. Das Aufeinandertreffen von kollektiven Identitäten, hier oftmals als Kulturen bezeichnet, und die Debatte um Ethnozentrismus erfahren dabei eine besondere Beachtung. Als einer der prominentesten Posttheoretiker beschäftigt sich Homi

Bhabha in *The Location of Culture* (2007 [[1]1994]) mit der Erosion der Eindeutigkeit kollektiver Identität in der postkolonialen Situation. Indem er den im kolonialen Diskurs negativ besetzten Begriff der Hybridität dekonstruiert und in einen neuen Kontext stellt, belegt er ihn mit positiver Bedeutung. Bhabha bezieht sich dabei auf Jacques Derridas Konzept der »différance«, bei dem der französische Dekonstruktivist durch Ersetzen des einen Buchstabens (»e« durch »a«) einem bekannten Wort eine neue Dynamik verleiht, ohne die alte Bedeutung zu ignorieren (vgl. Derrida 1972: 29ff.). Bhabha projiziert dieses im Kern antihegelianische Konzept nun auf das Aufeinandertreffen von Kulturen an ihren unvermeidlichen Kontaktzonen. Für ihn gilt, dass »all forms of culture are continually in a process of hybridity« (Bhabha 1990: 211). Hybridität wird als produktiv für die Herausbildung neuer Positionen und für die Aussöhnung zweier divergierender Kulturen, des ersten und zweiten »Originals«, gesehen. Voraussetzung für die Entstehung eines gemeinsam gebildeten, dritten Originals ist allerdings die Begegnung in einem »Third Space«. Dieser entsteht, wenn in einer Kommunikation zwischen Mitgliedern kulturell verschiedener Gemeinschaften die starre Vorstellung streng abgrenzbarer Identitäten aufgegeben wird und die Beteiligten einen neuen Konsens über gemeinsame Regeln beziehungsweise eine Neuinterpretation von Symbolen anstreben, ohne die ursprünglichen zu verleugnen (vgl. Bhabha 2000: 57). Das Hybriditätskonzept Bhabhas ist, wie nahezu die gesamte postkoloniale Theorie, mittlerweile starker Kritik ausgesetzt (vgl. u.a. Young 2007). Entscheidend für diese Arbeit – und in der wissenschaftlichen Diskussion weitgehend unbestritten – ist jedoch die Beobachtung, dass einem Individuum nicht mehr zwingend eine einzige kollektive Identität zugeordnet werden kann.[4]

Die Autoren der »flüchtigen« (Bauman 2008 [2000]), »zweiten« oder »reflexiven« (Beck, Giddens et al. 1994) Moderne teilen mit der Postmoderne, trotz offener Kritik an ihr, die Diagnose einer Auflösung tradierter Zugehörigkeitsmuster. Sie ziehen allerdings die Weiterentwicklung des Begriffs der Moderne dem der Postmoderne vor. So bezeichnet die »erste Moderne« bei Beck die mit der Aufklärung einsetzende, in der Industrialisierung beschleunigte Moderne (vgl. Beck & Grande 2004: 49ff.). Sie zeichnet sich besonders durch »binäre

4 | Eine Weiterentwicklung dieser Gedanken kann u.a. bei Wimmer (2002, 2008) oder Rauer (2008) ausgemacht werden. Faist befasst sich ausführlich mit der Herausbildung *Transstaatliche[r] Räume* (2000) und *Transstaatliche[r] Gemeinschaften* (2002). Auch Pries fokussiert mit seinen Arbeiten zur *Transnationalisierung der sozialen Welt* (2008a, 2008b) und zu transnationalen Migrantenorganisationen (Pries & Zeynep 2009) auf Sozialräume, die keine eindeutige Zuordnung zu einem geografischen Kontext mehr zulassen. Die genannten Autoren können sicher nicht bedenkenlos postmodernen oder postkolonialen Theoretikern zugeordnet werden, unterstützen jedoch zumindest deren Thesen von einer Auflösung der Eindeutigkeit kollektiver Identifikation.

Denkstrukturen« und eine »Logik der Eindeutigkeit« aus, die nun in der zweiten oder reflexiven Moderne einer »Logik der Mehrdeutigkeit« Platz macht (vgl. ebd.: 50). Damit ist die reflexive Moderne keineswegs eine vollständige Dekonstruktion der ersten Moderne: Zwar sieht auch Beck den Nationalstaat in der Krise – Grenzen »verflüssigen und vermischen« (ebd.: 51) sich, überregionale Probleme verlangen nach ebensolchen Lösungen – jedoch wird nicht automatisch erste durch zweite Moderne abgelöst. Vielmehr baut die reflexive Moderne auf der vorherigen auf. Dadurch entsteht eine Situation des »Sowohl-als-auch« (Beck, Bonß & Lau 2004: 32), die eine Eigendynamik nicht intendierter »Spill-Over-Effekte«, die Beck »Nebenfolgen« nennt, in Gang setzt (vgl. u.a. Beck & Grande 2004: 60).[5]

Was bedeutet dieses Sowohl-als-auch nun für die Sichtweise kollektiver Identität? Nach Beck kann man plötzlich »Europäer sein, ohne aufzuhören Deutscher, Türke oder türkischer Deutscher oder postmarxistischer Pole oder antikontinentaler, pro-atlantischer Brite und Moslem zu sein. Die alten Muster von innen und außen gelten nicht mehr« (ebd.: 59). Es kommt zu einer sprunghaften »Vermehrung der Optionen der Selbstdefinition« (Rammert 2001: 11), und genau dies macht eine neue Qualität in der Sichtweise kollektiver Identität aus: Der Mensch strebt zwar durchaus nach Zugehörigkeit zu einer Gemeinschaft, die vorhandenen Identifikationsangebote erscheinen jedoch als auswechselbarer Teil des Selbst (vgl. u.a. Bauman 2009; Maffesoli 1988). Die Eindeutigkeit kollektiver Identität gerät immer mehr ins Wanken.

Personale Identitätskonstruktion

Im Gefolge der empirisch feststellbaren Pluralisierung kollektiver Identitäten nimmt in theoretischen Schriften zur Identität »der Identifizierungsprozess [...] im Wesentlichen und mehr und mehr seinen Ausgang von den Subjekt-Individuen, die Zugehörigkeiten zu verschiedenen Gruppen geltend machen müssen« (Kaufmann 2005: 126). Dabei wird häufig, teilweise explizit, teilweise implizit, auf den Psychologen Erik Erikson (2003 [[1]1973]) zurückgegriffen. So bemerkt Johanne Förster mit Blick auf Erikson, eine Person ändere sich »zeit ihres Lebens, legt sich gewisse Eigenschaften zu und andere ab, ihre Identität ist also einer dauernden Veränderung und Entwicklung unterworfen« (2003: 292). Bevor nun aber diejenigen post- und spätmodernen Konzepte dargestellt werden, die auf dieser These basieren, scheint es geraten, einen Blick auf klassische Modelle personaler Identität zu werfen. Dafür bieten sich der Sozialpsychologe George Herbert Mead und der Soziologe Pierre Bourdieu besonders an, da beide ihren Fokus auf den sozialen Menschen legen, das heißt, sie erklären

5 | Becks »Nebenfolgentheorem« weist eine deutliche Nähe zur (neo)funktionalistischen Theorie auf (vgl. u.a. Jetzkowitz 2003). Zur Kritik an Beck vgl. u.a. Stork (2001).

die Identitätskonstruktion des Individuums über die Interaktion mit der beziehungsweise über die Strukturierung durch die Gesellschaft.

George Herbert Mead zeigt in seinem fragmentarisch erhaltenen Werk, besonders in *Mind, Self and Society - From the Standpoint of a Social Behaviorist* (1964 [[1]1932]), dass die Identität des Menschen das Resultat eines sozialen Interaktionsprozesses ist. Mead, aus der pragmatischen Philosophie der USA kommend, untersucht zunächst den Ursprung des Denkens und glaubt, ihn in der Kommunikation mit Hilfe »significant symbols« (Mead 1964: 47) entdeckt zu haben. Diese können Gesten sein, die zwischen Menschen – aber auch zwischen Tieren – ausgetauscht werden. Sie weisen auf eine innere Haltung hin, die als Reiz beim Gegenüber wirkt und dessen Reaktion beeinflusst. Mead führt als Beispiel kämpfende Hunde an, die Drohgebärden vollführen, welche unverzüglich passende Reaktionen beim anderen provozieren – in diesem Fall Angriff oder Flucht (vgl. ebd.: 68). Den elementaren Unterschied zum Menschen sieht Mead im Prozess des Denkens, der auf die Wahrnehmung einer Geste folgt. Dabei zeigt man sich selbst die Merkmale auf, »which call out [...] the sort of responses they call out in others« (ebd.: 151) und versucht, das Verhalten des Anderen vorherzusagen. Zu diesem Zweck verzichtet man auf eine sofortige Reaktion. Harald Wenzel formuliert zugespitzt: »Denken besteht darin, sich selbst am Handeln zu hindern« (Wenzel 1990: 75). Erst wenn man mögliche Bedeutungen des Verhaltens gegeneinander abgewogen hat, komme es bei Mead zu einer Erwiderung: »Die erste Form von Bewußtsein, die bei ego entstehen kann, ist ein Bewußtsein von alter und dessen Reaktion [...]. Nun kann ego in die Rolle von alter schlüpfen« (ebd.: 71). Das Antizipieren von Handeln erstreckt sich aber nicht nur auf das Gegenüber, sondern auch auf die eigene Person. Versetzt sich ego in die Rolle von alter, so nimmt man sich selbst mit dessen Augen wahr. Dies führt Mead zu dem Schluss: »We must be others if we are to be ourselves.« (Mead 1964: 292)

Diese Thematisierung der eigenen Person als Objekt ist also Denken im Sinne Meads (vgl. Mead 1964: 172). Schon ein Kind versetzt sich im Spiel (»play«) in die Rollen anderer (Mutter, Spielkamerad, Arzt), wobei die Wahrnehmung der Rollen und ihre Übernahme anfangs noch sukzessive geschieht (vgl. ebd.: 152ff.). Später jedoch hat der heranwachsende Mensch im Wettbewerb (»game«) die Haltungen aller beteiligten Anderen zu organisieren und im sozialen Gefüge einzuordnen. Diese Vergegenwärtigung umfassender sozialer Prozesse durch das Individuum wird von Mead als »generalized other« (ebd.: 154) bezeichnet. Dieser determiniert das Selbst als »individuelle Widerspiegelung der allgemeinen systematischen Struktur des sozialen oder Gruppenverhaltens« (Wenzel 1990: 80). Mead nennt diesen Teil der Identität das »Me« (vgl. Mead 1964: 173ff.). Im »Me« werden außer den Rollenerwartungen auch Erfahrungen und Erinnerungen des Individuums abgespeichert, welche prägend für spätere Denk- und Handlungsvorgänge wirken (vgl. dazu Abels 2001: 32f.).

Folgt man dieser Logik, so erscheinen Menschen überwiegend sozial bestimmt und individuelle Unterschiede stark reduziert. Allerdings fügt Mead eine weitere Komponente der Identität hinzu: Das »I« bezeichnet den emotionalen, spontanen Teil des Bewusstseins, welcher auf die Rollenerwartungen des »Me« individuell und unvorhersehbar reagiert. Das »I« entzieht sich jedem analytischen Zugriff, da es als spontane Reaktion erst im Nachhinein reflektiert werden kann – wenn es schon längst Teil des »Me«, im Sinne einer (prägenden) Erfahrung, geworden ist. Im Zuge dessen kann es zu einer Änderung der Struktur des »Me« kommen. Auf der anderen Seite infiltrieren auch die sozialen Prägungen das »I«. Aus diesem Wechselspiel ergibt sich letztlich mit dem »Self« die individuelle Identität der Person (vgl. u.a. Mead 1964: 192ff.). Identität ist bei Mead also nicht a priori vorhanden, sondern konstituiert sich in einem fortwährenden sozialen Prozess durch Interaktion und in »ständige[m] Dialog [...] mit den beiden Instanzen« (Abels 2001: 34). Durch die Beschreibung des Identitätsprozesses als individuelle Interaktionsgeschichte mit der Umwelt erkennt Mead die »Pluralität von Identitäten an und schafft eine Öffnung der Diskussion, an die heute [in den Post-Strömungen der 1990er Jahre; Anm. d. Vf.] wieder angeknüpft wird« (Wagner 1998: 53).

Wie George Herbert Mead, so geht auch Pierre Bourdieu (1979) davon aus, dass die soziale Umwelt den Menschen prägt. Allerdings ersetzt er die Interaktion durch die Struktur (Verwandtschaft, Familie), welche zur Herausbildung bestimmter Dispositionen führt (vgl. ebd.: 191). Individuen, die ihren Dispositionscode weitgehend teilen, können als Gruppe mit nahezu gleichem Habitus zusammengefasst werden (vgl. ebd.: 189ff.). Der Habitus ist in der Interpretation von Müller (1986: 163) das

»Produkt kollektiver Geschichte und individueller Erfahrung, stimmt objektive Chancen und subjektive Aspirationen aufeinander ab, stiftet Realitätssinn und den Sinn für die eigenen Grenzen und integriert klassenspezifische Verhaltensformen mit nutzenorientierten Strategien.«

Der Habitus ist damit die zentrale Quelle für den in der Praxis sichtbaren Lebensstil. Das Konzept beruht dabei auf vier grundlegenden Annahmen (vgl. im Folgenden Bourdieu 1979: 112ff.): Erstens bezeichnet der Habitus ein Stück verinnerlichte Gesellschaft und wird sozial inkorporiert - ähnlich dem Mead'schen »Me«. Allerdings schenkt Bourdieu einer einfühlenden Interaktion durch Rollenübernahme kaum Beachtung, sondern verweist auf bestehende Strukturen, die den Menschen bereits in einer frühkindlichen Phase determinieren (vgl. ebd.: 56). Zweitens geht Bourdieu von der unbewussten Anleitung zu bestimmten Praxisstrategien durch den Habitus aus. Dabei werden dem Handeln durch die Dispositionen Grenzen gesetzt, die unhinterfragt geachtet werden. Drittens verfolgt das Individuum innerhalb dieser Grenzen eigene, nutzenmaximierende Interessen – teilweise ebenfalls unbewusst. Viertens sieht Bourdieu die Dispositionen als äußerst stabil an. Sie sind weitgehend unabhängig von einer Wandlung der Umwelt, wenngleich Bourdieu die Einflussmöglichkeiten individueller Erfahrungen auf die Ausprägung der Dispositionen zumindest nicht ausschließt. Dem lebenslangen Prozesscharakter bei Mead steht bei Bourdieu eine stark prägende Kindheitsphase gegenüber, deren grundsätzliche Konfiguration kaum mehr geändert werden kann. Bourdieu stellt daher mit Bezug zu Lebniz fest, dass »nous sommes automates dans les trois-quart de nos actions« (Bourdieu 1979: 553). Eine andere wichtige Unterscheidung zu Mead ist der Verzicht beziehungsweise der Ausschluss eines natürlichen oder emotionalen Moments. Den Unterschied zwischen Individuen gleicher sozialer Prägung erklärt Bourdieu mit eigenen Erfahrungen, die der Mensch innerhalb der sozial vorgegebenen Handlungsgrundlagen machen kann. Auf diese Weise ist der individuelle Habitus im Bewertungsspielraum der determinierenden Dispositionen gestaltbar (vgl. dazu auch Schwingel 2005: 69).

Multiple Identitäten und Bastelexistenzen

Im Gefolge der Post-Theorien stellt Hans-Peter Müller (1986: 181) Überlegungen an, ob man die Grenzen der freien Entwicklung des Selbst tatsächlich auf die Zugehörigkeit zu bestimmten Klassen zurückführen kann. Diese sind nämlich, wie Kumoll feststellt, bei Bourdieu »kulturell in sich homogen. Die Dispositionen einzelner Akteure sind klassenspezifisch innerhalb einer Klasse weitgehend gleich gerichtet« (2005: 74). Was jedoch geschieht bei »Überlagerung unterschiedlicher Sinnsysteme sowohl auf der individuellen als auch auf der kollektiven Ebene« (ebd.)? Wird eine Person tatsächlich nur in einer Klasse sozialisiert und hat damit nur einen einzigen Habitus? Oder wird sie durch mehrere Habiti beeinflusst (vgl. Müller 1986: 181)? Ist der Habitus »situationell kreativ« (Flaig 2000: 380)?

Christine Weinbach (2004) plädiert dafür, den Habitusbegriff in zweidimensionaler Weise zu verstehen. In psychischer Hinsicht verweise er auf eine körperlich wie geistig individuell existente Person als untrennbare Einheit, deren Habitus auch nicht teilbar sei. In der sozialen Form zeige sich dagegen eine Differenziertheit der Ausprägungen, die in verschiedenen sozialen Feldern verschiedene soziale Praktiken generieren könne. Er passe sich damit in vorgegebenen Grenzen an herrschende Gegebenheiten an. Auch Lothar Krappmann, eher der Mead'schen Denktradition zuzuordnen, stellt fest, dass eine Person je nach Situation verschieden auftritt und ihre Identität »widersprüchliche, logisch oft nicht miteinander zu vereinbarende Elemente« (1988: 48) enthält. Diese kommen durch sich überlagernde Rollenerwartungen zustande. Identität stellt somit »eine immer wieder neue Verknüpfung früherer und anderer Interaktionsbeteiligungen des Individuums mit den Erwartungen und Bedürfnissen, die in der aktuellen Situation auftreten, dar« (ebd.: 9). Krappmann bezieht sich dabei auf die Existenz von mehreren »partikulare[n] oder ›Teilidentitäten‹« (Förster 2003: 276), die auch Mead bereits durch die Verwendung des Plurals in »Selves« und »Mes« angedacht hatte (vgl. dazu Abels 2001: 34). In Verbindung mit dieser mosaikhaften Vorstellung geht Krappmann von einem stetigen Wandlungsprozess aus, der Identität nur situativ bestimmbar macht.

Besonders an die aktive Rolle des Individuums knüpfen Vertreter der so genannten »Individualisierungsthese« an (vgl. Keupp 1999: 7ff.). Sie besagt, vereinfacht gesprochen, dass Globalisierungstendenzen und das Aufbrechen traditionaler Ordnungen dem Einzelnen den Zwang auferlegen, sich selbst in der Gesellschaft positionieren zu müssen (vgl. Beck & Beck-Gernsheim 1994: 11). Das Individuum sieht sich nicht nur einer Deregularisierung und Flexibilisierung des Lebens ausgesetzt, sondern kann sich aus einem bunten Strauß der Lebensformen, Werte und Normen bedienen. Diese Pluralisierung macht den individualisierten Menschen zum Einkäufer im »kulturellen ›Supermarkt‹ für Weltdeutungsangebote aller Art« (Hitzler & Honer 1994: 308). Es entstehen die viel zitierten »Bastelexistenzen« (ebd.) oder »Patchwork-Identitäten« (Keupp 1999: 9), verbunden mit vermehrten Hybridisierungsprozessen.

Besitzt das Individuum allerdings Zugang zu verschiedenen kollektiven Identitäten, wie dies zum Beispiel bei Kindern von Migranten häufig der Fall ist, so können im multiplen Selbst Widersprüche generiert werden, die zu inneren Konflikten führen. Vor allem von psychologischer und philosophischer Seite wird eingewandt, dass die Konzepte der multiplen Identitäten die Kohärenz einer gesunden Ich-Identität nicht erläutern könnten (vgl. Straub & Renn 2002: 20). Dem halten Vertreter von Individualisierungsthese und Patchwork-Identität entgegen, dass eine Kohärenz des Selbst ohnehin nicht gegeben sei beziehungsweise, dass diese bestenfalls als »Konstruktionsaufgabe« (Keupp 1999: 94) begriffen werden könne. Auftretende Konflikte könnten durch ein positives Verbinden verschiedener Einflüsse gelöst werden (vgl. Straub & Renn 2002: 26f.). Luise Behringer (1998) konstatiert, Identität sei »eine Herstellungs- und Vermittlungsleistung des Subjekts, die permanent erbracht werden muß« (ebd.: 46). Sie wird im Zuge der Individualisierung zum »per se unabschließbaren subjektiven Konstruktionsprozess« (Förster 2003: 321), das Subjekt ist zur freien Identitätskonstruktion verdammt und muss lernen, mit den individuell knappen, ungleich verteilten Ressourcen umzugehen (vgl. Berger 1996: 73).[6]

6 | Vgl. in diesem Zusammenhang auch Becks Konzept der *Risikogesellschaft* (2007).

1.3 Falsche Freiheit? Kritik an individualisierenden Identitätskonzepten

> Die Wirklichkeit war für die Kulturtheorie der letzten Jahrzehnte gerade etwa so wichtig wie Einfamilienhäuser im Mittleren Westen für die globale Finanzindustrie in besseren Zeiten. (Sarasin 2008a: 15)

Der individualisierenden Sichtweise der personalen Identität ist allerdings mit einer gewissen Vorsicht zu begegnen. Zweifelsohne sind in den letzten Jahrzehnten die beschriebenen Individualisierungstendenzen zu beobachten, die mit hoher Wahrscheinlichkeit auch zu einem Anstieg der Identitätskonflikte geführt haben (vgl. u.a. Beck & Lau 2004; Förster 2003; Straub & Renn 2002). Ob damit jedoch die völlige Unabhängigkeit von Meads »generalized other« oder der sozialen Struktur und ihren Dispositionen bei Bourdieu einhergeht, ist mehr als fraglich. Wie zahlreiche Studien nahe legen, ist der Einfluss des unmittelbaren sozialen Umfeldes auf den Bildungsstand – und damit auf eine wesentliche Komponente zur Überschreitung der engen Grenzen des eigenen Habitus – sogar eher wichtiger geworden (vgl. u.a. Quenzel & Hurrelmann 2010: 11ff.). Kann man daher in Zeiten einer vererbbaren »Bildungsarmut« (Ludwig-Mayerhofer & Kühn 2010: 137) tatsächlich noch von einer frei kombinierbaren Bastelexistenz sprechen? Muss man nicht auch diejenigen Faktoren berücksichtigen, die Identitätsbildung nicht ermöglichen, sondern einschränken? Vieles weist darauf hin, dass die »identitäre Kreativität (sich unterschiedlich erfinden zu können) [...] eng verbunden mit dem Niveau der Verschiedenheit der Ressourcen [ist], über die ein Individuum verfügt« (Kaufmann 2005: 217). Eine tatsächliche Freiheit in der Identitätskonstruktion würde eine gewisse Gleichheit im Zugang zu ökonomischem, sozialem oder kulturellem Kapital voraussetzen (vgl. Förster 2003: 341). In der Praxis zeigt sich aber eine existierende soziale Ungleichheit, durch welche die Freiheit des Individuums stark eingeschränkt wird (vgl. Kamm 2010: 169). Diese Ungleichheit bezieht sich nicht nur auf individuelle Benachteiligungen, sondern ist an soziale Herkunft oder Habitus geknüpft (vgl. Bös & Schraml 2009: 96). Gerade diese werden jedoch sozial konstruiert, was die Reichweite der Individualisierungsthese deutlich begrenzt.

Auf der Ebene der kollektiven Identität wirft der Soziologe Andreas Wimmer (2008) insbesondere den postkolonialen Theoretikern vor, dass der Konstruktivismus in ihren Konzepten nicht konsequent zu Ende gedacht sei. Indem beispielsweise Homi Bhabha davon ausgehe, dass zwei Originale im Prozess der Hybridisierung aufeinandertreffen, konzipiere er diese Originale als ursprünglich vorhanden – und denke damit letztlich essentialistisch. Erst wenn die vermeintlichen Originale ebenfalls als Konstruktionen begriffen würden, käme man ihrem Charakter auf die Spur. Kultur erscheint für Wimmer daher als permanenter Aushandlungsprozess ohne Ausgangs- oder Endpunkt (vgl. Wimmer 2005). Aber auch die Sichtweise einer rein vorgestellten Gemeinschaft wird immer wieder kritisiert. Anthony Smith beispielsweise bewertet Benedict Andersons Konzept zwar als »perfectly true« (2000: 59), ihm geht allerdings die Imagination als Erklärung für die Entstehung der Nation nicht weit genug. Besonders das emotionale Moment der persönlichen Bindungen kommt ihm bei Anderson zu kurz: »Emphasizing imagination as the key attribute of the nation overlooks these other vital dimensions of will and emotion.« (Ebd.) Damit ein Kollektiv handlungsbestimmend wird, muss nach Smith eine stärkere Bindung, gegründet auf realen persönlichen Beziehungen, hinzukommen. Hier kann man durchaus Parallelen zu klassischen Modellen wie Max Webers politischer Gemeinschaft (Weber 2001: 204ff.) oder der Idee primordialer Bindungen bei Clifford Geertz (2000) erkennen, wichtig ist jedoch vor allem die wachsende Skepsis gegenüber der Idee einer rein mental konstruierten Gemeinschaft. Smith betont, damit würden unter anderem historische Fakten vernachlässigt, die die Kraft hätten »to shape present concerns by setting the cultural parameters and traditions for our present understandings, needs, and interests« (Smith 2000: 62). Von solcher Skepsis angetrieben teilt auch Friedrich Heckmann (1992, 1997) die Sichtweise Smiths und entwickelt ein »genealogisches« (1997: 50ff.) Ethnizitätskonzept, das den grundsätzlichen Gedanken einer imaginierten Gemeinschaft aufgreift, diesen aber nicht verabsolutiert. Ethnische Gruppen sind bei ihm beides – »sozial-kulturelle Wirklichkeit und Wirklichkeit als Konstrukt« (ebd.: 52).

1.4 IDENTITÄTSKONSTRUKTIONEN: VERSUCH EINER SYNTHESE

▸ **Personale Identität** meint im Verständnis dieser Arbeit zunächst die Einheit des Menschen mit sich selbst, die in einem permanenten Konstruktionsprozess hergestellt wird. Aufgrund dieses Prozesscharakters ist sie nur situativ fassbar. Darüber hinaus bewegt sich personale Identität permanent zwischen Abgrenzung von und Identifikation mit Gemeinschaft(en). Soziale Herkunft ist ein bestimmender Faktor in der Identitätsentwicklung. Die Zuordnung eines Individuums zu einer Gruppe ist jedoch trotz wirkmächtiger Zuschreibungen (u.a. durch den Habitus) nicht notwendigerweise eindeutig. Die Theoretiker der Post-Strömungen vermögen zu zeigen, dass die individuell-konstruierende Komponente in der Identitätsbildung zugenommen hat. Widerstreitende kollektive Verhaltensregeln, der Wandel individueller Interessen sowie die nicht abreißende Kette sozialer Interaktion können sogar den stabilen Habitus der Herkunft immer wieder aushebeln. Neben fremdbestimmten Zuschreibungen und selbst gewählter Gemeinschaftlichkeit entwickelt das Individuum aber auch selbstbestimmte Interessen und Verhaltensvariationen (Präferenzen, Wünsche), um sich von den Zuschreibungen der jeweiligen Gruppe abzugrenzen. Personale Identität formt sich damit in der Interaktion von Fremd- und Selbstzuschreibungen (vgl. Abbildung 1): »Identität [...] ist also immer Resultat von sozialen Prozessen.« (Wagner 1998:59)

Abbildung 1: Konstruktion personaler Identität (eigene Darstellung)

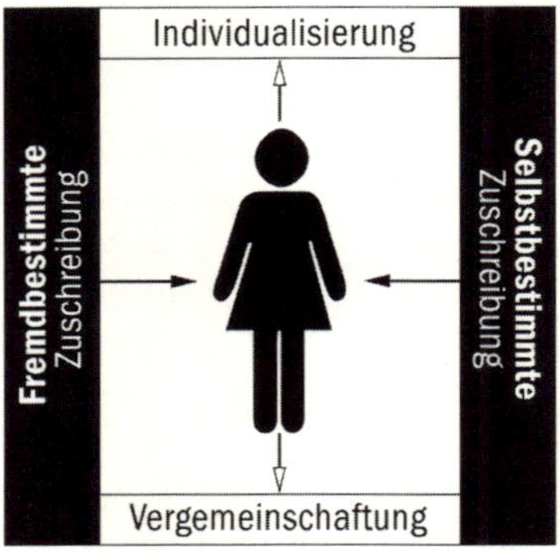

▸ **Kollektive Identität** ist deutlich abzugrenzen von kollektiv geteilten Charakteristika. So sind beispielsweise Menschen mit Migrationserfahrung noch keine Gruppe mit einer kollektiven Identität. Selbst wenn sie aufgrund der Migration bestimmte, homologe Bedürfnisse herausgebildet haben (z.B. Telefonate in die Heimat), kann eine kollektive Identität erst dann diagnostiziert werden, wenn sich das Aggregat auch als Kollektiv empfindet. Sofern dies der Fall ist, umfasst kollektive Identität weit mehr als die »kollektive[n] Anteile von Subjektivität [...], die sich aus der Zugehörigkeit des einzelnen zu bestimmten Gruppen ergeben« (Assmann & Friese 1998: 12). Sie ist die emotional aufgeladene Vorstellung einer Vielzahl von Individuen, einer Gemeinschaft anzugehören. Kollektive Identität besitzt zudem »eine Eigendynamik, die die individuelle Identität verändern kann« (Kaufmann 2005: 127). Sie kann Verhaltensmuster determinieren, die auch dann identitätsstiftende Wirkung entfalten können, wenn das Individuum die Gemeinschaft verlässt. Diese Wirkmächtigkeit kollektiver Identität ist abhängig von der Stabilität der Verankerung kollektiver Identität in der personalen Identität. Besonders stark wirkt kollektive Identität, wenn der Glaube an eine Gemeinsamkeit auf Merkmalen basiert, die durch Vererbung oder Sozialisation als eine Form fremdbestimmter Zuschreibungen gelten können. Kollektive Identität trägt einerseits zur Homogenisierung der Gemeinschaft nach innen und andererseits zur Abgrenzung gegenüber anderen Gruppen bei. Sie konstituiert sich in Abhängigkeit von anderen Kollektiven mit Hilfe kultureller Praktiken, Traditionen, Ritualen oder Codes. Diese Grenzziehung kann je nach Fremdgruppe unterschiedlich ausfallen, sich über die Zeit verändern und geschieht insbesondere durch die Interaktion von Individuen, die Grenzen aushandeln oder Gruppenzugehörigkeiten überschreiten. Durch den vermehrten »flow of personell across [the boundaries]« (Barth 1996: 294) werden kollektive Identitäten hybridisiert, pluralisiert und in ihrer Annahme zumindest teilweise individualisiert. Trotz möglicher Stabilität kollektiver Anteile personaler Identität vergrößert der »historische Prozess der sozialen Differenzierung [...] die Zahl und Verschiedenheit der möglichen Rollen und in noch größerem Umfang die punktuellen Identitäten, die mit ihnen assoziiert werden können« (Kaufmann 2005: 75). Die Möglichkeit, eine kollektive Identität zu wählen, nimmt also mit der Zahl der verfügbaren vorgestellten Gemeinschaften zu. Sofern eine kollektive Identität nicht fremdbestimmt in die individuelle Identitätskonstruktion eingeht, kann sie daher als optionales Identifikationsangebot gelten. Durch ihre Pluralisierung, die beständige Veränderung und durch die Beschränkung auf einen Teilbereich personaler Identität kann kollektive Identität bestenfalls Momente der Einigkeit zwischen Individuen generieren (vgl. Wagner 1998: 65).

▸ **Ethnische Identität** wird in dieser Arbeit verstanden als eine Form kollektiver Identität, die auf geglaubte »Abstammungsgemeinsamkeiten« fokussiert und in einem gesellschaftlichen Prozess konstruiert wird. Sie fungiert im Bereich personaler Identität als vergemeinschaftende Zuschreibung, die vor allem fremd-, aber auch zunehmend selbstbestimmt in die Konstitution personaler Identität eingeht.[7] Über eine gemeinsame ethnische Identität wiederum konstituieren sich ethnische Gruppen. In Bezug auf Ethnomarketing sind ethnische Gruppen vor allem als ethnische Minderheiten relevant. Diese bezeichnen aus soziologischer Sicht ethnische Gruppen, die einer zahlenmäßig größeren (homogenen oder multiethnischen) Mehrheitsgesellschaft gegenüberstehen und denen meist die vollständige und gleichberechtigte Teilhabe an gesellschaftlichen Ressourcen verwehrt ist (vgl. Heckmann 1992: 57).

▸ **Ethnizität** wird in der Literatur häufig mit ethnischer Identität gleichgesetzt. Allerdings meint Ethnizität im Gegensatz zu selbstbezüglicher ethnischer Identität vor allem die Betonung ethnischer Zugehörigkeit gegenüber anderen ethnischen oder kollektiven Identitäten (vgl. Nünning 2008: 183). Damit beschreibt Ethnizität »die Relation von zwei Kollektiven zueinander« (Rauer 2008: 89), sie entsteht aus dem Aufeinandertreffen ethnischer Identitäten. Die so in Gang gesetzten Ethnisierungsprozesse führen über die Herausbildung kollektiver Identitäten schließlich zur Konstitution ethnischer Gruppen beziehungsweise ethnischer Minderheiten.

7 | Zur selbstbestimmten Inkorporation ethnischer Merkmale im Kontext von Ethnomarketing vgl. u.a. Halter (2000) sowie Comaroff & Comaroff (2009).

2. Betriebswirtschaftliche Perspektiven auf Ethnomarketing

Angesichts der vielschichtigen kulturwissenschaftlichen Diskussion um Identität und Ethnizität stellt sich die Frage nach deren Rezeption in der Betriebswirtschaft: Welche der genannten Konzepte lassen sich in der wirtschaftswissenschaftlichen Literatur wiederfinden? Welche (bewusste) Rolle kommt Ethnomarketing bei der Konstruktion von Identifikationsangeboten zu? Das folgende Kapitel wird diesen Fragen nachgehen und zeigen, dass die betriebswirtschaftliche Forschung keineswegs auf einer rein primordialen Position hinsichtlich ethnischer Identität beharrt, sondern durchaus nach Mitteln und Wegen sucht, mit konstruierter Ethnizität umzugehen. Allerdings wird auch deutlich werden, dass man diesen Schritt bislang nur vereinzelt geht und Ethnomarketing immer noch vor allem als Reaktion auf Marktgegebenheiten begreift. Dies liegt vor allem im Selbstverständnis des Marketing begründet.

2.1 Von Marketing zu Ethnomarketing

Selbstverständnis des Marketing

Der Begriff des Marketing lässt sich, funktional wie etymologisch, aus der ökonomischen Konzeption einer dezentralen Marktwirtschaft ableiten. Im Markt treffen Angebot und Nachfrage einer bestimmten Ware oder Dienstleistung zusammen, wobei der Preis als Indikator der Wertschätzung fungiert (vgl. u.a. Mankiw 2001: 70ff.). Ein Unternehmen, das am Markt als Anbieter auftritt, wird sein Gut nur dann gewinnbringend absetzen können, wenn es auf eine entsprechend hohe, existierende Nachfrage trifft beziehungsweise wenn es diese generieren kann. Somit ist die Orientierung an der Nachfrage eine essentielle Grundlage unternehmerischen Handelns, die jedoch in Zeiten einer relativ unelastischen Nachfrage bis weit ins 20. Jahrhundert hinein wenig Berücksichtigung fand. Doch spätestens ab dem Ende der 1950er Jahre machte die »Knappheitswirtschaft mit Nachfrageüberhang (Verkäufermarkt) [...] einer

Überflussgesellschaft mit Angebotsüberhang (Käufermarkt) Platz« (Bauer & Buscher 2006: 68).[1] Von nun an galt die Überzeugung, dass die Nutzenmaximierung der Anbieter nur über die Befriedigung der Konsumentenbedürfnisse gelingen konnte: »The view that an industry is a customer-satisfying process, not a goods-producing process, is vital for all businesspeople to understand.« (Levitt 1960: 12) Diese konsequente Orientierung an den Anforderungen des Marktes impliziert das »Führen eines Unternehmens vom Markt her [und] beginnt, ehe die Produktion einsetzt« (Schmalen 2002: 364). Der US-amerikanische Wirtschaftswissenschaftler Peter Drucker formuliert dieses Selbstverständnis bereits 1954 in einer Definition, die sich leicht variiert auch heute in sämtlichen Marketing-Schulen wiederfinden lässt (vgl. Kotler & Bliemel 2001; Schmalen 2002; Cova 2007):

»Marketing is not only much broader than selling, it is not a specialized activity at all. It encompasses the entire business. It is the whole business seen from the point of view of the final result, that is, from the customer's point of view. Concern and responsibility for marketing must therefore permeate all areas of the enterprise.« (Drucker 1954: 38f.)

Als unternehmerische Gesamtstrategie versteht sich Marketing als eine Art »Königsdisziplin« (Mayer de Groot 2006: 26) der Betriebswirtschaft und ist keinesfalls zu verwechseln mit Werbung. Dieses Selbstverständnis hat zur Folge, dass der sogenannte Marketing-Mix potenziell alle unternehmerischen Aktivitäten umfassen kann.

Marketing-Mix

Der Marketing Mix wird definiert als »die Kombination aus den Marketinginstrumentarien, die das Unternehmen zur Erreichung seiner Marketingziele auf dem Zielmarkt einsetzt« (Kotler & Bliemel 2001: 149). Außerdem wird er meist in vier Dimensionen geteilt, die als die »vier P« bezeichnet werden (vgl. im Folgenden u.a. McCarthy & Perreault 1993):[2] Dabei bezieht sich »Product« auf die Produktpolitik, »Price« auf die Preisgestaltung und Konditionenpolitik, »Place«

---

1 | Die groben Daten beziehen sich auf die Wende hin zu Käufermärkten in den in der vorliegenden Studie untersuchten Ländern. Allerdings ist in den USA schon ca. 20 Jahre zuvor von einem langsamen Wandel zu sprechen, während der Osten Deutschlands bis 1989 eher als Verkäufermarkt bezeichnet werden muss. Zur detaillierten Erklärung der Gründe für Entstehung von Käufermärkten vgl. u.a. das Konzept der Elastizität der Nachfrage bei Bartling & Luzius (2002: 65ff.).

2 | Die Elemente des Marketing-Mix werden hier nur kurz angerissen, ausführliche Erläuterungen mit Blick auf den »multicultural consumer« finden sich u.a. bei Mueller (2008: 23ff.).

auf die Distribution und »Promotion« auf die Absatzförderung, also vor allem die Kommunikationspolitik.[3]

Produktpolitik

Das Produkt ist das konkrete Angebot des Unternehmens an den Markt (vgl. im Folgenden Kotler & Bliemel 2001: 151; Mueller 2008: 24). Ob es sich um materielle oder immaterielle Angebote handelt, spielt dabei keine Rolle. Zur Produktpolitik eines Unternehmens zählt man einerseits die Gestaltung der konkreten Merkmale des Angebotes wie Ausstattung, Qualität, Design, Verpackung und Packungsgrößen. Eine wichtige Rolle spielen aber auch Kundendienst, Garantieleistungen, Rücknahmegarantien oder Serviceleistungen. Neben dem Grundnutzen gehört auch der sogenannte Zusatznutzen zu den Produktmerkmalen. Dieser besteht aus immateriellen Nutzenwerten, beispielsweise aus einem gut eingeführten Markennamen oder der Verknüpfung eines Produktes mit einem positiv besetzten Lebensgefühl.[4] Der Zusatznutzen wird entscheidend durch die Kommunikationspolitik eines Unternehmens mitbestimmt, die strategische Festlegung auf einen zu vermittelnden Zusatznutzen findet jedoch schon bei der Gestaltung des Produktes statt. Produktpolitik bedeutet also die Ausrichtung aller nutzenrelevanten Merkmale des Angebots an den Gegebenheiten des Marktes.

Preis- und Konditionenpolitik

Der Preis eines Produktes richtet sich in einer Marktwirtschaft nach der Zahlungsbereitschaft der Kunden. Allerdings kann das Unternehmen die Preisbildung aktiv beeinflussen (vgl. im Folgenden u.a. Mueller 2008: 32ff.): Rabatte, Skonti, Zahlungsfristen oder Finanzierungskonditionen tragen dazu bei, dass der Nutzen des Produktes im Vergleich zur Konkurrenz neu bewertet wird. Aber auch die Preise für dasselbe Produkt desselben Unternehmens können variieren, wenn die Märkte entsprechend separiert sind. Dies gilt beispielsweise für Groß-, Einzelhandels- und Endverbraucherpreise. Auch die preislichen Differenzen für Endkunden im internationalen Vergleich zeigen, dass Spielräume bei der Preisgestaltung möglich sind. Wenn ein Unternehmen auf voneinander isolierten Märkten gleichzeitig unterschiedliche Preise verlangen kann, spricht

3 | Die Zuordnung konkreter Marketingmaßnahmen zu einer dieser Gruppen ist nicht immer unumstritten, die »vier P« werden zuweilen bis auf zehn erweitert (vgl. u.a. bereits Booms & Bitner 1981). Grundsätzlich jedoch können auch von den »vier P« alle Marketinginstrumente erfasst werden.

4 | Eines der bekanntesten Beispiele für einen solch immateriellen Zusatznutzen stellt die Wildwest-Romantik der Zigarettenmarke »Marlboro« dar. Das Bild des »Marlboro-Man« bestimmt das Produkt mehr als der Geschmack der Zigarette (vgl. Hermann & Huber 2009: 320ff.).

man von »vertikaler Preisdifferenzierung« (Schmalen 2002: 437). Um tatsächlich voneinander isolierte Märkte zu schaffen und so den Preisunterschied aufrechterhalten zu können, werden auch die Distributionskanäle entsprechend angepasst. Die Möglichkeit zur aktiven Preisgestaltung hängt außerdem von der Preiselastizität der Nachfrage ab, das heißt von der Empfindlichkeit, mit der die Kunden auf dem jeweiligen Markt auf eine Preisänderung reagieren (vgl. ebd.: 438).[5]

Distributionspolitik

Bei der Distributionspolitik geht es darum, »das Produkt für die Zielkunden leicht zugänglich und verfügbar zu machen« (Kotler & Bliemel 2001: 151). Im Wesentlichen besteht die Aufgabe also darin, die Vertriebswege eines Produktes im Hinblick auf die Marktgegebenheiten effizient zu organisieren. Dies betrifft die Wahl der Zwischen- und Einzelhändler ebenso wie die Standorte von Filialen oder den Transport des Produktes. In der vorliegenden Arbeit wird mit Schmalen (2002: 550) auch das persönliche Verkaufsgespräch zur Distributionspolitik gezählt.[6] In der Vertriebspolitik spielt daher auch der Personaleinsatz eine wichtige Rolle.[7] Dies kann sich auf die Auswahl der Mitarbeitenden für die jeweiligen Standorte ebenso auswirken wie auf die Personalentwicklung (u.a. Fort- und Weiterbildungen). Insbesondere das Vertriebs- und Verkaufspersonal muss in der Lage sein, einen möglichst stabilen Kundenkontakt aufzubauen. Die Mitarbeiter des Vertriebs repräsentieren außerdem das Unternehmen und müssen daher zur gesamten Marketingstrategie passen. Klee & Wiedmann (2006: 165ff.) nehmen an in diesem Zusammenhang an, dass Marketing, das sich an ethnische Minderheiten wendet, die Einstellung von Mitarbeitenden aus der Zielgruppe besonders begünstigt.

5 | Gleiches gilt für eine zeitliche Preisdifferenzierung, wie sie beispielsweise im Tourismus durch Haupt- und Nebensaison gegeben ist (vgl. Schmalen 2002: 438). Eine horizontale Preisdifferenzierung liegt dagegen vor, wenn das Unternehmen den Preis für ein Produkt kontinuierlich senkt, um zu Beginn die Konsumentenrente vollständig abzuschöpfen (vgl. ebd.: 441). Für die vorliegende Arbeit ist nur die vertikale Preisdifferenzierung relevant.

6 | Von manchen Autoren wird nur der Aufbau eines Vertriebssystems und entsprechender Absatzwege als Vertriebspolitik gefasst, während die Beratung potenzieller Kunden unter der Kommunikationspolitik subsummiert wird (vgl. u.a. Kotler & Bliemel 2001: 150; Mueller 2008: 23).

7 | Der Personaleinsatz könnte auch als Personalpolitik, und damit als fünftes »P« extra aufgeführt werden. Da in den hier untersuchten Fallstudien jedoch nur diejenigen personalpolitischen Maßnahmen untersucht werden, die sich auf die Vertriebspolitik der jeweiligen Ethnomarketing-Kampagne beziehen, wird der Personaleinsatz unter der Distributionspolitik subsummiert.

Kommunikationspolitik

Das vierte »P«, die »Promotion«, wird häufig mit Absatzförderung übersetzt, wobei der Fokus auf der Gestaltung der Kommunikation mit (potenziellen) Kunden liegt. Aus diesem Grund kann man sie auch als die Kommunikationspolitik eines Unternehmens bezeichnen (vgl. im Folgenden Bruhn 2009). Darunter fallen verkaufsfördernde Veranstaltungen genauso wie klassische Werbung, Präsenz in den neuen Medien, PR- und Öffentlichkeitsarbeit, Sponsoring oder neuere Formen der Kommunikation wie »Viral Marketing« oder »Guerilla Marketing«. Allen Instrumenten ist gemein, dass sie die Verbindung zwischen Kunden und Unternehmen beziehungsweise zwischen Kunden und Produkt herstellen und diese zu gestalten suchen. Dabei soll neben der Verbreitung von Produktmerkmalen und Markennamen eine positive Grundstimmung erzeugt werden, die letztlich zur Kaufhandlung führt. Die Kommunikationspolitik beinhaltet die sichtbarsten Elemente des Marketing-Mix, was die häufige Gleichsetzung von Marketing und Kommunikation (und hierbei besonders Werbung) erklärt. Eine Sonderstellung nehmen die Kommunikationsaktivitäten eines Unternehmens aber auch ohne diese Vereinfachung ein, denn Vertriebswege, Preisgestaltung und Produkteigenschaften müssen gegenüber den potenziellen Kunden kommuniziert werden. Für die Untersuchung einer Marketingstrategie ist die sorgfältige Analyse der Kommunikationspolitik also unverzichtbar.

Marktsegmentierung

> [E]thnic and other segmentation [...] is the key to profitability. (Rossman 1994: 18)

Dem Selbstverständnis des Marketing als Reaktion auf die Bedürfnisse potenzieller Kunden in allen Dimensionen des Marketing-Mix folgend, geht der operativen Umsetzung eine umfangreiche Marktforschung voraus. Um valide Ergebnisse zu generieren wäre grundsätzlich der Aufbau möglichst vieler belastbarer Kontakte mit solventen Nachfragern von Vorteil. Doch trotz zahlreicher Versuche einer »atomisierten Segmentierung« (Kotler & Bliemel 2001: 422) bleibt dies auch in Zeiten des »gläsernen Kunden« (ebd.) eine unerreichte Vision. Indem Marktforscher immer spezieller auf einzelne Haushalte eingehen, erreichen sie zwar genauere Kenntnisse des Lebensstils der Probanden, müssen jedoch mit einem deutlichen Missverhältnis zwischen Aufwand und Ertrag rechnen (vgl. Freter et al. 2006: 76ff.). Im Rahmen der Marktsegmentierung versucht man daher, einen effizienten Mittelweg zu beschreiten und Individuen mit ähnlichen Eigenschaften zu Aggregaten zusammenzufassen (vgl. im Folgenden Schmalen 2002: 369). Die so entstehenden Zielgruppen sollen sich intern durch weitgehende Homologien bezüglich stabiler Ausprägungen individueller Identität auszeichnen (Homogenitätsbedingung) und gleichzeitig klar voneinander abgrenzbar sein (Heterogenitätsbedingung). Außerdem müssen die Aggregate groß genug sein, um wirtschaftlichen Effizienzkriterien zu genügen (Wirtschaftlichkeitsbedingung).

Sowohl die Bestimmung von Homologien als auch die Verknüpfung von bestimmten Individuen mit dinglichen oder abstrakten Konzepten zu stabilen Zielgruppen gilt als Achillesferse des Marketing. Von wenigen homogenen Merkmalen einer Gruppe wird nicht selten auf weitere geschlossen, was gründlich misslingen kann (vgl. im Folgenden Mayer de Groot et al. 2006: 9): Beispielsweise könnte man verheiratete Männer mit Geburtsjahr 1948, die eine in Großbritannien verlebte Kindheit, beruflichen Erfolg, Vermögen sowie eine gewisse Popularität aufweisen und Präferenzen für Hunde und die Alpen besitzen, zu einem scheinbar homogenen Segment zusammenfassen. Doch diese Charakteristika treffen unter anderem auf ein recht ungleiches britisches Prominenten-Paar zu: Prinz Charles und der ehemalige Rocksänger Ozzy Osbourne. Aus ihren Gemeinsamkeiten auf weitere (wie etwa Mode- oder Musikgeschmack) zu schließen, wäre sicherlich wenig zielführend. Daher versucht man, den Katalog der Segmentierungskriterien ständig zu erweitern und zu verfeinern: Er reicht von sozioökonomischen (Einkommen, Ausbildung etc.) und demografischen Merkmalen (Alter, Geschlecht etc.) über psychographische Merkmale (Lebensstil, Einstellungen etc.) bis hin zu Besitz- und Verbrauchsmerkmalen. Mit diesen Hilfskonstruktionen gelingt es, immer differenziertere Segmente »aufzuspüren« (Kotler & Bliemel 2001: 294). Doch gleichzeitig bringen die in Kapitel 1 beschriebenen Pluralisierungs- und Individualisierungsprozesse die mühsam errichteten Gebilde in regelmäßigen Abständen ins Wanken. Ob »Sinus-Milieus« oder »Zielgruppen-Galaxien« (vgl. Kalka & Allgayer 2007; Schmid & Kaufmann 2006) – alle Container-Begriffe, so konkret sie auch gefasst werden, zeichnen sich vor allem durch ihre Fragilität aus.

Vor diesem Hintergrund gilt vielen Wirtschaftswissenschaftlern und Praktikern ethnische Identität als ein vergleichsweise stabiles Merkmal persönlicher Identität. Sie argumentieren, dass ethnische Minderheiten geradezu ideale Voraussetzungen mitbrächten (vgl. dazu auch Dávila 2001: 235): Sie wären durch gemeinsame Charakteristika und eine kollektive Identität gekennzeichnet (Homogenitätsbedingung) und dadurch auch nach außen hin relativ klar von anderen Gruppen abzugrenzen (Heterogenitätsbedingung). Sie seien durch kollektiv geteilte Merkmale auch für Nicht-Mitglieder objektiv feststellbar und damit effizient ansprechbar (Wirtschaftlichkeitsbedingung). Ethnomarketing basiert somit auf der Einschätzung, dass eine kaufkräftige ethnische Gruppe existiert, die durch Methoden der Marktsegmentierung effizient angesprochen werden kann (vgl. u.a. Mueller 2008: 18; Schreiber & Lenson 2001: 2). Allerdings weisen Pires & Stanton in diesem Zusammenhang darauf hin, dass nicht jede ethnische Gruppe »identifiable, measurable, substantial, actionable and stable« (2005: 14) sei. Die Entwicklung einer Ethnomarketing-Strategie machen sie dementsprechend von der positiven Beantwortung dreier Fragen abhängig:

»1. Are the consumption needs and preferences of the consumers making up a minority ethnic group different from those of either other minority ethnic groups or of the majority of mainstream consumers?
2. Are the information sources and communication channels used by ethnic minority consumers different from those of either other minority ethnic groups or of the majority of mainstream consumers?
3. If yes, is it likely that these differences can be targeted by businesses in a way that increases the value of the business?« (Ebd.: 6)

Sofern diese Bedingungen erfüllt sind, kann eine detailliertere Marktforschung anschließen und herausarbeiten, welche ethnisch geprägten Bedarfe der Zielgruppe sich durch die Gestaltung spezieller Produkte befriedigen lassen oder/ und welche Besonderheiten bei der Gestaltung der Preis-, Vertriebs- und Kommunikationspolitik berücksichtigt werden müssen.[8] Die Marktforschung kann sowohl quantitative als auch qualitative ethnografische Methoden beinhalten (vgl. Pires & Stanton 2005: 141ff.; Klee & Wiedmann 2006: 163ff.).

Ethnomarketing als betriebswirtschaftliche Strategie

Auf Grundlage der Marktforschungsergebnisse werden Ethnomarketing-Strategie und operative Umsetzung im Marketing-Mix geplant. Ausgangspunkt hat dabei »die Erkenntnis zu sein, dass auch Ethno-Marketing nichts anderes ist als die konsequente Fortführung des Gedankens der Kundenorientierung« (Klee & Wiedmann 2006: 169). Je nachdem, wie stark einzelne Elemente des Marketing-Mix angepasst werden, lassen sich mit Klee & Wiedmann (2003: 98ff.; 2006: 163) vier Ethnomarketing-Strategien hinsichtlich der Dimensionen »Breite« (Wie viele Bereiche des Marketing-Mix werden angepasst?) und »Tiefe« (Wie stark werden die Bereiche angepasst?) unterscheiden (vgl. Abbildung 2).

▸ Bei der »**Teststrategie**« (Klee & Wiedmann 2003: 98) werden nur wenige Elemente des Marketing-Mix in geringer Tiefe angepasst, um ihre Wirkung zu testen. Dies wäre zum Beispiel der Fall, wenn ein Unternehmen ein Faltblatt in

8 | In diesem Zusammenhang wird immer wieder die Relevanz von Ethnomarketing für bestimmte Produktkategorien oder Branchen diskutiert. Dies führt in einigen Fällen dazu, dass Produkte – wie im internationalen oder interkulturellen Marketing üblich (vgl. Müller & Gelbrich 2004: 555) – nach ihrer Kulturgebundenheit oder nach dem Risiko bei der Kaufentscheidung klassifiziert werden (vgl. u.a. Chung & Fischer 1999a; Klee & Wiedmann 2003; Stefan 2007). Allerdings findet sich für diese Annahmen bislang keine empirische Bestätigung (vgl. Chung 2000).

die Sprache der ethnischen Minderheit übersetzen würde, ohne sonstige Anpassungen vorzunehmen.

▶ Eine »**Fassadenstrategie**« (ebd.) wäre dagegen zu diagnostizieren, wenn nahezu alle Elemente des Marketing-Mix in geringer Tiefe angepasst würden. So würde sich beispielsweise die Verwendung einer anderen Sprache neben den Kommunikationsmitteln in der Gestaltung der Produktverpackung und der Mehrsprachigkeit des Verkaufspersonals wiederfinden.

▶ Bei einer »**Spezialisierungsstrategie**« (ebd.) werden dagegen wenige Dimensionen des Marketing-Mix in großer Tiefe angepasst. Dies könnte beispielsweise bedeuten, dass im Bereich der Kommunikationspolitik Werbemittel in anderer Sprache mit ethnisiertem Inhalt über ethnische Kommunikationswege und Multiplikatoren aus der ethnischen Gruppe verbreitet würden.

▶ Sobald dann umfangreiche Anpassungen in allen Dimensionen des Marketing-Mix erfolgen, könnte von einer »**Full-Power-Strategie**« (ebd.) gesprochen werden. Dies würde die Entwicklung eines Produktes genauso implizieren wie die Anpassung der Preispolitik, beispielsweise über die Berücksichtigung religiöser Besonderheiten bei der Finanzierung eines Produktes.

Abbildung 2: Ethnomarketing-Portfolio nach Klee & Wiedmann

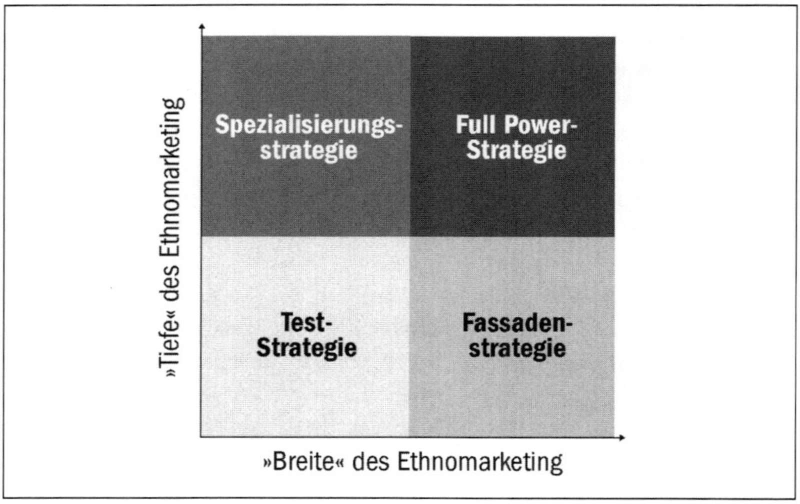

Quelle: Darstellung nach Klee & Wiedmann 2003: 98; 2006: 163

2.2 ETHNOMARKETING ZWISCHEN REAKTION UND AKTION

> [T]he line between production and consumption in the identity economy is often blurred. (Comaroff & Comaroff 2009: 28)

Ethnomarketing als Reaktion

Wie oben dargelegt, beschreibt die betriebswirtschaftliche Literatur ethnische Zielgruppen zumeist als homogen und stabil. Aus sozial- und kulturwissenschaftlicher Sicht gilt jedoch, dass ethnische Identität als soziales Konstrukt gerade in multikulturellen Gesellschaften zunehmend pluralisiert und dynamisiert ist. Dieser Widerspruch scheint vielen Sozial- und Kulturwissenschaftlern nur dadurch erklärbar, dass sämtliche wirtschaftswissenschaftliche Autoren den Konstruktionscharakter von Ethnizität schlichtweg ignorierten:

> »In den geisteswissenschaftlichen Disziplinen dominiert ein konstruktivistisches Verständnis von Ethnizität, in stärker operational ausgerichteten Wissenschaften herrscht jedoch ein alltagsweltliches bzw. objektivistisches Ethnizitätsverständnis vor. Die Überlegung, dass Ethnizität eine Konstruktion sein könnte, wird in anwendungsbezogenen Arbeiten (z.B. der Wirtschaftswissenschaften) in der Regel erst gar nicht angestellt. Stattdessen wird versucht, die Eigenschaften bzw. Reaktionen einer bestimmten Ethnie hinsichtlich einer bestimmten Fragestellung zu erforschen.« (Kulinna 2007: 67f.)

Auf der Unterstellung, für Wirtschaftswissenschaftler und die werbenden Unternehmen sei Ethnizität »Faktizität und nicht Konstrukt« (ebd.: 8), baut ein Großteil von Kulinnas Argumentation auf. Zumindest auf die einschlägige angloamerikanische Forschung trifft dieses Pauschalurteil aber nicht uneingeschränkt zu. Beispielsweise ist nach Pires & Stanton (2005: 39f.) einzig die Identifikation des Individuums mit einer ethnischen Gruppe ausschlaggebend für dessen Zugehörigkeit. Ethnizität ist in ihrem Verständnis ein »three dimensional construct« (ebd.: 45), das »ethnic identity«, »ethnic origin« und »ethnic intensity« einschließt. Unter Bezugnahme auf Hui, Kim & Laroche (1992) entsteht aus Sicht der beiden Autoren die Relevanz von Ethnizität für die Marktsegmentierung sogar erst aus dem Konstruktionscharakter: »Ethnicity as a segmentation criterion is justifiable by its nature as an ›obviously relevant social construct‹ for both seller and consumer behaviour.« (Pires & Stanton 2005: 39) Mit dieser Sichtweise verkörpern Pires & Stanton keineswegs eine revolutionäre Neuausrichtung der Marketingforschung: Schon zwanzig Jahre zuvor hatten Deshpandé et al. (1986) bei der hispanischen Minderheit in den USA »strong and weak ethnic identifiers« ausgemacht. Auch Chung & Fischer betonen immer wieder die Rolle des individuellen Abstammungsglaubens für Ethnomarketing und fokussieren auf »the strength of ethnic identification« (1999b: 482). Selbst die bei Kulinna (2007: 40) als konstruktivistisch gekennzeichnete Methode der Ethnomethodologie wird längst zur Marktsegmentierung angewandt (vgl. u.a. Fuchs 2006).

Nicht alle Wirtschaftswissenschaftler hängen also per se einer primordialen Sichtweise an. In vielen der als Praxisleitlinien konzipierten Arbeiten zeigen sich jedoch einige Unklarheiten in der Argumentation: So wird Ethnizität in der betriebswirtschaftlichen Literatur nicht von ethnischer Identität unterschieden und immer wieder mit Kultur gleichgesetzt (vgl. Klee & Wiedmann 2003; Rossman 1994; Wilken 2004). Kultur wird dabei häufig mit Geert Hofstede (1984, 2001, 2003) als mentale Programmierung verstanden, die bestimmt, wie Denk- und Handlungsprozesse ablaufen. Auf dieser Grundlage wird eine objektivistische »ethnische« Segmentierung anhand vorab definierter Kulturdimensionen vorgenommen (vgl. beispielhaft Wilken 2004: 43ff.). Am Ende des kulturellen Segmentierungsprozesses soll »[j]edes Marktsegment [...] eine ethnische Gruppe widerspiegeln« (ebd.: 46).[9] Während hier essentialistische Konzepte dominieren, geht eine andere Strömung der Marktforschung zu ethnischen Gruppen differenzierter vor. In den entsprechenden Studien wird Kultur zumeist als »Gesamtheit der Grundannahmen, Werte, Normen, Einstellungen und Überzeugungen einer sozialen Einheit« (Kutschker & Schmid 2004: 666) begriffen. Damit vollzieht man kulturelle Veränderungen nach, setzt diese jedoch nicht mit der Änderung der Gruppe selbst gleich (vgl. Pires & Stanton 2005: 3). So wird beispielsweise nach der Adaption kultureller Elemente durch ethnische Gruppen gefragt (vgl. u.a. Chung & Fischer 1999a; Fletcher 2003; Odgen et al. 2004; Palumbo & Teich 2004; Sekhon & Szmigin 2005), oder es werden Prozesse der »Interakkulturation«, also der wechselseitigen Übernahme kultureller Elemente zwischen Minderheit und Mehrheit, in den Blick genommen (vgl. Conill 2007; McFarlane & Semple 2007; Penaloza 1995). Die ethnische Gruppe wird mit Barth als »culture bearing unit« (1996: 297), und damit als der Kultur vorgelagert, begriffen, weshalb Pires & Stanton multikulturelles Marketing auch als »a weaker form of ethnic marketing« (2005: 3) bezeichnen.

Doch trotz der säuberlichen Trennung von Kultur und ethnischer Gruppe ist auch bei Pires & Stanton eine Vermengung verschiedener Perspektiven feststellbar. So erscheint ihnen auch bei einer explizit formulierten, konstruktivistischen Grundposition ethnische Herkunft als unveränderliches Charakteristikum des Individuums: »Ethnic origin is thus acquired by birth and never changes [...]. It is independent of country or time of residence, or cultural be-

---

9 | Hofstedes Vorgehensweise, Land mit Kultur gleichzusetzen, wird genauso kritisiert wie die Auswahl von IBM-Mitarbeitern als repräsentatives Aggregat für die jeweilige Kultur und das Fehlen einer theoretischen Fundierung des Konzeptes. Trotz solcher Probleme wird Hofstede in der Ethnomarketing-Praxis nach wie vor stark rezipiert.

haviour.« (Pires & Stanton 2005: 41) Ethnische Gruppen können in dieser Sichtweise mittels vermeintlich objektiver Variablen wie biologischer Abstammung, Wohnort oder Sprache eindeutig identifiziert werden (ebd.: 39ff.). Hier bedienen Pires & Stanton essentialistische Vorstellungen von ethnischer Identität. Einige Seiten später jedoch beziehen sie sich wieder auf eher konstruktivistisch geprägte Autoren wie Fredrik Barth und Clifford Geertz (vgl. ebd.: 145ff.). Gerade Letzteren benennen auch andere wirtschaftswissenschaftlich orientierte Forscher, wie Ahmad Jamal (2003b: 4), als methodischen Ankerpunkt. Jamal führt sein Vorgehen bei einer ›dichten Beschreibung‹ der Konsumgewohnheiten der pakistanischen Minderheit in Bradford (UK) außerdem auf Benedict Anderson zurück. In seiner Studie betont er in konstruktivistischer Manier die Mittlerfunktion von Unternehmern bei der Herausbildung einer neuen kollektiven Identität der ethnischen Minderheit.[10] Auf der anderen Seite erklärt Jamal die Erfolge der »ethnic entrepreneurs« mit der genauen Kenntnis der Zielgruppe und schlägt Unternehmen aus der Mehrheitsgesellschaft vor, objektiv feststellbare, kulturelle Merkmale in ihr Kalkül aufzunehmen. Dazu gibt er recht essentialistische Anweisungen und stellt beispielsweise fest, dass »ethnic minority consumers rely strongly on word of mouth communications« (2003b: 10). Ganz anders mutet dann sein Ratschlag zur gezielten Konstruktion hybrider Angebote in Supermärkten oder der Berücksichtigung kurzlebiger, emotionaler Gemeinschaften an (vgl. ebd.: 9). Hier sind Anklänge postmoderner Autoren wie Zygmunt Bauman oder Michel Maffesoli festzustellen (vgl. u.a. Keller 2006).

Wie am Beispiel von Jamal, aber auch von Pires & Stanton deutlich wird, sind zahlreiche betriebswirtschaftliche Autoren auf einer theoretisch-abstrakten Ebene durchaus vom Konstruktivismus geprägt. Sobald sie aber empirisch arbeiten, gehen die meisten davon aus, ethnische Gruppen anhand spezifischer (auch biologischer) Merkmale objektiv segmentieren und stabile, konsumrelevante Homologien jenseits kollektiver Identität identifizieren zu können:

»Ethnic marketing recognizes that all consumers in a market may be distributed into internally homogeneous groups through ethnicity-based segmentation. Each resulting ethnic group is made up of consumers who have common needs, preferences and evaluation criteria before and after consumption.« (Pires & Stanton 2005: 33)

In dem Moment, in dem Ethnizität für die Marktforschung operationalisiert werden soll, macht eine stringente, konstruktivistische Herangehensweise einem gewissen methodologischem Eklektizismus Platz. Um segmentorientiertes Marketing betreiben zu können, ignoriert man, dass »consumer identity [...] is fluid« (Burton 2002: 218). Dies geschieht, indem man primordiale Bindun-

10 |Ähnlich auch in Jamals Untersuchungen zu ethnischem Unternehmertum in London und Cardiff (2005).

gen fokussiert und die fortdauernde Konstruktion ethnischer Identität nicht mehr thematisiert. Ethnische Identität wird als in der Vergangenheit konstruiert wahrgenommen, für Gegenwart und Zukunft aber stabil konzipiert. Mit Hilfe dieses Kunstgriffs erhält man nicht nur die Hoffnung auf eine effektive Arbeit mit der ethnischen Gruppe aufrecht, sondern verspricht sogar Vorhersagen zum Verhalten ihrer Mitglieder (vgl. Pires & Stanton 2005: 77). Damit macht man Ethnizität einer nutzenmaximierenden Sicht zugänglich und lässt sie für Praktiker bearbeitbar erscheinen (vgl. dazu auch Chung 2000). Ethnomarketing bleibt somit in seinem Selbstverständnis eine Reaktion auf vermeintlich objektiv gegebene Marktgegebenheiten.

Ethnomarketing als Aktion

Bei der Suche nach Alternativen zu objektivistisch-reaktiven Konzepten, die Chung mit »navigating the primordial soup« (2000: 36) recht treffend beschreibt, lohnt sich der Blick auf den Ansatz der Latin School of Marketing um Avi Shankar, Robert Kozinets sowie Bernard und Veronique Cova (2007). In der Absicht, dem grundlegenden Problem situativer und schwer fassbarer Zielgruppen zu begegnen, rezipieren die Autoren Arbeiten der spät- und postmodernen Kulturtheorie. Sie teilen die Diagnose der meisten Post-Theoretiker von der Auflösung traditionaler Bindungen und der Pluralisierung der Identitätsoptionen und erkennen darin auch den Zwang zur individualisierten Identitätskonstruktion. Sie sind der Meinung, dass von der oft postulierten, wachsenden Freiheit des Individuums nur eine ökonomische und intellektuelle Elite profitiere – ein Phänomen, das der Philosoph Zygmunt Bauman als »Sezession der Erfolgreichen« (2009: 63ff.) bezeichnet. Für die Mehrheit bedeute die zunehmende Individualisierung dagegen Unsicherheit und Vereinsamung. Diese Entwicklungen führten zu dem Bedürfnis des Einzelnen nach Orientierung und Gemeinschaft (ebd.: 73ff.). Nach Ansicht der Latin School of Marketing verweigert sich das im Mainstream dominierende, segmentorientierte »northern marketing« (Cova & Cova 2001: 9) diesem Wunsch des postmodernen Menschen nach Gemeinschaft. Es verschärfe durch einen individualisierenden, psychosoziologischen Ansatz sogar die Probleme der Individualisierung – und damit der Vereinzelung (vgl. ebd.: 11).

Die zunehmende Individualisierung ist für die Latin School daher kein Grund stärkere Marktsegmentation zu betreiben. Sie hätte ohnehin auch nur »imagined, implausible consumer profiles« (ebd.: 9) zur Folge. Stattdessen bevorzugt man einen sogenannten ethnosoziologischen Ansatz, der auf verbindende Elemente und gemeinsame Aktion der potenziellen Kunden setzt (vgl. ebd.: 7). Bei der Entwicklung einer Strategie zur Konstruktion solcher Gemeinschaften beziehen sich die Autoren sich auf das Werk des französischen Philosophen Michel Maffesoli, der bereits in *Le Temps des Tribus* (1988) das Zeitalter der Stämme ausgerufen hatte. Maffesoli definiert solche Stämme als affektive

Gemeinschaften, die sich um rein emotionale Kerne bilden. Die Stämme weisen einerseits archaische Elemente auf, andererseits tragen sie deutlich postmoderne Züge. Von archaischen Stämmen grenzt Maffesoli die »postmodern tribes« (2007: 27) in seinem Beitrag zum Sammelband *Consumer Tribes* (Cova et al. 2007) vor allem dadurch ab, dass ihre Grenzen eher konzeptioneller und weniger primordialer oder gar stabiler Natur seien. Darüber hinaus meldeten sie keinen totalitären Anspruch auf das Individuum an. Als weiteres Spezifikum der postmodernen Stämme führt Maffesoli aus:

»The specificity of a postmodern tribe is clearly its aesthetic. [...] Of course, we should apprehend this word in its etymological sense of people feeling emotions together. This is the sort of aesthetics that provide foundations for a community, offering the basis for what I have in the past called the postmodern ›tribe‹.« (2007: 27)

Damit ähneln die postmodernen Stämme bei Maffesoli stark den »ästhetischen Gemeinschaften« bei Zygmunt Bauman (2009: 81). Die ästhetischen Gemeinschaften sind, wie die Stämme bei Maffesoli, ephemere Gebilde, die die Funktion der kurzfristigen Vergemeinschaftung erfüllen. Sie sind »Instant-Gemeinschaften zum sofortigen Verbrauch« (ebd.: 87). Im Gegensatz zu Maffesoli betont Bauman jedoch weniger die Interaktion der Mitglieder als vielmehr das gemeinsame Erlebnis, das auch virtuell vermittelt werden kann und das in Zeiten einer stetig wachsenden Zahl an Nutzern der neuen Medien an Bedeutung gewinnt (vgl. ebd.: 83). Entscheidend für das Verständnis der ästhetischen Gemeinschaften ist (genauso wie für das der »tribes«), dass sich beide durch gleichgerichtete emotionale Wahrnehmung der Individuen aufgrund der Teilnahme an einem Ereignis konstituieren: »Such participation generates a quasi-mystical communion, a common sentiment of belonging« (Maffesoli 2007: 31; vgl. dazu auch Bauman 2009: 81). Die klassischen Werkzeuge soziologischer Analyse können für postmoderne Stämme unter anderem deshalb nicht greifen, weil das Individuum stets in mehreren Gemeinschaften gleichzeitig Mitglied ist und jeweils unterschiedliche Rollen annimmt. Cova & Cova definieren in der Folge »consumer tribes« als »network of heterogeneous persons [...] who are linked by a shared passion or emotion« (2001: 10). Hier setzt die Latin School of Marketing mit ihrem sogenannten Tribal Marketing an:

»Consequently, we see marketing as the activity of designing and launching of products and services destined to facilitate the co-presence and the communal gathering of individuals in the time of the tribes: a kind of ›tribal marketing‹.« (Ebd.: 7).

Entscheidendes Charakteristikum des Tribal Marketing ist die Bereitstellung von kurzfristiger Gemeinschaft für individualisierte Konsumenten. Dies bedeutet eine Kehrtwendung im Selbstverständnis des Marketing: Nicht mehr die

Reaktion auf existente Zielgruppen, sondern die aktive Konstruktion solcher Kollektive steht im Fokus. Hier wird das Produkt oder die Marketing-Botschaft zum Kern der, bestenfalls vom Unternehmen initiierten und gesteuerten, Gemeinschaft. Marketing geht damit der Entstehung von Zielgruppen voraus. Tribal Marketing wird insbesondere im Bereich neuerer Sportarten verstärkt angewandt. So versuchte der Sportartikelhersteller Salomon bereits 1995 im Rahmen eines als Ethnomarketing bezeichneten Ansatzes die Gemeinschaft der In-Line-Skater zu beeinflussen (vgl. Cova & Cova 2001: 18). In ähnlicher Weise könnte man auch in Musik- und Tanzveranstaltungen, beispielsweise rund um die orientalische Kultur in Deutschland, eine postmoderne Form des Ethnomarketing erkennen. Matthias Kulinna beschreibt in diesem Zusammenhang den »Stamm der Orientalen« (2007: 128), der durch das Initiieren einer Gemeinschaft rund um bestimmte, ethnisch geprägte Veranstaltungen entsprechend den Maßstäben des Tribal Marketing kreiert werde. Allerdings zeichnet sich Ethnomarketing im Wesentlichen dadurch aus, dass es sich gezielt an eine ethnische Gruppe richtet (vgl. ebd.: 9). Im angegebenen Beispiel wird die Kommunikation innerhalb des postmodernen Stamms der Orientalen allerdings keineswegs auf eine ethnische Gruppe beschränkt (vgl. Orientevents 2011). Vielmehr wird mit den Assoziationen aus 1001 Nacht bei einer deutschsprachigen Mehrheitsgesellschaft geworben. Auf diese Weise wird Ethnizität instrumentalisiert, dient aber nicht als Grundlage einer Segmentierungsstrategie. Wollte man die Orientevents als Ethnomarketing klassifizieren, so wären wohl auch ethnische Stereotypisierungen in der Werbung, wie die Verbindung von Pizza und italienischer Lebensart, in diese Kategorie aufzunehmen. Eine Klassifizierung als Ethnomarketing wäre streng genommen nur dann möglich, wenn zumindest die ursprüngliche Entwicklung des Produktes aus den vermeintlichen Bedürfnissen einer ethnischen Gruppe heraus entstanden ist.

Ein Beispiel für die Entstehung von postmodernem Ethnomarketing in diesem Sinne liefert das Phänomen der »Asian Themed Weddings« (Laghan 2011) im Vereinigten Königreich: Um einer als asiatisch konstruierten ethnischen Minderheit die Möglichkeit zu geben, ein Hochzeitsfest nach den eigenen kulturellen Gepflogenheiten auszurichten, entstanden mehrere entsprechende Agenturen. Besonders via Internet betrieben diese zunächst Ethnomarketing nach der Maxime: »There are so many Asians in the UK. However, there are only a few [companies] that cater to the needs of Asians.« (Asian Wedding Network 2011) Allerdings sprechen die Angebote aufgrund des Zugangs über die englische Sprache und einer vermehrten Präsenz indischer Lebensart in den Medien zunehmend auch Briten ohne asiatischen Hintergrund an: Häufig wollen auch autochthone Paare ihre Hochzeit zu einem Bollywood-Ereignis machen. Daher verwundert es nicht, dass sich beispielsweise die »Indian Themed Wedding«-Angebote der Agentur Laghan in Glasgow explizit an eine breite Konsumentenschaft wenden (vgl. Laghan 2011). Ein vergleichbares Beispiel bietet der Reiseveranstalters Öger Tours in Deutschland: Im Jahr 1969 begann der türkische Unternehmer Flüge zwischen der Türkei und Deutschland anzubieten, womit er sich explizit an »seine Landsleute, die in Deutschland als Gastarbeiter tätig waren« (Öger Group 2009: 3) richtete. Im Laufe der Jahre wuchs das Unternehmen zum »europaweit größte[n] Anbieter für Türkeireisen« (ebd.: 4), wobei der Kundenstamm längst nicht mehr von einem türkischen Hintergrund abhängig ist. Aus einem bedürfnisorientierten Angebot für türkische Migranten wurde ein Unternehmen, das von seiner Glaubwürdigkeit als ethnischer Veranstalter lebt. Ethnische Identität wird sowohl im Fall der »Asian Themed Weddings« als auch bei Öger Tours zum Kern eines neuen Konsumentenstammes. Dieser ist zwar höchstens noch als »ethnic-flavoured« (Cova & Cova 2001: 5) zu bezeichnen, ist aber aus der Reaktion auf eine ethnische Minderheit entstanden. Deren wahrgenommene Präferenzen zeigen sich dann kompatibel mit denen von Individuen außerhalb der Zielgruppe. Anvisiertes Marktsegment und die letztlich entscheidende Konsumentenschaft können also deutlich voneinander abweichen. Weil aber Ethnomarketing an zuvor definierten Segmenten ansetzt, entstehen davon abweichende Konsumentenstämme meist – wie in den beiden Beispielen – als Spät- oder Nebenfolge des segmentorientierten Marketing.

Um das aktive Selbstverständnis des Marketing von Beginn an zu realisieren, fordern Vertreter der Latin School, ganze Gemeinschaften vom betriebswirtschaftlichen Reißbrett aus neu zu erschaffen. Für neue Sportarten oder Erfindungen im Elektronikbereich mag eine entsprechende Strategie in einzelnen Fällen erfolgreich gewesen sein, doch in Bezug auf ethnische Gemeinschaften ist aus einigen Gründen Skepsis angebracht. So werden ethnische Identitäten zwar ständig neu konstruiert, dies geschieht jedoch in einem umfassenden sozialen Prozess. Deshalb kann sich Marketing zwar durchaus an der Konstruktion ethnischer Gruppen beteiligen, kann sie aber wohl kaum in Form eines »Ethnic Tribe« völlig eigenständig gestalten (vgl. Dávila 2001). Dies zeigt sich auf praktischer Ebene darin, dass diejenigen Konsumenten, die ethnische Produkte erwerben, zumindest »a certain level of legitimacy« (Halter 2000: 19) – und damit den Bezug auf soziale Konstrukte außerhalb des Marketing – erwarten. Trotz solch offensichtlicher Grenzen des Tribal Marketing-Ansatzes ist es ein Verdienst der postmodernen Strömungen, die Konstruktionseffekte des Marketing in die betriebswirtschaftliche Literatur eingeführt zu haben (vgl. dazu u.a. Tharp 2001: 52). Lisa Penaloza (2007) formuliert dieses weiterentwickelte Verständnis folgendermaßen:

»[F]irms did not discover market segments, although their activities continue to be described as such. [...] firms produce these market segments. That is, firms do not just draw from existing social distinctions; they reinscribe them when they emphasize particular group characteristics (identity, social roles, and relationships) in their marketing strategies.« (Ebd.: 236)

Als eine Konsequenz aus der Erstarkung konstruktivistischer Denkweisen in der Betriebswirtschaft kann auch das Ziel interpretiert werden, die nicht intendierten Folgen des Segmentmarketing zu erforschen. So weist Ernest Cyril De Run (2005: 38) darauf hin, dass die Wirkungen von Marketing auf Personen außerhalb der anvisierten Zielgruppe bisher kaum thematisiert werden. Damit ist er sich möglicher Nebeneffekte klassischer Segmentierung durchaus bewusst, ohne sich selbst außerhalb des »northern marketing« (Cova & Cova 2001: 9) zu positionieren.

Soziale Produktivität der ungenauen Reaktion

Trotz manch konstruktivistischer Erweiterung bleibt Ethnomarketing für die meisten Praktiker eine ganzheitliche Ausrichtung unternehmerischer Aktivitäten an den Bedürfnissen einer als stabil wahrgenommenen ethnischen Zielgruppe (vgl. u.a. Pires & Stanton 2005; Ethno Media Services 2009; Allied Media 2009). Nur langsam wird von betriebswirtschaftlicher Seite erkannt, dass Ethnomarketing auch ein folgenreiches Spiel mit ethnischen Grenzen – und damit die Teilnahme an sozialen Konstruktionsprozessen – beinhaltet. Ausgehend von einem konstruktivistischen Verständnis ethnischer Identität stellt die im Marketing-Mix skizzierte ethnische Identität schließlich auch ein Identifikationsangebot für potenzielle Konsumenten dar. Diese können als »ästhetische Gemeinschaft« (Bauman 2007) oder »ethnic-flavoured tribe« (Cova & Cova 2001) positiv auf die Marketingmaßnahmen reagieren, müssen dabei aber nicht zwingend mit dem ursprünglich anvisierten Segment übereinstimmen. Marketingmaßnahmen gehen in dieser Sichtweise der Entstehung einer ästhetischen Gemeinschaft oder eines postmodernen Stammes voraus. Doch wäre Ethnomarketing tatsächlich reine Aktion, wie es die postmoderne Marketingtheorie nahelegt, so wären die so geschaffenen Konsumentengruppen eine ephemere Randerscheinung der »beschleunigten Moderne« (Beck & Lau 2004) – und als solche nur einen ebenso flüchtigen Blick wert. Tiefere Bedeutung erlangt die soziale Produktivität des Ethnomarketing, weil sie in einen gesamtgesellschaftlichen Diskurs eingebettet ist, in dem sich real wirksame ethnische Identitäten herausbilden. Marketingstrategien reproduzieren dabei einerseits existente Zuschreibungen, gestalten diese andererseits aber auch aktiv mit. In diesem Wechselspiel zwischen Reaktion und Aktion liegt die Relevanz des Ethnomarketing für gesellschaftliche Integrationsprozesse.

3. Soziologische Perspektiven auf Integration

> Integration is a chaotic concept: a word used by many but understood differently by most. (Robinson 1998: 118)

Die verwirrende Vielzahl an Integrationsbegriffen mag ein Grund dafür sein, warum Forschung zum Zusammenhang von Ethnomarketing und Integration bislang ausgeblieben ist. Das folgende Kapitel versucht daher, einen begehbaren Pfad durch den Dschungel der Deutungsangebote zu weisen. Ausgangspunkt für diese Expedition, die sich im Wesentlichen auf soziologische Konzepte stützen wird, ist eine semantische Annäherung an Integration – denn schließlich lassen sich bereits im lateinischen Ursprung des Begriffs einige der heutigen politischen Richtungsdebatten erahnen. So kann »integratio« einerseits mit »Einbezug« übersetzt werden, andererseits aber auch mit »Vervollständigung« oder »Erneuerung«. Das dazugehörige Verb »integrare« verweist außerdem auf ein »Wiederherstellen«, »Wiederbeginnen« oder »Auffrischen«. Integration erscheint in diesen Übersetzungen stets als Prozess (und nicht etwa als Zustand), in dessen Verlauf es zu einer Veränderung eines Ganzen durch die Addition von etwas Neuem kommt. Dabei wird die durch das Neue induzierte Bewegung einerseits positiv besetzt (»Vervollständigung, Auffrischen«), andererseits mit Unruhe konnotiert: Ein »Wiederherstellen« wird schließlich erst dann notwendig, wenn eine »Unversehrtheit« oder »Ganzheit« (lat.: integritas) nicht mehr aufrecht zu erhalten ist (vgl. Hau 2005: 140). An dieser Stelle wird auch klar, dass es sich beim Integrationsprozess um eine wechselseitige Erneuerung handeln muss, da alle involvierten Teile, die alten wie die neuen, durch das Aufeinandertreffen in Bewegung geraten und durch eine Phase der Instabilität gehen.

Im deutschen *Duden-Fremdwörterbuch* (Bear & Wermke 2002: 447) wird Integration als »(Wieder)herstellung einer Einheit« sowie als »Vervollständigung« definiert. Auch die Bedeutung als »Einbezug« wird rezipiert, jedoch mit »Eingliederung« übersetzt. Damit wird dem Begriff eine leichte semantische Veränderung zugunsten einer stärker einseitigen, hierarchischen Bedeutung beigebracht (eingliedern versus einbeziehen). Dieser Eindruck wird auch dadurch unterstützt, dass die weiteren Übersetzungsmöglichkeiten (besonders: »Erneuerung«) ersatzlos wegfallen. Indem Integration in einer weiteren Facette als »Zustand, in dem sich etwas befindet, nachdem es integriert worden ist« bezeichnet wird, verlässt der *Duden* die Ebene eines rein prozessualen Integrationsbegriffs: Integration ist hier der Endpunkt einer Bewegung. In eine ähnliche Richtung, allerdings wesentlich stärker normativ geprägt und an sozialen Problemen ausgerichtet, geht die *Academic American Encyclopedia*. Dort wird Integration definiert als »condition in which the color of a person's skin has no important social consequence« (1986: 202). Das *Oxford English Dictionary* orientiert sich wieder stärker am Prozessbegriff: Hier meint Integration »the act or process of combining two or more things so that they work together« (Soanes 2006: 675). Der Begriff wird dabei weiter präzisiert, indem »the act or process of mixing people who have previously been separated, usually because of colour, race, religion, etc.« (ebd.) angesprochen wird.

Aus den semantischen Überlegungen geht hervor, dass Integration in seiner ursprünglichsten Bedeutung einen Prozess meint, im Zuge dessen ein Ganzes aus unterschiedlichen Teilen geschaffen oder wiederhergestellt wird. Soziologisch wird deshalb häufig vom »*Zusammenhalt* von Teilen in einem ›systemischen‹ Ganzen« (Esser 2001: 1; Herv. i.O.) gesprochen. So gesehen ist Integration eng verbunden mit der Konstitution und dem Bestehen von Gesellschaft: Ohne eine hinreichend weit fortgeschrittene Integration ist ein soziales System weder funktionstüchtig noch als solches erkennbar (vgl. ebd.). Es verwundert daher nicht, dass die Integration von Gesellschaften seit den Anfängen der Disziplin ein zentrales Thema der Soziologie ist. Prominente Beispiele sind Emile Durkheim (2007 [[1]1893]) oder Georg Simmel (2006 [[1]1908]), für die Integration besonders mit Blick auf gesellschaftlichen Wandel von Interesse ist. Eine Beschäftigung mit Integration findet sich außerdem in nahezu allen bedeutenden methodologischen Schulen – zunehmend auch im Kontext von Migrationsphänomenen: Die systemtheoretische Migrationsforschung in der Nachfolge Niklas Luhmanns (vgl. u.a. Bommes 1994, 1999) entwickelt hier ebenso Ansätze wie die Rational Choice-Theorie (vgl. u.a. Esser 1980, 2001, 2006). Trotz oder gerade wegen der intensiven Auseinandersetzung mit dem Begriff und seinem geradezu inflationären Gebrauch hat sich auch in der Soziologie keine allgemein akzeptierte Definition von Integration herauskristallisiert. Konsens scheint einzig darüber zu bestehen, dass im Zuge von Integration eine Vielheit zur Ganzheit wird. Doch welche sind die konkreten Elemente, die sich zu einem Ganzen fügen müssen? Und welche Zugänge versprechen welche Erkenntnisse?

3.1 Methodologische Überlegungen

> Unbefriedigend ist nicht in erster Linie, dass der Integrationsbegriff unterschiedlich definiert werden kann, unbefriedigend ist zunächst, dass man häufig über die eine Form von Integration spricht und mindestens eine zweite Form von Integration meint. (Friedrichs & Jagodzinski 2008: 99)

Worüber spricht man, wenn man die Integration einer Gesellschaft zum Thema macht? Meint Integration die Stabilität einer gesellschaftlichen Ordnung als Ganzes? Wenn ja, woher rührt diese Stabilität und wer oder was ist auf welcher Ebene an ihrer Herstellung beteiligt? Handelt es sich um das Zusammenwirken gesellschaftlicher Teilsysteme, kollektiver Akteure wie Nationalstaaten und ethnischer Gruppen oder spielen Individuen eine Rolle? Je nach Bezugspunkt befindet man sich auf einer Makro-, Meso- oder Mikroebene (vgl. Friedrichs & Jagodzinski 2008: 94f.). Will man diese verschiedenen Ebenen in einer einzigen Definition fassen, so muss der Integrationsbegriff vage bleiben. Erst mit einer analytischen Trennung der idealtypischen Ebenen und Dimensionen von Integration kommt etwas Klarheit in die begriffliche Konfusion.

Unterscheidung in Systemintegration und Sozialintegration

Die wohl prominenteste analytische Differenzierung des Integrationsbegriffs nahm David Lockwood bereits im Jahr 1964 vor. Der britische Soziologe führte damals die bis heute weithin adaptierte Unterscheidung zwischen Systemintegration und Sozialintegration ein:

> »Whereas the problem of social integration focuses attention upon the orderly or conflictful relationships between the *actors*, the problem of system integration focuses on the orderly or conflictful relationships between the *parts*, of a social system.« (Lockwood 1964: 245; Herv. i.O.)

»System« meint bei Lockwood zunächst ein soziales Gebilde, das durch eine soziale Ordnung oder Struktur geprägt ist. Hier differenziert Lockwood zwischen »parts« auf der Systemebene und »actors« auf der Sozialebene beziehungsweise zwischen »parts« und »people« (vgl. dazu auch Archer 1996: 680). Die »Teile« des Systems bestimmt er als gesellschaftliche Teilsysteme mit ihrer eigenen Funktionslogik (vgl. Lockwood 2008: 44ff.). Dahinter steht auch die Idee eines funktionalen Widerspruchs zwischen institutioneller Ordnung und materieller Basis, die Lockwood mit Rückgriff auf Max Weber am Beispiel von Bürokratie und Steuersystem erläutert (vgl. im Folgenden ebd.: 45): Danach bedarf die politische Institution der Bürokratie zu ihrem Fortbestehen einer festen und stetigen Entlohnung der Beamten. Das zu diesem Zweck eingeführte Steuersystem wiederum benötigt eine leistungsfähige Bürokratie. Wenn diese institutionellen Ordnungen mit Anforderungen der materiellen Basis, beispielsweise eine verminderte Steuerfähigkeit in Folge einer wirtschaftlichen Krise, konfrontiert werden, kommt es zu systemischen Spannungen (vgl. auch Archer 1996: 692).

Trotz der begrifflichen (und theoretisch durchaus konstruierbaren) Nähe der Systemintegration Lockwoods zur Systemtheorie Luhmann'scher Prägung stehen beide nicht in unmittelbarer Verbindung: Als David Lockwood 1964 seinen Aufsatz veröffentlichte, verfasste Niklas Luhmann gerade seine ersten Schriften – vorwiegend im Bereich der Organisations- und Rechtssoziologie, wie zum Beispiel *Funktionen und Folgen formaler Organisationen* (1964) oder *Grundrechte als Institution* (1965). Die Werke, die ihn zum prominentesten Vertreter der Systemtheorie machen sollten, erschienen erst ab den 1980er Jahren – vor allem *Die Gesellschaft der Gesellschaft* (1997). Lockwood konnte sich also längst nicht auf das Luhmann'sche Theoriegerüst stützen, stattdessen versuchte er sich in der zeitgenössischen Auseinandersetzung zwischen Kollektivismus und (methodologischem) Individualismus als eine Art Vermittler – mit allerdings eindeutig kollektivistischer und funktionalistischer Tendenz (vgl. Lockwood 2008: 35; Archer 1996: 680f.).[1] Insbesondere die Konflikttheorie des methodologischen Individualismus beschreibt sozialen Wandel über die Handlungen der Akteure (vgl. u.a. Coser 1964). Sie kann aber beispielsweise keine Erklärung dafür finden, warum trotz umgreifender, revolutionärer Handlungen in einigen Fällen der soziale Wandel ausbleibt (vgl. Archer 1996: 679). Lockwood erklärt dieses Phänomen mit den auf kurze Sicht von der Sozialintegration unabhängigen Mechanismen der Systemintegration: Diese existieren bei Lockwood, zumindest für den Moment, zeitlich unabhängig von den Handlungen der Akteure. Die Systemintegration findet sozusagen »über die Köpfe der Akteure hinweg« (Esser 2001: 4) statt. Der Fokussierung auf Sozialintegration in methodologischem Individualismus und normativem Funktionalismus setzt Lockwood also die Betonung der Systemintegration entgegen. Dennoch muss nach Lockwood eine umfassende Analyse von Integration beide Seiten berücksichtigen, sie muss das Augenmerk auf die Dualität von Mechanismen/

---

1 | Hinter der Diskussion um System- und Sozialintegration steht eine grundsätzliche Theoriedebatte in den Sozialwissenschaften. Letztlich handelt es sich um die Frage nach der Vorherrschaft von Handlungs- oder Systemtheorie beziehungsweise um die Suche nach einer Verknüpfung beider. Es ist im Rahmen dieser Arbeit weder möglich noch zielführend, diese Debatte in ihren Einzelheiten nachzuvollziehen, vielmehr sollen nur diejenigen Ansätze rezipiert werden, die für eine Darlegung der Forschungsperspektive relevant erscheinen. Zum Verhältnis der verschiedenen soziologischen Theorien vgl. u.a. Kneer & Schroer (2009).

Strukturen und Handlungen richten. In der Entwicklung dieses Zugangs liegt der weitreichende, programmatische Einfluss Lockwoods begründet, wie auch Margret Archer betont:

»Yes, above all, it would be programmatic because this basic distinction between the ›parts‹ and the ›people‹ invited a non-reductive analysis of the *interplay* between ›structure and agency‹ or ›culture and agency‹, thus yielding a new form of non-conflationary theorising whose explanatory power derived from treating their properties as *separable* and the interface between them as the locus of intensive investigation, since this is where outcomes for both were determined. Such a programme could broadly be termed ›analytical dualism‹.« (Archer 1996: 680; Unterstreichungen d. Vf., Kursivierungen i.O.)

So einflussreich sich die programmatische Trennung von Handlung und Struktur erwiesen hat, so vielfältig ist die Rezeption der von Lockwood selbst als »artificial« (1964: 245) bezeichneten Unterscheidung. Die Einen klammern eine der beiden Ebenen aus, die Anderen versuchen sie in einem Gesamtkonzept wieder zu verschmelzen. Dabei wird häufig ein Element des Begriffspaars über das andere definiert. Die Theoretiker der Rational Choice-Theorie beispielsweise fokussieren die individuellen Entscheidungen im Integrationsprozess, wobei sie die Systemintegration mit ihren handlungsleitenden Logiken als eine Art Restvariable erscheinen lassen (vgl. u.a. Esser 2001: 3ff.). In Hartmut Essers strukturtheoretischem Individualismus bestimmen handlungsleitende »Frames« im Sinne kultureller oder struktureller Orientierungen die Entscheidungen des Individuums (vgl. Esser 2002: 259ff.). Diese »Frames« werden ihrerseits wieder über individuelle Handlungen gestaltet. Esser führt daher aus, dass »doch letztlich *alle* Prozesse der Integration, auch die der Systemintegration also, letztlich etwas mit den Akteuren und ihren Eigenschaften, Dispositionen und Fertigkeiten zu tun haben« (Esser 2001: 8; Herv. i.O.). Er löst Systemintegration sozusagen in der Sozialintegration auf (vgl. auch Kneer & Schroeder 2009: 10).

Die Systemtheorie auf der anderen Seite lässt sich gar nicht erst auf die Unterscheidung von System- und Sozialintegration ein. Niklas Luhmann distanzierte sich sogar immer wieder von den »Erfinder[n] und Liebhaber[n] dieser Unterscheidung, die sich gern auf Seiten der Sozialintegration und gegen die Systemintegration engagieren« (2005: 113). Er wehrte sich vor allem dagegen, der Systemtheorie die Gültigkeit in der »Lebenswelt« beziehungsweise im Bereich der Sozialintegration abzusprechen (vgl. dazu auch Miebach 2010: 197f.). In dieser Tradition geht auch Michael Bommes in seinem grundlegenden systemtheoretischen Werk *Migration und nationaler Wohlfahrtsstaat* (1999) mit dem Integrationsbegriff sehr skeptisch um. Er will ihn im strengen Luhmann'schen Sinn nur als »Reduktion der Freiheitsgrade von Teilsystemen« (Luhmann 1997: 603) gelten lassen und bewegt sich damit eher auf der System-Ebene Lockwoods. Für die »Organisation von differenzierten Teilnahmechancen« (Bommes 1999: 46) einzelner Individuen benutzt Bommes den Begriff der Inklusion und der Inklusionschancen. In seiner Argumentation spielen die individuellen Handlungen kaum eine Rolle, Migration ist als Reaktion auf Inklusionschancen in gesellschaftlichen Teilsystemen zu verstehen (vgl. ebd.: 222). Während Esser die Systemintegration über Modi der Sozialintegration beschreibt, erklärt Bommes implizit Sozialintegration über Systemintegration.

Es fällt auf, dass beide Ansätze letztlich eine Einheit postulieren, wo es gerade das ausgesprochene Ziel Lockwoods war, eine Dualität herbeizuführen. Beide Ebenen, so fordert Lockwood unmissverständlich, müssten getrennt untersucht werden – eine verbindende Methode fordert er nicht. Sein von Margaret Archer als »analytical dualism« bezeichneter Zugang meint daher zunächst nur das »commitment to the notion that structure and agency are analytically distinct and irreducible to each other« (Carter 2000: 5). Damit ist der analytische Dualismus kein sozialwissenschaftliches Theoriegerüst, sondern eine bloße Forschungsperspektive, die allerdings methodologische Konsequenzen nach sich zieht.[2]

Methodologische Konsequenzen

Während es einigen Wissenschaftlern geradezu als Frevel gilt, verschiedene theoretische Zugänge bei verschiedenen Untersuchungsgegenständen anzuwenden, gibt es auch eine Reihe namhafter Theoretiker, die gerade eine solche »Arbeitsteilung« (Münch 2002: 10) fordern. Anhänger dieser sogenannten Komplementaritätsperspektive gehen davon aus, dass

> »jedes Paradigma aufgrund der vorgenommenen Spezialisierung bzw. Vereinseitigung über entsprechende Vorteile und Stärken, aber auch über Schwächen und blinde Flecken [verfügt], die dann von anderen Paradigmen in den Blick genommen werden« (Kneer & Schroer 2009: 11).

Prominent vertreten ist diese Perspektive durch Jürgen Habermas, der in seiner *Theorie des kommunikativen Handelns* (1995 [[1]1981]) ein zweistufiges

2 | Ähnliche Perspektiven finden sich auch in anderen theoretischen Schulen. So plädiert innerhalb des strukturtheoretischen Individualismus beispielsweise Greshoff (2009: 464f.) für eine Art analytischen Dualismus bei der Weiterentwicklung des Esser'schen Ansatzes: Makro- und Mikro-Ebene müssten dort analytisch – und nicht reell – getrennt werden, um ihre Wirkungszusammenhänge zu verstehen. Die Poststrukturalisten auf der anderen Seite stellen zwar »die Möglichkeit einer identischen Wiederholung« (Moebius 2009: 437) zur Reproduktion von Strukturen in Frage und ersetzen sie durch Iterabilität, allerdings bleibt eine Unterscheidung zwischen »agency« und »structure« auch bei ihnen dem Grunde nach bestehen.

Gesellschaftskonzept entwickelt, das zwischen »System« und »Lebenswelt« unterscheidet.[3] Dabei konzipiert er Handlungstheorie (Lebenswelt) und Systemtheorie (System) als einander ergänzende Theorien (vgl. u.a. Behrens 2009: 213ff.; Kneer & Schroer 2009: 11). Bei einer solchen Verbindung umfassender Theorien gerät man jedoch leicht in Gefahr »einem auf Komplementaritäten verweisenden Eklektizismus zu verfallen« (Kroneberg 2009: 240). Diese Problematik stellt sich vor allem dann, wenn man einer »Supertheorie« (Reese-Schäfer 1999: 154) wie der Systemtheorie, die eine umfassende Erklärung sozialer Phänomene postuliert, nur denjenigen Teil entnimmt, der zur Vervollständigung eines anderen Ansatzes gebraucht wird. Es verwundert daher nicht, dass sich der Systemtheoretiker Michael Bommes explizit gegen eine Verbindung von Systemtheorie und Rational Choice sperrt (vgl. Bommes 1999: 27).

Wirklich komplementär können methodologische Ansätze nur dann sein, wenn sie eine solche Komplementarität innerhalb ihres theoretischen Gebäudes zulassen oder sogar explizit benennen.[4] Dies hat, ausgehend von der Unterscheidung Lockwoods, zwei Konsequenzen für die theoretische Fundierung des Integrationsbegriffs der vorliegenden Arbeit.

Konsequenz 1: Sozialintegration und Rational Choice

Die »orderly or conflictful relationships between the actors« (Lockwood 1964: 245) legen einen akteurstheoretischen Zugang nahe. Zur Erklärung der Sozialintegration wird daher im weiteren Verlauf dieser Arbeit eine an Rational Choice angelehnte Argumentation, basierend auf den Überlegungen Hartmut Essers, angewandt.[5] Diese Wahl wird auch dadurch unterstützt, dass selbst Systemtheoretiker wie Michael Bommes zugestehen, dass sich die Rational Choice-Theorie in Bezug auf soziale Integration durchaus bewähre (vgl. Bommes 1999: 21). Gerade auf Mikro- und Meso-Ebene entfalte sie großes Erklärungspotenzial. Friedrichs und Jagodzinski betonen sogar, sie sei wegen »ihrer Allgemeinheit und interdisziplinären Anwendung [...] am ehesten geeignet, die unterschiedlichen mikrosoziologischen Annahmen in ihrem Rah-

---

3 | Diese Trennung bei Habermas entstammt der Auseinandersetzung mit Lockwoods Begriffspaar der System- und Sozialintegration, ist allerdings nicht mit dieser gleichzusetzen (vgl. Weymann 1998: 86).

4 | Damit scheiden umfassende Theoriegebilde für die Operationalisierung von Lockwoods Ansatz aus. Auch Margaret Archers *Realist Social Theory* (1995, 2003) wird hier nicht behandelt, obwohl sie direkt aus dem »analytical dualism« entwickelt wird. Letztlich hat sie aber ebenso eine Verschmelzung der theoretischen Zugänge zur Folge wie sogenannte systemtheoretisch-individualistische Verbindungen.

5 | Die normativen Überlegungen Essers zu einer notwendigen einseitigen Assimilation von Migranten werden dabei nicht geteilt. Dies ist aber auch nicht notwendig, um den rein analytischen Teil von Essers Ausführungen nachzuvollziehen.

men zu explizieren und zusammenzufügen« (2008: 109). Auf der anderen Seite hat die Rational Choice-Theorie aber auch deutlich markierte Grenzen. Die Entscheidungen der Akteure sind nur soweit rational wie dies die jeweiligen sozialen Normen und Wertgerüste zulassen. Hartmut Esser versucht zwar, diesen Umstand in seiner Sozialtheorie durch »Frames« zu erklären, die ihrerseits in vorgelagerten Handlungen strukturiert würden. Damit erreicht Rational Choice zwar eine Meso-Ebene, auf der Rahmenbedingungen für individuelle Integration verhandelt werden, doch erklärt dieses Konzept nicht abschließend die für den Einzelnen nicht einsehbaren Handlungslogiken ganzer gesellschaftlicher Teilbereiche (vgl. u.a. Friedrichs & Jagodzinski 2008: 111). Die Frage nach der Systemintegration, und damit nach den Mechanismen, die – jenseits individueller und aggregierter Handlungen – gesellschaftlichen Wandel bedingen oder verhindern, bleibt daher bestehen.

Konsequenz 2: Systemintegration und Diskursanalyse
Ein Konzept zur Beschreibung der Systemintegration muss Logiken von gesellschaftlichen Teilsystemen beschreiben können, ohne Systemtheorie zu sein. Es muss Handlungen als potenzielle Quellen für Veränderung ernst nehmen, darf aber nicht auf das Individuum ausgerichtet sein. Es muss erklären können, warum fehlende Sozialintegration nicht automatisch zu sozialem Wandel führt, und warum umgekehrt gelingende Sozialintegration mit einer Destabilisierung des Systems einhergehen kann. Der Zugang, den diese Arbeit zur Erklärung der Systemintegration wählt, ist die sogenannte Diskurstheorie Michel Foucaults (1973, 1977a, 1977b, 2006).[6] Der Diskurs bei Foucault generiert die Möglichkeitsbedingungen des Handelns, er ist »eine Art kultureller Zwangsveranstaltung, die Erkennbarkeit und Evidenz garantiert« (Sarasin 2008a: 16). Damit rückt Foucault das in den Mittelpunkt seines Interesses, was von der Rational Choice-Theorie nahezu unberührt bleibt: die Handlungszwänge und Mechanismen in gesellschaftlichen Teilsystemen.[7] Neben dieser inhaltlichen Nähe hat Foucaults Diskursbegriff einen weiteren Vorteil: Foucault klammert einerseits bewusste Handlungen des Subjekts aus seinen Überlegungen aus, geht aber gleichzeitig nicht so kategorisch vom ›Tod des Subjekts‹ aus wie oftmals behauptet. Foucault deutet zwar in der *Ordnung der Dinge* an, der Mensch sei vor allem das Produkt der jeweils herrschenden Diskursformationen, die er »episteme« (2006 [[1]1966]: 24ff.) nennt. Einige Jahre danach erklärt Foucault

6 | Ob die Diskurstheorie den Status einer soziologischen Theorie hat, darf mit gutem Grund bezweifelt werden. Es handelt sich wohl eher um eine Forschungsperspektive.

7 | Da Habermas schon mehrfach kurz gestreift wurde, sei hier angemerkt, dass der normative Diskursbegriff von Habermas (2001) in dieser Arbeit keine Rolle spielt. Es geht nicht um die Herstellung eines herrschaftsfreien Diskurses, sondern um die Analyse des »Sagbaren und nicht Sagbaren« (Sarasin 2007: 319).

den Menschen aber durchaus zur bewussten, rationalen Handlung fähig (vgl. u.a. Foucault 2009 [[1]1981/82]; vgl. dazu auch Sarasin 2005: 187). Die späte Hinwendung zum Subjekt bei Foucault wird keineswegs theoretisch umfassend vollzogen, seine Ausführungen diesbezüglich bleiben eher vage (vgl. u.a. Frank 2004). Dennoch lässt er innerhalb seines theoretischen Gebäudes Raum für ein rational handelndes Subjekt (vgl. Sarasin 2005: 13) – und wird somit anschlussfähig für akteurszentrierte Perspektiven. Diese Interpretation erhält durch jüngere Arbeiten des Historikers und profilierten Diskurstheoretikers Philipp Sarasin weitere Nahrung: Insbesondere in *Darwin und Foucault* (2009) weist er auf die Präsenz naturwissenschaftlicher Evolutionstheorie, die ihrerseits mit der Rational Choice-Theorie korrespondiert, in Foucaults Gedankengut hin. Diese ebenso anregende wie einleuchtende Querverbindung wird bei der Darlegung des Diskursbegriffs in Abschnitt 3.4 aufgegriffen.[8]

Während also mit Hilfe handlungsorientierter Theorie verdeutlicht werden soll, wie Ethnomarketing in individuellen Integrationsprozessen und kollektiven Aushandlungsprozessen um Teilhabechancen wirkt (Sozialintegration), soll aus der Perspektive Foucaults aufgezeigt werden, welche Diskurse im Ethnomarketing miteinander ringen und wie diese ihrerseits in Integrationsdiskursen und auf die Systemintegration der jeweiligen Gesellschaft wirken. Im Folgenden werden die Facetten des Integrationsbegriffs mit Hilfe der jeweiligen theoretischen Zugänge näher erläutert.

3.2 Individuelle Sozialintegration

Für Dieter Filsinger ist unter Integration »die gleichberechtigte Teilhabe an den ökonomischen, ökologischen, sozialen und kulturellen Ressourcen der Gesellschaft zu verstehen« (2008: 4). Damit beschreibt er sehr treffend das Verständnis von Sozialintegration auf der individuellen Ebene, das den meisten staatlichen und zivilgesellschaftlichen Integrationsmaßnahmen zugrunde liegt. Auch die Vereinten Nationen formulieren ähnlich:

---

8 | Dieses Vorgehen verfolgt keinesfalls das Ziel, die Diskursanalyse für die Rational Choice-Theorie zu vereinnahmen. Foucault ist jedoch in viele Richtungen anschlussfähig, einer »Supertheorie« (Reese-Schäfer 1999: 154) kann er nicht zugeordnet werden. Seinen Diskursbegriff entwickelt Foucault ohne Systemtheoretiker zu sein und ohne den Anspruch auf die alleinige Wahrheit. Ein solcher Wahrheitsanspruch der Diskurstheorie wäre wohl auch theorieimmanent nicht zu halten, denn das Sag- und Denkbare wird bei Foucault über die Diskurse bestimmt, in deren Rahmen sich letztlich auch die Diskursanalyse selbst bewegt (vgl. dazu u.a. Sarasin 2005).

»The goal of social integration is to create a ›more stable, safe and just society for all‹, in which every individual, each with rights and responsibilities, has an active role to play. [...] It is important to understand that social integration is not an end-state that societies can achieve but a dynamic process in which societies engage in order to further human development, that is to say, ›an integrated society continually adapts and adjusts to accommodate different elements and through such adaptation it maintains its inner cohesion‹.« (UN DESA 2007: 1)[9]

Der Bezugspunkt der Integrationspolitik ist in beiden Fällen das Individuum, seine Zugangsmöglichkeiten zu gesellschaftlichen Ressourcen stehen im Fokus. Ein kleiner Unterschied besteht dennoch: Dieter Filsinger setzt in seiner Definition Integration mit Teilhabe gleich, UN DESA dagegen konzipiert Teilhabe als Ziel des Integrationsprozesses. Beide Definitionen zeigen aber übereinstimmend, dass Integration auf der Mikro-Ebene nicht unbedingt in Zusammenhang mit der Migrationserfahrung des Einzelnen steht, sondern zunächst ganz allgemein ein Problem der Teilhabe des Individuums an gesellschaftlichen Ressourcen ist (vgl. u.a. Ager & Strang 2004: 6). Daraus folgt, dass Einheimische und Zuwanderer prinzipiell dasselbe Bedürfnis nach Integration haben und zu befriedigen hoffen. Das individuelle Streben nach Teilhabe findet in vier Dimensionen statt, die seit mehreren Jahren in der folgenden oder ähnlichen Form in der Forschung verwendet werden: strukturelle, kulturelle, soziale und identifikative Integration.[10]

Dimensionen individueller Sozialintegration

Strukturelle Integration

Unter struktureller (Sozial-)Integration versteht man den »Zugang zu wichtigen, meist ungleich verteilten Ressourcen und zu den Positionen, an die diese Ressourcen häufig gebunden sind« (Geißler 2005: 50). Hartmut Esser spricht in diesem Zusammenhang von sozialer Integration durch Platzierung und hält sie für die wichtigste Form des Einbezugs der Akteure in die Gesellschaft (vgl. Esser 2001: 9). Unter die strukturelle Dimension fallen vor allem die Verleihung von Rechten (u.a. Wahlrecht) und der Abbau von Zugangsbarrieren zu bestimmten beruflichen Positionen. Da der Zutritt zu vielen Positionen über das Niveau der Bildungsabschlüsse geregelt wird, kann die Forderung nach dem Zugang zu Bildungschancen ebenfalls unter die Dimension der strukturellen Integration gefasst werden. Auch die Schaffung von Gelegenheiten für sozi-

9 | Für staatliche Ansätze vgl. zu Großbritannien: Ager & Strang (2004: 5); zu Deutschland: ISG/WZB (2009: 20); zu den USA: Task Force on New Americans (2008).

10 | Entwickelt wurden die folgenden Dimensionen im deutschsprachigen Raum von Esser (1980, 2001), sie wurden und werden jedoch beständig fortgeschrieben, kritisiert und umgruppiert (u.a. bei Geißler 2005; Hinrichs 2003).

ale Kontakte, etwa durch die Aufhebung räumlicher Segregation, wird unter diesen Punkt subsumiert. Strukturelle Integration stellt damit die Gestaltung des Rahmens dar, innerhalb dessen das Individuum seinen Integrationsprozess durchlaufen muss. Den strukturellen Integrationsprozess zu gestalten und Teilhabe zu ermöglichen kann im Verantwortungsbereich der Akteure aus der Mehrheitsgesellschaft verortet werden:[11]

»Die erfolgreiche Platzierung ist dabei (auch) eine Folge gewisser »Entscheidungen« von Akteuren: Lehrer, die eine weiterführende Schule empfehlen, Arbeitgeber, die einen Bewerber einstellen, HeiratskandidatInnen, die einen »Antrag« annehmen (oder jeweils nicht).« (Esser 2001: 9)

Folgt man wie Esser den Theorie rationaler Wahl, so liegen hinter diesen Entscheidungen instrumentelle (Welchen Nutzen haben Akteure durch die Besetzung der Position mit der betreffenden Person?), aber auch nicht-instrumentelle Beweggründe (Ist den Akteuren die Person aufgrund ihrer Gruppenzugehörigkeit sympathisch?). Soziale Akzeptanz wird somit zum Schlüssel für erfolgreiche strukturelle Integration (vgl. Geißler 2005: 65). Allerdings muss diese Akzeptanz keineswegs altruistisch und philanthrop motiviert sein. Esser gibt zu bedenken, dass gruppenspezifische Diskriminierungen für den Akteur selbst hohe Folgekosten verursachen können, zumal wenn sie mit rein instrumentellen Argumenten konkurrieren – dies ist besonders in marktwirtschaftlich organisierten Kollektiven häufig der Fall: Wenn beispielsweise ein Maschinenbauunternehmen eine hochqualifizierte Ingenieurin nur aufgrund ihres Geschlechts nicht einstellt, so läuft es Gefahr, sich einen Wettbewerbsnachteil gegenüber der Konkurrenz einzuhandeln, die von den innovativen Entwicklungen der Frau profitiert. Die Diskriminierung auf Grundlage des Geschlechtes wird somit durch hohe Opportunitätskosten bestraft. Aus bloßer Nutzenmaximierung unterdrücken Akteure daher in gewissen Situationen nicht-instrumentelle, private Distanzen (vgl. Esser 2001: 9f.). Dies zeigt auch, dass die rationalen Handlungslogiken der Ökonomie eine nicht-instrumentelle Diskriminierung

11 | Staatliche und zivilgesellschaftliche Integrationsarbeit kann darauf hinwirken, die Kompetenzen des Einzelnen zu erhöhen, sich in den Rahmenbedingungen zurechtzufinden. Ein solches Vorgehen wird wegen des Fokus auf die Unzulänglichkeiten des Individuums immer wieder als defizitorientiert beschrieben. Integrationspolitik kann aber auch Rahmenbedingungen verändern und damit Teilhabechancen auf Grundlage der individuellen Ressourcen ermöglichen. Dies entspricht eher einem ressourcenorientierten Ansatz (vgl. zu den Begrifflichkeiten u.a. Galuske 2007: 261ff.). Generell können diese Rahmenbedingungen aber auch in gesellschaftlichen Prozessen ausgehandelt werden. Dieser Aspekt spielt weiter unten bei der Beschäftigung mit kollektiver Sozialintegration eine Rolle.

vom Grundsatz her ablehnen. Hartmut Esser konstatiert: »Nicht aus Zufall sind es gerade die marktwirtschaftlich verflochtenen Unternehmer, die immer schon für eine Liberalisierung der Bildungs- und Ausbildungsmärkte eingetreten sind.« (Ebd.: 10)[12]

Kulturelle oder kognitive Integration

Damit Individuen bei den Platzierungsvorgängen berücksichtigt werden, versuchen sie, sich den jeweils entscheidenden Akteuren möglichst attraktiv anzubieten. Man könnte auch von der Notwendigkeit sprechen, exkludierende Schranken mit Hilfe von individuellen Kompetenzen und akkumuliertem Wissen zu überwinden. Dieses »Wissen und die Kompetenzen beziehen sich auf die Kenntnis der wichtigsten Regeln für typische Situationen und die Beherrschung der dafür nötigen (kulturellen) Fertigkeiten, insbesondere sprachlicher Art« (Esser 2001: 8). Den meisten Autoren gilt eine Anpassung an die Sprache der Mehrheitsgesellschaft daher als unumgänglich (vgl. u.a. Quraishy 2009: 93; Bade 2006b: 6; Esser 2001: 8; Geißler 2005: 67). Was darüber hinaus erlernt werden muss, ist abhängig von den Rahmenbedingungen und den Exklusionsmechanismen, die sich auch innerhalb der strukturellen Integration konstituieren beziehungsweise auf der kollektiven Ebene der Sozialintegration geschaffen werden.

Soziale Integration

Die soziale Dimension der Integration beschreibt bei Esser die Interaktion des Individuums mit Menschen aus anderen Kollektiven. Esser sieht in solchen Interaktionen einen »Spezialfall des sozialen Handelns, bei dem sich die Akteure wechselseitig über Wissen und Symbole aneinander orientieren und so, über ihre Orientierungen und ihr Handeln, Relationen miteinander bilden« (2001: 10). Kontakte zwischen Menschen mit unterschiedlichem sozio-ökonomischem oder kulturellem Hintergrund sollen nicht nur »gegenseitige[n] Respekt« (Geißler 2005: 67) herstellen, sondern sie sollen auch dazu beitragen, gemeinsame Regeln des Zusammenlebens auszuhandeln. Je stärker die persönlichen und emotionalen Bindungen zwischen verschiedenen Bevölkerungsteilen sind, desto eher scheint auch die Einheit des Ganzen gesichert (vgl. dazu auch Durkheim

12 | An dieser Stelle sei angemerkt, dass die Rational-Choice-Argumentation ein Nutzenverständnis voraussetzt, das weit über materiellen Gewinn hinausgeht (vgl. dazu u.a. Becker 1974, 1993; Kolb & Egbert 2008). Der Rational-Choice-Ansatz für die Erklärung der Sozialintegration wird hier anderen Konzeptionen (u.a. Geißler 2005; Anhut & Heitmeyer 2007; Imbusch & Heitmeyer 2008) vorgezogen, da jene die aktive Akzeptanz einer Person durch eine andere oftmals als normativen, altruistischen Wert umschreiben, letztlich aber doch eine nutzenmaximierende Logik zugrunde legen (vgl. beispielhaft Geißler 2005: 65f.).

in der Interpretation von Koenig 2008: 21). Innerhalb der deutschen Diskussion zu einem sogenannten Integrationsmonitoring wurde immer wieder nach der Anzahl der interethnischen Freundschaften oder gar Eheschließungen gefragt (vgl. u.a. Siegert 2006: 59). Diese durchaus umstrittenen Indikatoren wurden im Rahmen des *Ersten Integrationsindikatorenberichts* (ISG & WZB 2009) der deutschen Bundesregierung weiter ergänzt. Dort wird beispielsweise nach dem Grad der Engagementbereitschaft oder der Mitgliedschaft in Vereinen gefragt (ebd.: 98).[13] Kern eines gelingenden Integrationsprozesses in der sozialen Dimension ist bei Esser, dass ein kommunikativer Austausch stattfindet. Hier zeigt sich eine enge Verbindung der sozialen Integration mit der kognitiven/kulturellen über die Sprache: Kommunikation wird erst möglich, wenn deren »technische Bedingungen« (Esser 2001: 11) erfüllt werden. Jens Dangschat kritisiert an dieser »Kontakthypothese« (2005: 293), dass sie nur für Menschen mit »relativ hoher Bildung und einer gesicherten Berufsposition zu funktionieren scheint« (ebd.). Für andere könne ein interkultureller Kontakt zu Verunsicherung führen und eher desintegrativ wirken. Unbestritten ist jedoch, dass die soziale Dimension der individuellen Sozialintegration das Streben des Einzelnen nach der Einbindung in ein soziales Netzwerk beschreibt.

Identifikative Integration

Häufig wird in politischen Debatten gefordert, Einwanderer sollten sich mit der Aufnahmegesellschaft identifizieren. Die Übernahme einer kollektiven Identität wird auf diese Weise zum Ausgangspunkt des Integrationsprozesses stilisiert (vgl. u.a. Tibi 2000). Dem widersprechen jedoch nahezu alle theoretischen und empirischen Ergebnisse aus der Migrationsforschung. Stellvertretend weist Esser darauf hin, dass man durch die Forderung nach einer Identifikation a priori »das Pferd vom Schwanze her aufzäumen« (2001: 27) würde. Identifikation mit dem gesellschaftlichen System ist für ihn erst der letzte Schritt des Integrationsprozesses – wobei er keinen Unterschied zwischen Menschen mit und ohne Migrationshintergrund macht. Daran anschließend könnte man mit Valentin Rauer (2008: 59) einwenden, dass die identifikativen Folgen mangelnder oder gelingender Sozialintegration bereits in den anderen Dimensionen mitgedacht seien, eine vierte Dimension wäre daher überflüssig. Doch die identifikative Integration gewinnt als analytische Dimension dann an eigenständigem Wert, wenn es darum geht, das Bestehen eines Systems trotz fehlender Sozialintegration in den anderen Bereichen zu erklären: So können die Gründe, warum

13 | Die Kritik an Freundschaften und Ehen als Indikatoren für soziale Integration hängt auch mit der Erkenntnis zusammen, dass Interaktionen nicht zwingend harmonisch verlaufen müssen, damit der Prozess der sozialen Integration erfolgreich ist. Auch Konflikt kann durchaus integrierend wirken (vgl. u.a. Filsinger 2008: 5; Hinrichs 2003: 17; Simmel 2006: 311; Sutterlüty 2006: 32).

Menschen ein System hinnehmen, das sie benachteiligt oder sogar ausschließt, unter anderem im Bereich identifikativer Integration gesucht werden. Deutlich wird dies, wenn man die Formen der identifikativen Sozialintegration bei Esser genauer betrachtet (vgl. im Folgenden Esser 2001: 12ff). Danach kann Identifikation erstens über emotionale »Hingabe« und ein wertegestütztes Solidaritätsgefühl erfolgen. Zweitens kann sie ihren Ursprung auch in einem eher rationalen »Bürgersinn« haben – ähnlich einem »Verfassungspatriotismus« (Oberndörfer 2001; Bade 2006a). Drittens kann das Individuum das gesellschaftliche System einfach nur hinnehmen. Dies wiederum kann auf zwei Weisen geschehen: Entweder es verhält sich aufgrund der Aussichtslosigkeit einer Veränderung passiv oder es trägt durch Überlagerung verschiedener kollektiver Identitäten einen stetigen inneren Kampf aus: »[S]tatt einer Revolution gibt es nur Millionen von Magengeschwüren.« (Esser 2001: 14) Eine solche, gewissermaßen paralysierte, Hinnahme findet dann statt, wenn dem Einzelnen zwar die gleichberechtigte Teilhabe verwehrt wird, eine Änderung der Situation jedoch als unmöglich oder als mit extrem hohen Kosten verbunden empfunden wird.

An einer unvollständigen Interpretation der identifikativen Dimension entzündet sich, auf politischer wie wissenschaftlicher Ebene, der Konflikt an Essers »Assimilationsmodell« (Geißler 2005: 54). So liest beispielsweise Rauer Esser dahingehend, dass identifikative Assimilation ein »Aufgeben der Herkunftsorientierung und der ethnischen Gruppe zugunsten der Majoriätskultur im Aufnahmeland« (2008: 57) bedeute. Die Identifikation mit der Aufnahmegesellschaft wird von Rauer als Anpassung an eine weit definierte Leitkultur verstanden. Mit seiner Interpretation unterstellt Rauer Essers Arbeit daher eine normative Naivität, die nicht gerechtfertigt ist. Im Gegenteil: Esser schließt keineswegs andere Zugehörigkeitsformen aus, er will diese aber nur als »privatisierte und individualisierte Angelegenheit – im Prinzip ohne jede weitere systematische Konsequenz für die anderen Bereiche« (Esser 2001: 44) gelten lassen. Damit ist er gar nicht weit von einem seiner multikulturalistischen Kritiker entfernt: Rainer Geißler bezeichnet nämlich die Anerkennung des gesellschaftlichen Rahmens unter Beibehaltung weiterer kollektiver Identitäten als »hierarchische Doppelidentität« (2005: 67) – mehr fordert bei genauer Betrachtung auch das Assimilationsmodell Essers nicht. Beide, Essers Identifikation und Geißlers hierarchische Doppelidentität, korrespondieren mit dem in Kapitel 1 dieser Arbeit entwickelten Verständnis von Identität. Dort wurde deutlich, dass kollektive Anteile personaler Identität veränderbar sind und pluralisiert sein können. Dementsprechend geht es auch bei identifikativer Integration nicht um einen Prozess der ausschließlichen Annahme oder um die gemeinsame Herausbildung einer einzigen kollektiven Identität, sondern vielmehr um eine emotionale Hinwendung beziehungsweise um eine Akzeptanz des gesellschaftlichen Systems durch das Individuum. Dies bedeutet konkret, dass sich ein Individuum durchaus mehreren Kollektiven zugehörig fühlen kann, dass aber die Unterstützung des gesellschaftlichen Systems durch andere kollektive Identitäten nicht in Frage gestellt werden muss.[14]

Der identifikative Integrationsprozess kann als diejenige Dimension der Sozialintegration gelten, die am stärksten von den anderen Dimensionen abhängig ist. Doch strukturelle, kognitive und soziale Integration bedingen einander ebenso. Hartmut Esser fasst die Verquickung der vier Dimensionen in einer, geradezu klassisch rationalen, Argumentation zusammen:

»Eine (kollektive) Identifikation mit der jeweiligen Gesellschaft ist nur dann zu erwarten, wenn die Zugehörigkeit dazu auch als ertragreich erlebt wird, insbesondere auch im Vergleich zu möglichen Alternativen. Eine wichtige Voraussetzung dafür ist die Einbettung in als erfreulich erlebte und auch sonst interessante soziale Bezüge. Dazu aber kann es nur kommen, wenn die erforderlichen kulturellen Fertigkeiten, insbesondere sprachlicher Art, beherrscht werden *und* wenn die entsprechenden Kontakte auch von den möglichen Partnern als interessant erlebt werden können. Beides setzt wiederum ein Minimum an Platzierung auf anregungsreichen und interessanten Positionen voraus: Jede erfolgreiche Kulturation [diese entspricht dem Lernen innerhalb der kulturellen Integration; Anm. d. Vf.] ist auf die Verfügung über differenzierte Lerngelegenheiten angewiesen, und das soziale Interesse an Interaktionen ist insbesondere eine Folge der Attraktivität der Eigenschaften und Ressourcen der Akteure für einander. Umgekehrt werden solche Platzierungen oft erst möglich bei einem Mindestmaß an gelungener Kulturation, etwa in der Form von sprachlichen und kognitiven Kompetenzen zur Einnahme der besonders wichtigen Funktionen.« (Esser 2001: 17; Herv. i.O.)

Integrationsstrategien des Individuums

Je nachdem, ob das Individuum den individuellen Integrationsprozess innerhalb der ethnischen Gruppe oder der Aufnahmegesellschaft durchläuft, unterscheidet Esser (2006: 25f.) mit Bezug auf Berry & Kim (1988) sowie Berry (1990) vier Typen der individuellen Sozialintegration: Erstens bezeichnet er mit Marginalität einen Zustand, in dem einem Individuum gesellschaftliche Teilhabe vollkommen verwehrt ist. Marginalität ist genaugenommen keine Integrationsstrategie, sondern die Situation, die das Individuum durch den Integrationsprozess zu vermeiden sucht. Zweitens kann der Einzelne seine Teilhabechancen durch einseitige Assimilation an die Mehrheit, das heißt durch

14 | Es sei in diesem Zusammenhang dazu angeregt, das oft als einseitig assimilierend wahrgenommene Konzept Essers mit dem vermeintlich wechselseitigen Geißlers zu vergleichen. Der kritische Leser wird in beiden ähnliche Argumente wiederfinden – wenn auch bei Geißler ohne den etwas technisch anmutenden Charme der Rational Choice Theorie. Zur wissenschaftshistorischen Debatte um den Begriff der Assimilation liefert Aumüller (2009) einen umfassenden Überblick.

die Anpassung an gesellschaftliche Rahmenbedingungen, deutlich verbessern. Drittens kann das Ziel des Integrationsprozesses die multiple Inklusion sein, bei der das Individuum sowohl innerhalb der Mehrheitsgesellschaft als auch innerhalb der ethnischen Gemeinde zur vollen Teilhabe berechtigt ist. Doch während des Anpassungsprozesses darf bei multipler Inklusion die Verwurzelung in den sozialen und kulturellen Zusammenhängen der Herkunft nicht aufgegeben werden. Die multiple Inklusion oder Mehrfachintegration setzt also weit größere persönliche Anstrengungen beziehungsweise Investitionen als die einseitige Assimilation voraus. Außerdem stehen den Chancen einer multiplen Inklusion ein mögliches Scheitern und die völlige Entwurzelung als Schreckgespenst gegenüber. Schließlich ist das Individuum beim Verfolgen einer multiplen Inklusionsstrategie stets in Gefahr, nicht nur von der Mehrheitsgesellschaft, sondern auch von der Herkunftsgruppe ausgeschlossen zu werden. Die vierte Option in Essers Typologie ist die der Segmentation, bei der es zu einer ausschließlichen Binnenintegration in die ethnische Gemeinde kommt. Die weiter unten besprochenen Klassifikationen und symbolischen Grenzziehungen können dazu führen, dass die Binnenintegration teilweise zur einzig möglichen, in jedem Fall aber attraktiven Alternative für die Sozialintegration des ethnisierten Individuums wird.

Grundsätzlich ist zu beachten, dass die individuelle Strategie in jeder Dimension der Sozialintegration (strukturell, kulturell etc.) einem anderen Typus des Modells zugeordnet sein kann (vgl. Esser 2006: 27). So könnte die Assimilation im kulturellen Bereich (z.B. Sprache) durchaus mit einer Marginalisierung im strukturellen Bereich (z.B. Arbeitsmarkt) und einer Segmentation im sozialen Bereich (z.B. Vereine) einhergehen. Essers präferierte Strategie für alle Dimensionen ist die der (einseitigen) Assimilation des Individuums an die herrschenden Bedingungen (vgl. u.a. Esser 2001: 22). Eine zentrale Kritik an dieser Schlussfolgerung bezieht sich darauf, dass Esser eine potenzielle Veränderung des Orientierungsrahmens zugunsten des Einzelnen vernachlässige (vgl. u.a. Geißler 2005: 54). Schließlich, so die Kritiker, könnte die aufnehmende Gesellschaft die Zugangsmöglichkeiten zu ihren Ressourcen auch so verändern, dass die Anpassungskosten für das Individuum minimiert würden. Ein solches Entgegenkommen der Gesellschaft ist zwar in Essers Ansatz (zumindest als theoretische Möglichkeit) durchaus mitgedacht, wird aber nicht weiter ausgeführt, da er dies zumindest kurzfristig für unwahrscheinlich hält (vgl. u.a. Esser 2001: 23). Will man diese Möglichkeit im Sinne eines wechselseitigen Integrationsbegriffs dennoch etwas näher betrachten, so ließe sich der Zusammenhang zwischen individueller Anpassung und Veränderung der Rahmenbedingungen mit unten stehender Grafik (Abbildung 3) veranschaulichen. Dabei handelt es sich um eine aus den Wirtschaftswissenschaften entlehnte Indifferenzkurve. Auf jedem Punkt dieser Kurve ist das Teilhabeniveau für das Individuum gleich hoch – so als ob es sich auf derselben Höhenlinie eines Berges befinden würde.

Dieses Niveau lässt sich nun durch unterschiedliche Kombinationen von individueller Anpassung und Veränderung der gesellschaftlichen Rahmenbedingungen erreichen: entweder durch eine relativ starke Anpassung des Einzelnen (A1) bei nur wenig veränderten Rahmenbedingungen (V1); oder durch eine stärkere Veränderung der gesellschaftlichen Rahmenbedingungen (V2), die weniger Anpassungsleistungen des Individuums (A2) verlangt.

Abbildung 3: Indifferenzkurve der Sozialintegration (eigene Darstellung)

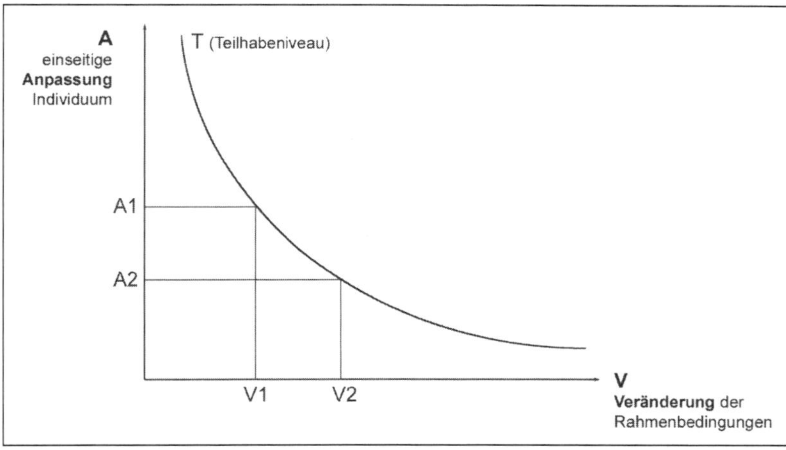

Essers Einwand gegen die Annahme eines einfachen ›Verschiebens‹ der Punkte auf der Indifferenzkurve hängt mit der Beobachtung zusammen, dass das Individuum mit einer Anpassung der Rahmenbedingungen nur rechnen kann, wenn es über bestimmte Eigenschaften verfügt, die es für die Gesellschaft besonders attraktiv machen, beispielsweise als hochqualifizierter Arzt oder Ingenieur (vgl. u.a. Esser 2001: 11). Demgegenüber werden die Rahmenbedingungen für Menschen, die als Einzelpersonen nicht über eine derartige Attraktivität verfügen, von der Gesellschaft nicht freiwillig geändert. Um dennoch eine Veränderung der Rahmenbedingungen zu erzwingen – oder um zumindest eine Sphäre zu schaffen, in der andere Rahmenbedingungen gelten – müsste das Individuum äußerst hohe ›Kosten‹ schultern. Für den Einzelnen scheint dies wenig aussichtsreich. Anders sieht dies für Kollektive aus. Esser bemerkt dazu: »Kleine Gruppen müssen sich assimilieren, weil es dazu keine Alternative gibt. Bei großen Gruppen ist das anders: Hier können ethnische Gemeinden entstehen (müssen es aber nicht).« (Ebd.: 29)

3.3 KOLLEKTIVE SOZIALINTEGRATION

Ethnisierung als Grundlage kollektiver Integrationsprozesse

Im Kollektiv beziehungsweise in einer größeren Gruppe bieten sich also durchaus Möglichkeiten, um gesellschaftliche Teilhabe auch ohne vollständige Assimilation zu realisieren. Ausgangspunkt dafür ist die Konstruktion eines ethnischen »Sprechers« (Nassehi 2006: 38). Ein solches »Making of a People« (Dávila 2001) geschieht in einem Wechselspiel von Selbst- und Fremdzuschreibungen (vgl. zur Identitätskonstruktion Kapitel 1): Von innen heraus, also seitens der Minderheit, findet die Ethnizitätskonstruktion zunächst auf der Ebene der Sprache und der Symbole statt und wird darauf aufbauend auch durch (erfundene) Traditionen oder durch als ethnisch definierte Rituale vollzogen. Zusätzlich wird die Ethnisierung von außen, das heißt durch die Mehrheitsgesellschaft, durch Stereotypisierungen und Klassifikationen befördert (vgl. u.a. Sutterlüty 2006). Auf diese wiederum müssen die ethnisierten Individuen reagieren, indem sie sich entlang der aufgezeigten ethnischen Linien postieren. Die Ethnisierung der Gruppe von innen und außen muss dabei nicht, wie häufig vorausgesetzt, bei einer Rückbesinnung auf ein »Entsendeland« (Esser 2006: 38) beginnen. Vielmehr entstehen in Zuwanderungsgesellschaften Minderheiten mit unabhängigen ethnischen Identitäten, die nur noch partiell andere Nationalstaaten als Referenzpunkt benötigen. Arlene Dávila (2001, 2008) zeigt beispielsweise für die Konstruktion der Hispancis in den USA über Marketingmaßnahmen, dass auch Individuen mit nur sehr vagen Ähnlichkeiten als Kollektiv zusammengefasst werden: Die geografische Region Lateinamerika ist nur noch ein loser Bezugspunkt, um den sich eine in den Vereinigten Staaten verwurzelte kollektive Identität konstruiert. Aus dieser neuen ethnischen Identität entsteht dann die ethnische Gruppe der Latinos oder Hispanics in Abgrenzung zur Mehrheitsgesellschaft.

Im Zuge der Ethnisierung entstehende kulturelle Markierungen des Einzelnen können zunächst als eine Art »portable ethnicity« (Halter 2000: 9) beziehungsweise als »privatisierte und individualisierte Angelegenheit« (Esser 2001: 44) gelten. Teilen jedoch viele Menschen diese Merkmale, können sie auch dazu beitragen, dass sich einzelne Symbole und kulturelle Merkmale einer ganzen Gesellschaft – und damit deren Rahmenbedingungen für individuelle Sozialintegration – ändern. Die Konstruktion ethnischer Grenzen kann aber auch zum Integrationsproblem für die Minderheit werden. Dies ist besonders dann der Fall, wenn die Klassifikation eines Menschen als Angehöriger einer ethnischen Minderheit unmittelbare sozio-ökonomische Benachteiligungen zur Folge hat. Wenn beispielsweise Schüler mit Migrationshintergrund überdurchschnittlich oft keinen Schulabschluss aufweisen (vgl. ISB/WZB 2009: 43), wenn das Armutsrisiko durch die Zugehörigkeit zu einer ethnischen Minderheit sprunghaft ansteigt (vgl. ebd.: 71) oder wenn Zugewanderte besonders oft eines Verbrechens verdächtigt werden (vgl. ebd.: 132), so sind dies nicht etwa rein symbolische Markierungen, sondern handfeste Anzeichen sozialer Exklusion. Ethnizität wirkt dann »wie ein Filter für andere Klassifizierungen: Die Bewertung anderer Merkmale hängt von der ethnischen Zugehörigkeit des Merkmalsträgers ab.« (Sutterlüty 2006: 28) Valentin Rauer (2008: 83) weist in diesem Zusammenhang, und unter Berücksichtigung der Thesen Fredrik Barths, darauf hin, dass symbolische oder kulturelle Grenzziehungen zwar Ausdruck, nicht aber treibende Kraft der Ethnisierung seien. Die symbolischen Markierungen oder Klassifikationen wirkten dabei als eine Art Indikator der sozialen Grenzziehung.

Diese »Ethnisierungsthese« (Wimmer 2005: 157) wird von verschiedenen Autoren in ähnlicher Weise formuliert (vgl. u.a. Bommes 1999; Goldberg et al. 2004). Esser bemerkt dazu beispielsweise, dass die Ethnisierung von Gruppen »eine kulturell gesteuerte und sozial definierte Folge insbesondere von ökonomischen und politischen Benachteiligungen und Bevorzugungen« (2001: 37) sei. Die Ethnisierung einer Gesellschaft ist also nicht ein bloßes Spiel mit Symbolen und scheinbar nur horizontal vorhandenen kulturellen Markierungen. Sie vollzieht sich im Gegenteil entlang sozialer Grenzen, die eine bewertete (vertikale) soziale Ungleichheit bedingen. Es ist daher für die Frage nach kollektiven Integrationsprozessen entscheidend, neben den symbolischen auch die sozialen Grenzziehungen kollektiver Identität in den Blick zu nehmen:

> »Wenn man sich nun fragt, inwiefern negative Klassifikationen exkludierende Folgen haben, muss man zunächst zwischen symbolischem und sozialem Ausschluss unterscheiden. Klassifikationen als solche liegen auf der symbolischen, das heißt auf der Ebene von Deutungen und Bewertungen, während sozialer Ausschluss auf der Ebene von Handlungen und Handlungsfolgen angesiedelt ist. Auf dieser Ebene lassen sich negative Klassifikationen dann als desintegrativ bezeichnen, wenn sie die materiellen Aneignungschancen einer ethnischen Gruppe einschränken, wenn sie zum Ausschluss von der Teilnahme am politischen Willensbildungsprozess führen und wenn sie der Grund dafür sind, dass sich Sozialkontakte auf die Mitglieder der ethnischen Eigengruppe reduzieren.« (Sutterlüty 2006: 31)

Der dänische Menschenrechtsaktivist Bashy Quraishy sieht daher in einer fortgeschrittenen Ethnisierung sogar die größte Hürde individueller Sozialintegration: »As a collective ethnic group it is much harder to become integrated because ethnic characteristics are much more visible than those of the individual.« (Quraishy 2009: 91) Doch trotz des hier angesprochenen Risikos der Diskriminierung können ethnisierte Kollektive für ihre Mitglieder attraktiv sein. Wenn nämlich diejenigen individuellen Merkmale, die zu hohen Assimilationskosten oder zu Benachteiligungen führen, von anderen geteilt werden, dann lassen sich durch einen Zusammenschluss die Rahmenbedingungen für die individuelle Sozialintegration zumindest teilweise verändern und die Kosten der individuellen Sozialintegration senken. Esser bezeichnet solche Gruppen als »eine Art Notgemeinschaft von Personen mit einem gemeinsamen Schicksal« (2001: 40) und betont, sie hätten »damit durchaus eine Art von Schutzfunktion« (ebd.; vgl. auch Heckmann 1992: 33). Für einen mexikanischen Immigranten beispielsweise, der sich im County Los Angeles niederlässt, bieten sich durchaus Möglichkeiten, eine Anstellung bei einem spanischsprachigen (Klein)Unternehmer zu finden. Mit einiger Wahrscheinlichkeit kann er bei 47,7 Prozent Hispanics im County (vgl. U.S. Census Bureau 2009) auch sein Bedürfnis nach sozialen Kontakten befriedigen, ohne die englische Sprache lernen zu müssen. Er kann sich möglicherweise sogar als US-amerikanischer Latino mit der Gesellschaft identifizieren; die Notwendigkeit zur Anpassung schwindet.[15]

Auch für Angehörige der Mehrheit sind ethnische Klassifikation durchaus attraktiv: Die Konstruktion ethnischer Minderheiten trägt dazu bei, den Zugang zu Ressourcen zu kontrollieren und sich gleichzeitig selbst als diejenige Gruppe zu etablieren, die bevorzugt zur Teilhabe berechtigt ist. Weil bei der Thematisierung von Ethnizität »grundsätzlich nach der sozialen Grenzziehung von mindestens zwei kollektiven Identitätsformen gefragt« (Rauer 2008: 89) wird, verhilft die Ethnisierung einer Minderheit der Mehrheit zusätzlich zu einem vertieften Bewusstsein des eigenen Zusammenhalts. Zwar zeigt beispielsweise die glücklose Suche nach einer deutschen Leitkultur, dass die Mehrheit keine auch nur annähernd homogene Gruppe darstellt (vgl. Tibi 2001: 23). Durch die Abgrenzung gegenüber ethnischen Gruppen und das Aufzählen fremder Merkmale wird jedoch der Anschein von Homogenität ex negativo erreicht.

Dies hat unmittelbare Konsequenzen für Angehörige der Minderheit, die auf Chancengleichheit hoffen, wenn es ihnen gelingt, sich durch Anpassung an die Mehrheit ›unsichtbar‹ zu machen (vgl. Oberndörfer 2005b: 725ff.). Wäre die Mehrheit inhaltlich gefüllt, wäre eine solche Anpassung zumindest theoretisch denkbar, Assimilation wäre eine realistische Option. Wenn aber, wie im Falle der Leitkulturdebatte, die Elemente einer Kultur der Mehrheit vage bleiben, können sich Minderheiten niemals vollständig anpassen – oder auch nur darüber diskutieren – weil sie gar nicht wissen können, worauf sie sich beziehen sollen. Während einerseits ein undurchdringlicher Nebel über den Insignien der Mehrheit liegt, wird Anpassung andererseits durch extrem scharf gezogene Grenzen verhindert. Wenn beispielsweise weiße Hautfarbe zum Ausgangs-

15 | Vgl. dazu die »Social Learning Theory«, nach der Einwanderer versuchen, ein bestimmtes Zufriedenheitsniveau, ähnlich der oben eingeführten Indifferenzkurve, zu erreichen. Deshalb passen sie sich den neuen Gegebenheiten an, was entweder durch Akkulturation an die Aufnahmegesellschaft oder an bestehende ethnische Gruppen geschieht. Pires & Stanton zusammenfassend: »Satisfaction with living in the new environment is the main element.« (2005: 54)

punkt des Integrationsprozesses stilisiert wird, dann können als ethnisch definierte Menschen die »Spuren der Außenwelt« (Giesen 1999: 34) niemals tilgen:

»The acceptance of the individual depends on [...] his or her willingness to give up their original cultural identity and to distance themselves from their own religious beliefs, combined with a good education and relatively good command of the [...] native language. A light color of skin and a humble attitude towards the majority helps a great deal.« (Quraishy 2009: 91)

Die Assimilationsforderung als Ruf nach ethnischer Anpassung der Anderen schließt ihre Verwirklichung durch die Essentialisierung von Ethnizität selbst aus. Auf Kosten der ethnisierten Menschen verfestigt sich die Hegemonie der Mehrheit.

Ethnische Schichtung und Mobilitätsfalle

Die bisherigen Ausführungen haben deutlich gemacht, dass Ethnisierungsprozesse vor allem den Zugang zu gesellschaftlich relevanten Ressourcen regeln. Bestimmten ethnischen Gruppen wird ein bestimmtes Maß an Teilhabechancen eröffnet. Dieses Phänomen vertikaler sozialer Ungleichheit zwischen ethnischen Gruppen wird in der Soziologie als »ethnische Schichtung« bezeichnet (vgl. u.a. Esser 2001: 33ff.; Heckmann 1992: 91ff.). Milton Gordon spricht in diesem Zusammenhang früh von »Ethclasses« (1964: 51) – ein Begriff der bei der Fallstudie zu Mercedes UK in Kapitel 7 noch eine Rolle spielen wird. Lange Zeit galt die ethnische Schichtung der Gesellschaft angesichts des sozialen Aufstiegs der europäischen Einwanderer in den USA im 19. Jahrhundert als zeitlich begrenztes Phänomen. Empirisch zeigt sich aber, dass »Ethclasses« sowohl in Deutschland (vgl. u.a. Engels et al. 2011), als auch in Großbritannien (vgl. u.a. Ager et al. 2003) und den USA (vgl. u.a. Brown & Bean 2006) zu finden sind. Zumindest in der jüngeren Vergangenheit führte die Ethnisierung ganzer Bevölkerungsteile in diesen Ländern zu einer Stratifikation der Gesellschaft. Die ethnische Schichtung scheint somit ein empirisch belegbares Phänomen multiethnischer Gesellschaften zu sein – und für Esser ein Argument gegen die Vertreter eines Multikulturalismus-Ansatzes:

»Im Prinzip sind ethnisch pluralisierte *multiethnische* Gesellschaften als eine Kombination von gelingender Systemintegration einer Gesellschaft bei Fehlen von ›Assimilation‹ der Gruppen theoretisch denkbar. Empirisch gibt es sie jedoch so gut wie immer nur als ein System der *ethnischen Schichtung*: Die verschiedenen ethnischen Gruppen bilden dabei eine Hierarchie, bei der die ethnischen (bzw. kulturellen und religiösen) Merkmale systematisch mit bestimmten strukturellen Variablen (wie Bildung, Einkommen, Berufstätigkeit, auch Prestige) kovariieren. Ethnische Schichtungen haben eine gewisse Ähnlichkeit mit Feudal- bzw. Kastensystemen.« (Esser 2001: 75; Herv. i.O.)

Die Entkoppelung von Ethnizität und gesellschaftlicher Teilhabechance ist meist das erklärte Ziel staatlicher Integrationspolitik. Zugespitzt formuliert: Soziale Ungleichheiten dürfen dann weiter bestehen, wenn sie nicht auf ethnische Zuschreibung zurückzuführen sind (vgl. u.a. Esser 2001: 33; Geißler 2005: 50). Andreas Wimmer (2005: 157) weist jedoch darauf hin, dass paradoxerweise oftmals erst im Rahmen der Integrationspolitik eine Ethnisierung gefördert werde, die dann wieder überwunden werden solle. Ein Beispiel für diese These bietet die Problematisierung vermeintlich mangelnder Erziehungskompetenz von Eltern mit Migrationshintergrund in Deutschland: In einer entsprechenden Publikation der Beauftragten der Bundesregierung für Migration, Flüchtlinge und Integration (Beauftragte 2009) wird zunächst der Anschein erweckt, die angesprochenen Probleme der Eltern seien migrantentypisch. Dennoch geht nur ein Unterkapitel des 200 Seiten umfassenden Ratgebers *Chancen durch Integration* vage auf »interkulturelle[s] Zusammenleben« (ebd.: 30) ein – ein Punkt, der wie die übrigen Ratschläge genauso für Menschen ohne Migrationshintergrund gelten kann. Ähnliches geschieht mit der politisch immer wieder artikulierten Verbindung von ethnischer Zugehörigkeit und Gesundheitsproblemen – obwohl beispielsweise der *Erste Integrationsindikatorenbericht* der Bundesregierung einen solchen Zusammenhang explizit ausschließt (vgl. ISG/WZB 2009: 172).

Die ethnische Schichtung wird aber nicht nur durch Klassifikationen von außen aufrechterhalten. Ethnische Kollektive, so wurde gezeigt, sind für ihre Mitglieder attraktiv, weil sie auf kurze Sicht die Möglichkeit zur Verringerung der Kosten individueller Sozialintegration bieten. Langfristig allerdings ist innerhalb der unterschichteten ethnischen Gemeinde nur eine begrenzte soziale Mobilität möglich. Der soziale Aufstieg kommt an dem Punkt ins Stocken, an dem man den exkludierenden Mechanismen der Mehrheitsgesellschaft nicht mehr durch alternative Angebote innerhalb des ethnischen Bezugsrahmens ausweichen kann. Weil diese Angebote zu Beginn der Binnenintegration wie ein Köder auf das Individuum wirken, es aber später innerhalb der ethnischen Grenzen gefangen halten, kann man mit Norbert Wiley (1967) auch von einer »Ethnic Mobility Trap« sprechen. Um sich aus dieser Mobilitätsfalle zu befreien, muss das Individuum erhebliche Kosten bis hin zu einem vorübergehenden sozialen Abstieg in Kauf nehmen – verbunden mit einem hohen Maß an »mobility stress« (ebd.: 156), also einem nicht unerheblichen Leidensdruck. Jörg Hüttermann verweist allerdings darauf, dass das Modell Wileys »die Dynamik der Interaktion von Minderheit und Mehrheit« (2006: 222) vernachlässige. In der Tat ist das Theorem relativ statisch, weil es beispielsweise eine potenziell mögliche multiple Inklusion sowohl in Aufnahmegesellschaft als auch in ethnische Gruppe nicht berücksichtigt. Außerdem ist nicht ausreichend berücksichtigt, ob ein Integrationsprozess außerhalb der ethnischen Gemeinde aufgrund bestehender Diskriminierungen und Ethnisierungen überhaupt möglich ist. Bezieht man diese Bedenken ein, könnte das Theorem der Mobilitätsfalle lauten: Je stärker sich das Individuum auf die Binnenintegration in die ethnische Gemeinde verlässt und je stärker die ethnischen Klassifikationen auf diese Binnenintegration drängen, desto kräftiger schnappt die Mobilitätsfalle zu, das heißt: desto höher werden die Transaktionskosten für soziale Mobilität.

Über die individuellen Folgen der Mobilitätsfalle hinaus wirkt die erzwungene oder freiwillige Binnenintegration auch als Reproduktionsmechanismus ethnischer Schichtung. Diese soziale Segmentation kann zum Entstehen einer »Parallelgesellschaft« (Schiffauer 2008: 7ff.) oder »ethno-religiöse[n] Subnation« (Esser 1998: 132) beitragen.[16] Aber auch ohne derart überspannte Begrifflichkeiten verwenden zu müssen, können ethnisierte Kollektive durch ihre bloße Existenz durchaus zu Konflikten führen. Da jedoch der Zusammenhalt einer Gesellschaft »erstritten sein will« (Filsinger 2008: 5), sind Konflikte ein normaler Bestandteil jedes Integrationsprozesses auf kollektiver Ebene.

Exkurs: Moscheebauten als ethnisierte Konflikte[17]

Religionszugehörigkeit gilt seit jeher als wirksames Element sozialer Grenzziehung (vgl. Tibi 2005).[18] Beispielsweise positioniert sich ein christliches Abendland immer wieder in Abgrenzung zu einer muslimischen Invasion. Nicht erst seit dem schweizerischen Volksentscheid gegen Minarettbauten ist deutlich, dass eine öffentliche Religionsausübung bekennende Muslime in westlichen Gesellschaften einer hohen Gefahr der Diskriminierung aussetzt (vgl. Quraishy 2009: 91). Die Assimilation an die Mehrheit durch die Abkehr von der eigenen Religion würde eine solche Diskriminierung verringern, ist aber keine realistische Option für den gläubigen Menschen. Als Alternative zur Assimilation findet immer wieder eine Binnenintegration in eine ethnische Gemeinde statt: Sowohl in der Schweiz als auch in Großbritannien und Deutschland verzichtete die ethnisierte Minderheit der Muslime lange Zeit auf öffentlich sichtbare Sakralbauten (vgl. u.a. Schmitt 2003: 58ff.). Die Moscheen existierten zwar, sie wurden jedoch (und werden immer noch) in die Hinterhöfe und Gewerbegebiete der Städte verbannt. Auf diese Weise werden die Rahmenbedingungen der Integration innerhalb der ethnischen Gemeinde für ihre Mitglieder angepasst, während die gesamtgesellschaftlichen Normen unangetastet bleiben. Je häufiger muslimische Gemeinden ihre Zukunft aber in Großbritannien oder Deutsch-

16 | Zur deutschen Diskussion um Parallelgesellschaften vgl. Kapitel 5.

17 | Zu Moscheebauten, Integrationsstrategien ethnischer Kolonien und daraus entstehenden Konflikten vgl. u.a. Ceylan (2006), Hüttermann (2006), Schmitt (2003).

18 | In jüngster Zeit kommt es vermehrt zu einer Ethnisierung religiöser Zugehörigkeit, die darin gipfelt, dass Muslime in Deutschland als Menschen »mit muslimischem Migrationshintergrund« bezeichnet werden (vgl. u.a. bei Foroutan & Schäfer 2009: 11). Hier ließe sich die etwas provokante Frage stellen, wo das Land «Muslimien» denn liegen könnte, aus dem die Migration dem Begriff nach erfolgt sein müsste.

land sehen, desto präsenter wird der Wunsch nach öffentlichen Moscheebauten (vgl. ebd.: 55f.). Hinzu kommt, dass über steigenden Wohlstand der Gemeindemitglieder auch die finanziellen Mittel für solche Großprojekte beschafft werden können. Weil die vermeintlich private Religion durch einen Moscheebau mit Minarett öffentlich wird, sind die betreffenden Gemeinden gezwungen, an der öffentlichen Diskussion um die Rahmenbedingungen gesellschaftlicher Teilhabe mitzuwirken. Eine stille Segmentation ist nicht mehr ohne weiteres möglich. Der Wunsch nach repräsentativen Bauwerken verlangt aber auch von der nicht-muslimischen Mehrheit eine aktive Akzeptanz des Islams an Stelle einer passiven Toleranz. Eine solche war und ist in Europa aber nicht immer gegeben, im Gegenteil: Der Islam wurde durch die Forderung nach einem Platz im öffentlichen Leben zum ›Integrationsproblem‹. Diese Entwicklung wurde noch verschärft und polemisiert durch die Anschläge vom 11. September 2001. Spätestens seitdem wurden auch die sogenannten Hinterhof-Moscheen aus der privaten Sphäre in die politische katapultiert. Sie galten plötzlich als parallelgesellschaftliche Institutionen, in denen Islamisten ihr Unwesen treiben könnten (vgl. Schmitt 2003: 13). Hier zeigt sich, dass Segregation und Segmentation selbst abseits der Öffentlichkeit nur solange möglich sind, solange sie von der Mehrheitsgesellschaft toleriert werden (vgl. Wimmer 2008a). Die Reaktion der Mehrheit kann dabei sehr unterschiedlich ausfallen: So stieß die muslimische Gemeinde der immer wieder als »Mega Mosque« bezeichneten Abbey Mills Moschee in Stratford, East-London, von Beginn an auf starke Gegenwehr (vgl. u.a. BBC 2010; Saner 2007), die Moschee in Duisburg-Marxloh hatte dagegen kaum mit Widerstand zu kämpfen (vgl. dpa 2008), und die schweizerischen Muslime mussten durch das vorläufige Minarett-Verbot im Jahr 2009 einen herben Rückschlag hinnehmen (vgl. Jakobs 2009).

Integrationsstrategien ethnisierter Minderheiten

Das Beispiel des Moscheenstreits zeigt, dass »[n]ur ausgewählte kollektive Akteure [...] in der Lage [sind], Ethnisierungsprozesse zu initiieren, Grenzziehungen zu verschieben oder zu definieren« (Rauer 2008: 88). Doch wann ist ein kollektiver Akteur »ausgewählt«? Ähnlich wie bei der Sozialintegration des Individuums können Elemente der Minderheit auf die Mehrheit attraktiv und damit inkludierend wirken. In der Inkorporation und akkulturierenden Übernahme von Essen (Döner Kebab, Tortilla Chips, Chicken Tikka Masala) oder Populärkultur (Oriental Pop, Salsa, Bollywood) finden sich bekannte Beispiele. Aber auch die Green Card-Regelung in den USA und Deutschland fällt unter diese Kategorie, ist sie doch auf die attraktive Gruppe hochqualifizierter Migranten zugeschnitten (vgl. u.a. Kolb 2004). Hier zeigt sich, dass selbst strukturelle Rahmenbedingungen – in diesem Fall der Zugang zum nationalen Arbeitsmarkt – angepasst werden, wenn das Kollektiv in den Augen der Aufnahmegesellschaft besonders attraktiv scheint. Es kann allerdings auch zu einer

Anpassung der Rahmenbedingungen kommen, wenn das Kollektiv nicht als attraktiv wahrgenommen wird, jedoch zu groß ist, um es ignorieren zu können. In vielen Regionen der USA ergänzen Verkehrs- und Hinweisschilder in spanischer Sprache die englischen (vgl. u.a. MiamiDade 2004). Die Änderungen der Rahmenbedingungen ergeben sich hier als notwendige Konsequenzen aus der bloßen Präsenz einer Minderheit. Im Gegensatz zu den Fällen, in denen Zugeständnisse aufgrund der kritischen Größe der Minderheit gemacht werden, ist der Streit um Moscheebauten anders gelagert. Weder wird der Islam als besonders attraktiv wahrgenommen, noch stellt seine Nichtberücksichtigung in den Augen der Mehrheit eine Gefahr für das Funktionieren rechtlicher oder sonstiger Systeme dar. Aus diesem Grund müssen muslimische Kollektive nach anderen Wegen suchen, wie sie eine Veränderung der Rahmenbedingungen für Teilhabe erreichen können. Sie müssen dem Widerstand aus der Mehrheitsgesellschaft begegnen und sich in einem Dialog der Kulturen behaupten:

»Minderheiten müssen sich ethnisieren, um eine legitime Sprecherposition zu erlangen. Bei dieser Art von Repräsentation handelt es sich nicht um die Konstruktion oder Imagination von ethnischer Reinheit. Die eingewanderten Gemeinschaften konstituieren sich als ethnisch definierte Andere, um das kommunikative Machtdefizit bei der Definition der eigenen Einwanderungssituation zu kompensieren.« (Rauer 2008: 89)

Die Ethnisierung hilft also dabei, eine Sprecherposition im Dialog der Kulturen zu erlangen und die ethnisierten Individuen als Interessengruppe hinter den vermeintlich kulturell bedingten Forderungen zu versammeln. Nassehi betont, dass eine solche scheinbar authentische Position kaum von außen kritisierbar, dafür aber umso besser politisch nutzbar sei. »Kulturell authentische Sprecher [...] nutzen die Ressource, authentische Kultur zu sein, und erzeugen damit authentische, politisierbare Kollektive, die strategisch in Anspruch genommen werden können.« (Nassehi 2006: 36)[19] Reimund Anhut und Wilhelm Heitmeyer beschreiben Integration auf dieser Ebene auch als »Ausgleich konfligierender Interessen« (2007: 56), wodurch eine Vergesellschaftung (nicht aber eine Vergemeinschaftung) angestrebt werde. Schon Georg Simmel hatte die produktiven und integrierenden Kräfte des Konfliktes hervorgehoben:

---

19 | Weiss & Thränhardt betonen in diesem Zusammenhang, Netzwerke würden »auch zur politischen Eigenvertretung genutzt und dienen u.a. dazu, integrationshemmende Faktoren innerhalb der Gesellschaft abzubauen« (2005: 19). Diese Funktion zeigt sich in Deutschland beispielsweise am Erfolg der spanischen Elternvereine, die bereits seit den 1970er Jahren die Interessen der spanischen Immigranten im deutschen Bildungssystem wahrnahmen (vgl. Thränhardt 2005: 106ff.). Dazu gehörte auch die Einbeziehung der spanischen Kinder in deutsche Regelschulen, die von den Vereinen gegen den Willen vieler Schulbehörden durchgesetzt wurde.

»Zwischen zwei Menschen besteht oft ein Gebiet oder Gegenstand theoretischen oder gefühlsmäßigen Interesses, den sie wie auf eine stillschweigende Verabredung hin nicht berühren, sei es, weil diese Berührung schmerzlich wäre, sei es, weil sie einen Konflikt davon befürchten. Dies entspringt keineswegs immer bloßer Zartheit der Empfindungen, sondern auch aus Feigheit und Schwäche. Die Personen lassen hier gleichsam ein Gebiet zwischen sich leer und wüst, während ein kräftiges Zugreifen, das den ersten Choc nicht scheut, dasselbe zu Fruchtbarkeiten und neuen Verknüpfungen entwickeln könnte.« (2006 [[1]1903]: 311)

Dieses »kräftige Zugreifen« und der »erste Choc« verursachen allerdings, besonders bei einer ethnisierten Minderheit, nicht unerhebliche Kosten. Um in der öffentlich geführten Diskussion bestehen zu können, müssen die Mitglieder der ethnischen Gemeinde über ausreichend ökonomisches, kulturelles und soziales Kapital verfügen, um ihre Interessen durchsetzen zu können (vgl. Bourdieu 1979). Vor allem dem ökonomischen Kapital kommt dabei Bedeutung zu, da es gegen die anderen Kapitalsorten, bei denen Minderheiten durch die Folgen der Ethnisierung benachteiligt sind, relativ leicht eingetauscht werden kann. Ein Bauplatz für die Moschee lässt sich beispielsweise trotz ethnisch motivierter Vorbehalte des Eigentümers ab einem gewissen Kaufpreis häufig doch noch erwerben. Die Protagonisten der muslimischen Gemeinden sind zudem meist der Kategorie multipler Inklusion zuzurechnen (vgl. Hüttermann 2006). Sie sind – zumindest im Bereich der kulturellen Integration – in beiden kulturellen Kontexten zur Teilhabe befähigt. Öffentliche Konflikte um Moscheebauten sind daher kein Anzeichen von Segmentation, sondern im Gegenteil ein Indikator für einen lebendigen Integrationsprozess, bei dem die ethnisierten Minderheiten um Rahmenbedingungen gesellschaftlicher Teilhabe ringen.

Welche konkreten Integrationsstrategien verfolgen nun ethnisierte Minderheiten? Zunächst können sie, die Toleranz der Mehrheit vorausgesetzt, durch Binnenintegration und Segmentation in einigen Bereichen eine interne Erleichterung der Rahmenbedingungen für ihre Mitglieder erreichen. Daneben haben sie – bei einer gewissen Attraktivität, Größe oder Ausstattung mit gesellschaftlich relevantem Kapital – die Möglichkeit, aktiv an der Aushandlung gesellschaftlicher Normen teilzunehmen (vgl. dazu auch Wimmer 2005). Im Gegensatz zur Debatte um den Einbezug Einzelner in die Gesellschaft bei gegebenen Rahmenbedingungen geht es auf der kollektiven Ebene also nicht mehr um die sofort zu realisierende Teilhabe des Individuums, sondern um die Verhandlung ihrer Voraussetzungen. Kollektive Sozialintegration ist im Übrigen keinesfalls gleichzusetzen mit dem »Aushandeln von Kultur« (vgl. Wimmer 2005). Nicht der kulturelle Inhalt, sondern die symbolischen Markierungen, die über Inklusion und Exklusion entscheiden, sind Thema des Integrationsprozesses zwischen kollektiven Akteuren.

3.4 SYSTEMINTEGRATION

> Die Vorstellung, dass die Geschichte immer ›unsere‹ Geschichte ist, die ›wir‹ machen, verkennt aus diskursanalytischer Perspektive das Maß an Fremdheit, das durch Ordnungsmuster, die nicht auf Bewusstsein zurückgeführt werden können, in diese ›eigene‹ Geschichte und die ›eigenen‹ Sinnproduktionen unauslöschlich und von allem Anfang an eingeschrieben ist. (Sarasin 2005: 105)

Innerhalb der Ausführungen zur Sozialintegration wurde weitgehend an die theoretischen Überlegungen Hartmut Essers angeknüpft. Für die Besprechung der Systemintegration ist dies nicht mehr ohne weiteres möglich – obwohl Esser auch hier ein theoretisches Konzept offeriert (vgl. u.a. Esser 2000: 270; 2002: 259ff.). Doch für dessen Anwendung ergeben sich im Wesentlichen zwei Probleme: Erstens definiert Esser Systemintegration als den »Zusammenhalt ganzer sozialer Systeme« (2006: 30). Dabei stellt sich die Frage, wie Esser die Abgrenzung zu seinem grundlegenden Integrationsbegriff herstellt. Diesen beschreibt er nämlich als »Zusammenhalt von Teilen in einem ›systemischen‹ Ganzen« (Esser 2001: 1). Eine Trennung ist hier zumindest unscharf. Zweitens bestimmt Esser die »Teile«, ähnlich wie Lockwood die »parts« (1964: 245), recht vieldeutig: Einerseits spricht er von »funktionale[n] Sphären, wie Wirtschaft, Politik, Bildungswesen, Recht, Wissenschaft, Religion oder Kunst« (Esser 2006: 30), andererseits schließt er auch ethnische Gruppen in seine Definition ein (vgl. ebd.: 31). Damit können bei Esser auch kollektive Akteure die Rolle der Teile einnehmen. Die grundlegende Frage Lockwoods nach den überindividuellen, handlungsleitenden Mechanismen löst sich auf diese Weise im Handeln der Akteure auf. Systemintegration wird gewissermaßen zur Sozialintegration.

Die Ausführungen Essers zur Systemintegration enthalten allerdings auch den Hinweis auf ein Vorgehen, das mit der Intention Lockwoods vereinbar scheint. Esser spricht von »Mechanismen der Systemintegration« (Esser 2001: 6), die den Zusammenhalt eines Systems sichern würden. Er bezieht sich dabei einerseits auf die Handlungslogiken der Wirtschaft, der Organisation und der Medien.[20] An anderer Stelle nennt er »kollektiv geteilte Werte, Hierarchien in Form einer [...] Organisation des gesellschaftlichen Verbandes und die Interdependenz der Teilsysteme« (Esser 2006: 32) als Mechanismen der Systemintegration. Auch wenn diese Überlegungen etwas vage bleiben, so weisen sie doch

20 | Medien werden hier verstanden als »Vorgänge der ›Vermittlung‹ zwischen gesellschaftlichen Bereichen, Gruppen und Akteuren« (Esser 2001.: 7).

in eine Richtung: Die Systemintegration als Aufrechterhaltung des Systems »über die Köpfe der Akteure hinweg« (Esser 2001: 4) bestimmt deren Handeln durch Regeln oder disziplinierende Codes gesellschaftlicher Teilsysteme. An dieser Stelle zeigen sich Bezugspunkte zum Diskursbegriff Foucaults.

Diskursbegriff bei Foucault

> Diskurse sind Matrizen zur Produktion gesellschaftlicher Realität, von kultureller Evidenz. (Sarasin 2008a: 16)

Die Definition des Diskurses ist in den Sozial- und Kulturwissenschaften keinesfalls eindeutig – selbst wenn man sich auf den Diskursbegriff Michel Foucaults beschränkt. Auch Foucault selbst hat ihn im Laufe seiner Forschungen immer wieder mit neuer Bedeutung aufgeladen, weshalb eine unstrittige Bestimmung wohl unmöglich ist (vgl. u.a. Sarasin 2005: 124).[21] Jede Studie, die sich auf Foucault beruft, muss daher skizzieren, wie das Begriffsinstrumentarium im konkreten Fall verstanden und angewandt werden soll. Die vorliegende Arbeit bezieht sich in ihrem Diskursverständnis vor allem auf die Auslegung Foucaults durch den Schweizer Historiker Philipp Sarasin. Er ist nicht nur Verfasser mehrerer theoretischer Werke über Foucault (vgl. u.a. Sarasin 2005, 2008a, 2008b, 2009), sondern hat auch den Anspruch, dessen genealogische Arbeitsweise in seiner eigenen Forschung anzuwenden (vgl. u.a. Sarasin 2001a, 2001b, 2004). Damit sieht er sich gezwungen, die Begrifflichkeiten Foucaults möglichst exakt zu bestimmen. Sarasins Interpretation ist sicherlich nicht die einzig mögliche, sie befähigt jedoch zu einer Operationalisierung, ohne den Diskursbegriff unzulässig zu vereinfachen.

In der *Archäologie des Wissens* (1973) bezeichnet Foucault Diskurse als »Praktiken [...], die systematisch die Gegenstände bilden, von denen sie sprechen« (ebd.: 74). Dabei sind die »Praktiken« für Foucault vor allem inhaltlich bestimmt, sie liegen meist in sprachlicher Form vor, können aber auch in Handlungen zum Ausdruck kommen. Es geht Foucault nicht darum, die Praktiken hermeneutisch zu verstehen – er verweigert sich sogar explizit der Frage, was »in dem, was gesagt wurde, wirklich gesagt« (ebd.: 43) wurde. Die inhaltliche Aussage jenseits der Ordnung der Zeichen steht dagegen für sich selbst, das »Aussagegebiet [ist] völlig an seiner eigenen Oberfläche befindlich« (ebd.: 174). Die Suche nach einem tieferen Sinn führt ins Leere. Doch die Diskurse als Prak-

21 | Klar abgegrenzt werden kann der Diskursbegriff Foucaults allerdings durchaus vom normativen Diskursbegriff Jürgen Habermas' (2001, 2006a, 2006b) und von der sprachwissenschaftlichen Gesprächsanalyse (auch in ihren Ausprägungen als »discourse studies« oder »critical discourse analysis«; vgl. u.a. Keller 2001).

tiken entsprechen durchaus »geregelte[n] Aussagesysteme[n]« (Sarasin 2005: 103) beziehungsweise einer »anonyme[n] Konfiguration von Aussagemustern« (ebd.: 105). Sie sind daher sowohl Praktiken als auch Regeln, sie sind »eine Gesamtheit von Regeln, die einer Praxis immanent sind und sie in ihrer Spezifität definieren« (Foucault 1973: 71). Auf diese Weise können sie »systematisch die Gegenstände bilden, von denen sie sprechen« (ebd.: 74).[22]

Die dem Diskurs inhärenten Regeln, die in den Aussagemustern aufscheinen, bestimmen, was in den Grenzen des Diskurses sagbar und denkbar ist – und was eben nicht. Innerhalb des Diskurses liegt die gesellschaftlich akzeptierte Vernunft, außerhalb befindet sich der diskursiv konstruierte ›Wahnsinn‹. Dies bedeutet, dass man nur dann »im Wahren ist [...], wenn man den Regeln einer diskursiven ›Polizei‹ gehorcht, die man in jedem seiner Diskurse reaktivieren muss« (Foucault 1977a: 25). Damit erscheint der Diskurs als »eine Art kultureller Zwangsveranstaltung, die Erkennbarkeit und Evidenz garantiert« (Sarasin 2008a: 16). Der Diskurs verbietet aber nicht nur Aussagen, er stellt gleichzeitig ein Arsenal an ›wahren‹ Inhalten zur Verfügung und macht Wissen somit erst möglich. Er gleicht damit einem »Apparat, der Gegenstände hervorbringt« (ebd.). Der Diskurs ist in dieser Lesart produktiv und kopiert sich in seinen Praktiken beständig selbst.

Die Diskurse sind für Foucault bis zur *Archäologie des Wissens* (1973) bestimmend für die Produktion gesellschaftlicher Realität und Wahrheit. Allerdings geschieht dies »im Rahmen von sehr materiellen und [...] diskursfernen technischen, institutionellen und medialen Bedingungen« (Sarasin 2005: 113). Foucault sieht diskursive Beziehungen nur als eines von drei Beziehungssystemen, das mit zwei anderen in Verbindung steht (vgl. Foucault 1973: 67ff.). Neben den Diskursen macht er das »System der *primären* oder *wirklichen Beziehungen*« und das »System der *sekundären* oder *reflexiven Beziehungen*« (ebd.: 69; Herv. i.O.) aus. Erstere sind an tatsächlichen Abhängigkeiten »etwa von Klassenlage und Kriminalität« (Sarasin 2005: 113) orientiert. Letztere beschreiben die Beziehungen, »die man im Diskurs selbst formuliert finden kann« (Foucault 1973: 69); sie sind also Beziehungen, die »im Wahren« (1977a: 25) des Diskurses formuliert werden. Die eigentlich diskursiven Beziehungen dagegen liegen »irgendwie an der Grenze des Diskurses: sie bieten ihm die Gegenstände, über die er reden kann« (1973: 70).

Diskurse sind für Foucault also schon zu diesem Zeitpunkt eingebettet in ein komplexes Geflecht an Möglichkeitsbedingungen, das er in der *Ordnung der Dinge* noch »episteme« nennt (vgl. Foucault 2006: 24ff.). Philipp Sarasin ist

---

22 | Oftmals werden Diskurse auch als »regelgeleitete Praktiken« (Schwab-Trapp 2001: 262) bezeichnet. Dies ist jedoch missverständlich, suggeriert es doch, dass die Diskurse als Praktiken Regeln gehorchen würden, die außerhalb (oder auf einer tieferen Ebene) liegen.

daher überzeugt, dass man »den Foucault der *Archäologie* grundsätzlich falsch [versteht], wenn man behauptet, er ziehe sich auf die Analyse von ›autonomen‹ Diskursen zurück, die dann gar noch als sprachliche Gebilde missverstanden werden« (Sarasin 2005: 113). Vor diesem Hintergrund verwundert es kaum, dass Foucault in den Jahren nach der *Archäologie* immer wieder betont, »dass die Gesellschaft nicht von Diskursen strukturiert werde, sondern von Machtrelationen« (ebd.: 119). Er gibt damit den Diskursbegriff nicht auf, sondern ergänzt ihn um Fragen der »komplexen strategischen Situation in einer Gesellschaft« (Foucault 1977b: 114), als deren Name Macht erscheine. Deren Konstitutionsbedingungen wiederum definiert er wie folgt:

»Die Möglichkeitsbedingungen der Macht oder zumindest der Gesichtspunkt, der ihr Wirken bis in die ›periphersten‹ Verzweigungen erkennbar macht und in ihren Mechanismen einen Erkenntnisraster für das gesellschaftliche Feld liefert, liegt nicht in der ursprünglichen Existenz eines Mittelpunktes, nicht in der Sonne der Souveränität, von der abgeleitete niedere Formen ausstrahlen; sondern im bebenden Sockel der Kraftverhältnisse, die durch ihre Ungleichheit unablässig Machtzustände erzeugen, die immer lokal und instabil sind.« (Ebd.)

Diskurse sind in diesem stetigen Spiel der Kräfte »Formen der Machtausübung« (Sarasin 2005: 141). Als sichtbare beziehungsweise archäologisch rekonstruierbare regelhafte Praktiken stellen sie strategische Positionen dar, die von Kontrahenten besetzt werden können. Diskurse existieren, gleich den Esser'schen Mechanismen, weiterhin »über die Köpfe der Akteure hinweg« (Esser 2001: 4), können von diesen jedoch für einige Zeit vereinnahmt werden. Aus dem heterogenen, dichten Geflecht von »Diskursen, Institutionen, architektonischen Einrichtungen« (Foucault 2003: 392) entsteht ein »dispositif«. Dieser Begriff kann als Weiterentwicklung der »episteme« aus *Ordnung der Dinge* gelten und findet sich im Französischen »vornehmlich in juristischen, medizinischen und militärischen Kontexten. Er bezeichnet die (materiellen) Vorkehrungen, die eine strategische Operation durchzuführen erlauben« (Anm. d. Übers. in Foucault 1977b: 35). Diskurse sind Teil dieser »Vorkehrungen«, sie sind gewissermaßen die Erfüllungsgehilfen der Macht. Eine eigene teleologische Ausrichtung kann ihnen dabei nicht unterstellt werden: »Ihr einziger ›Sinn‹ sind die Gegenstände, die sie generieren.« (Sarasin 2008a: 16). Diskurse sind damit schlicht »Kopiermaschinen« (ebd.) bestimmter Aussage- und Wirklichkeitsmuster. Sie zeigen aber auch, zu wessen Gunsten sich die Machtverhältnisse verschieben.

Doch nicht nur Machtverhältnisse verändern sich stetig, auch die Diskurse selbst sind einem permanenten Wandlungsprozess unterworfen. Philipp Sarasin (2008a, 2008b, 2009) verweist hier immer wieder auf die Nähe Foucaults zu Darwins Evolutionstheorie. Bei beiden seien es »im Wesentlichen die Zufälle und Diskontunitäten des Kampfes um Macht« (Sarasin 2008b: 38), die zu »Kopierfehlern« (Sarasin 2008a: 16) – und damit zu einer »Entwicklung« – führten. Ähnlich wie die Evolution sei auch die Metamorphose von Diskursen »ohne Richtung und Ziel, und die heutigen Organismen [...] aus Elementen zusammengesetzt, die ursprünglich zum Beispiel ganz andere Funktionen hatten« (Sarasin 2008b: 39). Die Richtung der Veränderung ist nicht intendierbar, wenngleich sie das Ergebnis »vieler strategischer Kalküle« (Sarasin 2005: 151) darstellt.

Archäologie und Genealogie

> Wie soll man mit diesen Instrumenten arbeiten? Ist es möglich, die Diskursformationen zu analysieren? (Foucault 2002: 192)

Die Ausführungen zum Diskursbegriff werden bei Foucault von zwei fast schon methodisch zu nennenden Begriffen begleitet: Während die sogenannte Archäologie eine horizontale »Achse disziplinarischer Codes« (Sarasin 2009: 414) darstellt und besonders stark mit dem Diskursbegriff assoziiert wird, stellt die Genealogie eine vertikale Achse dar, auf der man »jedes Sein wieder dem Werden«(ebd.: 416) zuführt. Die Archäologie untersucht das Auftauchen von Diskursen und wendet sich ihrer Gestalt zu, die Genealogie thematisiert dagegen, unter anderem, die Genese von Diskursen unter dem Aspekt der Macht.

Michel Foucault hält sich in seiner Methodik bezüglich der Analyse von Diskursformationen selbst meist bedeckt, macht aber in seiner Inauguralvorlesung am Collège de France, *Die Ordnung des Diskurses* (1977b), vier grundlegende Prinzipien der archäologisch orientierten Diskursanalyse aus. An erster Stelle steht dabei das »Prinzip der Umkehrung« (ebd.: 35), bei dem die »Verknappung des Diskurses« (ebd.: 36) in den Blick genommen wird. Statt einer positivistischen Suche nach Wissen gelte es, eben das »negative Spiel einer Beschneidung« (ebd.) zu beleuchten. Zweitens zielt Foucault mit dem »Prinzip der Diskontinuität« (ebd.) darauf ab, dass der Diskurs nicht als abgetrennter Teil eines »unbegrenzte[n], kontinuierliche[n] und schweigsame[n] Diskurs[es]« (ebd.) wahrgenommen werden darf. Vielmehr seien Diskurse als »diskontinuierliche Praktiken [zu behandeln], die sich überschneiden und manchmal berühren, die einander aber auch ignorieren oder ausschließen« (ebd.). Das dritte Prinzip der »Spezifität« betont die Regelhaftigkeit der diskursiven Praktiken. Diese stünde im Gegensatz zu einem hermeneutischen Auflösen des Diskurses »in ein Spiel von vorgängigen Bedeutungen« (ebd.). Mit dem vierten Prinzip, der Regel der »Äußerlichkeit« (ebd.: 37) betont Foucault die Möglichkeitsbedingungen einer Aussage. Nicht der tiefere Sinn einer Aussage oder Praxis, sondern »das, was der Zufallsreihe dieser Ereignisse Raum gibt und ihre Grenzen fixiert« (ebd.), steht im Mittelpunkt der Analyse. Der Wissenschaftler als Archäologe stellt fest, welche Aussagen in Praktiken aufscheinen, gruppiert sie, sucht nach Grundrissen eines relativ stabilen Aussagemusters und legt auf diese Weise einen Diskurs frei. Dieser befindet sich allerdings nicht versteckt unter den Aussagen, sondern liegt von Beginn an offen: Der Diskurs muss im Offensichtlichen gesucht werden. Entgegen einer hermeneutischen Herangehensweise ist die

»Analyse des diskursiven Feldes [...] völlig anders orientiert; es handelt sich darum, die Aussage in der Enge und Besonderheit ihres Ereignisses zu erfassen; die Bedingungen ihrer Existenz zu bestimmen, auf das Genauste ihre Grenzen zu fixieren, ihre Korrelationen mit den anderen Aussagen aufzustellen, die mit ihm verbunden sein können, zu zeigen, welche anderen Formen der Äußerung sie ausschließt. Man sucht unterhalb dessen, was manifest ist, nicht das halbverschwiegene Geschwätz eines anderen Diskurses; man muß zeigen, warum er nicht anderes sein konnte als er war, worin er gegenüber jedem anderen exklusiv ist, wie er inmitten der anderen und in Beziehung zu ihnen einen Platz einnimmt, den kein anderer besetzen könnte.« (Foucault 1973: 43)

Die meisten an Foucault orientierten Diskursanalysen in den Sozialwissenschaften sind mehr oder weniger diesem Vorgehen aus der *Archäologie des Wissens* beziehungsweise aus der *Ordnung des Diskurses* verpflichtet. Zumeist handelt es sich um quantitative oder qualitative Inhaltsanalysen von Zeitschriftenartikeln oder anderen sprachvermittelten Texten, aus denen mit Hilfe einer Kodierung bestimmte Aussage-Cluster gefiltert werden. Besonders häufig werden die Ansätze Foucaults im Forschungsprogramm der wissenssoziologischen Diskursanalyse rezipiert (vgl. u.a. Keller et al. 2001: 124 ff.). Basierend auf den durch Berger & Luckmann (2004) eingeführten methodologischen Überlegungen dient Foucault dort vor allem als ergänzender Theoretiker, um »Wissen als Effekt und Form von Macht« (Keller 2001: 127) zu untersuchen. Derart gestaltete Diskursanalysen decken Bedeutungsarrangements in medial vermittelten Diskussionen auf, beispielsweise zum EU-Beitritt der Türkei (vgl. Madeker 2008). Sie thematisieren aber auch Machtverhältnisse im Sprechen und Handeln rund um Integration: María do Mar Castro Varela zeigt beispielsweise in einer stark an Foucault orientierten Analyse, dass Flüchtlinge in der Debatte um Integration in Deutschland kaum vorkommen (2008: 77) und dass Migration in der öffentlichen Diskussion immer wieder mit nationaler Sicherheit (ebd.: 83) assoziiert wird. Castro Varela spürt damit den Diskursen und ihren Nutznießern nach und deckt Machtverhältnisse in der Debatte um Migration auf. Ihre Analyse ist damit aber schon keine rein archäologische mehr. Mit ihrem Fokus auf miteinander ringende und »merkwürdig unklar[e]« (ebd.: 86) Diskurse vollzieht sie die Wendung Foucaults hin zur Macht mit; die Betonung widerstreitender Diskurse und ihrer (diskontinuierlichen) Veränderung weist bereits in eine genealogische Richtung.

Für Phillip Sarasin ist es die genealogische Methode, die »Foucault insbesondere mit Darwin verbindet« (2009: 415). Bei beiden sei Veränderung durch Zufälle und Diskontinuitäten geprägt. Sie sei aber auch Produkt der (gesellschaftlichen wie biologischen) Kräfteverhältnisse und ihrer Geschichte. Genealogie kann man daher mit Sarasin als den Versuch begreifen, »wirkliche Abstammungs- und Herkunftsverhältnisse« (ebd.: 417) der Dinge zu erforschen. Diese führen allerdings niemals zu einem Ursprung, nie zu einem »Geheimnis hinter den verwirrenden Erscheinungen des Lebens« (ebd.: 425). Vielmehr muss sich die Genealogie an »den verstreuten, vielfältigen Anfängen, an der nicht abreißenden Serie von Konflikten mit wechselndem Schlachtenglück und auch an den Fehlern orientieren, die für die historische Entstehung dessen, was heute ist, konstitutiv wurden« (ebd.: 256). Ähnlich wie der Biologe im Bauplan von Lebewesen Elemente findet, die von früheren Selektionsprozessen übrig geblieben sind – sogenannte rudimentäre Organe – kann auch der geisteswissenschaftliche Genealoge in den Diskursen Anzeichen für evolutionäre Prozesse finden. Der Forscher kann auf Konflikte verweisen, nicht jedoch den Ursprung entziffern: »Der Genealoge entdeckt nur – dies allerdings tatsächlich – Kräfte, Konflikte und Kommentare, die diese Konflikte mit Worten ausdrücken und begleiten, ohne damit aber eine ›Wahrheit‹ auszusprechen.« (Sarasin 2009: 261)

Wenn sich aus genealogischer Sicht beständig Verschiebungen und Änderungen ergeben, wie verträgt sich dies mit der behaupteten Stabilität von Diskursen? Sarasin (2009: 413ff.) erklärt dies mit Blick auf den genetischen Code aus der Biologie: Dieser sei als Bauplan der Lebewesen grundsätzlich stabil und fungiere als Kopiermaschine seiner selbst. Er bilde damit ebenfalls systematisch die Gegenstände von denen er künde. Genetischer Code und Diskurs sind in dieser Interpretation also grundsätzlich stabile, regelhafte Praktiken, die der Veränderung widerstehen. Doch Diskontinuitäten und Zufälle, also durch Umweltbedingungen begünstigte ›Kopierfehler‹, führen zu Veränderungen. Entwicklung geschieht als serielle Abfolge in sich unveränderlicher Figuren. Unter dem Blick des Genealogen werden daher die Brüche der Serien zum zentralen Element. Kontinuität gerät aus dem Blick, Stabilität wird ephemer. Und doch verliert Stabilität nicht jede Relevanz, denn biologische Baupläne vermögen, genauso wie diskursive Muster, die evolutionären Kräftespiele und damit verbundenen Entwicklungen »jeweils für einen mehr oder weniger langen Moment stillzulegen und zu stabilisieren« (Sarasin 2009: 416). Für die Untersuchung dieser kurzfristig nicht hintergehbaren, sich selbst reproduzierenden, disziplinierenden Muster hält Foucault die Archäologie als Methode bereit. Demgegenüber interessiert sich die Genealogie für die Konflikte zwischen den Phasen der Stabilität: »Anstelle der behaupteten Einheit und ›Identität‹ einer gegenwärtigen Gestalt entdeckt der Genealoge, dass sie aus widersprüchlichen Figuren besteht« (ebd.: 229). Diese verlorenen, einander (nicht dialektisch) widersprechenden Elemente gilt es, ans Licht zu bringen.

Der Historiker Sarasin sieht Genealogie vor allem als Instrument der Geschichtswissenschaft (vgl. dazu u.a. Sarasin 2008a, 2009). Eine Anwendungsperspektive für ein zumindest in Ansätzen genealogisches Verfahren bei zeitgenössischen Forschungsgegenständen könnte sich jedoch eröffnen, wenn die Entstehung eines neuen oder die Modifikation eines herrschenden Diskurses Gegenstand der Untersuchung sind. Gerade in dem Moment, in dem ein Diskurs an der Schwelle steht, nicht mehr hinterfragt zu werden, verspricht die Suche nach den dominierenden und verkümmerten Diskurssträngen besonders interessante Ergebnisse. Ein Beispiel dafür bietet der Integrationsdiskurs.

Konstitution des Integrationsdiskurses

Der Integrationsdiskurs beschreibt diejenigen regelhaften Praktiken, die sich in sozialen Aushandlungsprozessen rund um die Teilhabe ethnischer Minderheiten und Individuen reproduzieren. Wenn es sich dabei nun um einen stabilen, herrschenden Diskurs handeln würde, so hätte er sich zum Integrationsdispositiv verdichtet und würde sich in gesellschaftlich akzeptierten Handlungen rund um Migration und Integration reproduzieren. Doch die Vehemenz, mit der Akteure aus Wissenschaft, Politik und Medien in westlichen Einwanderungsgesellschaften über Begriffsinhalte von Integration streiten, deutet darauf hin, dass ›der Integrationsdiskurs‹ wohl eher aus zahlreichen miteinander ringenden Diskursen besteht, die sich in »Unstimmigkeit« (Foucault 2002: 169)[23] befinden. Maria do Mar Castro Varela bemerkt in diesem Zusammenhang, dass der dominante Integrationsdiskurs in Deutschland an vielen Stellen »merkwürdig unklar« (2008: 86) bleibe: Einerseits gebe es vage Formulierungen in politischen Konzepten bezüglich einer wechselseitigen Integration. Gleichzeitig sei auch zu konstatieren, dass sich die Migranten weitgehend »nach dem Vorgegebenen« (ebd.: 78) zu richten hätten. Im Integrationsdiskurs scheinen also die Konfliktlinien unstimmiger Diskurse auf. Die widersprüchlichen Elemente verweisen aus genealogischer Sicht darauf, dass es noch keinem Diskurs gelungen ist, zur Selbstverständlichkeit zu werden. Versucht man daher, den Integrationsdiskurs einer Gesellschaft zu beschreiben, so kann man allenfalls beschreiben, welche Unstimmigkeiten sein Entstehen begleiten (vgl. Sarasin

23 | Sarasin übersetzt die Begriffe »discorde« (oben: »Unstimmigkeit«) mit »Zwietracht fremder Dinge« und »disparate« (oben: »Unterschiedlichkeit«) mit »das Ungleiche« (Sarasin 2009: 228). Diese Übersetzung betont den Eindruck von evolutionären Kämpfen und selektiven Prozessen. Allerdings geht es Foucault nicht um einen dialektischen Widerspruch, ja nicht einmal um aufeinander bezogene Zwietracht zwischen Kontrahenten, sondern um die Existenz unterschiedlicher Elemente, die nicht störungsfrei harmonieren. Der Begriff »Zwietracht« verführt jedoch dazu, genau von einer solchen Dialektik auszugehen. Um dieses Missverständnis auszuschließen, wird der ursprünglichen Übersetzung gefolgt.

2009: 425): »Am geschichtlichen Anfang der Dinge stößt man nicht auf die noch unversehrte Identität ihres Ursprungs, sondern auf Unstimmigkeit und Unterschiedlichkeit.« (Foucault 2002: 169)

Systemintegration und Diskursbegriff

Folgt man Foucault darin, dass sich ein Diskurs um ein Thema (bei Foucault beispielsweise Sexualität) im ständigen Widerstreit mit anderen Diskursen behaupten muss, so ergeben sich Schauplätze eines Kampfes der regelhaften Praktiken. Von diesen erhebt sich jeweils ein herrschender Diskurs, der, so kann man schlussfolgern, das »diskursive Feld« (Foucault 1973: 43) als gesellschaftlich relevanten Teil konstituiert. Dieses tritt nun in Beziehung zu anderen Teilen – und damit zu anderen von siegreichen Diskursen dominierten diskursiven Feldern.

Der Prozess der Systemintegration beschreibt aus dieser Perspektive die Beziehungen zwischen in Teilbereichen der Gesellschaft herrschenden Diskursen. Die Beziehungen der herrschenden Diskurse wiederum können, um die Definition Lockwoods (1964: 245) zu paraphrasieren, entweder geordnet oder konfliktgeladen sein. Letzteres ist der Fall, wenn Akteure entgegengesetzte Diskurse besetzen, oder wenn verschiedene Diskurse an einem neuen Schauplatz, in einer neuen Situation zusammentreffen. Wenn aber über Systemintegration der Zusammenhalt des Ganzen erhalten oder erreicht werden soll, so darf schon bei Lockwood (2008: 47) die Systemspannung zwischen den Teilen nicht zu groß sein. Sieht man in den »parts« nun diskursdominierte Felder, so bedeutet dies auf eine einfache Formel gebracht: Je stärker die Unstimmigkeit der herrschenden Diskurse ist, desto instabiler ist das System. Die Distanz der Diskurse gibt daher Aufschluss über den Grad der Systemintegration. Ein zumindest kurzfristig stabiles Machtverhältnis wird nur dann gewährleistet, wenn die Diskurse gewissermaßen synchronisiert werden. Daraus entsteht dann die Situation, die Foucault mit den Worten episteme oder dispostif beschreibt.

Unterscheidung von Systemintegration und Integrationsdiskurs

Für den weiteren Verlauf der Arbeit scheint es geraten, die Begriffe Systemintegration und Integrationsdiskurs nochmals definitorisch voneinander abzugrenzen – zu ähnlich wirken sie bei oberflächlicher Betrachtung in ihrer Konzeption als Schauplatz miteinander ringender Diskurse. Michel Foucault beschreibt Diskurse bekanntermaßen als »Praktiken […], die systematisch die Gegenstände bilden, von denen sie sprechen« (Foucault 1973: 74). Im Integrationsdiskurs ringen also regelhafte Praktiken miteinander, die definieren, was Integration ist. In diesem Ringen geht es um Ideologien und Definitionsvorrechte, es geht aber vor allem darum, den Gegenstand Integration als solchen überhaupt hervorzubringen.

Auch ein gesellschaftliches System wird als solches erst dann erkennbar, wenn es verhältnismäßig weit integriert ist, das heißt nach obiger Definition: wenn es an den systemimmanenten Spannungen nicht zerbricht (vgl. dazu aus einer anderen Perspektive auch Esser 2001: 6). Anders als der Integrationsdiskurs ist ein soziales System aber auch als solches eindeutig identifizierbar, wenn Unstimmigkeiten deutlich hervortreten: Man wird wohl kaum davon sprechen, dass eine Gesellschaft »merkwürdig unklar« sei, sondern eher davon, dass es Spannungen in der relativ klar umrissenen Gesellschaft gebe. Erst, wenn die Spannungen zu groß werden, bricht das System auseinander.

Unstimmigkeiten im Integrationsdiskurs verweisen auf sein Werden, im Prozess der Systemintegration dagegen sind sie permanent präsent. Der Integrationsdiskurs, oder aufgrund seiner Unabgeschlossenheit eher: die Integrationsdiskurse, nehmen am Ringen der Diskurse auf der Ebene der Systemintegration teil. Sie müssen dort zwar nicht in einen neuen Gesamtdiskurs eingehen, sind aber einem gewissen Synchronisationsdruck ausgesetzt, um den gesellschaftlichen Zusammenhalt zu garantieren.

Integrationsverständnis der vorliegenden Arbeit im Überblick

▸ **Individuelle Sozialintegration** wird in dieser Arbeit als Prozess definiert, in dem das Individuum um Teilhabe an den ökonomischen, sozialen und kulturellen Ressourcen der Gesellschaft ringt. Dieser Prozess findet in vier verschiedenen Bereichen statt, die mit struktureller, kultureller, sozialer und identifikativer Integration bezeichnet werden. In jeder dieser Dimensionen sieht sich das Individuum mit bestimmten Rahmenbedingungen konfrontiert, an denen es sich orientieren muss. Einer einseitigen Anpassung kann das Individuum nur entgehen, wenn es entweder besonders attraktiv für die Gesellschaft ist oder die Kosten einer Veränderung der Rahmenbedingungen tragen kann.

▸ **Kollektive Sozialintegration** wird als Prozess verstanden, in dem kollektive Akteure die Rahmenbedingungen für individuelle Sozialintegration aushandeln. Voraussetzung dafür ist, dass sich die kollektiven Akteure über fremd- und selbstbestimmte Ethnisierungsprozesse konstituieren. Als Gruppe trachten sie danach, die Kosten der individuellen Sozialintegration zu senken. Dies kann zum einen über die Schaffung interner Alternativen zur einseitigen Assimilation geschehen (Segmentation und Binnenintegration). Zum anderen kann das Kollektiv aber auch versuchen, die gesamtgesellschaftlichen Rahmenbedingungen in sozialen und/oder politischen Verhandlungen zu seinen Gunsten zu verändern.

▸ **Systemintegration** kann als ein Prozess beschrieben werden, in dem gesellschaftliche Diskursfelder um Synchronität ringen. Der Grad ihrer Unstimmigkeit gibt Aufschluss über den Grad der Systemintegration einer Gesellschaft. Die Untersuchung der Systemintegration fokussiert die Frage, welche überindividuellen und größtenteils nicht hintergehbaren Beziehungen zwischen systemischen Teilen für Stabilität oder sozialen Wandel sorgen. Es geht um Strukturen oder Mechanismen, die ohne den direkten Einfluss der Akteure auf diese wirken. Der Diskursbegriff Michel Foucaults vermag hier nicht nur die Möglichkeitsbedingungen von Handlungen zu erklären, sondern darüber hinaus auch die meist sehr vage definierten Teile des Systems über die gestalterische Kraft der Diskurse genauer zu bestimmen.

Am Ringen um Systemintegration ist auch der Integrationsdiskurs beteiligt, der allerdings in mehrere ›unstimmige‹ Diskurse unterschieden werden muss, sich also noch im Werden befindet. Als Beobachter kann man sich daher darauf verlegen, die Konflikte zu beschreiben, die im Prozess der Diskursformation stattfinden. Die Fallstudien im weiteren Verlauf der Arbeit werden zeigen, dass sich die Untersuchung des Ethnomarketing dafür besonders gut eignet.

4. Kulturwirtschaftliches Forschungsdesign

Um Ethnomarketing und Integration in der Praxis analysieren zu können, wird im Folgenden ein Forschungsdesign entwickelt, das die Triangulation der theoretischen Perspektiven in ein methodisches Instrumentarium übersetzt. Dafür wird zunächst auf Basis einer erkenntnistheoretischen Positionierung eine theoriegeleitete Differenzierung der Forschungsfragen vorgenommen.[1] Anhand der Methode der Case Study Research nach Robert Yin (2009) wird anschließend ein Basisdesign ausgewählt und zu einem eigenen Ansatz ausgearbeitet. Im Zuge dessen wird die Auswahl der Fälle nochmals begründet und das Vorgehen bei der Erhebung und Analyse des Datenmaterials erläutert. Dabei werden unter anderem Techniken der qualitativen Inhaltsanalyse nach Philipp Mayring (2008) in das Forschungsdesign integriert. Das Kapitel schließt mit einem tabellarischen Überblick zum Untersuchungsansatz.

4.1 Theoriegeleitete Forschungsfragen

Erkenntnistheoretische Position

Wie in den theoretischen Überlegungen bereits angeklungen, ist vorliegende Arbeit durch eine sozialkonstruktivistische Sicht auf Wirklichkeit geprägt. Damit geht die Auffassung einher, dass Menschen die Realität niemals objektiv, sondern nur durch subjektiv und kulturell geprägte Filter selektiv wahrnehmen und so ihre eigene Realität konstruieren (vgl. u.a. Berger & Luckmann 2004; Gumin & Meier 2009). Die subjektive Konstruktion von Realität kann nun selbst zum Gegenstand der empirischen Forschung gemacht werden, beispielsweise um die Entstehung ethnischer Gruppen zu erklären. Beim Interpretieren und Verstehen solcher Konstruktionsprozesse ergibt sich jedoch das Problem, dass der Wissenschaftler selbst die konstruierte Realität konstruiert. Diese zweifache Konstruktion der Wirklichkeit beschreibt Anthony Giddens (1984: 196)

---

1 | Die Forschungsfragen sind als forschungsleitende Fragen zu verstehen. Die Begriffe »Forschungsfragen« und »forschungsleitende Fragen« werden synonym benutzt.

als doppelte Hermeneutik. Eine Studie kann aus dieser Perspektive daher niemals Wirklichkeit – oder auch nur eine wirkliche Konstruktion – abbilden, sie kann lediglich eine möglichst transparente Konstruktion von Realität zur Verfügung stellen. Aus der hier vertretenen Perspektive ist demnach ein rein induktives Vorgehen nicht möglich. Ein gewisses Vorwissen ist immer vorhanden und führt dazu, dass auch explorative Forschung, wie sie hier betrieben wird, immer deduktiv-induktiv sein muss. Um Transparenz über die deduktiven Anteile der Forschung herzustellen, ist daher ein theoriegeleitetes Vorgehen unumgänglich: Indem die Quellen der eigenen Konstruktionen offen gelegt werden, werden auch die Schlussfolgerungen des Forschenden nachvollziehbar. Dies ist dann besonders wichtig, wenn sich Forschung zwischen verschiedenen Disziplinen bewegt und somit Gefahr läuft, sich der disziplinierenden Kritik der tangierten Wissenschaftsbereiche auszusetzen. Dem kann dadurch begegnet werden, dass neben den theoretischen Bezügen auch die methodischen Werkzeuge detailliert offengelegt werden. Dies soll in den folgenden Abschnitten geschehen. Auf diese Weise bleibt der Verstehensprozess während der Fallstudien nachvollziehbar und die Schlussfolgerungen können in neue theoretische Einsichten münden, die ihrerseits einen Erklärungsversuch der Wirklichkeit darstellen (vgl. u.a. Flick 2007: 23ff.).

Eine weitere grundlegende erkenntnistheoretische Positionierung dieser Arbeit ist die bereits ausgeführte Annahme, dass eine Kombination theoretischer Positionen möglich ist und für die Bearbeitung unterschiedlicher Aspekte eines Forschungsgegenstandes sogar notwendig sein kann. Eine solche Triangulation hat für Uwe Flick ganz pragmatische Gründe:

»[Theoretische Positionen lassen sich] auch als unterschiedliche Zugangsweisen zum untersuchten Phänomen verstehen und die jeweiligen Perspektiven daraufhin betrachten, welchen Ausschnitt des jeweiligen Phänomens sie erschließen und welche Ausschnitte sie ausschließen. Von diesem Verständnis ausgehend, werden unterschiedliche Forschungsperspektiven dann miteinander kombiniert und ergänzt.« (Ebd.: 95)

Dementsprechend werden beispielsweise für den Bereich der Sozialintegration handlungsorientierte, ethnomethodologische Grundannahmen relevant, die danach fragen »wie Menschen in interaktiven Prozessen soziale Wirklichkeit herstellen« (ebd.: 86). Die Bearbeitung der Frage nach der Systemintegration folgt dagegen (post)strukturalistischen Prämissen, die sich auf »die expliziten und impliziten Regeln des Handelns« (ebd.: 91) konzentrieren. Die im Folgenden vorzustellende Differenzierung der Fragestellung legt in diesem Sinne die theoretischen Bezüge für die jeweiligen Fragen dar. Dabei wird auch deutlich, wie sich die verschiedenen theoretischen Perspektiven und Fragestellungen ergänzen können, um ein umfassendes Bild des zu untersuchenden Phänomens zu erhalten.

Ethnomarketing als betriebswirtschaftliche Strategie

Die zunächst rein deskriptive Forschungsfrage an Ethnomarketing als betriebswirtschaftliche Strategie ist, wie die Ethnomarketing-Aktivitäten des untersuchten Unternehmens beziehungsweise in der untersuchten Branche strukturiert sind. Dem liegt ein ganzheitliches Verständnis von Marketing zugrunde, das sich auf den gesamten Marketing-Mix eines Unternehmens bezieht. Dementsprechend gilt die Aufmerksamkeit ethnisierenden Anpassungen sowohl in der Produkt- und Preis- als auch in der Distributions- und Kommunikationspolitik. Auf der Grundlage einer deskriptiven Analyse dieser Aspekte soll die betriebswirtschaftliche Ethnomarketing-Strategie des jeweiligen Unternehmens beziehungsweise der Branche bestimmt werden (vgl. Tabelle 1).

Tabelle 1: Forschungsfragen zur betriebswirtschaftlichen Strategie

Theoretische Ankerpunkte	Forschungsfragen
Ausführungen Kapitel 2, insb.: Grundlagen des Marketing (vgl. u.a. Kotler & Bliemel 2001, 2008) und des Ethnomarketing (vgl. u.a. Pires & Stanton 2005), Ethnomarketing-Strategien (vgl. u.a. Klee & Wiedmann 2003, 2006)	Wie sind die Ethnomarketing-Aktivitäten im untersuchten Unternehmen (in der untersuchten Branche) aus betriebswirtschaftlicher Sicht strukturiert? Welche Bereiche des Marketing-Mix sind betroffen? Welche Ethnomarketing-Strategie lässt sich identifizieren?

Ethnomarketing in Ethnisierungsprozessen

Ethnisierungsprozesse können als einer der wenigen Bereiche des Praxisfeldes betrachtet werden, zu denen in der Tradition der Erforschung ethnischer Gruppen bereits kulturwissenschaftliche Forschung existiert. Allerdings zeigen die Ausführungen dieser Arbeit, dass Ethnisierungsphänomene auch für (kollektive) Integrationsprozesse von entscheidender Bedeutung sind. Die Analyse von Ethnisierungsprozessen stellt also gewissermaßen die Basis für die Analyse von Integrationsprozessen dar. Infolgedessen stellt sich hier die übergeordnete Forschungsfrage, wie im Ethnomarketing-Mix die jeweilige Zielgruppe als ethnische Gruppe konstruiert wird. Dabei wird auch zu berücksichtigen sein, ob die Gruppe als homogen oder heterogen wahrgenommen wird, in welchem Umfeld sie verortet wird, wie ethnische Grenzen markiert werden, ob die Frage kultureller Identität thematisiert wird und wie das Verhältnis von Aufnahme- und Herkunftsland konzipiert wird (vgl. Tabelle 2).

Tabelle 2: Forschungsfragen zu Ethnisierungsprozessen

Theoretische Ankerpunkte	Forschungsfragen
Ausführungen in den Kapiteln 1, 2 und 3, insb.: Ethnisierungsprozesse im Ethnomarketing (vgl. u.a. Halter 2000; Dávila 2001; Kulinna 2008), ethnische Grenzziehung unter Integrationsaspekten (vgl. u.a. Wimmer 2008a; Rauer 2008), weitere Aspekte ethnischer/ kollektiver Identität (vgl. u.a. Giesen 1999; Bhabha 2000)	Wie wird die Zielgruppe durch Ethnomarketing als ethnische Gruppe konstruiert? Wird sie als homogen oder heterogen konzipiert? Wo wird sie verortet? Wie werden ethnische Grenzen markiert? Wird die Frage nach kultureller / ethnischer Identität thematisiert? Wie wird das Verhältnis von Herkunfts- und Aufnahmeland konzipiert?

Ethnomarketing in individuellen Integrationsprozessen

Versteht man die Integration des Einzelnen als einen Prozess, in dem das Individuum um Teilhabe an den ökonomischen, sozialen und kulturellen Ressourcen der Gesellschaft ringt, so wäre zu untersuchen, ob und wie Ethnomarketing die Teilhabechancen des Individuums beeinflusst. Die konkrete Fragestellung ist jedoch davon abhängig, ob man das Individuum in der Rolle des Kunden oder auf der Seite des jeweiligen Unternehmens verortet. Die vorliegende Arbeit konzentriert sich auf individueller Ebene auf die Frage nach dem Integrationsprozess von Mitarbeitenden in Ethnomarketing-Kampagnen.[2] Die übergeordnete Forschungsfrage in diesem Bereich zielt daher darauf ab, ob sich die Kampagne auf individuelle Teilhabechancen der Mitarbeitenden auswirkt. Es wird in diesem Zusammenhang auch danach gefragt werden müssen, ob spezielle Einstellungsvoraussetzungen vorliegen (strukturelle Integration), ob die Mitarbeitenden durch spezielle Schulungen gefördert werden (kulturelle Integration) und ob die Kampagne die Intensität der ethnischen Zugehörigkeit über Identifikation (identifikative Integration) sowie soziale Kontakte (soziale Integration) verändert.

2 | Die Kundenseite wird über die Rahmenbedingungen für die Teilhabe, konkret über die Forschungsfragen zu Ethnisierungsprozessen und zu kollektiven Integrationsprozessen aufgegriffen.

Tabelle 3: Forschungsfragen zu individuellen Integrationsprozessen

Theoretische Ankerpunkte	Forschungsfragen
Ausführungen in Kapitel 3, insb. Ziele und Dimensionen individueller Integration (vgl. u.a. Esser 2001; Geißler 2005)	Wirkt sich Ethnomarketing auf individuelle Teilhabechancen ethnisierter Mitarbeitender aus? Gibt es spezielle Einstellungsvoraussetzungen oder Schulungsmöglichkeiten? Verändert die Arbeit im Ethnomarketing-Projekt die Intensität der ethnischen Zugehörigkeit der Mitarbeitenden (identifikativ, sozial)?

Ethnomarketing in kollektiven Integrationsprozessen

Versteht man unter kollektiven Integrationsprozessen Aushandlungsprozesse um Rahmenbedingungen für individuelle Teilhabe, so kann danach gefragt werden, welche Rolle das Ethnomarketing des jeweiligen Unternehmens in diesen gesellschaftlichen Prozessen einnimmt. Dazu gehört, welche diesbezüglichen Botschaften sich im Marketing-Mix zeigen und mit welchen Techniken diese an wen kommuniziert werden. Auf dieser Grundlage kann geklärt werden, ob die Kombination der herausgearbeiteten Techniken eine konkrete Positionierung der jeweiligen Kampagne in kollektiven Aushandlungsprozessen erkennen lässt (vgl. Tabelle 4).

Tabelle 4: Forschungsfragen zu kollektiven Integrationsprozessen

Theoretische Ankerpunkte	Forschungsfragen
Ausführungen in Kapitel 3, insb.: Aushandlungsprozesse zwischen ethnisierten Akteuren (vgl. u.a. Esser 2001; Geißler 2005; Nassehi 2006; Rauer 2008; Wimmer 2005), Theoreme der Migrationsforschung, u.a. ethnische Schichtung (vgl. u.a. Gordon 1964; Wiley 1967; Heckmann 1992)	Welche Rolle spielt Ethnomarketing (des jeweiligen Unternehmens) in kollektiven Integrationsprozessen? Welche Botschaften zur Integration zeigen sich im Marketing-Mix? Wie werden diese kommuniziert? Lässt die Kombination der Botschaften und Techniken eine Positionierung des Ethnomarketing (des jeweiligen Unternehmens) in kollektiven Integrationsprozessen erkennen?

Die Fragestellungen zu kollektiven Integrationsprozessen sind mit jenen nach Ethnisierungsprozessen verwoben und wirken auch in den Bereich der individuellen Integration. Außerdem sind sie eng mit gesellschaftlichen Diskursfeldern verbunden. Die Forschungsfragen zur kollektiven Integrationsprozessen nehmen daher eine Scharnierfunktion zwischen den akteurszentrierten und diskursanalytischen Betrachtungen der Studie ein.

Ethnomarketing in Prozessen der Systemintegration

Während sich die bisherigen Forschungsfragen direkt mit der jeweiligen Ethnomarketing-Kampagne und ihren sichtbaren Auswirkungen befassen, wird auf der Ebene der Systemintegration danach gefragt, ob sich im gesellschaftlichen und kulturellen Kontext der Kampagne Erklärungen für die beobachteten Praktiken finden lassen. Die Forschungsfragen in diesem Bereich setzen bei den Überlegungen zu Foucaults Diskursbegriff an. Dementsprechend wird zu klären sein, ob sich Korrelationen zwischen der Ausgestaltung der Kampagnen und gesamtgesellschaftlich relevanten Diskursfeldern finden lassen und ob dort dominierende oder widerstreitende Diskurse auszumachen sind. Daran anschließend wird relevant, ob sich Ethnomarketing (des jeweiligen Unternehmens) innerhalb oder außerhalb dieser Integrationsdiskurse bewegt und wie sich die ökonomische Logik der Kampagne mit Integrationsdiskursen verschränkt. Damit sollte auch ein Hinweis darauf gegeben werden können, ob Ethnomarketing zu gesellschaftlichem Wandel beiträgt.

Tabelle 5: Forschungsfragen zu Prozessen der Systemintegration

Theoretische Ankerpunkte	Forschungsfragen
Ausführungen in Kapitel 3, insb.: Annäherung an den Begriff der Systemintegration (vgl. u.a. Lockwood 1964; Archer 1996; Esser 2001), Diskursbegriff und -theorie (vgl. u.a. Foucault 1973, 1977a, 1977b, 2002, 2006; Sarasin 2005, 2009)	Lässt sich die Ausgestaltung des Marketing-Mix im Ethnomarketing (des jeweiligen Unternehmens) durch den Blick auf gesellschaftliche Integrationsdiskurse erklären? Gibt es Korrelationen zwischen der Ausgestaltung der Kampagne und Diskursfeldern im gesellschaftlichen und kulturellen Kontext? Welche dominierenden oder widerstreitenden Diskurse lassen sich in den Diskursfeldern ausmachen? Bewegt sich das Ethnomarketing-Projekt innerhalb oder außerhalb dieser Integrationsdiskurse? Wie verschränken sich ökonomische Logik und Integrationsdiskurse?

4.2 CASE STUDY RESEARCH UND QUALITATIVE INHALTSANALYSE

Basisdesign

Anzahl und Vielschichtigkeit der Forschungsfragen verlangen ein Basisdesign, das es möglich macht, sowohl die unterschiedlichen Ebenen der Fragestellungen zu vereinen, als auch mit verschiedenen Datensorten aus den vier Dimensionen des Marketing-Mix umzugehen. Außerdem sollte es einen tiefen Einblick in ein Praxisphänomen in Verbindung mit seinem Kontext ermöglichen und sich insbesondere für explorative Forschungsvorhaben eignen. Es geht also »nicht um die Reduktion von Komplexität durch Zerlegung in Variablen, sondern um die Verdichtung von Komplexität durch Einbeziehung von Kontext« (Flick 2007: 124). Diese Ausrichtung legt ein Forschungsdesign mit qualitativer Ausrichtung nahe, dessen Ziel – ähnlich wie bei Geertz' »thick description« (2000: 6) – eine ganzheitliche Erkundung des zu untersuchenden Phänomens erlaubt. Aufgrund der explorativen Fragestellungen ist zudem ein Forschungsdesign zu wählen, bei dem die Bildung von Hypothesen nicht am Beginn, sondern am Ende der empirischen Untersuchung stehen kann (vgl. Flick 2007: 124). Fündig wird man beim Ansatz der Case Study Research, der eine Triangulation verschiedener theoretischer Positionen und Forschungsinstrumente sowie eine ganzheitliche Betrachtung nicht nur möglich macht, sondern explizit fordert. In der vierten Auflage seines Standardwerks *Case Study Research* gibt Robert Yin (2009: 18) folgende »technical definition«:

»A case study is an empirical inquiry that investigates a contemporary phenomenon in depth and within its real-life context, especially when the boundaries between phenomenon and context are not clearly evident.«

Solche umfassende Analysen einzelner Fälle werden dann relevant, wenn ein komplexes soziales Phänomen beschrieben oder erklärt werden soll, über das der Forscher »has little or no control« (ebd.: 13). Die Betonung des unkontrollierbaren Kontextes macht die Case Study interessant für Forschungsgegenstände, bei denen die Vermutung besteht, dass sie von Umweltbedingungen besonders stark durchdrungen werden. Die Methode erhält zudem besondere Bedeutung, wenn ein neues Forschungsfeld explorativ erschlossen werden soll. Hier kann eine tiefergehende Untersuchung von Einzelfällen »give some indications and allow further elaboration and hypothesis creation on a subject« (Shuttleworth 2008). Soll ein soziales Phänomen tatsächlich ganzheitlich beschrieben werden, gilt es außerdem, vielfältiges Datenmaterial einzubeziehen und Erhebungs- und Auswertungsmethoden so zu kombinieren, dass sie dem Forschungsgegenstand gerecht werden. Robert Yin ergänzt seine Definition daher wie folgt:

»The case study inquiry
- copes with the technically distinctive situation in which there will be many more variables of interest than data points, and as one result
- relies on multiple sources of evidence, with data needing to converge in a triangulating fashion, and as another result
- benefits from the prior development of theoretical propositions to guide data collection and analysis.« (2009: 18)

Besonders der letzte Punkt in Yins Definition zeigt, dass die Case Study keine rein induktive oder gar, wie vereinzelt behauptet, journalistische Methode ist. Theoretische Überlegungen sind unbedingt notwendig, um erste Forschungsfragen zu generieren und Ansatzpunkte für die Untersuchung zu erarbeiten (vgl. ebd.: 35ff.). Der Forschungsprozess der Case Study ist zudem in der Tradition qualitativer Verfahren weniger linear als zirkulär (vgl. u.a. Flick 2007: 126f.): Die Vorgänge der Datenerhebung und -interpretation sind bewusst ineinander verwoben, und auch theoretische Überlegungen können zu einem späteren Zeitpunkt neu einfließen (vgl. Hopf 1993: 29). Dieser iterative Forschungsprozess unterstützt den explorativen und explikativen Charakter der Methode.

Yin (2009: 46ff.) unterscheidet im Wesentlichen zwei Basisdesigns der Case Study: Studien mit einem »single-case design« und solche mit einem »multiple-case design«. Bei der Betrachtung eines einzelnen Falles kann es darum gehen, eine bereits formulierte Theorie zu testen, besonders repräsentative Einzelfälle zu betrachten, einen spezifischen Feldzugang zu nutzen oder eine Längsschnittstudie umzusetzen (vgl. ebd.). Das »multiple-case design« dagegen dient dazu, Gemeinsamkeiten und Unterschiede eines Phänomens in verschiedenen oder vergleichbaren Kontexten zu ergründen und Hypothesen dazu zu generieren. Dies kann simultan oder sequentiell geschehen und bereits bei zwei oder drei Fällen valide Ergebnisse produzieren (vgl. ebd.: 54ff.).

Die Auswahl des Basisdesigns für die vorliegende Studie muss berücksichtigen, dass bislang keine Theorie zu Ethnomarketing und Integration formuliert ist, die es zu testen gälte. Außerdem ist die Arbeit besonders an den Wechselbeziehungen zwischen betriebswirtschaftlichem Fall und kulturellem Kontext interessiert. Gerade hier verspricht das »multiple-case design« bei einer Auswahl verschiedener Kontexte sowohl Rückschlüsse auf übergreifende Muster wie auch auf kontextabhängige Unterschiede in den Ethnomarketing-Strategien. Für die vorliegende Arbeit wird als Basisdesign daher das »multiple-case design« gewählt, wobei drei Fälle betrachtet werden. Orientiert an Robert Yin (2009: 57) werden dafür zunächst die einzelnen Fälle für sich analysiert und niedergeschrieben. Anschließend wird eine fallübergreifende Analyse, die »cross-case analysis«, vorgenommen, die zur Bildung von fallübergreifenden Hypothesen genutzt wird (vgl. Abbildung 4).

Abbildung 4: Basisdesign der »multiple case study« nach Yin (2009: 57)

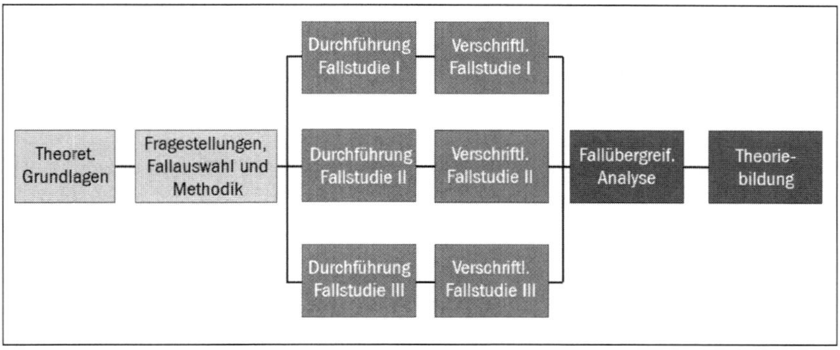

Fallauswahl

Um in der fallübergreifenden Auswertung valide Ergebnisse hinsichtlich kontextabhängiger und -unabhängiger Charakteristika des Ethnomarketing zu generieren, muss die Auswahl so getroffen werden, dass die Fälle selbst vergleichbar sind, die als Einflussfaktoren in Frage kommenden Umweltbedingungen aber tendenziell unterschiedliche Ergebnisse erwarten lassen (vgl. Yin 2009: 54). Es geht dabei nicht um die Reproduktion desselben Falles in verschiedenen Kontexten, sondern um die strukturelle Vergleichbarkeit der einzelnen Fallstudien. Mit diesem Ziel wurde die Fallauswahl für die vorliegende Arbeit in fünf Schritten getroffen:

1. Es wurden mit Deutschland, den USA und dem Vereinigten Königreich von Großbritannien (UK) drei nationalstaatliche Kontexte ausgewählt, die jeweils größere ethnische Minderheiten, deren Präsenz auf eine im 20. Jahrhundert erfolgte Einwanderung zurückzuführen ist, aufweisen. Zudem lassen die Länder ähnliche ökonomische Bedingungen für Ethnomarketing erwarten. Unterschiede liegen dagegen hinsichtlich der Einwanderungsgeschichten vor. Dies ist wichtig, um die Wahrscheinlichkeit divergierender Ergebnisse aufgrund des kulturellen (und nicht etwa ökonomischen) Kontextes zu erhöhen. So gelten die USA als klassisches Einwanderungsland (vgl. u.a. Daniels 2002), das Vereinigte Königreich ist durch koloniale Migrationsnetzwerke geprägt (vgl. u.a. Lunn 2007) und Deutschlands Nachkriegsimmigration ist insbesondere durch die Folgen der Gastarbeiterzuwanderung bestimmt (vgl. u.a. Bade & Oltmer 2007).

2. Um eine strukturelle Ähnlichkeit der jeweiligen Zielgruppen zu erreichen, wurden Ethnomarketing-Projekte ausgewählt, die sich jeweils an die zahlenmäßig stärkste Minderheit richten. Für Deutschland kommen Projekte für die Gruppe der Deutschtürken in Frage, die mit rund 2,5 Millionen die größte Gruppe der Personen mit Migrationshintergrund darstellen (vgl. BAMF 2011: 216). Für die USA werden Kampagnen für Hispanics, also Einwanderer aus Lateinamerika als größte Gruppe mit rund 50,5 Millionen Personen (Humes et

al. 2011: 4), für das Vereinigte Königreich Projekte für British Asians mit rund drei Millionen Personen (vgl. ONS 2011a: 2), in Betracht gezogen.

3. Um eine strukturelle Ähnlichkeit hinsichtlich Produktionsbedingungen und Marktgegebenheiten zu gewährleisten, wurden Ethnomarketing-Projekte von Unternehmen aus derselben Branche ausgewählt. Als Branche wurde die Automobilindustrie gewählt. Diese zeichnet sich durch global ähnliche Produktionsbedingungen und ein relativ hohes Maß an strukturellen Ähnlichkeiten aus (vgl. u.a. Becker 2010).

4. Als Unternehmen wurden Volkswagen Deutschland, Toyota USA und Mercedes UK ausgewählt. Die Auswahl verschiedener Unternehmen verhindert, dass die Ergebnisse zum Einfluss des kulturellen Kontextes durch eine gleichgerichtete Unternehmenskultur verfälscht werden. Die ausgewählten Unternehmen sind zudem hinsichtlich des Ethnomarketing für die jeweilige Zielgruppe führend (Marktführerschaft oder/und hohe Werbeausgaben). Volkswagen zeichnet sich durch das intensivste Ethnomarketing-Engagement in der Automobilindustrie in Deutschland aus (vgl. u.a. Seidel 2008), Mercedes gilt als Pionier des Ethnomarketing im Vereinigten Königreich (vgl. u.a. Roy 2001) und Toyota USA ist Marktführer bei den Autoverkäufen an Hispanics und verausgabt das zweithöchste Werbebudget für Hispanic Marketing in der Automobilindustrie (vgl. Advertising Age 2011: 8). Alle Unternehmen sind global operierende Konzerne, ihre Ethnomarketing-Aktivitäten werden jedoch durch Marketing-Agenturen vor Ort durchgeführt.

5. Um Einflüsse aufgrund globaler Ereignisse zu neutralisieren, wurden Kampagnen betrachtet, die im selben Zeitraum, zwischen 2005 und 2011, durchgeführt wurden. Die Auswahl des Startzeitraumes liegt im Kontext begründet: Im Vereinigten Königreich sorgten die Anschläge in London vom 7. Juli 2005 für eine hitzige Diskussion über den Umgang mit kultureller Pluralität. Bereits einige Monate zuvor waren gesetzliche Verschärfungen der Einwanderungsbestimmungen auf den Weg gebracht worden und im Oktober wurde der Terrorism Bill verabschiedet, der insbesondere bei Muslimen heftigen Widerspruch hervorrief (vgl. Hampshire & Saggar 2006). In den USA erschienen ab 2005 verstärkt »literarische, filmische und mediale Bearbeitungen« (Poppe 2009: 10) der Anschläge vom 11. September. Außerdem wurde der Secure Fence Act vorbereitet und ein Jahr später verabschiedet. In Deutschland trat 2005 das neue Zuwanderungsgesetz in Kraft, was eine regelrechte Welle der Beschäftigung mit dem Thema Integration von staatlicher wie nicht staatlicher Seite nach sich zog. Das Jahr 2005 ist somit in allen Ländern durch Ereignisse gekennzeichnet, die für Integrationsdiskurse und Ethnomarketing im jeweiligen Kontext von Bedeutung sein könnten. Die Untersuchung endet im Herbst 2011. Dies hat ausschließlich forschungspraktische Gründe, korreliert aber auch mit dem zehnten Jahrestag der New Yorker Terroranschläge.

Datenauswahl und -erhebung

Anders als bei vielen empirischen Methoden üblich, sind bei der Case Study Erhebungs- und Analysephase miteinander verwoben. Dieser iterative Forschungsprozess hat zur Folge, dass bereits früh mit einer ersten Auswertung begonnen und dann gezielt nach weiterem Datenmaterial gesucht wird, um die ersten Ergebnisse zu relativeren oder zu stützen:

»Unlike other methods, there is no clear cut-off point. You should try to collect enough data so that (a) you have confirmatory evidence (evidence from two or more different sources) for most of your main topics, and (b) your evidence includes attempts to investigate major rival hypothesis or explanations.« (Yin 2009: 100)

Dieses Vorgehen wird für alle Fallstudien der vorliegenden Arbeit angewandt. Das erhobene Material wird dabei nach der Reihenfolge seiner Erhebung katalogisiert und mit Sigeln versehen. Dabei wird das Material zu Volkswagen Deutschland mit dem Buchstaben »D« sowie der fortlaufenden Nummer (also: D01, D02 usw.), das zu Toyota USA entsprechend mit »USA« (USA01, USA02 usw.) und das zu Mercedes UK mit »UK« (UK01, UK02 usw.) bezeichnet. Beendet wird die Erhebung, wenn weiteres Sammeln von Datenmaterial keine weitere Klärung der Forschungsfragen verspricht oder nur unter forschungsökonomisch unrealistischen Bedingungen erhoben werden könnte.

Hinsichtlich der Auswahl des Datenmaterials fordert Robert Yin, dass sich der Forschende keiner formalen Beschränkung unterwerfen solle, denn »the various sources are highly complementary, and a good case study would want to use as many sources as possible« (2009: 101). Yin nennt dabei unter anderem Fotografien, Filme, Interviews, Beobachtungsprotokolle sowie sonstige Dokumente und Artefakte (vgl. ebd.). In diesem Sinne werden für die vorliegende Arbeit Printanzeigen, TV- und Radio-Spots genauso in Betracht gezogen wie Internetseiten, Pressemeldungen, Stellenanzeigen und Geschäftsberichte. Zudem werden, wo notwendig, Beobachtungen und semi-strukturierte Experteninterviews durchgeführt. Die Selektion des Datenmaterials orientiert sich dabei an den Forschungsfragen. Außerdem wird darauf geachtet, möglichst viel frei verfügbares Material, insbesondere aus dem Internet, zu verwenden, um Nachprüfbarkeit zu gewährleisten.

Bei einer derart vielfältigen Quellenlage muss zudem ein Weg gefunden werden, das Datenmaterial zu vereinheitlichen, um eine transparente und nachvollziehbare Interpretation zu ermöglichen. Für diese »data triangulation« (Yin 2009: 116) wird in der vorliegenden Arbeit das gesamte Material, wenn nötig, zunächst in eine schriftliche Form gebracht (vgl. ebd.: 129). Dies bedeutet, dass beispielsweise ausführliche Protokolle von TV-Spots angefertigt oder Interviews transkribiert werden.[3] Durch dieses Vorgehen wird ein Korpus geschaffen, das mit einer einheitlichen Analysemethode bearbeitet werden kann.

Analyse des Datenmaterials in drei Schritten

Die Arbeit orientiert sich für die Analyse des verschriftlichten Materials an der qualitativen Inhaltsanalyse nach Philipp Mayring (2008), die als »Interpretationslehre« (ebd.: 42) ein Verständnis des Datenmaterials »innerhalb seines Kontextes« (ebd.) zum Ziel hat. Die Adaption der Methode wird leicht variiert und folgt damit der Forderung Mayrings, dass »die Gegenstandsangemessenheit wichtiger genommen werden [muss] als die Systematik« (ebd.: 117), um zu verhindern, dass die Inhaltsanalyse »starr und unflexibel« (ebd.) wird.

Erster Analyseschritt: Zusammenfassende Inhaltsanalyse zur Reduktion

Die zusammenfassende Inhaltsanalyse stellt den ersten Schritt der Auswertung des fallbezogenen Datenmaterials dar (vgl. im Folgenden Mayring 2008: 59ff.). Ziel ist es »das Material so zu reduzieren, daß die wesentlichen Inhalte erhalten bleiben, durch Abstraktion einen überschaubaren Korpus zu schaffen, der immer noch Abbild des Grundmaterials ist.« (Ebd.: 58) Dabei werden die Selektionskriterien so festgelegt, dass diejenigen Abschnitte und Textteile ausgewählt werden, die den Themenbereich der Fragestellungen tangieren. In einem zweiten Schritt werden dann die ausgewählten Passagen paraphrasiert, das heißt, sie werden in eine grammatikalisch verknappte Form umgeschrieben. Im Gegensatz zur Empfehlung Mayrings (2008: 61), sich hier ausschließlich auf den Inhalt zu beschränken, werden aufgrund der größeren Menge nicht verbaler Daten auch formale Aspekte – beispielsweise zu unterschiedlichen Schriftgrößen oder zur Platzierung von Bildern in Printanzeigen – aufgenommen. Auf diese Weise entstehen zu jeder Fallstudie 500 bis 600 Paraphrasen. Diese Paraphrasen werden in einem nächsten Schritt generalisiert, sie werden also gewissermaßen ein zweites Mal paraphrasiert. Dies dient dazu, grundlegendere Aussagen herauszufiltern. Anschließend werden in der Phase der ersten Reduktion bedeutungsgleiche Generalisierungen gestrichen und gleichgerichtete Generalisierungen zu Kategorien zusammengefasst. Die daraus entstehenden Kategorien gleichgerichteter Aussagen (rund 40 bis 70 pro Fallstudie) werden anschließend am Ausgangsmaterial rücküberprüft (vgl. ebd.: 61).

Die folgende Tabelle 6 zeigt dieses Vorgehen beispielhaft anhand eines Ausschnitts aus der Zusammenfassung des Datenmaterials zu Volkswagen

3 | Die Verschriftlichung des Materials orientiert sich an Methoden, die der jeweiligen Datensorte entsprechen. Dabei wurden die Ausführungen Uwe Flicks zur Verschriftlichung verbaler (2007: 193ff.) und medialer Daten (ebd.: 279ff.) ebenso herangezogen wie die Hinweise von Silverman (2010: 202ff.) zu Daten aus sonstigen ethnografischen Methoden.

Deutschland. Die mit »D01« bezeichnete Quelle entspricht dem TV-Werbespot der Kampagne. In die erste Reduktion (hier: K9) fließen auch Generalisierungen aus anderen, hier nicht abgebildeten Quellen ein (u.a. zur geografischen Lage der Verkaufsstandorte).

Tabelle 6: Vorgehen bei der zusammenfassenden Inhaltsanalyse

Nr.	Quelle	Seite	Zeile	Paraphrase	Generalisierung	Reduktion I
108	D01	2	34	Vor dem Haus der türkischen Familie im Spot ist ein Eckladen zu sehen. Dieser heißt «Hermann« und ist eine «Antiquitätenhandlung«	Verortung der Zielgruppe: - Deutschland	K9: Verortung Zielgruppe in Deutschland: - Großstadt - Multikulturelles Umfeld
109	D01	2	35	Berliner KFZ-Kennzeichen und Straßenschilder sind erkennbar »Chamissoplatz« und »Willibald-Alexis-Straße«).	Verortung der Zielgruppe: Berlin-Kreuzberg	zu K9

Quelle: eigene Tabelle, orientiert an Mayring (2008)

An die erste Reduktionsphase schließt sich eine zweite an. Dazu wird Yins Ratschlag befolgt »to ›play‹ with your data« (2009: 129). Dies bedeutet konkret, dass die Kategorien so lange gruppiert werden, bis sich schlüssige Oberkategorien ergeben. Im obigen Beispiel wird die Kategorie K9 unter Berücksichtigung weiterer Kategorien zur Oberkategorie »K9‘: Ethnisierung der Zielgruppe als Minderheit in Deutschland« verdichtet. Die so entstandenen Reduktionen zweiter Ordnung werden schließlich den übergeordneten Forschungsfragen – mit Ausnahme derjenigen zur Systemintegration – zugeordnet und finden sich als Abschnitte in den Kapiteln zu den Fallstudien. Auf diese Weise wird die induktive Kategorienbildung an die theoriegeleitete Fragestellung rückgebunden.

Zweiter Analyseschritt: Weite Kontextanalyse zur Explikation

Ziel der »weiten Kontextanalyse« (Mayring 2008: 59) ist es, die Interaktionen von Fall und Kontext zu beleuchten. Dazu versucht man »zu einzelnen Textteilen (Begriffen, Sätzen, ...) zusätzliches Material heranzutragen, das das Verständnis erweitert, das die Textteile erläutert, erklärt, ausdeutet« (ebd.: 58). In diesem

Sinne wird die Analysemethode für die Beantwortung der Forschungsfragen auf der Ebene der Systemintegration angewandt. Zwar ist es während der zusammenfassenden Inhaltsanalyse ebenfalls an einigen Stellen nötig, eine »enge Kontextanalyse« (Mayring 2008: 59) durchzuführen, um das unmittelbare Verständnis des jeweiligen Textteiles zu gewährleisten. Sobald jedoch Aussagen auf der Ebene der Kategorien erster oder zweiter Ordnung nach einer Erklärung verlangen – beispielsweise weil sie im Widerspruch zueinander stehen – reicht die Suche im unmittelbaren Kontext meist nicht aus. Hier muss eine weite Kontextanalyse anschließen, die auf Datenmaterial außerhalb des eigentlichen Falles rekurriert. Dabei dienen Auffälligkeiten und Widersprüche, die sich bei der Beantwortung der vorangehenden Forschungsfragen ergeben, als eine Art Stichwortgeber. Wichtig dabei ist, dass in jedem Fall die Relevanz des Materials für die Explikation der Textstelle nachvollziehbar begründet werden kann (vgl. ebd.: 79). Zum Korpus des Kontextmaterials gehören dementsprechend politische Entscheidungen und öffentliche Debatten im jeweiligen Nationalstaat genauso wie sozial- und kulturwissenschaftliche Literatur, die sich mit dem angesprochenen Themenkomplex beschäftigt. Dabei wird besonders praxisnahe Forschung berücksichtigt. Auf diese Weise werden nicht nur die Umrisse relevanter Diskursfelder deutlich, sondern auch Korrelationen zwischen der jeweiligen Ethnomarketing-Kampagne und relevanten Integrationsdiskursen im kulturellen Kontext erkennbar. Die Quellenangabe bei der weiten Kontextanalyse folgt nicht dem oben beschriebenen Verfahren für direkt fallbezogenes Datenmaterial (also z.B.: D01, D02...), sondern den üblichen Zitierkonventionen für Literaturverweise. Damit wird die analytische Trennung von Fall und Kontext, von Zusammenfassung und Explikation, auch in der Zitierweise verdeutlicht.

Abbildung 5: Zusammenfassung und Explikation (eigene Darstellung)

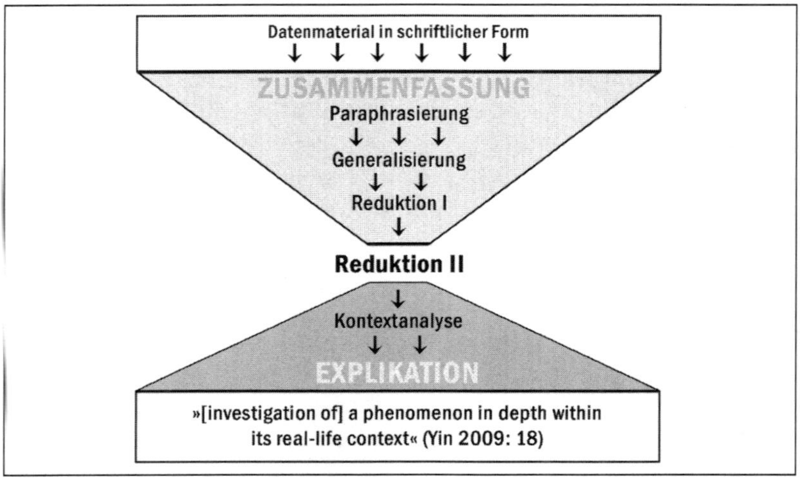

Die oben stehende Grafik (Abbildung 5) veranschaulicht nochmals die Abfolge der ersten zwei Auswertungsmethoden. Die zusammenfassende Inhaltsanalyse (=Zusammenfassung) reduziert das Datenmaterial anhand Paraphrasierung, Generalisierung und zweifacher Reduktion auf aussagekräftige Kategorien (hier: Reduktion II). Die weite Kontextanalyse (=Explikation) reichert diese Kategorien dann wieder mit erklärendem Material an und trägt so zu einem umfassenden Verständnis des beobachteten Phänomens bei.

Dritter Analyseschritt: Fallübergreifende Auswertung zur Hypothesenbildung
Nach Abschluss der einzelnen Fallstudien und der fallbezogenen Beantwortung der Forschungsfragen wird eine fallübergreifende Analyse durchgeführt (vgl. dazu auch Yin 2008: 156ff.). Das konkrete Vorgehen ist dabei vergleichbar mit dem der inhaltlichen Strukturierung bei Mayring und hat zunächst das Ziel »bestimmte Themen, Inhalte, Aspekte aus dem Material herauszufiltern« (2008: 89). Ausgangsmaterial sind die herausgearbeiteten Kategorien der einzelnen Fallstudien (Reduktion II), die nun entlang der übergeordneten Fragestellungen gruppiert und miteinander verglichen werden. Aus diesem Vergleich gehen Arbeitshypothesen hervor, die am Ausgangsmaterial rücküberprüft und rivalisierenden Erklärungsmodellen ausgesetzt werden (vgl. Yin 2009: 133f.). Diejenigen Arbeitshypothesen, die solchen »rival explanations« (ebd.) standhalten, werden als Hypothesen in Kapitel 8 aufgenommen.

Verschriftlichung der Ergebnisse
Dem Ziel der Arbeit, das ausgewählte Forschungsfeld zu erkunden und theoriebildend zu arbeiten, wird auch in der Verschriftlichung der Ergebnisse Rechnung getragen. Nach Robert Yin soll jeder Abschnitt einer theoriebildenden Fallstudie »reveal a new part of the theoretical argument being made« (ebd.: 177). Auf diese Weise könne »the entire sequence and its unfolding of key ideas [...] produce a compelling and impressive case study« (ebd.). Diesem Ratschlag folgend orientiert sich die Präsentation der Ergebnisse der Fallstudien jeweils an den fünf übergeordneten Forschungsfragen. Diesen werden die Ergebnisse der Analyse zugeordnet und sie werden anhand von Beispielen vorgestellt. Diesem Vorgehen wird sowohl bei den einzelnen Fallstudien als auch bei der fallübergreifenden Analyse gefolgt. Durch diese durchgängige Form der Darstellung werden theoriegeleitetes Vorgehen und induktive Kategorienbildung miteinander verwoben.

Die folgende Tabelle zeigt das Forschungsdesign nochmals im Überblick und setzt theoretische Grundlagen, Forschungsfragen und methodische Techniken zueinander in Beziehung. Sie bietet damit eine ›kulturwirtschaftliche‹ Orientierungshilfe für die explorative Untersuchung in den folgenden Kapiteln.

Tabelle 7: Kulturwirtschaftlicher Untersuchungsansatz im Überblick

Analytische Ebene (Theoret. Grundlagen)	**Forschungsfragen**	**Daten**	**Auswertung** Einzelfall	 cross-case
Betriebswirtschaftliche Strategie und Umsetzung (vgl. Kapitel 2)	1. Wie sind die Ethnomarketing-Aktivitäten im untersuchten Unternehmen bzw. in der untersuchten Branche aus betriebswirtschaftlicher Sicht strukturiert? Welche Bereiche des Marketing-Mix sind betroffen? Welche Ethnomarketing-Strategie lässt sich identifizieren?	Unmittelbar fallbezogenes Datenmaterial zum Ethnomarketing-Mix des jw. Unternehmens	Zusammenfassende Inhaltsanalyse	Fallübergreifende Analyse, angelehnt an Methode der inhaltlichen Strukturierung, mit dem Ziel, Hypothesen zu generieren
Ethnisierungsprozesse (vgl. Kapitel 1 und 3)	2. Wie wird die Zielgruppe durch die Kampagne als ethnische Gruppe konstruiert? Wird sie als homogen oder heterogen konzipiert? Wo wird die Gruppe verortet? Wie werden die ethnischen Grenzen markiert? Wird die Frage der kulturellen Identität thematisiert?			
Individuelle Integrationsprozesse (vgl. Kapitel 3)	3. Wirkt sich Ethnomarketing (des jeweiligen Unternehmens) auf individuelle Teilhabechancen ethnisierter Mitarbeitender aus? Gibt es spezielle Einstellungsvoraussetzungen oder Schulungsmöglichkeiten? Verändert die Arbeit im Ethnomarketing-Projekt die Intensität der ethnischen Zugehörigkeit der Mitarbeitenden (identifikativ, sozial)?			
Kollektive Integrationsprozesse (vgl. Kapitel 3)	4. Welche Rolle spielt Ethnomarketing (des jeweiligen Unternehmens) in kollektiven Integrationsprozessen? Welche Botschaften zur Integration zeigen sich im Marketing-Mix? Mit welchen Techniken werden diese kommuniziert? Lässt die Kombination der Botschaften und Techniken eine Positionierung des Ethnomarketing (des jeweiligen Unternehmens) in kollektiven Integrationsprozessen erkennen?			
Prozesse der Systemintegration (vgl. Kapitel 3)	5. Lässt sich die Ausgestaltung des Marketing-Mix im Ethnomarketing (des jeweiligen Unternehmens) durch den Blick auf Integrationsdiskurse erklären? Gibt es Korrelationen zwischen der Ausgestaltung der Kampagne und Diskursfeldern im gesellschaftlichen und kulturellen Kontext? Welche dominierenden oder widerstreitenden Diskurse lassen sich in den Diskursfeldern ausmachen? Bewegt sich das Ethnomarketing-Projekt innerhalb oder außerhalb dieser Integrationsdiskurse? Wie verschränken sich ökonomische Logik und Integrationsdiskurse?	Kontextmaterial zu rel. Diskursfeldern	Weite Kontextanalyse	

Fallstudien

5. Fallstudie Volkswagen Deutschland

Als Volkswagen (VW) im Jahr 2005 das Projekt *Volkswagen Türkçe konuşuyor / Volkswagen spricht Türkisch* aus der Taufe hob, waren die Wolfsburger keineswegs Pioniere des Ethnomarketing im deutschen Automobilmarkt. Mitbewerber Daimler hatte bereits seit Mitte der 1990er Jahre die deutschtürkische Zielgruppe umworben und dabei die Marke Mercedes in den Mittelpunkt gestellt. Dazu warb man in Druckerzeugnissen und TV-Spots unter anderem mit dem Slogan »Mercedes, her zaman iyidir / Mercedes ist immer gut«, setzte türkischsprachiges Verkaufspersonal ein und hatte nach Unternehmensangaben großen Erfolg mit dieser Strategie (vgl. Poulionakis 2002: 30ff.). Das Ethnomarketing von Mercedes orientierte sich an dem ohnehin positiven Bild der Marke, die seit der Ankunft der ersten türkischen Gastarbeiter als Symbol für den wirtschaftlichen Erfolg im fremden Land stand (vgl. Pfister 2002). Volkswagen besaß zwar längst nicht diesen Status (vgl. D02: 2), wollte aber auf die Aktivitäten der Konkurrenz reagieren. Volker Nickel, Sprecher des Zentralverbandes der deutschen Werbewirtschaft, erklärt den Blick auf Daimler zu einem wesentlichen Motiv für die Entscheidung von Volkswagen, Ethnomarketing zu betreiben: »VW war gezwungen, direkt in die Gruppe [der Deutschtürken] reinzugehen, um gegen dieses Image [von Mercedes; Anm. d. Vf.] anzukämpfen.« (D23: 4)

Die Entscheidung, Mercedes in den deutschtürkischen Markt zu folgen, fiel in einer Zeit, in der sich Deutschland auf politischer Ebene offiziell zum Einwanderungsland erklärte. Nach Jahrzehnten »defensiver Erkenntnisverweigerung« (Bade 2006a: 24) hatte man im Jahr 1999 das Staatsangehörigkeitsgesetz reformiert (vgl. Renner 2005: XII), ein Jahr später die »Green Card«-Regelung eingeführt (vgl. Kolb 2004) und eine Unabhängige Kommission Zuwanderung, die sogenannte Süßmuth-Kommission eingesetzt, die ihren Bericht 2001 vorgelegt hatte (vgl. Zinterer 2004: 213ff.). Der Start des Ethnomarketing-Projektes bei Volkswagen erfolgte unmittelbar im Anschluss an das neue *Gesetz zur Steuerung und Begrenzung der Zuwanderung und zur Regelung des Aufenthalts und der Integration von Unionsbürgern und Ausländern*, kurz: Zuwanderungsgesetz, das im August 2004 verabschiedet wurde und zum 1. Januar 2005 in Kraft trat (vgl. Renner 2005: XIII). Förderlich für den Eintritt VWs in den deutschtürkischen

Markt war also, neben dem Konkurrenzdruck, ein gesellschaftlicher Kontext, der eine positive Gewinnerwartung begünstigte. Dies galt nicht nur für die Automobilbranche, denn zum Zeitpunkt des Kampagnenstarts wurden Menschen mit Migrationshintergrund, und hier speziell die türkischstämmige Bevölkerung, generell zur wichtigen Zielgruppe erklärt. So bezifferten Marktforschungsinstitute und Agenturen die Zahl der »Türken in Deutschland« (deutsche und türkische Staatsangehörigkeit) auf ca. 2,7 Millionen und prognostizierten ihnen ein enormes Wachstumspotenzial (vgl. D25: 2). Von derart günstigen Prognosen geleitet, startete Volkswagen im Jahr 2005 ein Pilotprojekt in der Sparte Nutzfahrzeuge (vgl. D29: 48). Die Ergebnisse fielen zufriedenstellend aus und die Testphase wurde ab Juni 2006 auf die Sparte PKW ausgeweitet.

5.1 Betriebswirtschaftliche Strategie: »Traffic in den Handel«

Die Ziele des Projektes werden von der beauftragten Agentur als Absatz- und Akzeptanzsteigerung bei der Zielgruppe benannt (vgl. D25: 3). Zur Absatzsteigerung soll möglichst viel »Traffic in den Handel« (D02: 2) generiert werden, um auf diese Weise die »Gewinnung türkischer Neukunden« (D25: 3) zu befördern. Unter Akzeptanzsteigerung lassen sich die Unterziele »Aufbau von Sympathie und Vertrauen«, »Stärkung der Wahrnehmung innerhalb der Zielgruppe« und »Vermittlung von Kontinuität und Engagement für die Zielgruppe« (ebd.) subsummieren. Die Ansprache der Zielgruppe soll dabei »als Wertschätzung empfunden« (ebd.: 6) werden, alle Generationen erreichen und »kulturelle Bedürfnisse« (ebd.) berücksichtigen. Insbesondere der Begriff der »Wertschätzung« taucht in Interviews, aber auch in Pressemeldungen zur Kampagne immer wieder auf und kann als programmatisch für die Gestaltung des Marketing-Mix gesehen werden.

Marketing-Mix im Ethnomarketing bei Volkswagen Deutschland

Die verantwortliche Agentur versteht die Volkswagen-Kampagne als »einheitliches und ganzheitliches Projekt« (D02: 3). Allerdings liegt der Fokus der Marketingmaßnahmen nach Angaben der Agentur auf den beiden Säulen Distribution und Kommunikation – dem Ziel folgend, eine Absatz- und Akzeptanzsteigerung in der Zielgruppe zu erreichen. Aber auch die weniger tief gestalteten Produkt- und Konditionenpolitiken halten interessante Aspekte für die Beantwortung der Forschungsfragen bereit.

Produktpolitik

Die anfängliche Entscheidung für die Sparte der Nutzfahrzeuge beruhte im Wesentlichen darauf, dass Volkswagen unter der türkischstämmigen Bevölkerung rund 68.000 Selbstständige vermutete (vgl. D25: 2). Diese wurden häufig als Kleingewerbetreibende beschrieben, was sie zur relevanten Zielgruppe für die VW-Kleintransporter machte (vgl. D29: 49). Mit der Ausweitung auf die Sparte PKW wurden alle VW-Modelle in das Ethnomarketing-Projekt aufgenommen, wobei einige stärker im Fokus standen als andere. So zeigt der TV-Spot aus dem Jahr 2008 das aktuelle Modell des Tiguan, der dem Bereich der SUV (»Sports Utility Vehicles«) zuzuordnen ist (vgl. D18). Weitere verstärkt beworbene PKW sind der Touareg (D05) und der Golf Variant (D27). Die Modelle sind keinem einheitlichen Preissegment zuzuordnen, ihr Auftauchen in der Kommunikation wechselt regelmäßig. Eine spezifische, kulturell begründete Anpassung der Produkte nimmt Volkswagen nicht vor (vgl. D02: 2).

Preis- und Konditionenpolitik

Anpassungen der Preise sind in der Kampagne nicht vorgesehen (vgl. D02: 2). Auch eine ethnisch oder kulturell orientierte Konditionenpolitik wird von zentraler Stelle abgelehnt (vgl. ebd.). Allerdings gab es auf lokaler Ebene Bestrebungen, »ribā«, das insbesondere über Sure 2,275 des Korans begründete Zinsverbot im Islam (vgl. Rohe 2009: 112), zu berücksichtigen: Vereinzelt wurde dazu eine »0%-Finanzierung« angeboten, wobei die zu erwartenden Zinsen auf den Kaufpreis aufgeschlagen wurden (vgl. D03: 5). Auf diese Weise war das Zinsverbot eingehalten, eine tatsächliche preisliche Änderung ergab sich nicht. Dieser Vorstoß wurde jedoch aufgrund unerwünschter Nebenwirkungen wieder eingestellt (vgl. ebd.).[1]

Distributionspolitik

Bei den Verantwortlichen der Kampagne ist man davon überzeugt, dass Ethnomarketing nur Erfolg haben kann, wenn der Vertrieb »interkulturell« (D02: 1) orientiert ist. Dies bedeutet in der Praxis zunächst, dass bei der Auswahl der beteiligten Autohäuser insbesondere Standorte in Betracht gezogen werden, die sich durch einen hohen Anteil türkischstämmiger Bevölkerung auszeichnen (vgl. ebd.). Die geografischen Schwerpunkte des Projektes lagen daher zu Beginn in Berlin und Nordrhein-Westfalen, dann kamen schrittweise auch andere Regionen hinzu (vgl. D06). Mitte des Jahres 2011 waren an 21 Vertriebsstandorten 35 türkischsprachige Verkaufsberater im Einsatz (vgl. D17; D34).[2] Die unten stehende Grafik (Abbildung 6) zeigt die geografische Verteilung der Verkaufsberater zum Zeitpunkt der Untersuchung. Auffällig ist der Fokus auf (Groß)

1 | Wie in der Automobilbranche üblich, arbeiten auch die Verkaufsberater der Volkswagen-Autohäuser auf Provisionsbasis. Sie haben daher einen gewissen Spielraum bei der Gestaltung ihrer Verhandlungen, weshalb die hier getestete Finanzierungsmöglichkeit von einem Verkaufsberater individuell angeboten werden konnte.

2 | Mittlerweile, im Frühjahr 2013, werden 41 Verkaufsberater genannt.

Städte und Ballungsräume sowie das Fehlen ostdeutscher Städte. Dies erklärt sich aus der Wohnverteilung der Zielgruppe. Die Verkaufsberater werden als »Herzstück« (D02: 1) der Kampagne beschrieben. Sie wurden zum Teil erst im Rahmen der Kampagne aufgrund ihres eigenen ethnischen Hintergrundes eingestellt (vgl. u.a. D32) und sollen der Zielgruppe vor allem über die türkische Sprache, kulturell angepassten Humor und Kenntnis der Lebensgewohnheiten ein Gefühl »wie zu Hause« (D13) vermitteln (vgl. genauer in Abschnitt 5.3).

Abbildung 6: Geografische Verteilung der Verkaufsberater[3]

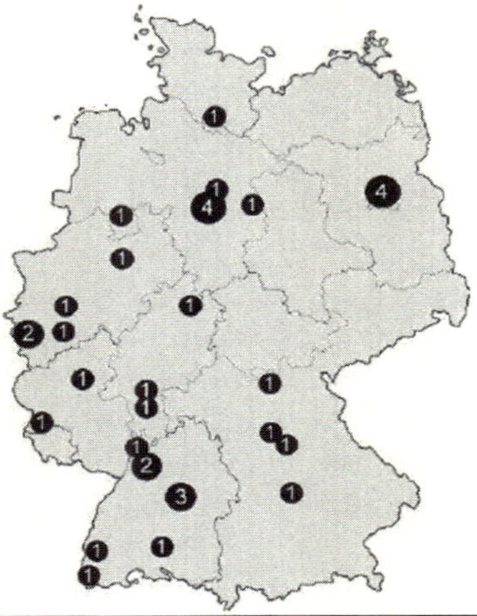

Vertriebsstandorte	Verkaufs-berater
Aachen	2
Ahlen	1
Berlin	4
Binzen	1
Bonn	1
Coburg	1
Darmstadt	1
Freiburg	1
Hamburg	1
Hannover + Region	4+1
Heidelberg	2
Höchstadt	1
Ingolstadt	1
Mannheim	1
Neuss	1
Nürnberg	1
Osnabrück	1
Stuttgart (+ Region)	3
Trier	1
Tuttlingen	1
Wolfsburg	1

Quelle: eigene Darstellung auf Grundlage von D05; D17

Kommunikationspolitik

Die Kommunikationsmaßnahmen von *Volkswagen spricht Türkisch* reichen von klassischer Werbung in Printmedien, Radio und TV über Multiplikatorenarbeit und Eventmarketing bis hin zu Sponsoring und Pressearbeit. Die Print-

3 | Die Übersicht stellt nur eine Momentaufnahme zum Zeitpunkt der Untersuchung dar. Bezieht man auch Kommunikationsaktivitäten mit ein, so war die Kampagne zum Zeitpunkt der Untersuchung an mindestens 36 deutschen Orten präsent: Aachen, Ahlen, Berlin, Bielefeld, Binzen, Bochum, Bonn, Bremen, Coburg, Darmstadt, Duisburg, Düsseldorf, Esslingen, Fellbach, Frankfurt/Main, Freiburg, Fürstenfeldbruck, Gladbach, Hamburg, Hannover, Heidelberg, Höchstadt, Ingolstadt, Köln, Koblenz, Marl, Mannheim, München, Neuss, Nürnberg, Osnabrück, Stuttgart, Trier, Tuttlingen, Wolfsburg (vgl. D05; D17; D34). Generell ist festzuhalten, dass die Angaben im Datenmaterial zu tatsächlichen Orten und Zahlen der Kampagne recht stark schwanken, was teilweise in der relativ großen Autonomie der einzelnen Händlerbetriebe begründet liegt.

Anzeigen wurden vor allem in türkischsprachigen Zeitungen lanciert, die einen Deutschland- oder Europa-Teil aufweisen und in der Bundesrepublik erhältlich sind. Namentlich sind hier insbesondere die auflagenstarken *Hürriyet*, *Sabah*, *Milliyet*, *Zaman* und *Türkiye* zu nennen (vgl. D25: 6). Redaktionell betreut werden diese Zeitungen überwiegend aus der Türkei. Sie sind damit als sogenannte Auslandsmedien zu verstehen – im Gegensatz zu genuinen Ethnomedien mit Sitz im Inland (vgl. dazu u.a. Müller 2005: 324; Weber-Menges 2006: 121ff.). Neben Werbeanzeigen wurde in diesen Medien auch immer wieder mit Einlegern gearbeitet – insbesondere in *Hürriyet*, wo beispielsweise im Mai 2010 eine achtseitige Beilage unter »Hürriyet Otomobil« firmierte und damit einen redaktionellen Anstrich erhielt (vgl. D05). Der Aufbau der Print-Anzeigen ist meist identisch: Unter beziehungsweise neben einem Produktfoto und einem kurzen Werbetext werden Fotos und Kontaktadressen türkischsprachiger Verkaufsberater gezeigt (vgl. u.a. D05; D27; D28). Dies folgt dem Credo der Agentur, immer »Produkt plus Person« (D02: 2) zu bewerben und unterstützt den allgemeinen Fokus der Kampagne auf die Verkaufsberater. Auf den Werbeanzeigen sind meist mehrere, manchmal sogar alle beteiligten Autohäuser vertreten. Niederlassungen, die besonders häufig an Print-Kampagnen beteiligt sind, haben ihren Standort in Nordrhein-Westfalen oder Berlin (vgl. D27; D28).

Im Gegensatz zu den türkischsprachigen Zeitungen sind Radioangebote für Deutschtürken sehr begrenzt. Dies liegt unter anderem daran, dass UKW-Radio für Deutschtürken wegen der geringen Reichweite über einen Sender in Deutschland ausgestrahlt werden muss. Neben einigen kleineren Sendeplätzen in multikulturellen Programmen etablierter Sender gibt es nur einen einzigen Sender, der ein professionelles und eigenständiges Programm in türkischer und teilweise in deutscher Sprache anbietet: Radyo Metropol FM sendet vorwiegend in Berlin, im Rhein-Main-Gebiet (Mainz, Wiesbaden) und im Südwesten rund um Mannheim und Stuttgart (vgl. D47: 4). In anderen Regionen gibt es die Möglichkeit, die Programme über Kabel und Internet zu empfangen (vgl. ebd.). Volkswagen wirbt auf Metropol FM mit kurzen, türkischsprachigen Spots, die – ähnlich wie bei den Anzeigen – Produkt und Verkaufsberater in den Mittelpunkt stellen und immer auf ein konkretes Autohaus bezogen sind (vgl. als Beispiele D45 für Nutzfahrzeuge, D46 für PKW). Die Radio-Spots werden von Metropol FM produziert.

Ab dem Jahr 2008 bewarb Volkswagen sein Ethnomarketing-Projekt auch im türkischsprachigen Fernsehen. Dabei wurden Sender ausgewählt, die »Werbeblöcke mit Deutschlandformaten (EU-Format)« (D25: 6) besitzen. Dies bedeutet, dass die Fernsehsender – ähnlich wie die meisten Zeitungen – nicht unbedingt ihren redaktionellen Sitz in Deutschland haben müssen. Insbesondere über Satellit sind viele Programme aus der Türkei zu empfangen. Volkswagen wirbt laut Bekunden der Agentur vorwiegend auf den Sendern Euro D, a-tv Avrupa, Show Turk, Euro Star, SBRT und Kanal 7 int (vgl. ebd.). Der erste und bis

Ende 2011 einzige TV-Spot mit dem Titel *Der ideale Schwiegersohn* (D01) bewirbt das VW-Modell Tiguan.[4] Anders als in Radio- und Print-Werbung bezieht sich der Fernsehspot nicht auf die Verkaufsberater, sondern verbindet die Marke Volkswagen mit der deutschtürkischen Community. *Der ideale Schwiegersohn* skizziert eine deutschtürkische Lebensrealität und spielt dabei mit einer Reihe von Stereotypen. Dabei bildet die typisch türkische Rolle des Vaters bei der Suche nach dem idealen Schwiegersohn für seine Tochter die Grundlage des Spots (vgl. Abbildung 7): Während eine deutschtürkische Kleinfamilie (Vater, Mutter, Tochter) in ihrer Kreuzberger Wohnung einen beschaulichen Alltag verlebt, klingeln unterschiedliche Verehrer der Tochter an der Wohnungstür und werden vom Vater ausnahmslos abgewiesen. Erst ein schüchterner junger Mann, der im VW-Tiguan vorfährt, wird vom Vater als Schwiegersohn akzeptiert.[5]

Abbildung 7: Standbild aus Der ideale Schwiegersohn *(D01)*

Neben klassischer Werbung ist Eventmarketing ein wichtiger Bestandteil der Kommunikationspolitik. Über die Organisation türkischer Abende und Beteiligung an Sport- oder Musikgroßveranstaltungen soll Volkswagen im gesellschaftlichen Leben der türkischen Community verankert werden. Die meisten der selbst organisierten Veranstaltungen sind an geladene Gäste gerichtet (vgl.

4 | Der Spot wurde von der Agentur KOM GmbH (verantwortlich), DDB Berlin (Konzeption) und Telemaz Commercials (Produktion) umgesetzt (vgl. D30; D48). Als Regisseur wurde Yücel Yolcu beauftragt, der bereits für die Konkurrenzmarke Mercedes Ethnomarketing-Werbespots gedreht hatte.

5 | Ausführlichere Analysen und Interpretationen zu einzelnen Aspekten des Spots finden sich im weiteren Verlauf dieses Kapitels.

D04), wobei auch der Kontakt zu Vertretern der Türkei (Botschaft, Generalkonsulat) gesucht wird (vgl. D35a; D37a). *Volkswagen spricht Türkisch* war unter anderem im Jahr 2008 auf der »Essen Motor Show« (D36) präsent und bereits ein Jahr zuvor Sponsor der Musik- und Tanzveranstaltung »Taksim auf Schalke« (D25: 8) mit nach Agenturangaben »20.000 türkischen Zuschauern« (ebd.). Im Jahr 2008 verteilte man an Berliner Taxifahrer Frühstückspakete und ließ sie an einem Gewinnspiel auf Metropol FM teilnehmen (vgl. D48). Ähnlich wie hier setzt Volkswagen immer wieder auf Multiplikatoreneffekte. Dieser Ansatz wird von der verantwortlichen Agentur vor allem deshalb fokussiert, weil man davon ausgeht, dass persönliche Empfehlungen bei Deutschtürken besonders wichtig sind (vgl. D03: 2). Um das »word of mouth marketing« (Sernovitz 2009) zu intensivieren, sucht die Agentur zudem »flexible Promoter« (D34) auf Minijob-Basis. Diese »sprechen gezielt türkische Kunden in [i]hrer Umgebung an, gehen in die türkischen Einzelhandelsläden, auf Großmärkte etc.« (ebd.). Die Wahrnehmung Volkswagens in der deutschtürkischen Community wird auch durch PR- und Pressearbeit erhöht. Den türkischsprachigen Medien werden regelmäßig Pressemitteilungen zur Verfügung gestellt, die in Artikel bei *Hürriyet*, *Türkiye* und *Milliyet* münden (vgl. D25: 9). Die Pressearbeit in deutschen Medien wird dagegen nicht aktiv betrieben, auch wenn durchaus auf Anfragen von Pressevertretern reagiert wird, sofern diese die Kampagne als »Vorbild-Projekt« (ebd.: 10) für Ethnomarketing stilisieren. Zur PR-Arbeit gehört außerdem das Sponsoring von Bildungs- und Integrationsprojekten, die auch über die Grenzen der deutschtürkischen Community hinaus wahrgenommen werden – beispielsweise »Bildung on Tour« (D44) oder »Deukische Generation« (D49).

Die verschiedenen Kommunikationsmaßnahmen werden auf einer Kampagnen-Website im Internet vereint. Visuell wurde im Untersuchungszeitraum vor allem mit Bildern aus dem TV-Spot gearbeitet, zudem konnte der Werbefilm selbst sowie ein »Making Of« (D13) online angesehen werden. Die Seite ist sowohl auf Türkisch als auch auf Deutsch aufrufbar und dabei inhaltlich identisch. Auch im Internet stehen Verkaufsberater und Produkte im Vordergrund.

Vergleicht man zusammenfassend die Anpassung in den einzelnen Elementen des Marketing-Mix, so zeigt sich einmal mehr der Fokus der Kampagne auf Vertrieb und Kommunikation. Insgesamt kann man für *Volkswagen spricht Türkisch* mit Klee & Wiedmann (2003: 99) von einer »Spezialisierungsstrategie« des Ethnomarketing sprechen. Bei dieser konzentriert sich das Unternehmen darauf, »bestimmte Bereiche des Marketing zielgruppenspezifisch zu gestalten – das dann aber gründlich« (ebd.). Ansätze in Richtung einer »Full-Power-Strategie« (ebd.), bei der alle Elemente des Marketing-Mix angepasst wären, kann man zwar erkennen – unter anderem in Überlegungen zur Konditionenpolitik oder der Auswahl einer Produktsparte – sie werden aber nicht weiter verfolgt.

Zeitlicher Verlauf und Erfolg

Bereits der VW-Geschäftsbericht für 2007 betont den Erfolg des Projektes und kündigt für das Jahr 2008 eine Erhöhung der Anzahl türkischer Verkaufsberater an (vgl. D29). Im Jahr 2008 erreichte die Kampagne wegen dieser Neueinstellungen, aber auch wegen der Ausstrahlung des ersten TV-Spots, zahlreichen Events und weiteren absatzfördernden Aktionen ihren vorläufigen Höhepunkt. Zu diesem Zeitpunkt wurde auch vereinzelt mit der Konditionenpolitik experimentiert. In den beiden folgenden Jahren wurde die Präsenz des Projektes in der türkischen Community stabilisiert, wobei nun Vertriebs- und kleinere Kommunikationsaktivitäten im Vordergrund standen.[6] Insgesamt zeigt sich die verantwortliche Agentur zufrieden mit den ökonomischen Ergebnissen: »Das Projekt ist wirtschaftlich und erfolgreich.« (D02: 1)

5.2 Ethnisierung der Zielgruppe: Angekommen als Andere

Die Ausrichtung einer Marketingkampagne an vermeintlich stabilen ethnischen Charakteristika einer Zielgruppe trägt dazu bei, dass ethnische Grenzen stabilisiert oder auch neu gezogen werden. Diese Zusammenhänge wurden insbesondere während der theoretischen Ausführungen zu Ethnomarketing, aber auch bei der Auseinandersetzung mit dem Integrationsbegriff herausgearbeitet. Das bei Arlene Dávila (2001) beschriebene »Marketing and Making of a People« lässt sich auch bei *Volkswagen Türkçe konuşuyor* feststellen. Dabei wird die Zielgruppe der Deutschtürken einerseits mit Stereotypen der türkischen Kultur umrissen und andererseits als ethnische Minderheit in Deutschland verortet.

Stereotypisierung des Türkischen in der Kampagne

Verwendung türkischer Symbolik

Insbesondere in Kommunikationsmaßnahmen, aber auch im Vertrieb, werden Bilder genutzt, die das vermeintlich Türkische repräsentieren und als kulturelle Heimat der Zielgruppe entwerfen. Im TV-Spot beginnt die Stereotypisierung beim äußeren Erscheinungsbild. Die Figur des Vaters wird hier mit Schnauzbart, Halbglatze und Strickjacke als typischer Gastarbeiter der ersten Generation präsentiert (vgl. Abbildung 7). Auch die Rolle der Tochter ist mit einer Schauspielerin besetzt, die dem Bild einer jungen türkischen Frau entspricht (vgl. D01: 2). Neben phänotypischen Merkmalen wird die Werbefamilie

6 | Die Einschätzung stützt sich auf eine chronologische Auswertung des vorhandenen Quellenmaterials. Danach sind beispielsweise für 2008 fünf größere Veranstaltungen zu verzeichnen, während in den anderen Jahren zwischen einer und drei größere Veranstaltungen nachgewiesen werden können (vgl. D19; D35; D36; D37).

durch weitere äußere Markierungen als türkisch definiert: Das Nazar-Amulett als Schutz gegen den bösen Blick ist im Werbespot an verschiedenen Stellen der Wohnung angebracht (vor allem an Türen), auf Kommoden sind orientalisch anmutende Teller und Kristallgegenstände sichtbar, die türkische Kurzhalslaute ›Ud‹ verweist auf volkstümliche türkische Musik (vgl. ebd.: 3). Die Verknüpfung zur Musik wird über den TV-Spot hinaus auch an anderen Stellen in der Kampagne hergestellt. Sie wird beispielweise bei türkischen Abenden in Kassel (D35), Essen (D36) oder Wolfsburg (D37) stets als Symbol des Türkischen eingesetzt. Eine ähnliche Rolle spielen türkische Speisen und Getränke, wobei Çay, der türkische Tee, hervorzuheben ist: Ein Teeglas ist im TV-Spot, auf der Website und in PR-Maßnahmen zu sehen und ist auch in den Verkaufsgesprächen präsent (vgl. u.a. D33). Die Konnotation von Tee und türkischer Kultur ist auch in der VW-Mitarbeiterzeitschrift sichtbar, wo die Ethnomarketing-Aktivitäten des Konzerns auf eine einfache Formel gebracht werden: »Tee trinken und Autos verkaufen.« (D31: 1).

Generalisierung individueller Eigenschaften

Eng verbunden mit dem Teetrinken ist die Stereotypisierung der Zielgruppe als besonders kontaktfreudig und emotional. Auch die Eigenschaften Humor, Traditionen und Familiensinn werden in der Kampagne einer gesamten Zielgruppe zugeschrieben und somit ethnisiert. Beispielsweise wird der Autokauf in der Kampagne als soziale Aktivität verstanden, in die nicht nur die gesamte Familie, sondern auch Nachbarn, Freunde und Berater eingebunden sind (vgl. D02: 3; D03: 4). Die Kontakthäufigkeit der Zielgruppe bei Hochzeiten, Eröffnungen oder sonstigen Veranstaltungen innerhalb der Community wird durch die Verantwortlichen der Kampagne immer wieder betont – vor allem in Zusammenhang mit der Multiplikatorenwirkung von Marketingmaßnahmen (vgl. D03: 3; D25: 2). Dieses Bild wird verstärkt durch die Beschreibungen vergleichsweise langer Verkaufsgespräche, in denen nach Aussagen von Verkaufsberatern und Agenturen bis zu zwei Drittel der Zeit über Privates (Familie, Beruf, Türkei) gesprochen wird (vgl. D02: 3; D29: 48f.). Außerdem werden Deutschtürken in TV-Spot und PR-Material, aber auch in den Interviews, stets als emotional und humorvoll (mit ethnisch geprägtem Humor) sowie äußerst traditionell (mit eigenen Moralvorstellungen) und familienbezogen charakterisiert (vgl. D01: 4; D24: 10; D42: 1).

Verfestigung eines traditionellen Rollen- und Familienbildes

Die vermeintlich große Bedeutung der Familie und die Orientierung an Traditionen ist an vielen Stellen in der Kampagne präsent: So ist es der Vater, der sich im Werbefilm mit der Außenwelt beschäftigt, denn er ist es, der aus dem Fenster blickt, Zeitung liest und die Tür für Besucher öffnet. Wie hier, so fällt dem Mann in der Kommunikations- und Distributionspolitik der Kampagne stets die Rolle des Repräsentanten zu, der familiäre Entscheidungen durchsetzen und nach außen vertreten muss. Er wird durchgehend als verantwortlich für das Wohl der Familie dargestellt (vgl. u.a. D01; D02; D03). Der Frau wird zwar durch die Verkaufsberater grundsätzlich eine gewichtige Position bei der Entscheidungsfindung innerhalb der Familie zugestanden, in den Kommunikationsmaßnahmen bleibt sie jedoch meist unsichtbar und passiv (vgl. D03: 4). So beschränken sich die Handlungen der Mutter im TV-Spot stets auf die Wohnung: Sie deckt den Tisch oder trägt ein Tablett durchs Bild (vgl. D01). Dieses Rollenbild zeigt sich auch bei der Tochter im TV-Spot: Einerseits steht die Tochter als Objekt des Werbens zahlreicher Verehrer durchaus im Mittelpunkt. Andererseits bleibt sie weitgehend passiv und verlässt mit dem vom Vater erwählten Schwiegersohn Wohnung und Familie, ohne dass sie vorher – zumindest im Spot nicht erkennbar – mit ihm gesprochen hat. Hier zeigt sich neben dem Vertrauen der Tochter in die Rolle des Vaters ein stark ausgeprägter Gehorsam gegenüber den Eltern. Obwohl die Kampagne, und speziell der TV-Spot, humorvoll mit solchen Stereotypen der patriarchalisch geprägten Familie umgeht, erhärtet er doch ein vermeintlich typisch türkisches Familienbild, das zu einem wesentlichen Eckpfeiler der Ethnisierung der Zielgruppe wird.

Bevorzugung der türkischen Sprache

Ein besonders deutliches Merkmal ethnischer Grenzziehung in allen Kommunikations- und Vertriebsmaßnahmen der Kampagne ist die durchgängige Verwendung der türkischen Sprache. Bereits der türkischsprachige Slogan der Kampagne *Volkswagen Türkçe konuşuyor* unterstreicht die Bedeutung, die ihr VW innerhalb des Projektes beimisst. Trotz der vorhandenen deutschen Übersetzung des Kampagnentitels dominiert gegenüber der Zielgruppe stets der Einsatz der türkischen Sprache, der von Volkswagen als Zeichen der Anerkennung verstanden wird. Ziel ist es, dass »die Kunden türkischer Herkunft merken: Dieses Unternehmen geht auf uns zu« (D38: 1). Dabei geht man implizit von einer emotionalen Bevorzugung des Türkischen durch die Kunden aus: Die türkische Sprache wird zum ethnischen Charakteristikum.

Konzeption der Türkei als Heimat

Die verantwortliche Agentur ist überzeugt: »[B]esonderes Merkmal [der Zielgruppe] ist ihre Heimatverbundenheit« (D25: 2). »Heimat« wird dabei explizit auf die Türkei bezogen. Diese wird im TV-Spot beispielsweise durch ein dreigeteiltes Wandbild des berühmten Kız Kulesi, des im Deutschen als ›Leanderturm‹ bezeichneten Bauwerks an der Einfahrt zum Bosporus, verbildlicht (vgl. D01: 3). In Verkaufsgesprächen thematisieren die Berater außerdem die genaue Herkunft ihrer Familie in der Türkei (vgl. D03: 3) und zu PR-Veranstaltungen werden Vertreter der türkischen Botschaft eingeladen (vgl. D35a: 1). Die Türkei wird dabei stets als idealisierte, ferne und dennoch prägende emotionale

Heimat konzipiert: Sie wird mit der Familie assoziiert (D02: 3), wird auf Erinnerungsfotos dargestellt (D01: 4) oder über Brauchtum verklärt (D25: 8; D36). Damit stellt sie einen Ankerpunkt der ethnischen Gruppenbildung dar. Kulturwissenschaftlich gesprochen wird die Türkei in der Kampagne zum »lieu de memoire« (Nora 1998) der Deutschtürken.[7]

Ethnisierung der Zielgruppe als Minderheit in Deutschland

Abweichung von türkischen Stereotypen

Auch wenn die Darstellung türkischer Kultur bei *Volkswagen Türkçe konuşuyor* einen großen Raum einnimmt, so gibt es doch zahlreiche Elemente, die von diesem Bild deutlich abweichen. In einigen Fällen kann man sogar von einer einseitigen Anpassung an die dominante Kultur der deutschen Mehrheit sprechen. So verweisen weiterführende Links zu Produkten und zu Service von der Kampagnenwebsite auf deutschsprachige Seiten des Konzerns (vgl. D12). Außerdem werden Verkaufsgespräche nicht immer nur auf Türkisch geführt: »Das kommt darauf an, ob [die Kunden] Türken sind oder Deutschtürken« (D03: 2). Eine solche Differenzierung nach dem Grad der sprachlichen Akkulturation wird von den deutschtürkischen Mitarbeitenden jedoch ausnahmslos in individuellen Gesprächen gemacht. In der generellen Kommunikation der Kampagne werden Türken und Deutschtürken zu einer türkischsprachigen Gruppe vereint.

Eine weitere Abweichung von türkischen Stereotypen findet sich in der Personenzahl der Familie im TV-Spot. Während andere Ethnomarketing-Kampagnen häufig die türkische Großfamilie als Stereotyp verwenden (vgl. Kulinna 2007: 181), zeigt Volkswagen eine Kleinfamilie mit Vater, Mutter und Tochter (vgl. D01). Die Figur des Vaters hält zudem ein kleines Detail bereit, das zumindest mit einem streng konservativen, islamisch-türkischen Bild kollidiert: In einer Einstellung (D01: 6) ist deutlich ein goldener Ehering am Ringfinger des Vaters zu erkennen. Zumindest besonders streng gläubige Muslime lehnen das Tragen goldenen Schmucks bei Männern jedoch ab (vgl. u.a. Al Rhaman 2010). Die Gleichsetzung »Türken = strenggläubige Muslime« wird damit durchbrochen. Deutlicher wird dies noch durch die Abbildung der Frauen im TV-Spot ohne Kopftuch – bei der Tochter sogar außerhalb der Wohnung. Unabhängig von dem Entstehungshintergrund oder gar der Intention der Produzenten relativeren solche Darstellungen manche der beschriebenen türkischen Stereotype.

7 | Die Bedeutung der Türkei als Heimat für die Konstruktion der deutschtürkischen Zielgruppe hebt auch Kulinna (2007: 157f.) in seiner Studie mehrfach hervor. Gleiches gilt für weitere, in der Volkswagen-Kampagne festgestellte Stereotypisierungen, wie z.B. phänotypische Merkmale (vgl. ebd.: 169f.), türkische Musik (vgl. ebd.: 179f.), Stellung der Familie (ebd.: 180ff.), Sprache (vgl. ebd.: 213ff.). Die vorliegende Studie bestätigt somit diese Schwerpunktsetzungen durch die Ethnomarketing-Praxis.

Multiethnische Stadtteile Deutschlands als langfristige Lebensrealität

Auch wenn die Kommunikations- und Vertriebsmaßnahmen die Türkei als emotionale Heimat konzipieren, so verortet die Kampagne die Lebenswirklichkeit ihrer Zielgruppe in Deutschland. Dies ist letztlich die Konsequenz aus der Diagnose einer dauerhaft im Bundesgebiet lebenden türkischstämmigen Minderheit, die Ausgangspunkt für *Volkswagen spricht Türkisch* ist. Außerdem zeigt sich in der Vertriebspolitik ein Fokus auf die (west)deutsche Stadt, da man die beteiligten Autohäuser nach dem Anteil der türkischstämmigen Bevölkerung in der Region ausgewählt hat. Dieser Schwerpunktsetzung wird auch in den Kommunikationsaktivitäten Rechnung getragen. Dort haben die abgebildeten Fahrzeuge in Print-Anzeigen, im Fernsehspot und auf der Internetseite stets ein deutsches Städte-Kennzeichen (Wolfsburg, Hannover, Berlin), die Produkte werden meist vor einer urbanen Kulisse präsentiert (vgl. D01; D04; D27; D28). Im Werbefilm sind zudem Straßenschilder vor dem Haus der Werbefamilie zu erkennen, die den Ort der Handlung präzise auf die Ecke Chamissoplatz / Willibald-Alexis-Straße in Berlin-Kreuzberg festlegen (vgl. D1: 2). Dies lässt, in Kombination mit den ausgewählten Vertriebsstandorten in Großstädten (u.a. Stuttgart-Wangen, Berlin-Neukölln; vgl. D17), auf eine noch präzisiere Verortung der Zielgruppe schließen: *Volkswagen spricht Türkisch* sieht den Lebensraum seiner Klientel in multiethnischen Stadtteilen westdeutscher (Groß-)Städte.

Insbesondere in den Eventmarketing- und Sponsoring-Aktivitäten wird deutlich, dass die Kampagne Deutschland auch als langfristiges Lebensumfeld der Zielgruppe wahrnimmt. Noch Ende der 1990er Jahre warb der ehemalige Mobilfunkanbieter Otelo in einer erfolgreichen Ethnomarketing-Kampagne damit, für jeden Neukunden einen Baum in der Türkei zu pflanzen (vgl. Pfister 2002: 3) und Daimler versprach den Gastarbeitern eine triumphale Rückkehr in die alte Heimat im edlen Mercedes (vgl. Kulinna 2007: 175). Volkswagen dagegen setzt nun auf eine Zukunft der (Deutsch-)Türken in Deutschland: Man fördert ein Projekt zur Steigerung von Bildungschancen bei Kindern mit Migrationshintergrund (D44), beteiligt sich an Veranstaltungen der jungen »Deukischen Generation« (D49) und betont gegenüber der Zielgruppe die Bedeutung einer gleichberechtigten »Einbeziehung der Türken in das deutsche Wirtschaftsleben« (D37a).

Konstruktion der Zielgruppe als Ausländer

Obwohl *Volkswagen spricht Türkisch* eine langfristige Ansiedlung der Zielgruppe in Deutschland vermutet, wird an vielen Stellen deutlich, dass man die potenziellen Kunden nicht als Deutsche begreift. Dies beginnt auf sprachlicher Ebene bei der Gleichsetzung der Termini »Türken«, »Menschen mit türkischem Hintergrund« und »Deutschtürken« innerhalb der Kampagne (vgl. u.a. D29; D31; D32; D33). Während Agentur und Verkaufsberater auf Nachfrage durchaus zwischen Deutschtürken und Türken differenzieren, erwecken die Äußerungen der Wolfsburger Zentrale eher Assoziationen mit den Begriffen »Gastarbeiter« und »Ausländer« : Vor allem zu Beginn der Kampagne, als die Begleitung durch die Zentrale noch besonders eng war, prägte das Stereotyp des türkischen Gastarbeiters und Gemüsehändlers das Verständnis der Zielgruppe. So beziehen sich die Auswahl der Sparte Nutzfahrzeuge und der Presseartikel im VW-Geschäftsbericht aus dem Jahr 2007 explizit auf türkische Kleinunternehmer (vgl. D29). Auch die Aktion für (türkische) Taxifahrer in Berlin kann in diesem Zusammenhang gesehen werden (vgl. D48). Indem man außerdem bei Veranstaltungen und in Pressemitteilungen zur Kampagne meist Vertreter der türkischen Botschaft als Sprecher der Zielgruppe auftreten lässt (vgl. u.a. D10; D35a; D37a), wird diese eng mit der türkischen Staatsbürgerschaft verbunden. Der Dialog der Kulturen wird so zum Dialog der Nationen. Selbst wenn *Volkswagen spricht Türkisch* seine Zielgruppe durchaus in Deutschland verortet, spricht man sie dennoch als Ausländer an.

Charakterisierung der Mehrheitsgesellschaft als Andere

Volkswagen charakterisiert die deutsche Mehrheitsgesellschaft als Andere und betreibt damit die ethnische Grenzziehung auch aus der Perspektive der Zielgruppe. Sichtbar wird dies beispielsweise im TV-Spot, wo unter den Verehrern der Tochter zahlreiche Vertreter der Mehrheitsgesellschaft zu finden sind. Diese werden als gefährlich (Motorradfahrer), bemüht alternativ (Student) oder lächerlich (alle) präsentiert (vgl. D01). Noch deutlicher wird diese Abgrenzung beim Blick auf die Themen der Verkaufsgespräche, denn hier gehört das »Lästern über die Deutschen« (D03: 3) zum normalen Repertoire. Aus sozialkonstruktivistischer Sicht wird durch dieses »Othering« (vgl. dazu u.a. Reuter 2002) eine gemeinsame (türkische) Basis zwischen Verkaufsberater und Kunde geschaffen. Dies mag den Verlauf des Gesprächs im Sinne eines Vertragsabschlusses positiv beeinflussen, die Beteiligten intensivieren jedoch mit der freiwilligen Abgrenzung von der Mehrheitsgesellschaft auch ihre eigene Ethnisierung.

Unsicherheit der Zielgruppe im deutschen Alltag

In den vorherigen Abschnitten wurde deutlich, dass Volkswagens Ethnomarketing-Projekt seine Zielgruppe als ethnische Minderheit konstruiert, die in Deutschland zwar angekommen ist, sich aber nicht als selbstverständlicher Teil des Landes begreift. Passend dazu wird im TV-Spot die Wohnung der Familie im ersten Stock, und damit nicht direkt auf deutschem Boden, verortet (vgl. D01: 1). Die auf diese Weise segregierte Wohnung bietet für die Familie Schutz und Sicherheit: Vater und Mutter verlassen die Wohnung im gesamten Spot nicht – und bewegen sich damit nie auf dem Terrain der Mehrheitsgesellschaft. Auch die Tochter darf die Wohnung nur verlassen, weil der Auserwählte ihr durch den Tiguan in einem gefährlichen Umfeld Schutz zu bieten verspricht. Der Spot greift damit in Inhalt und Form die stetig präsente Unsicherheit einer Minderheit in einer durch andere Gruppen bestimmten Gesellschaft auf. Neben dem Gegensatz von innen und außen, von Wohnung und Straße, zeigt sich dies in der Sorgfalt des Vaters, bei der Auswahl des richtigen Begleiters für die Tochter. Mit Blick auf die Zielgruppe bedeutet dies, dass Unsicherheit zum Charakteristikum der Zielgruppe wird. Diese Unsicherheit wird nicht nur in der Kommunikation thematisiert, sondern auch in der Vertriebspolitik gezielt bearbeitet. So sieht die verantwortliche Agentur die Verkaufsberater in der Rolle der »Kulturmittler«, die ihren Kunden sicheres Geleit in der deutschen Kultur geben sollen (vgl. D02: 1). Diese Aufgabe, Sicherheit in einer unsicheren Umgebung zu bieten, nehmen die Verkaufsberater in ihr Selbstbild auf (vgl. D03: 2).

Zwischenbilanz zur Ethnisierung der Zielgruppe

Im Marketing-Mix von *Volkswagen Türkçe konuşuyor* zeigen sich Konturen einer Zielgruppe, die als ›Türken in Deutschland‹ umschrieben werden kann.[8] Als Türken umwirbt man sie durch die Verwendung türkischer Sprache und Symbolik, durch die Ethnisierung individueller Eigenschaften und eines traditionellen Familienbildes, sowie nicht zuletzt durch die Konzeption der Türkei als emotionaler Heimat. Die faktisch gegebene Verortung der Zielgruppe in Deutschland bringt es mit sich, dass von einigen Stereotypen abgewichen und der multiethnische deutsche Stadtteil auch als langfristige Lebensrealität abgebildet wird. In der Volkswagen-Kampagne bleiben die Türken in Deutschland dennoch stets Ausländer, sie werden durch Fremd- und Selbstethnisierung zu einer Minderheit, die mit der Unsicherheit eines als fremd empfundenen deutschen Alltags umgehen muss. Sie sind in Deutschland angekommen, leben dort jedoch als Andere.

Die Zielgruppe einer Kampagne ist grundsätzlich eine virtuelle Konstruktion, die aus den Marketingmaßnahmen entsteht. Doch durch eine hohe Beteiligung von Menschen, die sich mit der Zielgruppe identifizieren (Agenturen, Verkaufsberater, Kunden) an diesen Konstruktionsprozessen, hat *Volkswagen spricht Türkisch* aber durchaus das Potenzial an Ethnisierungsprozessen einer deutschtürkischen Minderheit mitzuwirken. Die Unterstützung identitätsstiftender Veranstaltungen wie »Taksim auf Schalke« (D25: 8) verstärkt derartige Effekte ebenso wie der bewusste Umgang mit türkischen Stereotypen (vgl. D21) oder der Versuch, durch Internet und Zeitungsbeilagen (D05) eine Art »Consumer Tribe« (Cova et al. 2007) um die Kampagne entstehen zu lassen.

---

8 | Der Terminus ›Türken in Deutschland‹ (TiD) wird in der sozialwissenschaftlichen Forschung häufig verwendet. Insbesondere Marktforschungsinstitute, die im Ethnomarketing-Bereich aktiv sind (z.B. Data4U), bezeichnen so die Zielgruppe. Eine definitorische Abgrenzung zu anderen Begrifflichkeiten (»türkischer Hintergrund«, »Deutschtürken«) findet hier, wie in der VW-Kampagne, nicht statt.

5.3 Individuelle Sozialintegration: (Re-)Ethnisierung der Integrierten

Die Untersuchung individueller Integrationsprozesse konzentriert sich in dieser Studie auf die Teilhabechancen für Verkaufsberater. Der Konzern betont in diesem Zusammenhang, dass für das Projekt zahlreiche türkischstämmige Mitarbeiter neu eingestellt und intensiv geschult würden (vgl. D07; D35; D37). Außerdem sei es »türkischstämmigen Angestellten erleichtert worden, bei Volkswagen Karriere zu machen« (D08). Man strebe mit dem Projekt außerdem an, »jungen Türken Arbeit und Ausbildung zu bieten« (D10). In solchen Aktivitäten sieht VW einen »nachhaltigen Integrationsbeitrag« (D39).

Mehrfachintegration als Einstellungsvoraussetzung

Nach Angaben des Konzerns wurden in der Startphase des Ethnomarketing-Projektes bis zum Jahr 2008 etwa 40 Verkaufsberater unbefristet neu eingestellt (vgl. D30).[9] Damit erfolgt eine Platzierung auf eine attraktive Position im deutschen Arbeitsmarkt, die Kampagne verspricht somit gesteigerte Teilhabechancen deutschtürkischer Bewerber durch den Abbau von Barrieren bei der Einstellung. Um beurteilen zu können, ob die Kampagne den Einstieg für Bewerber aus der Zielgruppe tatsächlich signifikant erleichtert, hilft der Blick auf das Anforderungsprofil in den Stellenanzeigen im Internet (D15; D20) und in den verteilten Handzetteln (D50). Gefordert werden dort:

» - sehr gute Kenntnisse der deutschen und türkischen Sprache [...];
- abgeschlossene kaufmännische oder technische Berufsausbildung;
- 1-2 Jahre Berufserfahrung als Verkäufer;
- ausgeprägte Kundenorientierung;
- sicheres, kundenfreundliches Auftreten [...];
- ausgezeichnete kommunikative Fähigkeiten;
- Erfahrungen im Umgang mit türkischen Kunden und starke Vertriebsmentalität;
- teamorientiertes Arbeiten und sichere Kenntnisse gängiger PC-Software;
- ein hohes Maß an Engagement, Flexibilität und Belastbarkeit;
- Führerschein Klasse 3 bzw. C1.« (D15)

9 | Die Angaben schwanken je nach Quelle zwischen 30 und 60, da teilweise die Verkaufsberater der Marke Seat mitgezählt oder die Sparten PKW und Nutzfahrzeuge getrennt betrachtet werden (vgl. D05; D25: 4). Die auf der Website der Kampagne vorgestellten Verkaufsberater sind dabei zu 93% Männer (vgl. D17), was jedoch nicht signifikant von dem üblichen Verhältnis in den beteiligten Autohäusern abweicht, liegt doch der Anteil der Männer hier generell bei 90% (vgl. D57). Wegen dieser geringen Abweichung um 3% werden geschlechterspezifische Fragen individueller Integration in der vorliegenden Arbeit nicht untersucht.

Um die Anforderungen an deutschtürkische Bewerber mit denen an Bewerber außerhalb der Kampagne zu vergleichen, wurden die Anzeigen für ›normale‹ Neuwagenverkäufer (PKW) bei an der Kampagne beteiligten Volkswagen-Autohäusern herangezogen. Im Folgenden werden exemplarisch zwei dieser Anforderungsprofile herausgegriffen. So heißt es in einer Stellenanzeige (D55):

» - Sie bringen Begeisterung für die Automobilbranche mit.
- Sie haben eine abgeschlossene Berufsausbildung als Automobilverkäufer (m/w) oder eine vergleichbare Ausbildung.
- Sie sind verhandlungssicher und redegewandt.
- Sie gehen offen und sicher auf andere Menschen zu.
- Sie besitzen umfassende Kenntnisse in der Kundenberatung, Betreuung und im Verkauf von Fahrzeugen.
- Idealerweise sind Sie zertifizierter Volkswagen Automobilverkäufer (m/w).«

Anforderungen aus einem weiteren Anzeigentext aus einem andern, jedoch ebenfalls an der Kampagne beteiligten Autohaus ergeben ein ähnliches Bild:

» - Technische oder kaufmännische Ausbildung
- Berufserfahrung im Gebrauchtwagenverkauf wünschenswert
- Vertriebspersönlichkeit und Verhandlungsgeschick
- Sie haben Erfahrung im Kontakt mit Kunden, gern auch aus einer anderen Branche
- Kundenorientiertes Denken und Handeln
- Affinität zur Automobilbranche
- Sie strahlen Begeisterung aus und haben Spaß am Verkaufen.« (D56)

Kontrastiert man die Stellenanzeige des Ethnomarketing-Projektes mit dem Vergleichsmaterial, so ergeben sich zahlreiche Überschneidungen: So ist in allen Anforderungsprofilen eine abgeschlossene Berufsausbildung gefordert, ebenso wie Erfahrung im Verkauf, Verhandlungsgeschick, hohe kommunikative Fähigkeiten und Affinität zur Automobilbranche. Im Gegensatz zu den normalen Anzeigen wird von Bewerbern im Ethnomarketing-Projekt allerdings keine Berufserfahrung im Automobilverkauf verlangt. Da dies aber auch sonst eher als »wünschenswert« gilt, zeigt sich hier nur ein leichtes Absenken der Eintrittsbarriere.[10] Auf der anderen Seite werden zusätzliche Anforderungen an die deutschtürkischen Mitarbeitenden gestellt: So werden von den Bewerbern nicht nur verhandlungssichere Sprachkenntnisse in zwei Sprachen (Deutsch

10 | Die noch weitergehende Zertifizierung zum Volkswagen-Automobilverkäufer wird auch bei Standard-Anzeigen nicht immer gefordert. Die meisten Autohäuser bieten diese Qualifizierung zusätzlich an (vgl. D54) – so wie es auch im Ethnomarketing-Projekt geschieht (vgl. D20).

und Türkisch) erwartet, sondern darüber hinaus Erfahrungen im Umgang mit türkischen Kunden sowie ein LKW-Führerschein bis 7,5t.[11] Insgesamt liegen die Anforderungen an Mitarbeitende in der Ethnomarketing-Kampagne damit sogar etwas über denen für nicht-ethnisierte Mitarbeitende. Eine Entlohnung der zusätzlich geforderten Qualifikationen ist nicht vorgesehen (vgl. D2: 2).

Aus soziologischer Sicht setzen die Anforderungen an Verkaufsberater bei *Volkswagen spricht Türkisch* eine Mehrfachintegration der Stelleninhaber zumindest in der kulturellen Dimension individueller Sozialintegration voraus, denn sie müssen sprachliche und kulturspezifische Kenntnisse sowohl des (deutsch-) türkischen als auch des deutschen Umfeldes besitzen (vgl. Abschnitt 3.3). Die Mehrfachintegration ist jedoch »ein zwar oft gewünschter, theoretisch jedoch kaum realistischer und auch empirisch sehr seltener Fall.« (Esser 2001: 20). Der Grund für die Seltenheit der Mehrfachintegration lässt sich Esser zufolge leicht erklären:

»[Die Mehrfachintegration] erfordert ein Ausmaß an Lern- und Interaktionsaktivitäten und, vor allem, an Gelegenheiten dazu, das den meisten Menschen verschlossen ist [...]. Dieser Typ der ›multikulturellen‹ Sozialintegration käme allenfalls für Diplomatenkinder oder für Akademiker in Frage, in deren Familien sich etwa die Eltern mit ihren Kindern in mehreren Sprachen unterhalten können und bei denen die verschiedenen Kulturen tatsächlich auch im Alltag zu Hause sind.« (Ebd.: 21)

Der mühevolle Prozess einer mehrfachen, individuellen Sozialintegration muss für Bewerber aber zumindest teilweise erfolgreich verlaufen sein, möchten sie die Aussicht auf Einstellung als Verkaufsberater haben. Damit aber richtet sich die Kampagne an einen Interessentenkreis, der eher geringen Bedarf an zusätzlicher Integrationsförderung haben sollte. Einen Beitrag zur strukturellen Sozialintegration leistet Volkswagen deshalb nur dann, wenn man ohne den Einfluss des Projektes eine Arbeitsmarktdiskriminierung der als (Deutsch-) Türken ethnisierten Bewerber feststellen könnte.[12] Sollte dies der Fall sein, so entspräche die ethnisierte Einstellungspolitik einer kulturell differenzierenden Einstellungspolitik, die einer Quotenregelung vergleichbar wäre.

Qualifizierung und Schulung

In offiziellen Pressemeldungen und Statements betont Volkswagen die »intensive Ausbildung« (D07) der Verkaufsberater im Rahmen der Kampagne (vgl. D29: 47). Die verantwortliche Agentur lässt dazu verlauten: »Mit Hilfe von

11 | Im Vergleichsmaterial wird, wenn dies überhaupt thematisiert wird, nur die Führerscheinklasse B (PKW) gefordert (vgl. D51).

12 | Einige Studien zum deutschen Arbeitsmarkt beziehungsweise zum Übergang Schule/Beruf legen diese Vermutung nahe (vgl. u.a. Beicht & Granato 2009).

Schulungen bereiten wir das ausgewählte Personal für den Einsatz im türkischen Marktsegment vor.« (D25: 5) Solche Qualifizierungs- und Schulungsangebote könnten dem Bereich der kulturellen Integration zugeordnet werden, wenn hier Kenntnisse vermittelt würden, die den Mitarbeitenden bei gegebenen Rahmenbedingungen erhöhte Teilhabechancen in der deutschen Gesellschaft garantierten. Den Recherchen im Rahmen der vorliegenden Arbeit zufolge finden die Seminare ein bis zweimal im Jahr statt, wobei kein festes Curriculum existiert, die Treffen haben eher den Charakter eines Erfahrungs- und Praxisaustausches (vgl. D02: 2). Eine gezielte Ausbildung für das Projekt anhand standardisierter Elemente findet nicht statt (vgl. D03: 1). Auch das vermeintliche Alleinstellungsmerkmal des Projektes, die interkulturelle Kompetenz der Mitarbeitenden, wird nicht gesondert vermittelt, sondern wird mit der Zugehörigkeit der Berater zur Zielgruppe als gegeben vorausgesetzt (vgl. D02: 2). Sollten bei der Einstellung Zweifel an landeskundlichem Wissen der Bewerber bestehen, so wird dieses anhand einiger Fragen abgeprüft. Themen sind dann beispielsweise türkische Feiertage, Fußballergebnisse oder Brauchtum. Bei Wissenslücken wird ein Selbststudium anhand türkischer Zeitungen empfohlen (vgl. ebd.). Insgesamt kann daher festgestellt werden, dass *Volkswagen Türkçe konuşuyor* die kulturelle Integration der Verkaufsberater, abgesehen von der Möglichkeit des Praxisaustausches, nicht anders befördert als die Qualifizierung nicht ethnisierter Mitarbeitender.

Ethnisierung der Verkaufsberater

Die meisten Verkaufsberater verfügten bereits vor Projektbeginn über eine Ausbildung zum Automobilverkäufer, häufig auch bei Volkswagen (vgl. D03: 1; D02: 2). Ihre Platzierung im Arbeitsmarkt war also grundsätzlich vollzogen, der individuelle Integrationsprozess im strukturellen Bereich befand sich auf einem erfolgreichen Weg. Mit der Zuteilung zur Kampagne begreifen sich die Mitarbeitenden jedoch wieder verstärkt als Türken, um der Vorgabe gerecht zu werden, »türkischen Traffic in den Autohäusern« (D02: 3) zu erzeugen. Im Internet heißt es zu den türkischen Vorzügen der Verkaufsberater:

> »Autokauf ist Vertrauenssache. Und Vertrauen entsteht, wenn sich Kunde und Verkäufer verstehen. Das ist der Grund, warum wir Ihnen Berater zur Seite stellen, die nicht nur Ihre Sprache sprechen, sondern auch Ihre Kultur, Ihren Humor und Ihre Lebensgewohnheiten verstehen. Kurzum: Fühlen Sie sich einfach wie zu Hause!« (D13)

Die Verkaufsberater haben also die Aufgabe, besonders authentische Türken in Deutschland zu sein, um das propagierte Heimatgefühl vermitteln zu können. Die Fremd- und Selbstwahrnehmung als Türke wird dadurch deutlich gestärkt (vgl. D03: 3). Wie bereits im Rahmen der Ausführungen zur Charakterisierung der Mehrheit als Andere besprochen, bringt die Ethnisierung als »Berufstürke«

(D24: 30) eine grundsätzliche Abgrenzung von der Mehrheitsgesellschaft mit sich. Die Ethnisierung beeinflusst aber nicht nur den Bereich der identifikativen Integration, sondern erstreckt sich auch auf die soziale Integration der Verkaufsberater. Aus beruflichen Gründen bewegen sich viele verstärkt in einer deutschtürkischen Community. Damit befördert die Kampagne ihre Binnenintegration in die ethnische Kolonie:

»Ich bin da um Autos zu verkaufen, aber man wird dann ja immer eingeladen: Eröffnungen, Hochzeitsfeiern und so weiter. Und da muss man auch hinkommen. Das ist wirklich viel.« (D03: 3)

Doch die Ethnisierung der Verkaufsberater könnte auch Auswirkungen auf ihr berufliches Fortkommen haben – und damit auf ihre strukturelle Integration. So lässt beispielsweise die VW-Konzernzentrale verlauten, dass »die oft überdurchschnittlichen Arbeitsergebnisse der türkischen Verkäufer [...] zeigen, dass wir mit *Volkswagen spricht Türkisch* auf dem richtigen Wege sind.« (D39) Hier wird ein direkter Zusammenhang von ethnischer Zugehörigkeit und Arbeitsergebnissen hergestellt: Die Verkaufserfolge werden auf die ethnisierte Architektur des Projektes zurückgeführt und die persönlichen Qualifikationen der Mitarbeitenden geraten aus dem Blick. Dies könnte dazu führen, dass die Qualitäten der Verkaufsberater ausschließlich in ihrer ethnischen Nische gesehen werden, was das Auftreten von Mobilitätsfallen begünstigen könnte.

Tatsächlich gibt es bei *Volkswagen Türkçe konuşuyor* vereinzelte Hinweise, die hinsichtlich des Vorliegens einer Mobilitätsfalle interpretiert werden könnten: So sehen Verkaufsberater die Kampagne zunächst als Chance zur Einstellung und als Unterstützung ihrer Verkaufstätigkeiten (vgl. D03: 5). Aus diesem Grund akzeptieren sie ihre Rolle als ethnischer Spezialist, bei besonders guten Leistungen erhoffen sie sich Aufstiegschancen (vgl. ebd.). Auf Nachfragen war diesbezüglich jedoch meist eine gewisse Skepsis anzutreffen, wobei mögliche Karrierehürden in der deutschtürkischen Herkunft gesehen wurden (vgl. ebd.: 6; D02: 3; D24: 27ff.). Ob diese Skepsis aus dem betrieblichen Umfeld oder aus Diskriminierungserfahrungen in der deutschen Gesellschaft rührt, kann nicht mit Sicherheit gesagt werden.[13] Doch indem die Kampagne Ethnisierungsprozesse begünstigt, wird ein vorurteilsfreier Blick auf die Leistung des einzelnen Mitarbeiters zumindest erschwert. Um den Gefahren zu begegnen, die mit der Ethnisierung der Verkaufsberater einhergehen, könnte *Volkswagen spricht Türkisch* präventive Maßnahmen bereithalten. Solche Aktivitäten, etwa interkulturelle Trainings für das gesamte Personal, lassen sich innerhalb des Projektes

13 | Valide Aussagen wären nur durch eine Beobachtung über einen längeren Zeitraum generierbar. Dies muss künftigen Studien vorbehalten bleiben.

allerdings nicht finden. Eine Verknüpfung mit den konzernweiten Diversity-Maßnahmen wird zwar immer wieder erwähnt, jedoch nicht zentral gesteuert.[14]

Zwischenbilanz zu individuellen Integrationsprozessen

Volkswagen bietet im Rahmen seines Ethnomarketing-Projektes Menschen mit deutschtürkischem Hintergrund attraktive und vollwertige Arbeitsplätze. Die Analyse des Datenmaterials macht aber auch deutlich, dass die Verkaufsberater bei *Volkswagen spricht Türkisch* bereits bei Einstellung einen relativ erfolgreichen Integrationsprozess vorweisen müssen. Insbesondere für die Dimension der kulturellen Integration wird eine Mehrfachintegration in ein deutsches und türkisches Umfeld vorausgesetzt. Für entsprechend qualifizierte Bewerber werden kulturspezifische Schulungen als nicht mehr nötig erachtet. Durch die Arbeit in einer ethnischen Nische werden die Verkaufsberater verstärkt als Türken wahrgenommen, ihre (beruflichen) Kontakte werden ethnisiert und ihre ethnische Zugehörigkeit droht, sich vor die persönliche Qualifikation zu schieben. Angesichts fehlender Begleitmaßnahmen läuft eine solche (Re-)Ethnisierung der Integrierten Gefahr, desintegrativ zu wirken.

5.4 KOLLEKTIVE SOZIALINTEGRATION: AGENT DER BINNENINTEGRATION

Auf der Ebene der kollektiven Integration eröffnen sich grundsätzlich zwei Optionen für ethnisierte Minderheiten: Sie können die Rahmenbedingungen für Teilhabe in einer ethnischen Kolonie anpassen oder sie durch die Entwicklung einer Sprecherrolle in gesamtgesellschaftlichen Aushandlungsprozessen zu verändern suchen. Die folgenden Abschnitte werden herausarbeiten, welche dieser Optionen *Volkswagen spricht Türkisch* begünstigt und mit welchen Techniken sich die Kampagne in den kollektiven Aushandlungsprozessen um Rahmenbedingungen für Teilhabe ihrer Zielgruppe positioniert. Die vorgestellten ›Techniken‹ entsprechen dabei Kategorien, die sich aus der zusammenfassenden Inhaltsanalyse des Datenmaterials ergeben haben.

---

14 | Die globale Diversity-Strategie Volkswagens will sicherstellen, dass »allen Mitarbeitern gleiche Chancen eingeräumt werden [, unabhängig von] Nationalitäten, Kulturen, Religionen« (D58). Die Anerkennung kultureller Vielfalt bezieht sich hier im Sinne der Inklusion auf Gruppenzugehörigkeit als nachgeordnete Kategorie, die nie zur Beurteilung einer gesamten Persönlichkeit herangezogen werden soll. Eine explizite Anbindung der Diversity-Strategie an die Kampagne ist nur im Rahmen von PR-Aktivitäten und Veranstaltungen gegeben (vgl. D10).

Techniken des Defizitausgleichs

Bereits in den Ausführungen zur Ethnisierung der Zielgruppe wurde auf die Thematisierung einer latenten Unsicherheit der Minderheit gegenüber der Mehrheit in der Kampagne hingewiesen. Es wurde deutlich, dass sich Volkswagen als Hort der Sicherheit in einer unsicheren Umgebung präsentiert. Der Umgang mit dem Sicherheitsdefizit der Zielgruppe wird so zur ökonomischen Technik der Kampagne, wobei der ›Zusatznutzen Sicherheit‹[15] nicht nur im Vertrieb (Verkaufsberater), sondern auch in der Kommunikation – und hier vor allem im TV-Spot – vermittelt wird. So darf die Tochter im Werbefilm erst die Wohnung verlassen, als gewährleistet ist, dass sie dies in einem Fahrzeug tut, das ihre Sicherheit garantiert (vgl. D01: 8). Dieser Eindruck entsteht unter anderem durch die Variation der Musik im Spot, die bis zur Ankunft des Tiguan etwas unruhig, von Dissonanzen geprägt sowie von Störgeräuschen durch die Verehrer aus der Mehrheitsgesellschaft unterbrochen ist. Kurz vor Ankunft des VWs bricht die Musik ab, in die Stille hinein hört man das Auto vorfahren. Als der Tiguan zum Stehen kommt, setzt die Musik wieder mit einer sanfteren, harmonischeren Variation des Themas ein, Gitarrentöne treten an die Stelle der Bläser (vgl. ebd.: 7). Eng verknüpft mit dem diffusen Unsicherheitsgefühl einer Minderheit gegenüber der Mehrheit ist das vermutete sprachliche Defizit, das auf eine Unsicherheit im Bereich der kulturellen Integration verweist. Die Verkaufsberater als »Kulturmittler« (D02: 1) versprechen daher weit mehr als nur eine gute Beratung beim Autokauf. Sie versuchen nicht nur sprachliche Defizite der Zielgruppe auszugleichen, sondern die unbefangene Umgebung einer kulturellen Heimat herzustellen (vgl. D13). Das Verkaufsgespräch wird so zur Oase der kulturellen Integration, die Kampagne insgesamt zum Hort der Sicherheit in einer unsicheren Umgebung.

Ein weiteres Defizit, das zum zentralen Thema der Kampagne gemacht wird, ist die mangelnde Wertschätzung der Zielgruppe durch die Mehrheitsgesellschaft. Diese fehlende Akzeptanz ist durch zahlreiche Studien belegt,[16] wird aber auch als subjektive Diskriminierungserfahrung der deutschtürkischen Experten in allen Interviews zur Kampagne deutlich. Ein Deutschtürke, der auf einen grundsätzlich erfolgreich verlaufenen Integrationsprozess zurückblickt, bemerkt zum Beispiel:

---

15 | Der Zusatznutzen eines Produktes beschreibt seinen immateriellen Nutzen, den der Kunde aus dem Erwerb zieht. Unternehmen versuchen »ihren Produkten [...] eine emotionale Markenpersönlichkeit mitzugeben, um sie aus dem Feld der in ihrem Grundnutzen austauschbaren Angebote herauszuheben« (Schmalen 2002: 512).

16 | Vgl. u.a. die umfassende Studie der European Union Agency for Fundamental Rights (FRA 2009: 6), nach der 52% der befragten Deutschtürken angaben, Diskriminierung aufgrund ethnischer Herkunft sei in Deutschland weit verbreitet.

»[Ich] bin in der deutschen Öffentlichkeit, in der deutschen Gesellschaft, immer noch der Türke. So. Und damit passiert Folgendes: Ich krieg keine Wohnung. Ich krieg in bestimmten [...] Positionen vielleicht keine Arbeit. [...] Und es ist nicht einfach, Türke zu sein in Deutschland. [...] Es nützt Ihnen nichts, dass Sie einen deutschen Ausweis haben. Allein Ihr Name reicht aus, dass Sie einfach anders gesehen werden. Anders gesehen werden nervt dann irgendwann. [...] Also, die türkischen Männer, die haben einfach ein schlechtes Image. Und [...] davon ist keiner befreit.« (D24: 28f.)

Auf Grundlage solcher subjektiver Wahrnehmungen verwundert es nicht, dass die Vermittlung von Wertschätzung für die Zielgruppe nach Konzernangaben »die wichtigste Voraussetzung für das Erreichen der mit dem Projekt verbundenen Ziele« (D39) ist. Entsprechende Maßnahmen finden sich in allen Bereichen des Marketing-Mix. Im TV-Spot wird der Traum von der Wertschätzung aus der Mehrheitsgesellschaft versinnbildlicht durch das Anhalten der zahlreichen Verehrer um die Hand der Tochter (vgl. D01). Die Kameraperspektive ist dabei stets eine deutschtürkische, bis auf wenige Ausnahmen befindet sich der Zuschauer mit der Familie in der Wohnung und betrachtet zum Beispiel die Besucher über die Schulter des Vaters. In ähnlicher Weise betont man in einer Kommunikationskampagne für Nutzfahrzeuge zum 60-jährigen Jubiläum der VW-Transporter im Jahr 2007 die langjährige Verbundenheit deutschtürkischer Geschäftsleute mit den VW-Modellen (vgl. D28; D29). Damit macht man die Zielgruppe zum unmittelbaren Bestandteil der deutschen (Unternehmens) Geschichte. Auch die Etablierung eines kulturell angepassten Vertriebssystems drückt die »besondere Wertschätzung für die türkischen Kunden und deren Kultur« (D37a) aus.

Doch Volkswagen will laut eigenem Bekunden die Akzeptanz der Kunden nicht nur an diese selbst vermitteln, sondern gleichzeitig nach außen ein »Zeichen der Wertschätzung« (D35: 2) setzen. *Volkswagen spricht Türkisch* leiste »einen wichtigen Beitrag zur gleichberechtigten Einbeziehung der Türken in das deutsche Wirtschaftsleben« (D37a). Damit wolle man anderen Firmen durch die Akzeptanz der Zielgruppe »ein Vorbild sein« (D10). Über die Förderung von kulturellem Austausch am »Point of Sale« will man den interkulturellen Dialog anregen und »das für die Gesellschaft so wichtige gegenseitige Verständnis und Vertrauen« (D39) fördern. Die folgenden Abschnitte werden einen Hinweis darauf geben, wie Volkswagen diese selbst gewählte Rolle als Produzent von defizitausgleichenden Maßnahmen in der Praxis interpretiert.

Techniken der Segmentierung

Alle Marketingaktivitäten von *Volkswagen spricht Türkisch* richten sich ausschließlich an die »türkischen Kunden« (D30). Dabei geht es darum, »die türkische Community ohne Streuverluste zu erreichen« (D02: 3). Um die Werbebotschaft möglichst zielgerichtet anbringen zu können, wählt man ausnahmslos türkischsprachige Medien als Kommunikationskanäle. Auch die aktive PR-Arbeit wird nur bei deutschtürkischen und türkischen Medien angesetzt (vgl. D25: 8). Zwar beschränkt sich die Mediennutzung der Menschen mit deutschtürkischem Hintergrund längst nicht auf türkische Produkte: Weniger als ein Drittel der Zielgruppe sieht beispielsweise ausschließlich türkische Fernsehsender (vgl. ARD/ZDF-Medienkommission 2011: 25), und weniger als zehn Prozent der deutschtürkischen Internetnutzer surfen nur auf türkischsprachigen Websites (vgl. ebd.: 43). Die von der Agentur angeführten Streuverluste kommen jedoch zustande, wenn man den sogenannten Tausenderkontaktpreis (TKP) einer Anzeigenschaltung auf den tatsächlich erreichten Kunden berechnet. Dabei werden nur diejenigen Kontakte gezählt, die Teil der Zielgruppe sind. Wenn nun jeder Nutzer türkischer Medien als potenzieller Kunde gilt, so wird der TKP für eine Anzeige der Kampagne hier per se günstiger sein als in Mainstream-Medien. Die ökonomisch motivierte Auswahl ethnischer Medienkanäle hat zur Folge, dass weder TV-Spot, noch Zeitungsanzeigen oder Radiospots von der Mehrheitsgesellschaft wahrgenommen werden. Eine Vermittlung der zusätzlichen Werbebotschaften über die ethnische Community hinaus, wie die Wertschätzung für die Zielgruppe, wird so unwahrscheinlich.

Bei allen Kommunikationsaktivitäten fällt zudem auf, dass die deutsche und die türkische Sprache kaum gemeinsam verwendet werden: Ethnomarketing für Türken wird auf Türkisch betrieben (vgl. D02: 1). Volkswagen hat die Umsetzung und Koordination der Kampagne zudem von Beginn an weitgehend an eine externe, explizit deutschtürkische Agentur abgegeben. Diese gestaltet oder beauftragt alle Kommunikationsmaßnahmen, verantwortet das Anwerben der Verkaufsberater und führt Qualifizierungsmaßnahmen durch (vgl. D25: 3ff.). Dies zeigt eine deutliche Abgrenzung zwischen türkischem und deutschem Handlungsraum. Auch der kampagneninterne Arbeitsmarkt ist auf die deutschtürkische Community beschränkt, die Stellengesuche für Verkaufsberater werden ausschließlich über ethnische Kanäle und über Multiplikatoren gestreut. In dieses Bild passt die Aufgabenbeschreibung der »Promoter« auf der Website der Agentur (vgl. im Folgenden D34: 2):

> »Sie sprechen gezielt türkische Kunden in Ihrer Umgebung an, gehen in die türkischen Einzelhandelsläden, auf Großmärkte etc. und verteilen Flyer und holen in einem kurzen Gespräch gezielt Informationen und die Kontaktdaten von Interessenten ein.«

Durch eine konsequente Segmentation in den Marketing-Maßnahmen wird auch in sozialer Hinsicht eine ethnische Grenzziehung befördert. Diese wird bei verkaufsfördernden Veranstaltungen besonders evident, denn um die Zielgruppe effizient anzusprechen, werden fast ausnahmslos türkische Kunden eingeladen (vgl. D02: 1). Wie die Auswahl der Kommunikationskanäle, so führt auch die soziale Trennung von ethnischer Gruppe und Mehrheitsgesellschaft dazu, dass *Volkswagen spricht Türkisch* die Rolle eines Sprechers für interkulturellen Dialog oder die Belange der Zielgruppe kaum außerhalb der deutschtürkischen Community wahrnimmt. Zwar dürfen Techniken der ethnischen Segmentierung bei einem Projekt, das sich an eine ethnisierte Zielgruppe richtet, nicht überraschen. Allerdings fällt die ungewöhnlich umfassende Segmentation ins Auge, da selbst auf nahezu kostenfreie Maßnahmen verzichtet wird, wenn sie von der Mehrheitsgesellschaft wahrgenommen werden könnten (vgl. D03: 7). Hier werden die Techniken der Segmentierung von denen der Tabuisierung ergänzt.

Techniken der Tabuisierung

Verlässt man die türkischsprachigen Kommunikationskanäle, ist es schwer, mit *Volkswagen spricht Türkisch* in Kontakt zu kommen. Auf der Internetseite des Konzerns fanden sich zum Zeitpunkt der Untersuchung zwar Angebote für »junge Fahrer« oder »Selbstständige« (D61), jedoch kein direkter Link zum Ethnomarketing-Projekt.[17] Nur eines der beteiligten Autohäuser verwies von seiner Website auf die Kampagne (vgl. D59). Selbst bei Ortsbegehungen zeigte sich die Kampagne am sogenannten Point of Sale kaum präsent. Nur in einem Fall lag eine Werbebeilage aus *Hürriyet* bei den Informationsmaterialien im Schauraum aus (vgl. D05). In diesem Autohaus hatte man auch schon mit einer stärkeren Sichtbarkeit experimentiert und einen PKW, bedruckt mit dem Slogan der Kampagne, ausgestellt. Angesichts negativer Reaktionen, insbesondere aus dem Kollegenkreis, wurde das Auto jedoch entfernt (vgl. D03: 3). Die Kampagne wird seitdem weitgehend tabuisiert.

Neben der Kommunikation erstrecken sich die Techniken der Tabuisierung der Kampagne auf die Preis- und Konditionenpolitik. So verfolgte ein Verkaufsberater die Orientierung an den Bedürfnissen der deutschtürkischen Zielgruppe auf lokaler Ebene konsequent weiter und experimentierte mit besonderen Finanzierungsangeboten für Muslime. Wie in Abschnitt 5.1 beschrieben, schlug sich dies in der Berücksichtigung des Zinsverbotes durch eine »0%-Finanzierung« nieder. Dadurch konnten tatsächlich einige Neukunden gewonnen werden, allerdings verursachte das Erscheinen traditioneller Muslime im Verkaufsraum – Männer mit langem Bart und Kopfbedeckung, Frauen tief verschleiert – bei dem Verkaufsberater selbst Unbehagen. Die Kunden hätten ausgesehen »wie Osama Bin Laden« (D03: 5), weshalb er sich entschlossen hätte die Aktion zu beenden. Er wollte damit vermeiden, die Marke Volkswagen mit fundamen-

17 | Dies hat sich nach Abschluss der Untersuchung geändert: Anfang des Jahres 2013 verwies Volkswagen unter der Rubrik »Angebote und Aktionen« auch auf *Volkswagen spricht Türkisch* (vgl. http://www.volkswagen.de, abgerufen am 01.02.2013). Dies könnte auf eine Änderung des gesellschaftlichen Diskurses hinweisen (vgl. Abschnitt 5.5 sowie die Schlussbetrachtungen).

talistisch-religiösen Tendenzen in Verbindung zu bringen (vgl. ebd.). Wie hier, so gilt Religion in der Kampagne generell als Tabuthema: Die verantwortliche Agentur achtet bei der Neueinstellung von Bewerbern neben oben genannten Qualifikationen darauf, dass die konfessionelle Ausrichtung gemäßigt ist (vgl. D02: 2). In Kommunikationsaktivitäten wird jeder Bezug auf Religion bewusst vermieden (vgl. D60: 1). Stattdessen weicht man auf länderspezifische Symbole oder Traditionen aus (Nazar-Amulett oder Kız Kulesi) und verzichtet auf die Darstellung von Minaretten, Halbmonden oder Kopftüchern. Die Wahrnehmung der Zielgruppe als Türken wird offensichtlich derjenigen als Muslime vorgezogen. Neben der Religion beziehen sich die Techniken der Tabuisierung grundsätzlich auf alle Themen, die potenziell Konfliktstoff in sich tragen (vgl. u.a. D60: 1). Zusammenfassend lässt sich daher festhalten: Was Konflikte birgt und nicht segmentiert werden kann, wird durch die Kampagne soweit wie möglich tabuisiert.

Techniken der Kontrolle

Während die Kommunikationsmaßnahmen und die Verkaufsgespräche im Ethnomarketing-Projekt meist auf Türkisch ablaufen, werden die Kaufverträge in deutscher Sprache geschlossen. Eine türkische Version oder ein entsprechendes Beiblatt ist hier nicht vorgesehen (vgl. D02: 3). Ein gesetzlicher Zwang zur Wahl der deutschen Sprache in einem privatrechtlichen Vertrag existiert jedoch nicht, türkische oder zweisprachige Verträge wären also durchaus denkbar. Doch dies würde entsprechende Kompetenzen im Autohaus voraussetzen beziehungsweise das Beauftragen externer, türkischsprachiger Juristen nötig machen. Dieser kostenintensive Prozess wird nicht für nötig erachtet (vgl. ebd.) – auch wenn es vorkommen kann, dass ein Verkaufsberater bei sprachlichen Problemen den kompletten Vertrag mündlich übersetzt (vgl. D03: 2). Die deutsche Sprache bleibt damit ein Mittel der Kontrolle über die endgültigen Kaufbedingungen.

Ein ähnliches Muster zeigt sich in der Kommunikationspolitik: Während die verantwortliche Ethnomarketing-Agentur auf ihrer eigenen Website betont, »dass die wörtliche Übertragung von deutschen Werbeproduktionen allein wenig Erfolg verspricht« (D62), weicht man in der VW-Kampagne von diesem Grundsatz ab. Bei der Vorstellung des Touran auf der Kampagnen-Website heißt es beispielsweise:

»Platz für alles, was kommt: Der neue Touran bietet dank seiner Variabilität und hochwertigen Ausstattung viele Räume in einem. Und ist damit so vielfältig wie die Erlebnisse, die Sie mit ihm haben werden.« (D63a)

Wechselt man per Mausklick die Sprache und lässt sich das gleiche Modell auf Türkisch beschreiben, so lautet der Text:

»Herşey için yer var: Yeni Touran çok yönlülüğü ve kaliteli donanımları sayesinde herşeyi bir çatı altında sunuyor. Ve böylece onunla birçok farklı deneyim yaşamanıza imkan sağlıyor.« (D63b)

Die deutsche Version ist der offiziellen Produktbeschreibung von Volkswagen Deutschland für den Gesamtmarkt entnommen und findet sich auf den Internetseiten zahlreicher Volkswagenhändler. Die türkische Version wurde dagegen wörtlich aus dem Deutschen übersetzt und findet sich in keinem sonstigen Kontext. Auch eine Übernahme existierender Produktbeschreibungen aus der Türkei findet nicht statt.[18] Anders als bei der Vertragsgestaltung wird die türkische Sprache hier zwar zugelassen, sobald jedoch Deutsch als Wahlmöglichkeit auftaucht, bleibt der Text durch das kulturell deutsche Umfeld dominiert. Die Übertragung duldet dabei keinerlei inhaltlichen oder stilistischen Abweichungen. Auf diese Weise wird auch die Kommunikationspolitik den Techniken der Kontrolle unterworfen.[19]

Techniken der Idealisierung der Kampagne

Es gehört zum Wesen und zur Aufgabe von PR- und Pressearbeit, die Aktivitäten eines Unternehmens in einem positiven Licht darzustellen. Eine gewisse Euphemisierung wird daher in einer Marketing-Kampagne niemals ganz ausbleiben. Da sie jedoch immer mit dem Ziel geschieht, das Verhältnis des Unternehmens »zu vielen Gruppen der Öffentlichkeit konstruktiv [zu] beeinflussen« (Kotler & Bliemel 2001: 1002), ist es mit Blick auf Integrationsprozesse interessant, was jeweils Gegenstand der Idealisierung ist. So lässt Volkswagen in der PR- und Pressearbeit zur Kampagne immer wieder verlauten, die türkische Sprache diene nur dazu, einen Erstkontakt herzustellen und »Hemmschwellen abzubauen« (D38). Spätestens das Verkaufsgespräch liefe dann »in deutscher Sprache ab« (ebd.), die türkische Sprache sei »nicht unbedingt eine Notwendigkeit« (D39). Diese Einschätzung wird jedoch durch Aussagen von Verkaufsberatern relativiert, die den Einsatz des Türkischen vom Einzelfall abhängig machen und bei einigen Gesprächen für unverzichtbar erklären (vgl. D03: 2). Während Volkswagen in Pressemeldungen kulturelle Anpassungen außerdem gerne auf die Formel »Tee trinken und Autos verkaufen« (D31; D29; D33) bringt, konnte

18 | Zur Überprüfung wurden die beiden Texte in eine Suchmaschine im Internet (Google) eingegeben. Die Auswertung der Suche ergab für die deutsche Version 928 identische Treffer (inkl. Satz- und Leerzeichen), während der einzige Fund für die türkische Version auf den Ausgangspunkt der Suche zurückverwies (vgl. D64a; D64b).

19 | An dieser Stelle muss darauf hingewiesen werden, dass die Techniken der Kontrolle nur für eine Übersetzung, nicht aber für eine notwendige Neukreation von Texten nachgewiesen werden kann. Außerdem ist einmal mehr zu betonen, dass hinter den analysierten »Techniken« keine intentionalen Handlungen stehen müssen.

bereits gezeigt werden, dass Abgrenzungstechniken wie Spötteleien über Deutsche häufig zum Repertoire der Verkaufsberater gehören.

Während die Intensität des Projektes also an manchen Stellen durch PR-Arbeit entschärft wird, werden andere, eher zweifelhafte Elemente hervorgehoben. So fällt auf, wie häufig Verantwortliche von einer »hervorragenden Ausbildung« (D39) sprechen, in der die Verkaufsberater »intensiv geschult« (D29: 47) würden. Dies suggeriert, dass *Volkswagen spricht Türkisch* eine systematische Qualifizierungs- und Einstellungspolitik für perspektivlose junge Deutschtürken bereithalte. Die obigen Ausführungen zum Anforderungsprofil (Abschnitt 5.3) relativieren diese Einschätzung allerdings beträchtlich.

Generell werden in der PR-Arbeit eines Unternehmens vor allem diejenigen Maßnahmen idealisiert, die als konfliktträchtig eingestuft werden. Auf diese Weise soll »die Möglichkeit zur Entstehung negativer Publizität« (Kotler & Bliemel 2001: 1002) verringert werden. Das folgende Kapitel wird daher über den engen Rahmen der Kampagne hinausgehen und einige der gesellschaftlichen Diskursfelder herausarbeiten, die möglicherweise für die Techniken der Idealisierung verantwortlich sind. Zuvor jedoch wird das Verhalten der Kampagne in kollektiven Integrationsprozessen zusammenfassend skizziert.

Zwischenbilanz zu kollektiven Integrationsprozessen

Die Analyse brachte fünf Typen von Techniken hervor, derer sich *Volkswagen spricht Türkisch* bei der Umsetzung des Projektes bedient. Dabei können die Techniken des Defizitausgleichs qualitativ von den restlichen unterschieden werden. Erstere thematisieren aus der Sicht der Zielgruppe Defizite in kollektiven Integrationsprozessen und sind auf die Produktion geänderter Rahmenbedingungen für Teilhabe ausgerichtet. Die Produktion von Wertschätzung und Sicherheit ist dabei nicht als bloßes Versprechen der Kampagne zu begreifen, sondern wird in den Instrumenten des Marketing-Mix faktisch vollzogen. Kunden der Zielgruppe erfahren im Umfeld der Kampagne tatsächlich eine auf ihre ethnische Zugehörigkeit bezogene Wertschätzung und können (für den Autokauf) Hilfe bei migrationsbedingten Defiziten in Anspruch nehmen. Die Techniken der Segmentierung, Tabuisierung, Kontrolle und Idealisierung sind dagegen darauf ausgerichtet, mögliche Probleme und Konflikte mit der Mehrheitsgesellschaft zu vermeiden. Sie verstärken einander dabei wechselseitig und vermeiden so die Übernahme einer Sprecherrolle auf gesellschaftlicher Ebene.

Während die Kampagne also einerseits Integrationsdefizite benennt und an deren Beseitigung arbeitet, bewirken andererseits disziplinierende Techniken, dass Sicherheit und Wertschätzung nur im schützenden Umfeld der segmentierten Kampagne umgesetzt werden. Das folgende Schema (Abbildung 8) veranschaulicht diesen Zusammenhang, der bewirkt, dass sich *Volkswagen Türkçe konuşuyor* auf kollektiver Ebene als Agent der Binnenintegration zeigt.

Abbildung 8: Agent der Binnenintegration (eigene Darstellung)

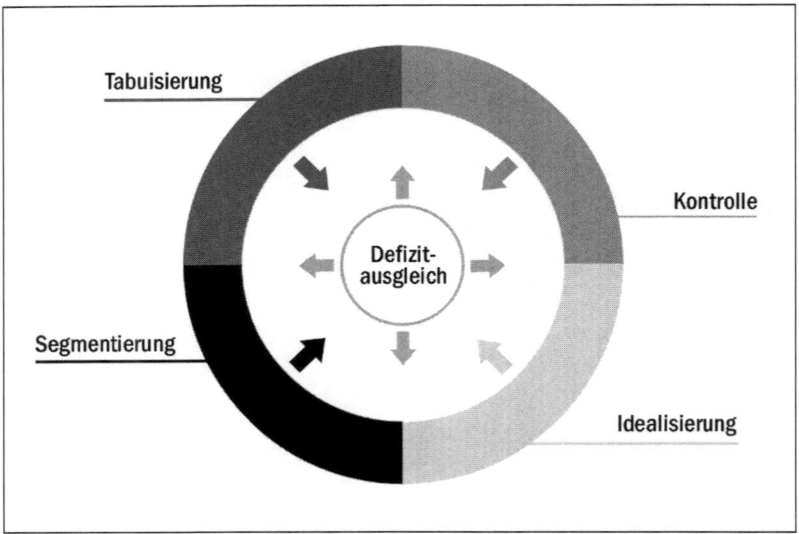

5.5 PROZESSE DER SYSTEMINTEGRATION: AUF DER FLUCHT VOR DER MEHRHEIT

Die im vorangegangenen Abschnitt thematisierten ›Techniken‹ der Kampagne sind wirtschaftlich motiviert, ihre Anwendung ergibt sich also aus einer scheinbar rein ökonomischen Logik. Doch warum werden gerade die vorgestellten Handlungsoptionen in der Kampagne relevant? Welche gesellschaftlichen Umweltbedingungen sind Voraussetzung für die vermeintlich rationale Einschätzung der Erfolgserwartung bestimmter Maßnahmen? Lässt sich nachvollziehen, mit welchen ökonomischen Techniken die Kampagne auf welche Anforderungen reagiert? Wie verschränken sich ökonomische Logik und Integrationsdiskurse? Mögliche Antworten auf diese Fragen lassen sich in vier Diskursfeldern finden, die Volkswagen mit der Kampagne tangiert: Integrationsdefizite, Islam, Leitkultur und Gesellschaftlicher Zusammenhalt.

Diskursfeld Integrationsdefizite

Es wurde bereits festgehalten, dass die Beseitigung und Abmilderung von Integrationsdefiziten, konkret mangelnde Sicherheit und Wertschätzung für die Zielgruppe, ein wesentlicher Bestandteil der Kampagne sind. Damit diagnostiziert die Kampagne Integrationsdefizite vor allem in der deutschen Aufnahmegesellschaft und nicht etwa bei den Deutschtürken. Dies liegt jedoch quer zu einem dominierenden Diskurs, der in Deutschland (noch) das Sprechen und Handeln zu Integration bestimmt. So stellen Handschuck und Schröer fest, dass Migrationsarbeit in Deutschland »stark defizitorientiert und einem kompensatorischen Verständnis verhaftet« (2002: 514) sei. Dies bedeutet, dass man Integrationsdefizite überwiegend bei den Zuwanderern sieht – was sich beim Blick auf die gesetzliche Ausgestaltung wichtiger integrationspolitischer Maßnahmen auf Bundesebene bestätigt:[20] So verpflichtet sich der Bund in § 43 Abs. 2 Satz 1 des Aufenthaltsgesetzes (vgl. Renner 2005) dazu, die »Eingliederungsbemühungen von Ausländern durch ein Grundangebot zur Integration« zu unterstützen. Dieses Grundangebot soll durch einen Integrationskurs gewährleistet sein, dessen Zielsetzung sich wie folgt darstellt:

»Der Integrationskurs umfasst Angebote, die Ausländer an die Sprache, die Rechtsordnung, die Kultur und die Geschichte Deutschlands heranführen. Ausländer sollen dadurch mit den Lebensverhältnissen im Bundesgebiet so weit vertraut werden, dass sie ohne Hilfe oder Vermittlung Dritter in allen Angelegenheiten des täglichen Lebens selbstständig handeln können.« (§43 Abs. 2 Satz 2 AufenthG)

Die Stoßrichtung des Paragraphen ist damit eindeutig: Die Teilhabechancen des Individuums werden über die Beseitigung individueller Defizite gefördert, um so ein selbstbestimmtes Leben bei gegebenen Rahmenbedingungen zu ermöglichen. Auch die Migrationsberatung für erwachsene Zuwanderer und der Jugendmigrationsdienst unterstützen Zuwanderer bei ihren ersten Schritten in Deutschland. Dabei handelt es sich um ein »zeitlich befristetes, bedarfsorientiertes, individuelles Grundberatungsangebot« (BMI 2010: 1). Im Mittelpunkt der Beratungstätigkeit stehen individuelle Integrationsförderpläne, die eine erfolgreiche Eingliederung in (Aus-)Bildung und Arbeitsmarkt zum Ziel haben. Dabei werden durchaus die Ressourcen der Zuwanderinnen und Zuwanderer in den Blick genommen, allerdings immer mit Blick auf ihren Wert unter stabilen Umweltbedingungen. Die Förderpläne konzentrieren sich daher häufig auf das Verringern von individuellen Defiziten und das Steigern marktrelevanter Kompetenzen, insbesondere der Sprache.

Doch auch wenn der Diskurs der Defizitorientierung in Deutschland weiterhin dominiert, zeichnet sich doch langsam ein Umbruch ab (vgl. Schröer 2009: 207). Erste integrationspolitische Entscheidungen, wie das *Gesetz zur Verbesserung der Feststellung und Anerkennung im Ausland erworbener Berufsqualifikationen* oder die gezielte Förderung von Migrantenorganisationen im Bundesweiten Integrationsprogramm (BAMF 2010), tragen dazu ebenso bei wie die

20 | Die Bundespolitik wurde als Kontext gewählt, da die Volkswagen-Kampagne bundesweit durchgeführt wird. Die Defizitorientierung findet sich jedoch auf allen föderalen Ebenen der Integrationsarbeit (vgl. u.a. Mecheril 2010: 8).

Charta der Vielfalt[21] oder Bestrebungen zur Etablierung einer »Willkommenskultur« (vgl. Schammann/Kretschmar/Gölz 2012). Diese Praktiken der Vielfalt könnten sich zu einem emergenten Diskurs verdichten, der sich anschickt, den dominierenden Diskurs der Defizitorientierung herauszufordern.

Volkswagen Türkçe konuşuyor steht also keinesfalls völlig außerhalb jeder gesellschaftlich produzierten Wahrheit. Den Praktiken der Vielfalt fehlt allerdings die Sicherheit und Produktivität eines dominanten Diskurses, der ganz selbstverständlich und »systematisch die Gegenstände bilde[t], von denen [er] spr[icht]« (Foucault 1973: 74). In der Kampagne ist das Wirken des bislang dominanten Diskurses deshalb noch deutlich zu spüren. Dies zeigt sich unter anderem in der Konzentration der Marketingmaßnahmen auf ein ethnisch segmentiertes Umfeld. Volkswagen etabliert hier einen parallelen, nicht aber einen konkurrierenden Diskurs zu dem der Defizitorientierung. In dem Moment, in dem sich beide Diskurse berühren, wird allerdings selbst der Anspruch eines gleichberechtigten Nebeneinanders der Diskurse aufgegeben. Beispielsweise überhöht man in der Außendarstellung die Notwendigkeit der Ausbildungen und Schulungen für ethnisierte Verkaufsberater und bedient auf diese Weise die Grundüberzeugung der Defizitorientierung, nach der Menschen mit Migrationshintergrund nicht von sich aus den Anforderungen der deutschen Gesellschaft genügen würden. Die Anerkennung der Dominanz der Defizitorientierung sind dem Wirken einer »diskursiven Polizei« (Foucault 1977a: 25) in der Marketingpraxis zuzuschreiben. Volkswagen unterwirft sich damit dem herrschenden Kräfteverhältnis im Diskursfeld der Integrationsdefizite.

Diskursfeld Islam[22]

Religion ist das große Tabuthema bei *Volkswagen spricht Türkisch.* Ganz explizit distanziert man sich von religiösen Bezügen in der Kommunikation und verweist auf deren Konfliktpotenzial. Und wenn, wie im Fall der Konditionenpolitik, ein religiös geprägtes Marketinginstrument getestet wurde, verschwindet es kurz darauf wieder, um unerwünschte Nebenwirkungen zu vermeiden. Der

---

21 | Die Charta versteht sich als »ein grundlegendes Bekenntnis zu Fairness und Wertschätzung von Menschen in Unternehmen« (Charta der Vielfalt 2010), wurde von mehr als 600 Unternehmen - darunter auch Volkswagen - unterzeichnet und wird durch die Bundesregierung unterstützt.

22 | Das Diskursfeld Islam wie es hier verstanden wird, bezieht sich auf diskursive Praktiken rund um den Umgang mit dem Islam in Deutschland. Damit weicht das Verständnis u.a. von dem Werner Schiffauers ab, der das Diskursfeld Islam definiert »als eine Arena, in der zahlreiche Akteure untereinander aushandeln, was der Islam ›ist‹« (1998: 419; vgl. dazu auch Halm 2006; 2008). Entscheidend für die vorliegende Arbeit ist aber nicht die (theologische) Deutungshoheit über den Islam, sondern der Umgang mit ihm als Funktionsträger in Integrationsprozessen.

Islam wird von den Verantwortlichen der Kampagne mit der Erwartung verknüpft, besonders konfliktträchtig zu sein (vgl. u.a. D02; D03; D23; D24; D60). Betrachtet man die entsprechenden politischen und medialen Debatten in der deutschen Öffentlichkeit, so liegt Volkswagen mit dieser Einschätzung durchaus richtig. Schließlich gestalten sich

»viele Auseinandersetzungen um die Partizipation von Muslimen äußerst konfrontativ: Sei es mit Blick auf den politischen und juristischen Streit um das Kopftuch für Lehrerinnen, islamische Schlachtvorschriften oder den gesamten Bereich ›kulturell‹ oder politisch motivierten abweichenden Verhaltens (Ehrenmorde, Zwangsheiraten, islamisch motivierter Terrorismus usw.).« (Halm 2007: 77)

Die bei Halm angeführten Beispiele zeigen deutlich, dass in der deutschen Islamdebatte nicht nur Rahmenbedingungen für die Teilhabe von Muslimen verhandelt werden, sondern auch die Frage nach der Integrationsfähigkeit des Islams generell diskutiert wird. Es kann davon ausgegangen werden, dass die Anschläge des 11. September 2001 dazu beigetragen haben, »die Religion als herausragende Kategorie« (ebd.: 72) in einer ohnehin intensivierten Debatte zu etablieren. Durch die Verknüpfung des Islams mit islamistischem Terrorismus wird das Diskursfeld zudem von einem wirkmächtigen Sicherheitsdiskurs durchdrungen. Dieser manifestiert sich beispielsweise in der Zuständigkeit des Bundesministeriums des Inneren für die Deutsche Islam Konferenz.[23] Abseits des Sicherheitsgedankens ist sie in der Praxis jedoch vor allem als Aushandlungsplattform für die Rahmenbedingungen muslimischer Teilhabe zu sehen und trägt damit der Tatsache Rechnung, dass mit der Pluralisierung der Religionen keinesfalls deren Funktion für die Strukturierung der Gesellschaft verloren gegangen ist (vgl. Halm 2007: 76). Die Deutsche Islam Konferenz hat in diesem Sinne die Aufgabe »das Miteinander und den gesellschaftlichen Zusammenhalt zu fördern« (DIK 2010) und damit die Teilhabe von Muslimen in Deutschland zu stärken. Hinter derartigen Zielen macht Dirk Halm mit Bezug auf Werner Schiffauer (1998) einen Diskurs der »Domestizierung« aus, wenn er bemerkt:

»Es geht bei der Integration des Islams [...] nicht zuletzt um seine ›Domestizierung‹ – um die Hoffnung, Partizipation an Ressourcen und Prozessen der pluralen Gesellschaft werde auch das Verhältnis der Muslime zur Religion und die von ihnen vertretenen Positionen verändern.« (Halm 2007: 83f.)

---

23 | Das Bundesministerium des Inneren übt auch die Fachaufsicht über das Bundesamt für Migration und Flüchtlinge (BAMF) aus. Dies lässt in Migrations- und Integrationsfragen auf einen eher sicherheitsorientierten Diskurs schließen (vgl. zur Verknüpfung von Sicherheit und Migration u.a. Baumann 2009).

Es geht im Diskursfeld Islam also vor allem darum, ob der Islam an deutsche Bedürfnisse angepasst werden muss und wie dies gegebenenfalls geschehen kann. Die Debatten darüber werden häufig polemisch und populistisch geführt, wie die Kontroverse um das Buch *Deutschland schafft sich ab* des ehemaligen Bundesbankvorstandes Thilo Sarrazin (2010) eindrucksvoll bestätigte. Thorsten Schneiders (2009: 14) macht bezüglich des Islams grundsätzlich zwei Argumentationslinien aus: Islamverherrlichung und Islamfeindlichkeit. Während erstere versuche, den Islam einer kritischen Betrachtung zu entziehen und dabei Probleme zu tabuisieren, baue letztere auf eine revitalisierte, jahrhundertelange Tradition der Islamkritik auf und spräche dem Islam jede Integrationsfähigkeit ab.[24] Letztere Position erhielt durch die Thesen Sarrazins Auftrieb und führte beispielsweise dazu, dass bei einem internetbasierten »Bürgerdialog« der Bundeskanzlerin im Februar 2012 die Forderung nach einer »offenen Diskussion über den Islam« (Bundeskanzleramt 2012) von den Nutzern als wichtigstes Zukunftsthema benannt wurde. Die Positionen und diskursiven Praktiken der Debatte sollen hier nicht in Einzelheiten nachgezeichnet werden, festzuhalten ist jedoch, dass das Ringen der Diskurse bislang noch keinen klaren Sieger ergeben hat. Die Präsenz des Islams in Deutschland mag faktisch nicht mehr zu leugnen sein, sie ist jedoch längst nicht zur Selbstverständlichkeit geworden. Diese Beobachtung wurde unter anderem in der medialen Debatte evident, die auf die Rede des damaligen Bundespräsidenten Christian Wulff zum 20. Jahrestag der Deutschen Einheit folgte. Wulff hatte konstatiert:

»Das Christentum gehört zweifelsfrei zu Deutschland. Das Judentum gehört zweifelsfrei zu Deutschland. Das ist unsere christlich-jüdische Geschichte. Aber der Islam gehört inzwischen auch zu Deutschland.« (Wulff 2010: 6)

Als »zweifelsfrei« bezeichnete auch Wulff die Zugehörigkeit des Islams zur deutschen Gesellschaft nicht. Indem er eine Zugehörigkeit aber überhaupt feststellte, brach er ein offenbar politisches Tabu – und lotete auf diese Weise die diskursiven Grenzen der Islamdebatte aus.[25] Dass die Präsenz des Islams in Deutschland noch keine nicht hinterfragbare Selbstverständlichkeit ist, zeigt eine ebenfalls stark diskutierte Äußerung des CSU-Politikers Hans-Peter Friedrich. Dieser betonte auf seiner ersten Pressekonferenz als Bundesminister des

24 | Vgl. zu den Argumentationslinien und der Genese der Positionen die Beiträge in den von Thorsten Gerald Schneiders editierten Sammelbänden *Islamfeindlichkeit* (2009) und *Islamverherrlichung* (2010).

25 | Wulff war keineswegs der erste CDU-Politiker, der den Islam öffentlich zum Teil Deutschlands erhob. Bereits im Jahr 2006 hatte der damalige Bundesminister des Inneren, Wolfgang Schäuble, anlässlich der ersten Islam Konferenz eine nahezu identische Äußerung getätigt, die jedoch wenig kommentiert wurde (vgl. DIK 2006).

Inneren und damit als verantwortlicher Minister für die Deutsche Islam Konferenz: »Dass der Islam zu Deutschland gehört, ist eine Tatsache, die sich auch aus der Historie nirgends belegen lässt.« (Zitiert nach Carstens 2011)

Wenn Volkswagen nun in seinen Ethnomarketingmaßnahmen Wulff folgen und die Präsenz des Islams in Deutschland offen anerkennen würde, so bestünde die Möglichkeit, sich bei vielen Kunden in der Mehrheitsgesellschaft zu diskreditieren – oder sich zumindest in eine konfliktreiche öffentliche Diskussion mit schwer kalkulierbaren wirtschaftlichen Risiken zu begeben.[26] Das Beispiel der getesteten zinsfreien Finanzierungsangebote bei *Volkswagen spricht Türkisch* legt zwar nahe, dass die Kampagne islamisch geprägte Maßnahmen aus wirtschaftlichen Gründen nicht grundsätzlich ablehnt. Doch der baldige Verzicht darauf zeigt ebenso, dass das Risiko eines kommunikationspolitischen Fiaskos als zu groß eingeschätzt wurde. Die Tabuisierung des Islams als Konfliktvermeidungsstrategie wird auch darin deutlich, dass der Islam keine Rolle in der Charakteristik der Zielgruppe als Türken in Deutschland spielt und dass sich die vielzitierte Wertschätzung auf eine türkische Nationalkultur beschränkt. Indem die Kampagne den Islam tabuisiert, macht sie die potenziell negative Perzeption der Mehrheit zur Grundlage ihrer Strategie und spricht so dem Islam jede Integrationsfähigkeit ab. Auf diese Weise scheinen in der vermeintlich rein ökonomischen Vermeidungsstrategie die Konturen des Domestizierungsdiskurses und der Islamkritik auf: Die Tabuisierung des Islams wird im deutschen Kontext zur Legitimationsgrundlage der Kampagne.

Diskursfeld Leitkultur

Seit der Politikwissenschaftler Bassam Tibi im Jahr 1996 forderte, Einheimische und Migranten müssten »parallel zur Vielfalt jeweils eigener Werte einen Konsens über eine Leitkultur als Quelle von Werte-Verbindlichkeit anerkennen« (Tibi 1996: 27), wird die deutsche Integrationsdebatte von der lärmenden Suche nach einer deutschen Leitkultur begleitet. Dabei werden meist Mindestanforderungen an Zuwanderer formuliert, die als notwendig für das Erreichen eines weitgehend unbestimmten Integrationserfolgs betrachtet werden. Die Leitkulturdebatte hängt also eng zusammen mit dem generellen Aushandlungsprozess um Rahmenbedingungen für die Teilhabe ethnisierter Menschen und verengt diesen auf einseitige Anpassungsleistungen von Migranten. In der Öffentlichkeit wird der Begriff der Leitkultur meist als äußerst konfliktreich wahrgenommen. Bei genauerer Beobachtung zeigen sich jedoch die Grundlinien eines nicht hinterfragbaren gesellschaftlichen Grundkonsenses.

26 | Ethnomarketing, das sich speziell an Muslime richtet, provoziert immer wieder öffentliche Debatten. Eine der bislang schärfsten Auseinandersetzungen folgte auf eine Kampagne der französischen Fast-Food-Kette »Quick«, die im Jahr 2010 in einigen ihrer Restaurants nur noch Burger mit Halal-Fleisch verkaufte (vgl. Ulrich 2010).

Veranschaulichen lässt sich dieser anhand der Diskussion um die Entwicklung eines Verfassungstreuetests und eines bundesweit einheitlichen Einbürgerungstests. So provozierte die baden-württembergische Landesregierung Anfang des Jahres 2006 heftige Reaktionen, als sie einen Fragenkatalog zur Prüfung der Verfassungstreue von muslimischen Ausländern vorstellte. Darin hieß es in Frage 6: »Wie stehen Sie zu der Aussage, dass die Frau ihrem Ehemann gehorchen soll und dass dieser sie schlagen darf, wenn sie ihm nicht gehorsam ist?« (Zitiert nach ZEIT online 2006: 2) Wenige Wochen später legte auch die hessische Regierung einen Vorschlag für einen Einbürgerungstest vor, der auf reinen Wissensfragen basierte. Besonders Frage 84 aus dem hessischen Entwurf erregte die Gemüter: »Der deutsche Maler Caspar David Friedrich malte auf einem seiner bekanntesten Bilder eine Landschaft auf der Ostseeinsel Rügen. Welches Motiv zeigt dieses Bild?« (Zitiert nach Jähn 2006: 4)

Während der baden-württembergische Test wegen seiner Suggestivfragen und der Stigmatisierung der Muslime angegriffen wurde, entbrannte angesichts des hessischen Vorschlags eine Debatte um die Frage, wie viel Wissen um die deutsche (Hoch)Kultur als Einbürgerungsvoraussetzung gefordert werden dürfe. Die endgültige Version des Einbürgerungstests, den das Bundesministerium des Inneren im Juli 2008 vorstellte, beschränkte sich angesichts des vorangegangenen Schlagabtausches auf einen Minimalkonsens. Dieser zielt nur noch auf Kenntnisse der deutschen Verfassung ab und fragt zudem geschichtliches Wissen ab. Ein begleitender Einbürgerungskurs bereitet auf den Test vor, die Sprache des Tests und des Kurses ist Deutsch (vgl. BMI 2008). Dieses Ergebnis zeigt, welche Grundpfeiler eines deutschen Wertegerüstes über alle Parteigrenzen hinweg als selbstverständlich angesehen werden: Grundgesetz und deutsche Sprache. Beides lässt sich auch in der neu aufgelegten Leitkulturdebatte im Herbst des Jahres 2010 nachweisen. Beispielsweise mahnte der bayerische Ministerpräsident und CSU-Vorsitzende Horst Seehofer im Rahmen einer Parteitagsrede an, für gelingende Integration sei

> »[...] der Nachweis der deutschen Sprache bereits im Herkunftsland zu erbringen. [Integration heißt] nicht nebeneinander, sondern miteinander leben auf dem gemeinsamen Fundament der Werteordnung unseres Grundgesetzes« (zitiert nach APA/dpa 2010).

Auch Bundeskanzlerin Angela Merkel (CDU) hatte zuvor betont: »Es gilt bei uns das Grundgesetz, und nicht die Scharia.« (Zitiert nach AFP 2010) Und weiter: »Die Voraussetzung für die Integration ist, dass man die Sprache hier spricht.« (Zitiert nach dpa/dapd/mob 2010) Merkel nahm damit Stellung zum Vorhaben ihrer Partei, die deutsche Sprache im Grundgesetz zu verankern. Auf diese Initiative reagierte auch Cem Özdemir, Parteivorsitzender der Grünen:

»Unsere Leitkultur ist das Grundgesetz. Da steht alles drin, was wir brauchen für das Zusammenleben. [...] Selbstverständlichkeiten muss man nicht ins Grundgesetz schreiben. Die Amtssprache in Deutschland ist Deutsch. Das gilt selbstverständlich auch für Zuwanderer und ihre Kinder. Sie haben die Aufgabe, Deutsch zu lernen.« (Zitiert nach Löwenstein 2010).

Die »Selbstverständlichkeit« der deutschen Sprache wird auch in einem Kommentar des Journalisten Heribert Prantl in der *Süddeutschen Zeitung* deutlich: »Man muss sich nicht aufregen über die Forderung, die deutsche Sprache ins Grundgesetz zu schreiben. Es wäre nur ein wenig lächerlich.« (Prantl 2010) Mit der deutschen Sprache und der Rechtsordnung zeigen sich also zwei diskursive Grenzmarkierungen, die in Deutschland nicht hinterfragbar scheinen. Einwanderer und Angehörige von Minderheiten müssen sie als »innere Hausordnung« (Tibi 2001: 25) Deutschlands akzeptieren, um zu vollständiger Teilhabe berechtigt zu sein.[27] Mit Blick auf das Ethnomarketing-Projekt Volkswagens ist zu bemerken, dass es gerade die beiden Punkte Sprache und Recht (hier: Vertragsgestaltung) sind, die den Techniken der Kontrolle unterworfen werden. Wo eine Kontrolle der Sprache nicht erfolgt (z.B. in Teilen der Kommunikationspolitik), sorgen die Techniken der Segmentierung, Tabuisierung und Idealisierung dafür, dass das Primat des Deutschen in der medialen, gesamtgesellschaftlichen Öffentlichkeit nicht angetastet wird. Ähnlich wie der Staat durch den Einbürgerungstest das Fortbestehen von Sprache und Rechtsordnung sichert, sorgt auch Volkswagen für die Vorherrschaft der deutschen »Hausordnung« in der Kampagne. Die zu Selbstverständlichkeiten geronnenen Konturen des deutschen Leitkulturdiskurses schreiben sich in der Marketingpraxis fort.

Diskursfeld Gesellschaftlicher Zusammenhalt

Mit der Abgrenzung einer ethnischen Gruppe von der Gesamtgesellschaft weckt *Volkswagen spricht Türkisch* eine in Deutschland tief verwurzelte Angst vor dem Verlust des gesellschaftlichen Zusammenhalts: Wenn eine Gesellschaft weder durch personelle Interaktionen, noch durch übergreifende Mechanismen integriert wird – so die auch theoretisch unterstützte Befürchtung – droht ihr Auseinanderfallen. Dieses Schreckgespenst der Desintegration wird in der deutschen Integrationsdebatte wohl am schillerndsten durch den emotional aufgeladenen Begriff der ›Parallelgesellschaft‹ verkörpert (vgl. u.a. Micus & Walter 2006: 215). Deren Definition ist jedoch unscharf und ihre belegbare Existenz in Deutschland durchaus umstritten. So bemerkt Klaus Bade:

27 | Die Auffassung, Leitkultur sei vor allem über Rechtsordnung und Sprache definiert, findet sich nicht nur in politischen Debatten, sondern auch in wissenschaftlichen Diskussionsbeiträgen. Zur politikwissenschaftlichen Debatte vgl. u.a. Tibi (2000), Oberndörfer (2001, 2005a).

»›Parallelgesellschaften‹ im strengen Sinne – das heißt mit klar abgrenzbarer ethnokultureller Identität, bewusster sozialer und ökonomischer Abkapselung und eigenen, die staatlichen ersetzenden Institutionen – gibt es in Deutschland kaum.« (Bade 2006b: 5)

Wenn in Deutschland von Parallelgesellschaften gesprochen werde, so Bade weiter, handele es sich eher um »Parallel*kulturen*« (ebd.; Herv. i.O.).[28] Dennoch sei in entsprechenden Beiträgen stets die negative Konnotation einer potenziell desintegrativen Abspaltung enthalten. Micus und Walter führen als einen Grund für dieses Phänomen an, dass die Idee der Parallelgesellschaft »in einem fundamentalen Widerspruch zum nationalen Selbstverständnis und zur gesellschaftspolitischen Generalisierung« (2006: 215) Deutschlands stünde.[29] So basiere »die deutsche ›Kulturnation‹ [...] auf der Herkunft ihrer Angehörigen, das heißt einer homogenen ethnischen Abstammung und gemeinsam geteilten Kultur« (ebd.). Jede zusätzliche ethnische Gruppe birgt in dieser Sichtweise die Gefahr des Verlustes der nationalen Einheit, was zu einer »nahezu einhellige[n] Ablehnung« (ebd.) von potenziellen Parallelgesellschaften in politischer und medialer Öffentlichkeit führe.[30] Gleichzeitig wird die Behauptung tatsächlich existierender Parallelgesellschaften zum »am häufigsten vorgebrachte[n] Argument für die Auffassung, dass die Integration von Zuwanderern in der Bundesrepublik misslungen sei« (Halm & Sauer 2006: 18). Im Diskursfeld des gesellschaftlichen Zusammenhaltes regiert damit eine Art ›Diskurs der Einheit‹, der dazu führt, dass jede Form von Binnenintegration und ethnischer Koloniebildung Gefahr läuft, als integrationsfeindlich eingestuft zu werden.

Ausgangspunkt des Ethnomarketing ist per definitionem eine ethnisch orientierte Marktsegmentierung, weshalb entsprechende Kampagnen leicht als Triebfeder der Parallelgesellschaft wahrgenommen werden können. Volker Nickel warnt in diesem Zusammenhang immer wieder vor »dem Abgleiten vom Ethno-Marketing zum Ghetto-Marketing« (2009: 4). Man dürfe auf keinen Fall eine »von den Deutschen absentierte Zone schaffen« (D23: 6). Wie hier, so ist auch sonst die Konfrontation mit dem Vorwurf der Parallelgesellschaft der häu-

28 | Zur wissenschaftlichen Diskussion um Parallelgesellschaften liefert Worbs (2007) einen guten Überblick. Zu den Charakteristika einer Parallelgesellschaft im wissenschaftlichen Sinn vgl. Meyer (2002) und, praxisnäher und im Sinne eines dynamischen Verständnisses, v.a. Kandel (2004).

29 | In der Debatte ist »Parallelgesellschaft« daher eng mit »Leitkultur« verbunden (vgl. Schiffauer 2008: 7).

30 | In einer historischen Interpretation könnte man hier die Entstehung der deutschen Nation auf Grundlage einer als ethnisch empfundenen, kollektiven Identität im 19. Jahrhundert sowie das Trauma der Teilung Deutschlands im 20. Jahrhundert anführen. Entsprechende Ansatzpunkte ließen sich u.a. bei Giesen (1999) finden.

figste Verweis auf vermutete negative Integrationswirkungen des Ethnomarketing.[31] Innerhalb der Branche spürt man also deutlich den Druck des Diskurses der Einheit, weshalb sich auch die Volkswagen-Kampagne mit der Notwendigkeit konfrontiert sieht, auf die öffentliche Furcht vor parallelgesellschaftlichem Treiben zu reagieren. Dabei muss *Volkswagen spricht Türkisch* eine Art gordischen Knoten zerschlagen, gerät doch mit der Segmentierung das Wesen der Kampagne in den Mittelpunkt der Kritik. Ein Verzicht auf die Segmentierung käme einer Einstellung der Kampagne gleich und auch eine diskursiv gerechtfertigte Abschwächung müsste so stark ausfallen, dass die ökonomische Gewinnerwartung extrem reduziert würde. Das bewusste Verlassen des Diskurses und das Eintreten für eine multiethnische Gesellschaft dagegen bergen schwer kalkulierbare ökonomische Risiken. Die Kampagne wählt daher einen dritten, nur auf den ersten Blick widersprüchlichen Weg: Sie verringert nicht etwa ihren Umfang, sondern verstärkt die Segmentierungsbemühungen noch und sorgt mit Techniken der Tabuisierung zusätzlich für eine umfassende ethnische Abgrenzung. Auf diese Weise entzieht sich die Kampagne dem Wahrnehmungsbereich der Mehrheitsgesellschaft – und damit auch den diskursiven Regeln im Diskursfeld des gesellschaftlichen Zusammenhalts. Die Verschränkung von ökonomischer Logik und Integrationsdiskurs bewirkt eine geradezu paradoxe Praxis: Um vom dominanten Diskurs der Einheit nicht als integrationsfeindlich eingestuft zu werden, entwickelt *Volkswagen Türkçe konuşuyor* ökonomische Techniken, die auf eine verstärkte Binnenintegration und Segmentation der Zielgruppe hinwirken.

Zwischenbilanz zu Prozessen der Systemintegration

Die vorangehenden Abschnitte haben gezeigt, wie die Interaktionen von Fall und Kontext im Ethnomarketing-Projekt Volkswagens gestaltet sind und auf welche Weise sich ökonomische Logik und Integrationsdiskurse ineinander verschränken. Die ökonomische Logik lotet dabei ihre Spielräume aus und entwickelt Strategien zum Umgang mit diskursiven Grenzen. Im Diskursfeld Leitkultur befindet sich die Kampagne von Beginn an innerhalb des herrschenden Diskurses. Hier zeigt sich eine vollständige Reproduktion diskursiver Praxis. Das Primat der deutschen Sprache und die Vorherrschaft über die Ausgestaltung des Rechts werden in der Kampagne übernommen. Die Techniken der Kontrolle dienen dabei als Sicherung einer deutschen Hegemonie in der Marketingpraxis. Die Kampagne bleibt auch deshalb innerhalb der Möglichkeitsbe-

31 | So beispielsweise bei Podiumsdiskussionen auf dem 2. Deutsch-Türkischen Forum der HypoVereinsbank (18.09.2008) in München unter der Fragestellung »Bilden Kritik an der ›Parallelgesellschaft‹ und Entwicklung des Ethnomarketings einen Widerspruch?« sowie bei der Fachmesse »Ethno-Day« in Gelsenkirchen (05.11.2009) unter dem Titel »Ethnomarketing = Integrationsbremse?«.

dingungen des Diskurses, weil sie dadurch keine ökonomischen Nachteile zu erwarten hat. Im Diskursfeld Integrationsdefizite stellt sich die Situation etwas anders dar: Mit der Anerkennung von Vielfalt und der Produktion von Sicherheit wird ein Zusatznutzen für die Zielgruppe geschaffen, der außerhalb des im gesellschaftlichen Kontext (zumindest noch) dominierenden Diskurses der Defizitorientierung liegt. Dies hat zur Folge, dass die Kampagne mit den Techniken der Idealisierung den Anschein der Defizitorientierung gegenüber der Mehrheitsgesellschaft aufrechterhält.

Während sich die Kampagne also in zwei Fällen mit dem dominierenden Diskurs arrangiert und ihm nachgibt, ist hinsichtlich der beiden Diskursfelder Islam und Gesellschaftlicher Zusammenhalt eine Strategie der Vermeidung festzustellen: Um einem konfliktreichen und kontroversen Thema zu entgehen, kommen die Techniken der Segmentierung und Tabuisierung zum Einsatz. Im Falle des Diskursfeldes Islam sorgt die Vermeidungsstrategie durch Tabuisierung dafür, dass das Ethnomarketing-Projekt dem Islam die Integrationsfähigkeit abspricht und sich innerhalb des Diskurses der Islamkritik wiederfindet. Für das Diskursfeld Gesellschaftlicher Zusammenhalt ist zu beobachten, dass der diskursive Druck die Kampagne zu einer ökonomischen Strategie veranlasst, die sie weiter von den Grenzen des »Wahren« (Foucault 1977a: 25) entfernt. Die Wirkmächtigkeit des hier dominierenden Diskurses lässt sogar darauf schließen, dass sich Ethnomarketing bei Volkswagen umso weiter außerhalb des Diskurses der Einheit bewegt, je stärker dessen Druck wird, innerhalb zu bleiben.

6. Fallstudie Toyota USA

Der erste Kontakt des japanischen Unternehmens Toyota mit dem nordamerikanischen Markt verlief alles andere als positiv: Als Toyota Motor Sales, U.S.A., Inc. im Oktober 1957 in Hollywood gegründet wurde, traf man gleich mit dem ersten Modell auf schwerwiegende Probleme in der Produkt-, Preis- und Kommunikationspolitik: Das angebotene Fahrzeug war, so Toyotas PR-Abteilung in der Rückschau, »woefully underpowered and overpriced for the American market« (USA43). Außerdem verpasste man dem Modell den für die US-amerikanische Kommunikationspolitik offenbar ungünstigen Namen »Toyopet« (ebd.). Auf Grundlage dieser Erfahrung beschloss man in der Zentrale im japanischen Toyota-Cho, sich fortan streng am nordamerikanischen Markt zu orientieren: Das landesspezifische Marketing wurde der US-amerikanischen Tochter überantwortet und die Kommunikation ausschließlich von US-Agenturen geplant und umgesetzt. Auf diese Weise gelang es Toyota, vor allem mit der Einführung des Corona im Jahr 1965, in den USA Fuß zu fassen. Ab 1983 wurde der Corona durch den Camry ersetzt, der bis heute als erfolgreichstes Toyota-Modell auf dem US-amerikanischen Markt gilt (vgl. ebd.).

Im Jahr 1987 veröffentlichte das US-amerikanische Bureau of the Census (1987: 2) eine Meldung, nach der die Zahl der Hispanics zwischen 1980 und 1987 um 30 Prozent auf 18,8 Millionen Menschen gestiegen war. Die »non-Hispanic population« (ebd.) war im selben Zeitraum lediglich um sechs Prozent auf 220 Millionen Personen angewachsen. Noch im selben Jahr beauftragte Toyota die Marketing-Agentur Conill, die sich ausschließlich auf Hispanic Marketing spezialisiert hatte. Damit reagierte Toyota früh auf demografische Entwicklungen, denen sich auch die Politik nicht verschließen wollte: Symbolisch dafür steht die Ausdehnung der »National Hispanic Heritage Week« zum »Hispanic Heritage Month« im Jahr 1988 (vgl. LOC 2011).[1] Erstere war 20 Jahre zuvor unter Lyndon B. Johnson eingeführt worden und hat auch in ihrer verlängerten

1 | Der »Hispanic Heritage Month« findet immer im Zeitraum zwischen 15. September und 15. Oktober statt, orientiert an den Unabhängigkeitsfeiern vieler lateinamerikanischer Länder (vgl. U.S. Census Bureau 2011: 1).

Version das Ziel, dass »America celebrates the culture and traditions of those who trace their roots to Spain, Mexico and the Spanish-speaking nations of Central America, South America and the Caribbean« (U.S. Census Bureau 2011: 1).

Toyotas Einstieg in das Hispanic Marketing fand also zu einer Zeit statt, in der man begann, Hispanics in der gesamten Gesellschaft als schnell wachsende Minderheit wahrzunehmen. Im Jahr 2011 zeigt ein Blick auf die aktuellen Statistiken des Census Bureau, dass der Hispanic Market dieses Wachstumsmoment weiterhin aufweist und zum Zeitpunkt der vorliegenden Untersuchung quantitativ sogar noch bedeutender geworden ist (vgl. im Folgenden Humes et al. 2011: 3ff.): Knapp die Hälfte des gesamten Bevölkerungswachstums von 27,3 Millionen zwischen 2000 und 2010 ist auf Hispanics zurückzuführen, insgesamt rund 50,5 Millionen Menschen bezeichneten sich im Census 2010 selbst als Hispanics. Dies entspricht, bei einer Gesamteinwohnerzahl der USA von 308,7 Millionen Menschen, einem Anteil von 16,3 Prozent an der Gesamtbevölkerung. Damit stellen die Hispanics die größte Minderheit in den USA dar, gefolgt von denjenigen, die sich im Census als »Black or African American« bezeichnet hatten (rund zwölf Prozent).[2] Steve Sturm, Vice-President Marketing bei Toyota USA, unterstreicht vor dem Hintergrund der demografischen Fakten die Bedeutung, die Toyota den Hispanics als Kunden beimisst: »Toyota understands that this is the fastest growing market segment.« (USA32)

Doch mit dieser Einsicht ist Toyota keineswegs alleine: Allein im Jahr 2010 investierte die US-Wirtschaft rund 6,8 Milliarden Dollar in Werbung für Hispanics, wobei Marketingaktivitäten außerhalb der Kommunikationspolitik nicht eingerechnet sind (vgl. Advertising Age 2011: 6). Besonders aktiv sind neben dem Automobilsektor vor allem die Telekommunikations-, die Lebensmittel- und die Versicherungsbranche (vgl. ebd.: 3). Platz 1 bei den Autobauern und Platz 6 insgesamt belegt General Motors mit rund 102 Millionen Dollar Werbeausgaben für Hispanics im Jahr 2010 (vgl. ebd.: 8). Toyota folgt auf Platz 2 der »biggest spender« im Automobilsektor und auf Platz 12 insgesamt mit rund 80 Millionen Dollar (vgl. ebd.). Mit 20,3 Prozent Marktanteil bei den Neuwagenzulassungen im Hispanic Market (Zeitraum Januar bis September 2010; vgl. USA 41) gilt Toyota als »top brand among Hispanic buyers« (USA35).[3] Auf Platz 2 folgt, bereits mit deutlichem Abstand, der ebenfalls japanische Honda-Konzern mit 13,9 Prozent. Die US-amerikanischen Autobauer schneiden dagegen vergleichsweise schlecht ab: General Motors hatte trotz der hohen Werbeausgaben

2 | Im US-amerikanischen Census können sich die Befragten selbst einer oder mehreren ethnischen Gruppen zuordnen (vgl. Humes et al. 2011: 1). Eine objektivistische Zuordnung von außen, wie sie etwa die deutsche Statistik über den »Migrationshintergrund« vornimmt, erfolgt in den USA nicht.

3 | Im Vergleich zum Gesamtmarkt (18% Marktanteil) bedeutet dies für Toyota einen Unterschied von zwei Prozentpunkten.

im Jahr 2010 mit der Konzernmarke Chevrolet nur 9,1 Prozent Marktanteil, Konkurrent Ford nur 8,9 Prozent.[4] Den Grund für die asiatische Dominanz im hispanischen Markt sieht das Marktforschungsinstitut Polk & Co. in einer konsequenten und umfassenden Marketing-Strategie: »Toyota, Honda and Nissan all have specific Hispanic marketing strategies and agencies that focus their marketing efforts to Hispanics.« (USA41).

6.1 Betriebswirtschaftliche Strategie: Teil des »Latino-Tribe«

Vor dem Hintergrund der skizzierten Ausgangslage sind die Ethnomarketing-Aktivitäten Toyotas im hier untersuchten Zeitraum zwischen 2005 und 2011 darauf ausgerichtet, die Marktführerschaft im Hispanic Market zu verteidigen. In diesem Sinne bezeichnet es Toyota im Juli 2010 in einer Pressemitteilung als Ziel der gerade aktuellen Kampagne »to solidify its standing as the top brand for Hispanic buyers« (USA25). Das Unternehmen sieht im Ethnomarketing vor allem »another way to help one of our target markets make purchasing decisions« (USA32). Um das ökonomische Ziel zu erreichen, soll Latinos die Möglichkeit gegeben werden, den Stolz auf ihre kulturelle Herkunft mit der Loyalität zu Toyota zu verbinden (vgl. USA44).

Marketing-Mix im Ethnomarketing von Toyota USA

Toyota legt in seinem Ethnomarketing-Mix einen Schwerpunkt auf kommunikationspolitische Maßnahmen. Dies wird im Rahmen der Diversity-Strategie des Konzerns durch eine umfangreiche Anpassung von Vertriebsstrukturen begleitet. Produkt- und Preispolitik für Hispanics sind bei Toyota wenig ausgeprägt und werden daher im Folgenden nur kurz gestreift. Aufgrund der Vielzahl der kommunikationspolitischen Aktivitäten Toyotas musste für die Analyse des Marketing-Mix in der vorliegenden Studie zudem eine Auswahl der Kommunikationskampagnen getroffen werden. Untersucht werden, neben der Gesamtstrategie Toyotas mit Blick auf Hispanic Marketing und Diversity, diejenigen Kampagnen, die in Fachzeitschriften und den Mainstream-Medien besonders stark besprochen wurden. Dies trifft insbesondere auf die Aktivitäten rund um das Modell Camry (ab 2005) sowie die Imagekampagne *Somos muchos* (ab 2010) zu. Als Korrektiv für die Analyse, insbesondere mit Blick auf Ethnisierungsstrategien, dient Datenmaterial aus den Kommunikationsaktivitäten zu den Modellen Yaris (2006 und 2010) und Tundra (2008).

---

4 | Das Beratungsunternehmen TrueCar meldet für das gesamte Jahr 2010 geringfügig abweichende Zahlen, die Rangfolge ist jedoch identisch: Toyota 19,5%, Honda 13,7%, Chevrolet 9,4%, Ford 9,3% (vgl. USA42).

Produktpolitik

Wie bereits angemerkt, findet eine Anpassung der Produkte über eine Ethnisierung bestimmter Komponenten im Hispanic Marketing Toyotas nicht statt. Allerdings werden für die Zielgruppe einige Modelle verstärkt beworben. So werden vor allem Camry und Corolla aufgrund des moderaten Preises bei den ökonomisch eher unterdurchschnittlich ausgestatteten Hispanics beworben. Außerdem wird die Zielgruppe der Hispanics nochmals in verschiedene Subgruppen unterteilt, denen bestimmte Produktkategorien und Modelle zugeordnet werden – beispielsweise das Modell Sienna für Familien (vgl. USA 34) oder das SUV Tundra für traditionsorientierte Kunden (vgl. USA17a).[5]

Preis- und Konditionenpolitk

Dem vorliegenden Datenmaterial ist kein Hinweis auf eine ethnische oder kulturelle Ausrichtung der Preis- und Konditionenpolitik zu entnehmen. Insgesamt unterscheiden sich die Finanzierungsangebote nicht von denen für den Gesamtmarkt, spezielle Programme gibt es nur für College-Absolventen oder Toyota-Altwagenbesitzer (vgl. USA19b; USA19d). Grundlage für ein Finanzierungsangebot ist also nicht die ethnische Zugehörigkeit, sondern vielmehr die finanzielle und berufliche Situation des jeweiligen Kunden. Wie im Gesamtmarkt auch, ist jedoch die Frage nach einer Finanzierung von Neu- und zertifizierten Gebrauchtwagen integraler Bestandteil der ethnisierten Kommunikationspolitik. Grundinformationen zu den Finanzierungsprogrammen werden daher ausführlich auf Spanisch beschrieben (vgl. u.a. USA19b). Die Beratung sowie die Abwicklung der Finanzierung erfolgt dann nach den Vorgaben der konzerneigenen Toyota Financial Services dezentral über selbstständige Institute vor Ort, also »por medio de los concesionarios participantes« (ebd.).

Distributionspolitik

Toyota verfügt im Rahmen seiner Diversity-Strategie über ein »Dealer-Development Program to provide investment capital and operational support to qualified minority operators seeking to become Toyota and Lexus dealers« (USA12). Dabei fallen unter »minority operators« verschiedene ethnische Gruppen, aber beispielsweise auch Frauen in Führungspositionen. Nach Konzernangaben existierten im Jahr 2010 landesweit mehr als 120 solcher »minority-dealers«, wobei bis 2012 jährlich vier bis sechs hinzukommen sollten (vgl. ebd.). In den meisten Händlerbetrieben werden zudem – unabhängig davon, ob es sich um »minority operators« handelt – gezielt Verkaufsberater eingesetzt, die aus verschiedenen ethnischen Gruppen stammen. Insbesondere in Großstädten mit einem hohen Anteil Hispanics an der Wohnbevölkerung (u.a. Los Angeles, Houston,

5 | Interpretation zur produktspezifischen Zielgruppendiversifizierung innerhalb der Hispanics finden sich in Abschnitt 6.2.

Chicago, New York) werden spanischsprachige Verkaufsberater eingesetzt und im Internet entsprechend beworben (vgl. USA45). Um eine möglichst breite Basis an gut ausgebildeten Mitarbeitern mit hispanischer Identität zu schaffen, richtet Toyota sein »Recruitment« gezielt an Minderheiten »at both the college graduate and undergraduate levels« (USA20k). Außerdem stellt Toyota finanzielle Unterstützung zur Verfügung »to help dealers recruit, train and develop minority employees for dealership management« (USA20a).

Kommunikationspolitik

Die Kommunikationsmaßnahmen des Hispanic Marketing bei Toyota umfassen zwar auch klassische Werbemaßnahmen (Print, TV, Radio), verbinden diese aber zunehmend mit interaktiven Elementen. Von TV- und Radiospots wird beispielsweise auf die Internetseite der Kampagnen verwiesen, PR-Aktivitäten sind eng verzahnt mit Give-Aways und Eventmarketing. Hinzu kommen neue Formate, wie Guerilla-Marketing oder Reality TV. Besonders stark verknüpft sind die verschiedenen Elemente in der Imagekampagne *Somos muchos* (dt.: »Wir sind viele«), die im Sommer 2010 lanciert wurde (vgl. u.a. USA19c).[6] In ihrem Zentrum stehen »decals« oder »bumper stickers«, also Aufkleber, die kostenlos bezogen und am eigenen Fahrzeug befestigt werden können (vgl. Abbildung 9). Auf diesen ist der Schriftzug »SOMOS MUCHOS LATINOS; somos muchos Toyota« aufgedruckt (dt. in etwa: »Wir sind viele Latinos, wir sind viele Toyota-Besitzer«). Der Fokus in der Darstellung liegt auf »somos muchos Latinos«, hervorgehoben durch eine größere Schriftart. Die Sticker werden in rund 100 Variationen angeboten, wobei das Design stets gleich bleibt. Lediglich das Wort »Latinos« wird jeweils durch spezifischere Herkunftsbezeichnungen ersetzt. Für Latinos aus Argentinien gibt es beispielsweise »somos muchos GAUCHOS« oder, auf Lokalpatriotismus bezogen, »somos muchos PORTEÑOS«[7] (USA05). Die Sticker werden überwiegend über das Internet vertrieben, zusätzlich werden die Aufkleber über sogenannte Street Teams direkt an die Zielgruppe verteilt. Die Facebook-Seite »ToyotaLatino« ist das Herzstück der Kampagne. Dort können Sticker ausgewählt und geordert, Kommentare abgegeben und eigene Fotos hochgeladen werden. Auf Facebook finden sich außerdem kurze Videoclips zur Kampagne, die zum Teil auch im TV ausgestrahlt werden (vgl. u.a. USA07). Die TV-Spots werden in überwiegend spanischsprachigen Fernsehkanälen platziert, deren Redaktionen und Studios in den USA angesie-

---

6 | Die *Somos muchos*-Kampagne wird an dieser Stelle ausführlicher vorgestellt, da sie als Image-Kampagne die produktspezifischen Maßnahmen überlagert. Auf andere Kampagnen, u.a. zu den Modellen Camry und Tundra finden sich in diesem Abschnitt nur einige kurze Verweise. Ihr Aufbau wird in Abschnitt 6.2 besprochen, wenn die Konstruktion verschiedener Subzielgruppen innerhalb der Hispanics analysiert wird.

7 | Porteños steht umgangssprachlich für die Einwohner von Buenos Aires.

delt und überall in den USA zu empfangen sind (u.a. Telemundo, Univision). Damit liegt ein Schwerpunkt auf den sogenannten genuinen Ethnomedien mit Sitz und Redaktion im Inland.[8] Auch in englischsprachigen Radio-Spots (USA36; USA37; USA38) wird die Botschaft »somos muchos Latinos« (hier übersetzt mit: »There are many Latinos, there are many Toyotas«) aufgegriffen. Sticker und Facebook-Seite werden über das Radio ebenfalls beworben (»Get your sticker at Facebook, Toyota Latino«).

Abbildung 9: Facebook-Seite »ToyotaLatino«

Quelle: http://www.facebook.com/ToyotaLatino (08.09.2010)

Auch aktive PR-Arbeit wird in der Kampagne eingesetzt: Über Pressemeldungen, die sowohl von der US-Zentrale Toyotas herausgegeben (USA14) als auch durch lokale Händler veröffentlicht werden (USA26), wird Toyotas Engagement für den Hispanic Market in der Öffentlichkeit breit gestreut. Dabei werden auch Mainstream-Medien angesprochen, die immer wieder kurze Berichte publizieren (vgl. u.a. USA13; USA25; USA44).

Ein mit der *Somos muchos*-Kampagne vergleichbares Medienecho erhielt das Ethnomarketing Toyotas im Jahr 2006, als ein an Hispanics gerichteter TV-Spot

8 | Zur Rolle der Ethnomedien im Hispanic Marketing vgl. u.a. Davila (2001: 59ff, 165ff.), zur Mediennutzung von Hispanics vgl. Pardo & Dreas (2011), zur Begrifflichkeit generell u.a. Müller (2010: 211ff.).

für das Modell Camry Hybrid während des Super Bowl platziert wurde (vgl. USA01; USA16).[9] Der Camry kann generell als zentrales Modell bei der Produktwerbung gelten und wird mit zahlreichen kommunikationspolitischen Aktivitäten vermarktet. Dies geschieht unter anderem mit der *Camryality*-Kampagne, bei der Probanden die sportlichen Seiten des Modells erleben und dabei von einer versteckten Kamera gefilmt werden (vgl. USA10; USA11a; USA11b). Ein weiteres Beispiel ist die Kampagne *El 90 por ciento*, bei der die Zuverlässigkeit des Camry in den Vordergrund gerückt wird (vgl. USA47).[10] Neben dem Camry wurde auch das SUV-Modell Tundra im Jahr 2008 verstärkt bei Hispanics beworben: Die hier produzierten TV-Spots sind in Form von »mini documentaries« (USA17a; USA17b) gestaltet und werden über den Discovery Channel ausgestrahlt. Die mediale Kampagne zum Tundra wird durch Eventmarketing ergänzt (vgl. USA17c). Bei der Kommunikationspolitik zum Kleinwagen Yaris schließlich, die sich an junge Latinos wendet, ist, so wie bei *Somos muchos*, die Internetplattform Facebook das Zentrum der Maßnahmen (vgl. USA33). Die unterschiedlichen Kampagnen wirken sich auch auf die Konzern-Website aus. Hier gelangt man von der englischsprachigen Startseite über einen gut sichtbaren Link auf das spanischsprachige Internetangebot. Unter dem Punkt »Seguridad« findet man dann beispielsweise den Satz: »Somos muchos Toyotas y todos los nuevos venimos con Star Safety System.« (USA 19c)[11] In ähnlicher Weise werden die produktbezogenen und auf den Hispanic Market ausgerichteten Kampagnen zum Modell Yaris (»El Yaris te inspira«) und zum Modell Camry stilistisch einbezogen. In der PR-Arbeit des Unternehmens wird das Engagement für Hispanics außerdem immer wieder als Teil der Diversity-Strategie des Unternehmens erwähnt.

Betrachtet man den Marketing-Mix Toyotas zusammenfassend aus betriebswirtschaftlicher Sicht, so kann man mit Klee & Wiedmann (2003: 99) von einer Spezialisierungsstrategie sprechen, bei der sich die Aktivitäten überwiegend auf Kommunikations- und Vertriebspolitik konzentrieren.

---

9 | Der Super Bowl ist das Endspiel der US-amerikanischen National Football League (NFL) und stellt gleichzeitig das größte TV-Ereignis in den USA dar. Eine Interpretation des Spots wird an mehreren Stellen dieses Kapitels vorgenommen.

10 | Slogan der Kampagne: »Desde el '95, el 90 por ciento de los Camry sigue en la carretera.« (USA47; dt. etwa: »90 Prozent der seit 1995 zugelassenen Camry befinden sich immer noch auf der Straße.«)

11 | Dt. etwa: »Wir sind viele Toyotas und wir neuen (Toyotas) kommen alle mit dem Star Safety System.«

Zeitlicher Verlauf und Erfolg

Insgesamt kann festgestellt werden, dass es Toyota im beobachteten Zeitraum gelungen ist, die Marktführerschaft im Hispanic Market zu verteidigen. Betrachtet man die Intensität des Hispanic Marketing im zeitlichen Verlauf, so fällt auf, dass eine starke kommunikationspolitische Aktivität immer dann zu verzeichnen war, wenn Toyota mit einem Rückgang der Verkaufszahlen, vor allem aufgrund von Rückrufaktionen im Jahr 2010 (vgl. USA44), zu kämpfen hatte. Aber auch eine Korrelation zwischen der Weiterentwicklung der gesamten Diversity-Strategie und der Intensität der kommunikationspolitischen Aktivitäten ist festzustellen: In den Jahren 2006, dem Jahr des Super Bowl-Spots, und 2010 (*Somos muchos*) erreichte Toyota mit Platz 29 und Platz 36 die besten Platzierungen auf der »DiversityInc Top 50«-Liste der Zeitschrift *DiversityInc.* (vgl. USA30). In beiden Jahren bedeutete dies den ersten Rang unter den Automobilbauern, der sonst regelmäßig vom Konkurrenten Ford eingenommen wurde (vgl. ebd.).

Aus kommunikationspolitischer Sicht scheint auch *Somos muchos*, die jüngste der hier betrachteten Kampagnen, erfolgreich zu verlaufen: Allein im Zeitraum Juli bis Oktober 2010 stieg die Beliebtheit der Marke bei der Zielgruppe nach Angaben der Agentur um 15 Prozent, die Kaufüberlegungen um acht Prozent (vgl. USA13; USA44). Anfang November 2010, also nach etwas mehr als vier Monaten Laufzeit, hatte die Facebook-Seite der Kampagne bereits 25.000 »like«-Klicks, bereits fünf Monate später wurde die Marke von 50.000 überschritten (vgl. USA48). Ähnlich verhält es sich mit der Anzahl der bestellten Sticker, für die Toyota einen Zähler auf der Facebook-Seite unterhält: Bis Anfang November 2010 wurden rund 260.000 Sticker geordert, Ende November 2011 waren es rund 520.000 (vgl. ebd.). Nach Angaben der Agentur kommen Anfragen für eine größere Menge an Stickern von »pastors, school teachers and business owners alike, all requesting large orders of decals so they can spread the word in their communities« (USA44). Insgesamt ist es Toyota gelungen, eine Kampagne über einen für Kommunikationsaktivitäten sehr langen Zeitraum konstant zu halten. Eine bei der Schnelllebigkeit des Mediums eigentlich zu erwartende Stagnation der Facebook-Zahlen war nicht zu verzeichnen, auch die Nutzerbeteiligung blieb rege bei 30 bis über 80 Pinnwand-Kommentaren pro Tag (vgl. ebd.). Angesichts dieses Erfolges hatte die Kampagne bis zur Veröffentlichung dieser Studie im Frühjahr 2013 keinen geplanten Endpunkt, einer der Verantwortlichen der Agentur Conill ließ bereits im Dezember 2010 verlauten: »It's up for discussion [how long the promotion will last], but I think it should be forever.« (USA13)

6.2 ETHNISIERUNG DER ZIELGRUPPE: BESTANDTEIL EINES »NUEVO AMERICA«

Mit Blick auf Ethnisierungsprozesse können zwei Tendenzen festgestellt werden: Einerseits wird die Heterogenität der Zielgruppe betont, andererseits wird ihr Zusammengehörigkeitsgefühl gestärkt. Die folgenden Abschnitte machen deutlich, dass es sich dabei keineswegs um einen Widerspruch handeln muss.

»Somos muchos« – Binnendifferenzierung der Zielgruppe

Bei der Vorstellung der produkt- und kommunikationspolitischen Aktivitäten Toyotas wurde bereits angemerkt, dass bestimmte Fahrzeugmodelle mit bestimmten Subzielgruppen verbunden werden. Toyota geht hier konform mit der Einschätzung des Census Bureau, dessen Direktor, Robert Groves, mahnt: »Grouping Hispanics together and making statements about them ignores a huge variation on all sorts of attributes.« (Zitiert nach Carmichael 2011) In diesem Sinne arbeitet man bei Toyota mit einer lebensstilorientierten Differenzierung der Zielgruppe, die zur Folge hat, dass sich im Wesentlichen drei Subzielgruppen im Marketing-Mix nachweisen lassen: erstens traditionsorientierte Latinos, zweitens zukunftsorientierte Familien und drittens junge »Nuevo Latinos«.[12]

Traditionsorientierte Latinos mexikanischer Herkunft

Mit der Kampagne für den Geländewagen Tundra (Slogan: »A truck should be as strong as the man who drives it«; USA17a) verfolgt Toyota das Ziel, traditionelle Latinos anzusprechen, die ihre Wurzeln überwiegend in Mexiko haben. Diese Ausrichtung basiert auf Ergebnissen der Marktforschung zu den SUV-Modellen:

> »By analyzing purchase funnel and imagery data, we also learned that full size pickup intenders were predominantly Mexican and foreign-born. Most held blue-collar jobs and had strong emotional ties to their Mexican heritage.« (USA50)

Kommunikationspolitisches Ziel der crossmedialen Kampagne war es vor diesem Hintergrund, den »Charro«, den mexikanischen Cowboy, als Identifikationsfigur zu etablieren und die mit ihm assoziierte Authentizität und Männlich-

12 | Grammatikalisch korrekt müsste man hier von »Nuevos Latinos« sprechen, das »s« bei »Nuevos« wird jedoch von der Agentur offensichtlich bewusst weggelassen (vgl. USA52). Die Schreibweise richtet sich daher nach der Verwendung in der Marketing-Praxis Toyotas. Generell ist anzumerken, dass es sich in allen drei Fällen um virtuelle Zielgruppen handelt, die in der Kommunikationspolitik Toyotas als Identifikationsangebote konstruiert werden.

keit mit dem Geländewagen zu verknüpfen (vgl. USA17a). Der Charro wird in einem Video zur Kampagne als ernster und mutiger Mann dargestellt, der beim »Todessprung«, dem »paso de la murte«, ungesattelte und ungezähmte Pferde bezwingt – Tiere also, bei denen »nunca se le ha hecho nada« (ebd.). Bei aller Kühnheit ist er familienverbunden (er spricht viel über die Sorgen seiner Mutter angesichts seiner gefährlichen Sportart) und tief religiös (er begibt sich vor jedem Ritt in die Hände Gottes). In einem anderen Video wird der Charro durch einen älteren Herrn repräsentiert, der seinen Stolz auf sein Heimatland und dessen glorreiche Vergangenheit zum Ausdruck bringt (»me lleno de orgullo de ser mexicano«; USA17b; USA49a). Frauen werden in den »mini documentaries« stets als passive Zuschauerinnen (USA17b) oder besorgte Mütter (USA17a) dargestellt, die Rollenverteilung entspricht einem traditionellen Schema. Die Themen Religion, Tradition, Familie und Vergangenheit sind in der Kampagne zum Tundra allgegenwärtig. Alle Figuren in den Spots sind in traditionelle, mexikanische Tracht gekleidet, die Kampagne wird durch folkloristische Musik untermalt (vgl. u.a. USA17b). Außerdem wird auf das Zeitalter der mexikanischen Haciendas im 19. Jahrhundert Bezug genommen, genauso wie auf den mexikanischen Unabhängigkeitskrieg ab 1810 (vgl. ebd.).[13] Die Betonung vergangener, goldener Zeiten wird durch das »Charro Mobile Museum« (USA17c; USA49b) betont. Dieses ist in einem Lastkraftwagen untergebracht und stellt anhand verschiedener Medien (Filme, Tafeln, Trachten) das heldenhafte Leben eines Charro dar (vgl. u.a. USA05; USA17c; USA51).

Es fällt auf, dass der geografisch-kulturelle Bezug auf ein verklärtes und historisches Mexiko in der Kampagne zum Tundra sehr stark ausgeprägt ist, während die Lebenswirklichkeit der Zielgruppe in den USA kaum thematisiert wird. Dargestellte Werte und Einstellungen speisen sich ausschließlich aus dem Herkunftsland. Nur am Rande werden Bezüge zur Gegenwart deutlich – allerdings immer mit Blick auf das Bewahren von Traditionen. Besonders deutlich wird dies, wenn ein älterer Charro erklärt, wie stolz er darauf ist, dass seine Söhne und Enkelsöhne nun ebenfalls die »charrería« (USA17b) als traditionellen Sport betreiben. Unterstützt wird dieser Eindruck auch durch die ausschließliche Verwendung der spanischen Sprache, die ohne englische Lehnwörter auskommt und damit keinerlei Anzeichen von Akkulturation aufweist (vgl. u.a. USA17a; USA17b). Die Zukunft in den USA, so die Botschaft, ist besonders positiv, wenn sie einer als glorreich wahrgenommenen Vergangenheit in Mexiko ähnelt.

13 | Im TV-Spot (USA17b) wird von einer »revolución mexicana« zu Beginn des 19. Jahrhunderts gesprochen. Aufgrund des Kontextes ist davon auszugehen, dass der Unabhängigkeitskrieg gegen die spanische Kolonialherrschaft gemeint ist. Die eigentliche Mexikanische Revolution bezeichnet einen innenpolitischen Aufstand gegen die Autokratie von Porfirio Diáz und datiert aus dem Jahr 1910 (vgl. Lartigue 2011; Fowler-Salamini & Buve 2010).

Zukunftsorientierte Familien

Die Zielgruppen für die Modelle Camry und Sienna werden im Gegensatz zu den Tundra-Latinos wesentlich stärker in den USA verortet und können mit den Worten des verantwortlichen Managers für Engagement Marketing, Keith Dahl, als »new generation parents« (USA34) bezeichnet werden.[14] Um diese Zielgruppe anzusprechen, werden in der Kommunikationspolitik meist ökonomisch gut gestellte Frauen und Männer zwischen 30 und 40 Jahren gezeigt, die sich sicher in einem städtisch geprägten Kontext bewegen, der klar den USA zugeordnet werden kann. Deutlich wird dies beispielsweise in der El 90 por ciento-Kampagne zum Camry, wo das Wohnumfeld der dargestellten Personen in mehreren Spots als typische Wohngegend der US-amerikanischen Mittelschicht im Vorort einer Metropole dargestellt wird (vgl. USA47). Zur Profilierung der Zielgruppe trägt auch bei, dass ihr ein Aufstiegswille zugeschrieben wird, der sich insbesondere auf die Kinder bezieht. Das Thema Bildung wird beispielsweise im TV-Spot zum Camry Hybrid (USA01) aufgegriffen, wo ein Vater mit seinem Sohn während der Autofahrt ein Gespräch über den Hybridantrieb des Wagens führt. Der Sohn vergleicht die zwei Antriebstechniken mit den sprachlichen und kulturellen Wurzeln seines Vaters und fragt diesen, weshalb er Englisch gelernt habe. Antwort des Vaters: »For your future.« (ebd.) Um dem Bedürfnis der Zielgruppe nach Bildung der Kinder zu entsprechen, engagiert sich Toyota für den »Hispanic Scholarship Fund«. Toyota ist hier der bei weitem größte Förderer aus dem Automobilsektor, gefolgt von General Motors und Nissan (vgl. USA54)

An dieser Stelle zeigt sich der wesentliche Unterschied zwischen der Konzeptualisierung der Tundra- und der Camry-Zielgruppe: Zwar ist bei beiden die Weitergabe kulturellen Wissens innerhalb der Familie ein zentrales Element der Kommunikationspolitik. Im Camry Hybrid-Spot geht es jedoch nicht darum, herkunftslandbezogenes Wissen zu tradieren und zu bewahren. Hier steht das kulturelle Wissen im Vordergrund, das der nächsten Generation eine verstärkte Teilhabe an der US-Gesellschaft – und damit letztlich eine verbesserte Sozialintegration – ermöglichen soll. Neben solchen Akkulturationsphänomenen zeigt sich in den Kampagnen ein deutliches Bekenntnis zu den hispanischen Wurzeln. Vergangenheit und Gegenwart der Zielgruppe werden als stark durch eine Latino-Kultur bestimmt dargestellt, ihre individuellen Ziele werden, wie im Falle des Camry Hybrid-Spots, als amerikanisiert wahrgenommen. Die Agentur bemerkt dazu: »[T]hey pursue the American dream, while retaining their unique Hispanic heritage.« (USA53)

---

14 | Dahl bezieht sich mit seiner Typisierung dezidiert auf die Zielgruppe des Modells Sienna. Aufgrund der gleichlautenden Generalisierungen bei der zusammenfassenden Inhaltsanalyse des Datenmaterials mit Bezug auf die Ethnisierung der Zielgruppe des Camry werden die beiden Gruppen hier zusammengefasst.

Nuevo Latinos

Mit den Nuevo Latinos konzipiert Toyota eine dritte, jugendliche Zielgruppe innerhalb seines Hispanic Marketing. Die verantwortliche Agentur charakterisiert sie im Zusammenhang mit der Marktforschung zur Einführung des Modells Yaris im Jahr 2006 wie folgt:

»Young Hispanics are a new breed of Latino. Raised in America, they mix two cultures, which means they sometimes struggle to secure an identity for themselves. Here's how these Nuevo Latinos described themselves to us:
- *Nontraditional*: ›I want to break stereotypes. I don't have to follow the traditional path that my parents and my culture told me I have to take.‹
- *Multicultural*: ›I embrace people of all cultures and all differences.‹
- *Experimental*: ›I want to be given options so I can pick and choose what fits *me* best.‹
- *Creative*: ›I'm starving to express myself creatively.‹« (USA52, Herv. i.O.)

Diese Gruppe wird auch als »US-born« bezeichnet und über weitere, vor allem psychografische Merkmale näher beschreibt. Sie seien »young, upwardly mobile, tech-savvy, favoring mainstream shows like ›American Idol‹ and ›The Simpsons‹ and either bilingual or else preferring to communicate in English« (USA16). Auf dem Zielgruppenprofil der Nuevo Latinos baut die Kampagne zum Kleinwagen Yaris auf: Im Zentrum stehen kurze Trickfilme, in denen der PKW durch eine bunte Fantasiewelt fährt. Auf der dazugehörigen Facebook-Seite sind Videos zu sehen, in denen über die Entwicklung der Fantasiegeschichten in Fokusgruppen berichtet wird (vgl. USA33). Die kreativen Elemente in den Spots werden mit konkreten Personen aus der Zielgruppe verbunden. Die als ethnisch ausgemachte Kreativität und Emotionalität wird aufgegriffen, verstärkt und mit dem Yaris verbunden (»El Yaris te inspira«; ebd.). Die Zielgruppe in den Filmsequenzen zeigt sich zudem als eine zweisprachige. So ist zwar Spanisch die dominierende Sprache der Spots, sie ist jedoch stark mit englischen Wörtern durchsetzt. Beispielsweise beschreibt ein junger Mann aus der Fokusgruppe einen fantasiehaften Schneemann in seiner Geschichte als »un *snowman*, hecho de *ice-cream* de vanilla« (USA4a, Herv. d. Vf.). Den dargestellten Nuevo Latinos gelingt das Leben mit hybriden Identitäten scheinbar spielerisch. Sie beherrschen nicht nur den Umgang mit zwei Sprachen, sondern auch mit zweierlei kulturellen Instrumentarien (vgl. USA52). Während dabei Kreativität und Emotionalität in der Kampagne explizit als Latino-Wurzeln dargestellt werden – »less structure, more emotion« (ebd.) – weist vor allem der souveräne Umgang mit Technik auf die vollzogene Teilhabe an der US-Gesellschaft hin.

»Somos Latinos« – Homogenisierung der Zielgruppe

Die beschriebene Binnendifferenzierung könnte zur Folge haben, dass sich Toyotas Hispanic Marketing ausschließlich an diese Subgruppen richtet und die übergeordnete Zielgruppe nicht mehr bearbeitet. Dem jedoch widersprechen zahlreiche Marketingaktivitäten Toyotas, die gemeinsame Charakteristika der Hispanics betonen. Toyota bedient sich dazu eines Tribal Marketing-Ansatzes, der vor allem in der *Somos muchos*-Kampagne sichtbar wird.

Ansätze des Tribal Marketing im Hispanic Marketing Toyotas

In den theoretischen Grundlagen (Abschnitt 2.2) wurden Konsumentenstämme mit Bezug auf Cova & Cova definiert als »network of heterogeneous persons [...] who are linked by a shared passion or emotion« (2001: 10). Vor dem Hintergrund einer individualisierten und pluralisierten Gesellschaft stellen sie Identifikationsangebote zur situativen Vergemeinschaftung dar. Das Ziel des Tribal Marketing ist es nun, »to facilitate the co-presence and the communal gathering« (ebd.: 7). Tribal Marketing zielt also darauf ab, die gruppenbezogenen Aktivitäten des »tribe« zu stärken und das Produkt als Teil der Gemeinschaft zu platzieren. Dies bedeutet aber auch: Das Produkt kann in den seltensten Fällen zum Kern des Stammes werden, vielmehr kann ein Unternehmen nur danach trachten, als Bestandteil der Gemeinschaft anerkannt zu werden.

Dieser Logik folgend begründet Pablo Buffagni, Senior Creative Officer der Agentur Conill, die Nebenrolle der Fahrzeugmodelle Toyotas in der *Somos muchos*-Kampagne: »No one would use an ›I love Toyota‹ sticker, but if you give them something that says Argentina or Mexico, they'll put it on their car.« (USA13). Kern der *Somos muchos*-Kampagne sind somit nicht die Produkte des Unternehmens Toyota, sondern die Sticker, welche die Zugehörigkeit zum Stamm der Latinos in den Vordergrund stellen. Dabei wird die Zielgruppe im Einklang mit den sonstigen Marketingaktivitäten Toyotas durchaus als heterogen dargestellt – in diesem Fall vor allem durch die unterschiedlichen Herkunftsländer und Dialekte, aber auch durch unterschiedliche Altersgruppen und Phänotypen (vgl. USA07). Diese Heterogenität führt jedoch nicht zu einer weiteren Segmentierung im Sinne eines klassischen »northern marketing« (Cova & Cova 2001), sondern ist Ausgangspunkt für eine Vergemeinschaftung unter dem Slogan »Somos muchos Latinos«.

Charakteristisch für Tribal Marketing ist der Fokus auf die Aktivitäten und Kommunikationskanäle des postmodernen Stammes, um auf diesem Weg Multiplikatoreneffekte zu erzielen. Toyota hat mit der Konzentration der Kampagnenaktivitäten auf das soziale Netzwerk Facebook ein Medium gewählt, das ohnehin als Kommunikations- und Vernetzungsplattform fungiert (vgl. USA06). Kurzfristige und situative Vergemeinschaftungen werden bei Facebook über den »like-Button« oder über niederschwellige Kommentarfunktionen wesentlich erleichtert. Gleichzeitig können Facebook-Mitglieder ihre Identitäten im

Sinne einer postmodernen Bastelexistenz durch die selbstgewählte Zugehörigkeit zu virtuellen Gruppen konstruieren. Neben den Facebook-Aktivitäten ist Toyota mit der *Somos muchos*-Kampagne auch auf realen Veranstaltungen der Latino-Community präsent und auch hier stehen die Sticker im Mittelpunkt. Dazu werden Örtlichkeiten und Veranstaltungen gewählt, die eng mit der Latino-Kultur verbunden werden – im Jahr 2010 insbesondere die 200-Jahr-Feiern zur Unabhängigkeit Mexikos (vgl. USA26), aber auch Paraden und Festivals während des »Hispanic Heritage Month« oder Einzelveranstaltungen bei Toyota-Händlern (vgl. USA05i). Die Veranstaltungen werden zum Teil über Facebook angekündigt, wodurch eine enge Verknüpfung von realem Eventmarketing und virtueller Internetpräsenz hergestellt wird. Die Einsätze der Street Teams konzentrieren sich auf Städte mit einem besonders hohen Anteil an Latinos, und hier vor allem auf Los Angeles, Chicago, New York, Houston, Dallas und Miami (vgl. USA05i; USA25).

Auf der Facebook-Seite ToyotaLatino agiert Toyota selbst sehr zurückhaltend und fungiert als eine Art Stichwortgeber. So werden beispielsweise seitens des Unternehmens Fotos und Videos eingestellt, die zeigen, wie Menschen die Sticker auf ihrem Auto befestigen (vgl. USA05c). Auch in den Videos sieht man stets, wie Mitglieder der Zielgruppe mit den Stickern umgehen, den jeweiligen Satz vorlesen und »affix them on their cars, bicycles, and even food trucks« (USA26). Der Fokus liegt hier auf den Personen, die Autos kommen nur am Rande vor. Außerdem handelt es sich keinesfalls um die neuesten Toyota-Modelle, sondern um die vermeintlichen Privatfahrzeuge der gefilmten Personen. Die Filme sind zwar professionell produziert, haben aber – ähnlich wie Reality-Formate im TV – die Anmutung eines Amateurvideos. Auch dies trägt dazu bei, das Bild eines authentischen Konsumentenstammes zu vermitteln, der durch seine Mitglieder getragen wird (vgl. u.a. USA07; USA08). Gleichzeitig wird für die Facebook-Nutzer die Möglichkeit geschaffen, selbst weitere Fotos und Videos auf den Server zu laden. Dies geschieht auch, wobei die durch Toyota eingestellten Medien in Stil und Thema nachgeahmt werden.

Zur Interaktion regt die Besucher des Facebook-Profils offenbar auch der Satzanfang »Somos muchos...« an. Bei einer stichprobenartigen Überprüfung von 100 konsekutiven Pinnwand-Kommentaren Ende Mai 2011, also mehr als zehn Monate nach Kampagnenstart, enthielten 92 Einträge diese Phrase (vgl. USA55).[15] Davon war jede dritte Verwendung verbunden mit der Bitte nach Zusendung der Sticker. Bei den 100 Kommentaren konnten zudem rund 30 verschiedene Herkunftsbezeichnungen (mexicanos, colombianos etc.) festgestellt

15 | Vgl. USA48; USA55. Stichprobe vom 30.05.2011 auf http://www.facebook.com/ToyotaLatino (angemeldet als facebook-User). Insgesamt 100 untersuchte Kommentare, veröffentlicht in 35 Stunden zwischen dem 29.05.2011, 07.39 Uhr (MEZ) und 30.05.2011, 18.39 Uhr (MEZ).

werden. In 27 von 100 Kommentaren wurde der Name Toyota im Zusammenhang mit der eigenen Herkunft genannt, so zum Beispiel: »Somos muuuchos DOMINICAN@S... Orgullosamente latina. Somos toyota.« (USA55) Diese Zahlen legen nahe, dass es Toyota gelingt, den Stamm der Latinos über das Mittel der Sticker zumindest situativ zu vereinen und dabei Raum für weitere Zugehörigkeiten und hybride Identitäten zu lassen.[16]

Stereotypisierungen einer Latino-Kultur
Auffälligstes Merkmal des »Latino Tribe« ist die spanische Sprache. Sie wird auch über die *Somos muchos*-Kampagne hinaus in allen Hispanic Marketingaktivitäten Toyotas zumindest punktuell eingesetzt und dient auch bei der Kommunikation der Facebook-User als eine Art Erkennungszeichen untereinander (vgl. USA05e). Dabei wird Spanisch nicht als zwingend notwendig für die Kommunikation mit der Zielgruppe konzipiert – und mit Blick auf die »US-born Latinos« (USA52) teilweise sogar als hinderlich angesehen. Beispielsweise wird in einem TV-Spot zu *Somos muchos* das Spanisch einer relativ schnell sprechenden Puertoricanerin mit englischen Untertiteln versehen (vgl. USA13). Außerdem verweisen die Links auf Facebook- und Internetseite auf englischsprachige Seiten des Konzerns (vgl. USA05a; USA19c), die Kontaktaufnahme per E-Mail auf der Konzern-Website ist nur auf Englisch möglich (vgl. USA19a). Etwas anderes gestaltet sich die Verwendung der spanischen Sprache im Vertrieb. Hier werben zahlreiche Autohäuser explizit mit spanischsprachigen Verkaufsberatern (vgl. USA45). Insgesamt lässt sich festhalten, dass die spanische Sprache im Hispanic Marketing Toyotas als Markierung der ethnischen Grenze benutzt wird. Diese Grenze ist jedoch – durch verschiedene Dialekte und englische Begriffe – einer steten Veränderung ausgesetzt. Dies wird auch deshalb möglich, weil das Spanische weniger als notwendiges Mittel zur Kommunikation, sondern eher als zusätzliche Ressource der Zielgruppe konzipiert wird.

Neben der Ethnisierung der Sprache führt eine Reihe von kulturellen Stereotypisierungen, weniger jedoch eines bestimmten Phänotyps, zu einer weiteren Profilierung der Zielgruppe. So wird beispielsweise Musik, und hier insbesondere Salsa, zum wesentlichen Charakteristikum der Zielgruppe in TV- und Radio-Spots (vgl. u.a. USA07; USA38). Toyota ist zudem in zuschauerstarken

16 | Elemente eines übergreifenden Tribal Marketing finden sich auch in anderen Kampagnen, u.a. *Camryality* (USA11a) oder *El Yaris te inspira* (USA05). Allerdings handelt es sich dabei jeweils um einzelne Tribal Marketing-Elemente, während die *Somos muchos*-Kampagne insgesamt als Tribal Marketing bezeichnet werden kann. Im Übrigen ist nicht nachzuvollziehen, ob Conill diese Erkenntnis sowie die daran anschließende Strategie auf den theoretischen Überlegungen Maffesolis beziehungsweise Covas entwickelt hat (vgl. Abschnitt 2.2). Betrachtet wird nur das Ergebnis – und dieses kann zweifelsfrei als Tribal Marketing identifiziert werden.

Fernsehformaten in hispanischen TV-Programmen präsent.[17] Der Schwerpunkt liegt dabei auf Werbung bei Fußballübertragungen (vgl. USA02; USA37) sowie sogenannten Telenovelas und Reality-Shows, die sich in Lateinamerika und den USA großer Beliebtheit erfreuen und zu einem Teil in Miami produziert werden (vgl. USA18). Die auffälligste Generalisierung individueller Eigenschaften ist jedoch, dass Toyota die Zielgruppe als extrem emotional und extravertiert darstellt. Dies geschieht häufig als explizite Abgrenzung zur einer als rational und träge beschriebenen Mehrheitsgesellschaft. Besonders deutlich wird dies in den Radio-Spots zur *Somos muchos*-Kampagne (vgl. USA36, USA37, USA38). Dort ist jeweils die Geräuschkulisse einer Veranstaltung (Hochzeit, Festumzug und Fußballspiel) zu hören. Nach und nach werden diejenigen Einflüsse ausgeblendet, die auf Latinos zurückzuführen sind. In der transkribierten Version des *Wedding*-Spots (USA36) liest sich dies wie folgt:

Sprecher: The Wedding of John and Lupida:
[Tanzmusik (Salsa), Klatschen, Rufen, Singen]
Sprecher: Without the band:
[Klatschen, Rufen, Singen]
Sprecher: Without Lupida's guests:
[Gedämpfte Jazz-Musik, leise Unterhaltung]

Die Hochzeit zwischen der namentlich als Latina gekennzeichneten Lupida und dem offenbar als »non-Hispanic White« (Humes et al 2011: 2) zu charakterisierenden John lebt von der Musik und Präsenz der Latinos. Ohne Hispanics, so die Botschaft, ist die USA ein eher langweiliges Land. Auch in den Videos zur Kampagne werden extravertierte, emotionale und fröhliche Menschen aller Altersgruppen gezeigt: der tanzende, kubanische Rentner (USA07) ebenso wie

17 | Die Vergemeinschaftung erfolgt bei Toyota nicht – wie noch bei Dávila (2001, 2008) – über ein Angleichen des Phänotyps der Protagonisten in Werbespots. Dávila führt den Nachweis, dass Latinos in den Medien und in der Werbung generell mit hellerer Haut dargestellt werden, als dies der Realität entspricht. Sie begründet dies damit, dass eine erstrebenswerte soziale Position in den USA immer noch an das WASP-Ideal gekoppelt sei. Im untersuchten Material trifft dies teilweise auf die Spots zum Camry zu. In der *Somos muchos*-Kampagne dagegen kommen auch Menschen mit schwarzer Hautfarbe als Latinos zu Wort (vgl. USA56). Ein »whitewashing of race« (Dávila 2008) ist nicht widerspruchsfrei zu bestätigen. Ähnliches gilt für die in zahlreichen Werken zu Hispanic Marketing hervorgehobene Bedeutung der Familie (vgl. u.a. Cancela 2007). Zwar wird in den Kampagnen zu Camry und Tundra die Bedeutung der Familie betont, allerdings kann dies mit der lebensstilorientierten Segmentierung (traditionsorientierte und zukunftsorientierte Familien) begründet werden. Im Marketing-Mix insgesamt kann eine Ethnisierung des Familienbildes nicht zweifelsfrei nachgewiesen werden.

der junge, singende Argentinier (USA08). In ähnlicher Weise heben die Kampagnen zum Yaris (USA04a; USA04b; USA04c; USA33) und, in abgeschwächter Form, zum Camry (USA10) die emotionale Komponente der Latinos hervor.

Verortung der Zielgruppe in der US-amerikanischen Großstadt
In den Marketingaktivitäten Toyotas lässt sich eine Konzentration auf Großstädte der USA ausmachen. In den TV-und Facebook-Spots der *Somos muchos*-Kampagne werden Latinos meist in einer großstädtischen Umgebung gezeigt. Dabei kann man beispielsweise anhand eines Nummernschildes (USA07) oder eines kurzen Blicks auf die Skyline (USA57) die Stadt New York identifizieren. Andere dargestellte Orte sind Miami (USA59) und, als Region, Kalifornien (USA58). Auch die Schwerpunkte für den Einsatz der Street Teams liegen, wie oben beschrieben, auf New York, Miami, Dallas, Houston, Los Angeles und Chicago. Die Zielgruppe wird auf diese Weise in urbanen Ballungsräumen der USA verortet, die sich durch eine multiethnische Zusammensetzung auszeichnen. Außerdem werden die Latinos in den *Somos muchos*-Spots ausnahmslos im Freien, an oder in ihrem Auto gefilmt und sind damit elementarer Bestandteil des Straßenbildes der Drehorte. Toyota verortet die Zielgruppe der Hispanics somit nicht nur eindeutig in der US-amerikanischen Großstadt, sondern zeigt auch, dass sie sich dort selbstbewusst, selbstverständlich und sicher bewegt.

Zwischenbilanz zur Ethnisierung der Zielgruppe

Die Analyse von Toyotas Hispanic Marketing-Mix zeigt die Konturen einer Zielgruppe, die man mit dem Ausdruck der ›US-Latinos‹ treffend beschreiben kann. Einerseits wird die Gruppe als fest in den USA verankert und damit als Inländer dargestellt. Andererseits wird sie über stereotypisierte Latino-Merkmale (Sprache, Emotion, Musik und Sport) deutlich von der Mehrheitsgesellschaft abgegrenzt. Mit Hilfe der Techniken des Tribal Marketing vereint Toyota Menschen grundsätzlich verschiedener Herkunft zumindest situativ auf dem gemeinsamen Nenner der Latinos und lässt Mehrfachzugehörigkeiten zu regionalen Identitäten und divergierenden Lebensstilen bewusst zu.[18]

18 | Die Befunde der vorliegenden Fallstudie weichen auch hier etwas von den Erkenntnissen Dávilas ab, die diagnostiziert hatte, dass Unternehmen ein ausschließlich homogenisierendes Ethnomarketing praktizieren würden, um der Wirtschaftlichkeitsbedingung zu genügen: »[Marketers] are likely and well equipped to continue rendering hybridity along racial/ethnic/cultural lines into appropriate (marketable) ethnicity.« (2001: 237) Zumindest im Falle Toyotas stellt sich die Situation etwas komplexer dar: Zwar wird eine Homogenisierung der Zielgruppe durchaus befördert – aber eben gerade bei gleichzeitiger Anerkennung bikultureller beziehungsweise hybrider Identitäten. Die wirtschaftlich nötige Vergemeinschaftung wird situativ erreicht.

6.3 Individuelle Sozialintegration: Ethnisierung der Karriere

Die Untersuchung individueller Integrationsprozesse nimmt auch im Falle Toyotas die Teilhabechancen ethnisierter Mitarbeitender in den Blick. Die enge Verzahnung von Hispanic Marketing und Diversity-Management bei Toyota lässt jedoch keine eindeutige Zuordnung personalpolitischer Maßnahmen zu einzelnen Kampagnen zu. Die Analyse der Diversity Strategie Toyotas ermöglicht allerdings eine Annäherung an die Frage, wie Hispanic Marketing in individuellen Integrationsprozessen wirkt.

Ethnomarketing als Teil einer umfassenden Diversity-Strategie

Die Diversity-Strategie Toyotas ist keineswegs nur auf die ethnische Minderheit der Hispanics ausgerichtet, sondern zielt grundsätzlich auf den Umgang des Unternehmens mit der Pluralität und ethnisch-kulturellen Vielfalt der US-amerikanischen Bevölkerung ab Diese Vielfalt, so das Credo der Diversity-Politik, soll für das Unternehmen nutzbar gemacht werden. Toyota benennt daher, neben Kunden und Geschäftspartnern, dezidiert die Mitarbeitenden im Konzern sowie in den Händlerbetrieben als Zielgruppe der Diversity-Strategie:[19]

»Our customers, business partners and employees should see themselves represented in our workforce, in our marketing campaigns, in our dealerships, in the communities we serve, and the organizations we support.« (USA20f)

Im Strategiepapier *Toyota's 21st Century Diversity Strategy* (USA09) wird Diversity-Management zudem als Aufgabe beschrieben, die nahezu alle Bereiche des Unternehmens tangiert (»built into every area of our business«; USA12). Die Diversity-Aktivitäten Toyotas besonders mit Blick auf die beruflichen Teilhabechancen ethnischer Minderheiten werden auch von Außenstehenden als erfolgreich bewertet. Deutlich wird dies beim guten Abschneiden Toyotas beim »DiversityInc Top 50«-Ranking (vgl. USA29; USA30; USA64). Die Begründung der Jury für Platz 36 im Jahr 2010, und damit Platz 1 in der Automobilindustrie:

»Toyota moves up four spots on the list this year as it demonstrates increased racial/ethnic diversity in its work force and management ranks. The company's U.S. operations are building an inclusive culture and using increasingly strong employee-resource groups as key assets.« (USA29)[20]

19 | Zum Begriff des Diversity-Managements vgl. u.a. Krell et al. (2007). Zur Abgrenzung von Konzepten der interkulturellen Öffnung vgl. u.a. Schröer (2009).

20 | Im Jahr 2011 führte Toyota mit Platz 46 immer noch die Rangliste der Automobilindustrie an. Die Begründung wich kaum von der obigen ab (vgl. USA64).

Ethnisierung der Personalpolitik

Sensibilisierung der Belegschaft

Die Teilhabechancen ethnischer Minderheiten innerhalb des eigenen Unternehmens befördert Toyota mit einer Reihe aufeinander abgestimmter Maßnahmen. So sind alle Mitarbeitenden verpflichtet, ein »Diversity Training« (USA29) zu absolvieren. Dessen Wirkung wird anschließend durch Fragebögen evaluiert. Ziel des Trainings ist es einerseits, Antidiskriminierungsarbeit zu leisten und andererseits, die interkulturelle Kompetenz der Mitarbeitenden zu erhöhen. Verstärkt werden die Trainings durch »diversity champions« (USA61), speziell geschulte Mitarbeiter, die seit Ende der 1990er Jahre im Konzern eingesetzt werden. Diese »serve as leaders at the grass-roots level« (ebd.) und haben den Auftrag »to promote diversity and inclusion internally at regional sales and distribution offices« (ebd.). Derartige Maßnahmen könnten aus soziologischer Sicht dazu beitragen, die strukturelle Sozialintegration von ethnischen Minderheiten zu erleichtern.

Förderung von Minderheiten bei Einstellung und Ausbildung

Toyotas Förderung von Minderheiten bei Einstellung und Ausbildung lässt sich in zwei Ansätze unterteilen: Für Kandidaten, die bereits in kultureller Hinsicht als integriert gelten, wird der Versuch gemacht, strukturelle Barrieren bei der Einstellung, aber auch bei der Personalentwicklung abzubauen. Für Menschen mit Integrationsdefiziten werden, in begrenztem Umfang, Programme zur Steigerung der kulturellen Integration aufgelegt, um eine spätere Platzierung auf dem Arbeitsmarkt zu erleichtern. Die erste Linie findet sich unter anderem im »minority recruitment«, das »at both the college graduate and undergraduate level« (USA20k) stattfindet. Dabei bedient sich Toyota zahlreicher Kooperationspartner, unter anderem INROADS, einer Organisation zur Vermittlung von Praktika an Mitglieder ethnischer Minderheiten (vgl. USA12). Außerdem arbeitet man mit der Hispanic Business Society, der Association of Latina Professionals in Finance and Accounting sowie der National Society of Hispanic MBAs zusammen (vgl. USA20k). Den Organisationen geht es vor allem darum, Hürden der strukturellen Sozialintegration zu überwinden und eine Platzierung auf dem Arbeitsmarkt zu ermöglichen.

Die zweite Linie wird beispielhaft sichtbar in einem Projekt in Los Angeles. Dort betreibt Toyota seit 1993 gemeinsam mit der Los Angeles Urban League ein »automotive training center« (USA62), das speziell »unemployed or underemployed men and women« (USA63), großteils aus ethnischen Minderheiten, für den Arbeitsmarkt qualifizieren soll. Nach Angaben Toyotas wurden dort bereits über »1,400 minority candidates for careers as automotive service technicians« (USA12) ausgebildet, ein weiteres Center an der Ostküste war in Planung (vgl. USA20a). Derartige Aktivitäten können über kulturelle Integration, das heißt die Vermittlung von Wissen, ebenfalls zur gesellschaftlichen Teilhabe der Teilnehmenden beitragen. Ähnliches gilt für die Förderung von Minderheiten in den Händlerbetrieben. Hier existieren im Wesentlichen zwei Programme: Das »Toyota Avenues for Advancement Program, TAAP« (USA20a) hat es sich zum Ziel gesetzt, die Talente derjenigen zu fördern, die derzeit in Autohäusern angestellt sind, jedoch ihren eigenen Betrieb eröffnen möchten. Das »Dealer Development Program« (USA20c) dagegen identifiziert in Zusammenarbeit mit Partnerorganisationen (U.S. Hispanic Chamber of Commerce, National Assembly of Minority Automobile Dealers) geeignete Kandidaten für den Neuaufbau von »minority-owned dealers« (USA20c). Die Unterstützung erfolgt dabei durch entsprechende Trainingsmaßnahmen sowie durch finanzielle Unterstützung über vergünstigte Kredite (vgl. USA20a; USA20c).

Ethnisierung der Mitarbeitervertretung

Toyota USA verpflichtet sich in der offiziellen Diversity-Strategie (USA09) dazu, den Ansatz auf allen Ebenen des Unternehmens umzusetzen: »We are committed to making sure employees at all levels of organization represent the many faces of America today.« (USA20e) Man will dieser Verpflichtung unter anderem durch umfassende Partizipationsrechte für derzeit 13 Minderheitenorganisationen gerecht werden. Diese sogenannten Business Partnering Groups (BPG) existieren für Kriegsveteranen (Toyota Veterans Association), religiöse Gruppen (Toyota Christian Fellowship), Frauen (Women's Leadership Forum), Homosexuelle (Gay and Lesbian [Bisexual Transgender and Friends] Alliance) oder ethnische Minderheiten (Toyota Asian American Society in Alliance; African American Collaborative). Die BPG für Hispanics nennt sich TODOS (Toyota Organization for the Development of Latinos). Toyota schreibt den BPG eine wichtige Rolle für die Personalentwicklung ihrer Mitglieder zu: »For participants, these groups encourage professional development and provide opportunities for networking and learning.« (USA20n) Gleichzeitig wird deutlich, dass man von der Artikulation der Vielfalt auch ökonomisch profitieren will: »Members offer unique insights into Toyota's recruiting efforts and community outreach.« (Ebd.) Die BPG werden somit auch für die Entwicklung neuer Marketingstrategien genutzt (vgl. USA29). Ähnliche Effekte verspricht man sich davon, dass Vertreter der Minderheiten in den Gremien der Händlerbetriebe, den National Dealer Councils, vertreten sind (vgl. USA20c). Aus soziologischer Sicht ist das Integrationspotenzial der BPG zwiespältig zu bewerten: Zwar erhöhen die BPG die Teilhabechancen der Mitglieder möglicherweise tatsächlich. Allerdings werden relevante »Platzierungen« (Esser 2001: 17) auch tendenziell entlang ethnischer Linien vergeben. Dies hat zur Folge, dass erstens der Anreiz zur Selbstethnisierung steigt und zweitens Ethnizität als Instrument im Ringen um begrenzte Ressourcen an Bedeutung gewinnt. Mit steigender Relevanz – und möglicherweise auch Gegnerschaft – der verschiedenen BPG wird eine soziale Binnenintegration in die eigene ethnische Gruppe befördert.

Ethnisierung der Zulieferer

Toyota beschränkt seinen Diversity-Ansatz nicht nur auf das eigene Unternehmen, sondern bezieht auch die Zulieferer mit ein. Mittels einer »Open-Door Policy« (USA15) versucht man, den Anteil der »minority-owned businesses« beziehungsweise der »minority business enterprises«, kurz MBE, unter den Zulieferfirmen zu steigern (vgl. USA20j). Für die entsprechenden Unternehmen bietet Toyota spezielle Treffen und Trainingsprogramme an (vgl. USA 20m). Außerdem hat sich Toyota eine jährliche Quote von 7,5 Prozent der Direkteinkäufe (»tier I purchases«) bei MBE verordnet und hält seine Zulieferer an, ihrerseits den Anteil der MBE unter ihren Zulieferern (»tier II suppliers«) zu erhöhen (vgl. USA12; USA64). Auf einer jährlich stattfindenden »minority business trade show« (USA12) können sich MBE den Zulieferern präsentieren. Von potenziellen Geschäftspartnern, die für sich in Anspruch nehmen, in die MBE-Kategorie zu fallen, erwartet Toyota die Vorlage eines Zertifikates, ausgestellt vom unabhängigen National Minority Supplier Development Council (vgl. USA20i). Dessen standardisierte Prüfung stellt zunächst fest, ob es sich tatsächlich um ein »minority-owned business« handelt. Grundlage dafür ist, das mindestens 51 Prozent des Unternehmens durch Angehörige einer ethnischen Minderheit gehalten werden. Dabei folgt die Klassifizierung der folgenden Definition – hier mit Fokus auf Hispanics (im Folgenden USA15):

»For purposes of NMSDC's program, a minority group member is an individual who is a U.S. citizen with at least 1/4 or 25% minimum (documentation to support claim of 25% required from applicant) of the following: [...]
Hispanic: A U.S. citizen of true-born Hispanic heritage, from any of the Spanish-speaking areas of the following regions: Mexico, Central America, South America and the Caribbean Basin only. Brazilians (Afro-Brazilian, indigenous/Indian only) shall be listed under Hispanic designation for review and certification purposes.«

Es fällt auf, dass die Klassifizierung eines Menschen als Hispanic anhand einer scheinbar objektiven Definition erfolgt. Dies widerspricht im Grundsatz dem Vorgehen des US-Census, wo eine subjektive Zuordnung durch die Befragten selbst vorgenommen werden kann (vgl. Humes et al. 2011). Um einen objektiven Nachweis zur Teilhabe der MBE führen zu können, treibt der Konzern also eine Essentialisierung ethnischer Zugehörigkeit voran. Die Ethnisierung der Personalpolitik wird damit objektiviert und verfestigt.

Zwischenbilanz zu individuellen Integrationsprozessen

Toyota bearbeitet mit seiner Diversity-Strategie verschiedene Probleme struktureller und kultureller Sozialintegration. Grundlage ist stets die Feststellung von ethnischer Differenz: Nur wenn sich Mitarbeitende selbst einer ethnischen Gruppe zuordnen, oder wenn Zulieferer einer solchen Gruppe zugeordnet werden, bieten sich die entsprechenden, für Minderheiten geschaffenen Teilhabemöglichkeiten. Dabei kann nicht nur die Tendenz der Essentialisierung ethnischer Zugehörigkeit festgestellt werden, sondern es werden auch Anreize zur Selbstethnisierung geschaffen, um von den damit einhergehenden Vorteilen zu profitieren. Grundsätzlich birgt dies zwar die Gefahr von Mobilitätsfallen. Durch die Förderung der Business Partnering Groups und die Selbstverpflichtung, Vielfalt auf allen Hierarchieebenen zu fördern, gelingt es Toyota aber vergleichsweise gut, diese zu minimieren. Problematisch bleibt jedoch, dass die ›Ethnisierung der Karriere‹ langfristig zu einer Versäulung ethnischer Teilhabe im Unternehmen führen könnte.[21]

6.4 KOLLEKTIVE SOZIALINTEGRATION: VERHALTENE NORMALISIERUNG

Techniken der offenen Kommunikation

Die kommunikationspolitischen Aktivitäten Toyotas finden zu einem erheblichen Teil in Ethnomedien statt. Beispiele sind hier Telenovelas spanischsprachiger Sender wie Telemundo oder Univision (vgl. USA10), aber auch das Engagement bei Fußballübertragungen, unter anderem auf Fox Sports Español (USA02). Insgesamt investiert Toyota jährlich mehr als 80 Millionen Dollar in die Kommunikation über »Hispanic Media« (USA35). Vor diesem Hintergrund liegt die Vermutung nahe, dass Toyota eine mediale Segmentierung der Zielgruppe unterstützt. Allerdings findet die Ansprache der Hispanics keinesfalls ausschließlich in Ethnomedien und abgeschottet von der Mehrheitsgesellschaft statt. Die Segmentierung ist im Gegenteil an verschiedenen Stellen durchbrochen und mit Mainstream-Angeboten verknüpft. Dies zeigt sich beispielhaft auf den Internetseiten Toyotas, wo man über einen gut sichtbaren Link zwischen englisch- und spanischsprachiger Seite wechseln kann (vgl. USA19). Auf der Internetpräsenz des Konzerns kann man zudem gezielt nach spanischsprachigen Verkaufsberatern suchen. Offen zugänglich sind auch die Facebook-Seiten der diversen Kampagnen (vgl. USA05).

Während die Wahrnehmung der ethnisierten Internetangebote durch die Mehrheitsgesellschaft einer aktiven Suche des Nutzers bedarf, geht Toyota mit dem TV-Spot zum Camry Hybrid während des Super Bowl 2006 (USA01) einen entscheidenden Schritt weiter. Hier werden Hispanics gewissermaßen vor den Augen der gesamten Nation angesprochen, weshalb der *Boston Globe* konsta-

21 | Es gibt Hinweise darauf, dass Toyota auch das Problem ethnisierter Karrieren erkannt hat (vgl. USA09; USA20f; USA61). Beispielsweise verwendet man an Stelle des Begriffs »diversity« zunehmend den der »inclusion« (USA61). Damit will Toyota »place emphasis on commonality rather than difference« (ebd.).

tiert: »Latino marketing goes mainstream.« (USA16) Ähnlich wie der Hybrid-Spot werden auch die oben beschriebenen »mini-documentaries« (USA17) zum Modell Tundra, die sich explizit an traditionsbewusste, mexikanischstämmige Latinos richten, im Mainstream-TV ausgestrahlt. Toyota versteckt die Aktivitäten für Hispanics also keineswegs, sondern thematisiert sie in der übergreifenden PR-Arbeit offen und als Teil der Diversity-Strategie des Konzerns.

Daher lässt sich festhalten, dass Toyota, abgesehen von einem erhöhten Anteil von Ethnomedien in der Mediaplanung und gezieltem Eventmarketing, keine aktive Segmentierung der Kommunikation vornimmt. Insbesondere werden keinerlei Anstrengungen unternommen, Ethnomarketing gegenüber der Mehrheitsgesellschaft zu tabuisieren. Damit ist eine Grundvoraussetzung erfüllt, um in kollektiven Aushandlungsprozessen um Teilhabechancen von Hispanics auch über die Grenzen der Zielgruppe hinaus wahrgenommen zu werden. Die Techniken der offenen Kommunikation, und hier vor allem die Auswahl von Mainstream-Medien, tragen zu einer erhöhten Präsenz der Zielgruppe in der öffentlichen Wahrnehmung bei. Eine Sprecherrolle des Ethnomarketing scheint grundsätzlich möglich.

Techniken der Normalisierung

Die Techniken der Normalisierung[22] konzeptualisieren die Gruppe der US-Latinos als selbstverständlichen Bestandteil der USA. Dies geschieht beispielsweise dadurch, dass die Kommunikationspolitik Hispanics in der US-amerikanischen Großstadt und im alltäglichen Straßenbild verortet. Auch die Somos muchos-Sticker werden in einem öffentlichen, klar als US-amerikanisch erkennbaren Raum angebracht und zeigen den Anspruch der Zielgruppe, Teil der gesellschaftlichen Normalität zu sein (vgl. u.a. USA07). Die Selbstverständlichkeit der Latino-Präsenz wird auch dadurch deutlich, dass im oben erwähnten Radio-Spot zur Hochzeit zwischen John und Lupida die bikulturelle Heirat an sich nicht betont wird (vgl. USA38). Die Komik des Spots entsteht entlang der stereotypisierten Gegensätze zwischen den Kulturen – allerdings vor dem Hintergrund eines offensichtlich völlig normalen Ereignisses. Das gleiche Muster findet sich in einem anderen Radio-Spot bezüglich der Präsenz von Hispanics bei Straßenfesten (vgl. USA39). Latinos, so die zentrale Aussage der *Somos muchos*-

22 | Der Begriff der Normalisierung wird hier im Sinne der Konstruktion von Normen verstanden – und nicht zwingend im Sinne einer Angleichung unternehmerischen Handelns an eine existente, gesellschaftliche Norm. Eine Normalisierung in diesem Sinne kann daher auch eine Verschiebung diskursiver Möglichkeitsbedingungen bedeuten, das heißt eine Erweiterung des als normal empfundenen Denkens und Handelns. Überlegungen zum Begriff des Normalen, an denen diese Arbeit ansetzt, ziehen sich durch Michel Foucaults Werk und finden sich insbesondere in *Wahnsinn und Gesellschaft* (1969) und *Überwachen und Strafen* (2008 [[1]1976]).

Kampagne, gehören zu den USA – und Toyota, so die implizite Botschaft an die Zielgruppe, trägt dazu bei, dass diese Präsenz als Normalität angesehen wird. Techniken der Normalisierung zeigen sich außerdem in der Vertriebspolitik Toyotas. In Regionen mit einem hohen Anteil von Hispanics an der Wohnbevölkerung sind spanischsprachige Verkaufsberater in Autohäusern längst die Regel (vgl. USA45). Die Diversity-Strategie Toyotas hat also nicht nur Auswirkungen auf die individuellen Teilhabechancen ethnisierter Mitarbeiter, sondern sorgt auch dafür, dass Toyota durch eine ethnisch heterogene Mitarbeiterschaft am Point of Sale präsent ist.

Doch nicht nur die Präsenz von Hispanics in den USA wird durch die Techniken der Normalisierung erfasst, auch die Hybridisierung und Latinisierung US-amerikanischer Kultur erscheint im Hispanic Marketing Toyotas als begrüßenswerter Alltag. So wird an einigen Stellen der Vorteil der Zweisprachigkeit der US-Latinos betont (vgl. USA52), an anderen Stellen der positive Einfluss auf Musik und Kreativität hervorgehoben (vgl. USA04; USA36). Besonders stark fließen Techniken der Normalisierung in die Kampagne für die Subzielgruppe der Nuevo Latinos ein, deren Lebenswirklichkeit Toyota in der Kommunikationspolitik abzubilden versucht. Am auffälligsten gegenüber der Mehrheitsgesellschaft wird die potenziell hybride Identität der US-Latinos im TV-Spot zum Camry Hybrid (USA01) kommuniziert. Allerdings wird der folgende Abschnitt auch zeigen, dass gerade in diesem Fall die Techniken der Normalisierung besonders stark von denen der Idealisierung begleitet werden.

Techniken der mehrdimensionalen Idealisierung der Zielgruppe

Das Datenmaterial lässt erkennen, dass die Zielgruppe bei Kommunikationskampagnen in Mainstream-Medien stark idealisiert wird. Diese Idealisierung ist mehrdimensional, weil sie sich aus einer Reihe gleichgerichteter Techniken zusammensetzt, die im Einzelnen als die Idealisierung von Hybridität, das Tabuisieren migrationspolitischer Probleme, die Betonung des Themas Sicherheit sowie die Musealisierung der Latino-Kultur bezeichnet werden können.

Idealisierung von Hybridität

Aus Theorie und empirischer Forschung zu hybriden Identitäten ist bekannt, dass eine Gleichzeitigkeit verschiedener kultureller Identitäten nicht ohne (innere) Konflikte einhergeht und beständig neu hergestellt werden muss (vgl. Kapitel 1). Diese Herausforderung wird auch in der Marktforschung Toyotas erkannt (vgl. USA52). In der Praxis wird dieser Feststellung damit begegnet, dass Hybridität, vor allem in der Kommunikationspolitik, idealisiert wird. Illustriert wird dies unter anderem durch den TV-Spot zum Camry Hybrid (USA01): Vater und Sohn gelingt der Wechsel zwischen den Sprachen spielend leicht, ihre Fahrt im Hybrid-PKW findet im Einklang mit der Umwelt statt. Dies wird unterstützt durch die harmonische Abstimmung von Bild und Ton, bei der die

Schnitte im Takt der Musik erfolgen. Hybridität ist hier frei von Dissonanzen. Auch die zahlreichen Protagonisten der *Somos muchos*- und der *El Yaris te inspira*-Kampagne scheinen ihre hybride Identität problemlos zu leben (vgl. USA04; USA07).

Tabuisierung migrationspolitischer Probleme

Toyota tabuisiert in seinen Marketingaktivitäten politisch umkämpfte Felder der US-amerikanischen Migrationspolitik. In keiner der vorliegenden Quellen findet sich ein Hinweis auf medial dominierende Themen wie illegale Migration, Schwarzarbeit oder Ghettoisierung. Eine dergestalt durch die Kampagne vermittelte, entproblematisierte Sichtweise auf die Immigration aus Lateinamerika trägt dazu bei, das Bild der Hispanics in der Mehrheitsgesellschaft zu idealisieren. Mit Blick auf kollektive Integrationsprozesse bedeutet dies, dass Toyota seine Sprecherrolle nicht dazu wahrnimmt, faktisch vorhandene migrationspolitische Probleme der Hispanics zu thematisieren.

Betonung des Themas Sicherheit

Im Datenmaterial finden sich zahlreiche Hinweise auf eine enge Verknüpfung des Themas Sicherheit mit der Gruppe der Hispanics. Diese Verknüpfung ist besonders deutlich, wenn es sich um Kommunikation handelt, die über Mainstream-Medien transportiert wird. Dabei ist einmal mehr der Camry Hybrid-Spot als auffälligstes Beispiel zu nennen (im Folgenden USA01):[23] In diesem haben sich die Protagonisten vorschriftsgemäß mit einem Gurt gesichert, der Sohn befindet sich zusätzlich auf einem Kindersitz auf der Rückbank. Bei der Unterhaltung hält der Vater während der Fahrt ausschließlich über den Rückspiegel Blickkontakt mit dem Sohn. Erst als der Wagen zum Stehen kommt, zeigt der Vater dem Sohn auf dem Bordcomputer eine Animation zum Hybridantrieb und dreht sich nach hinten um. Beim anschließenden Abbiegen auf einer leeren Straße im Wald setzt der Vater vorschriftsmäßig den Blinker. Durch die implizite Verknüpfung des Themas Sicherheit mit der Zielgruppe der Latinos entsteht das Bild einer verantwortungsbewussten Gruppe, die sich in jedem Moment regelkonform verhält und die Sicherheit (auf den Straßen) der USA in keinem Moment gefährdet.

Musealisierung der Latino-Kultur

Der Bezug auf die geografische und kulturelle Herkunft aus Lateinamerika ist im Ethnomarketing Toyotas zwar omnipräsent, allerdings wird sie überwiegend als Vergangenheit konzipiert. Die vermeintlich reine Latino-Kultur wird nicht in den USA verortet und hat nur einen losen Bezug zum Alltag der Zielgruppe. Versinnbildlicht wird dieser Umgang mit kulturellen Wurzeln durch das Char-

23 | Ähnliche Muster finden sich auch in der Kampagne zum Tundra (USA07).

ro-Museum der Kampagne zum Tundra (vgl. USA17c; USA49b; USA51). Hier werden mexikanische Traditionen verklärt und gleichzeitig, im wahrsten Sinne des Wortes, musealisiert. Dementsprechend erinnern die damit zusammenhängenden »charrerías«, die traditionellen Reitsport-Festivals, an Rollenspiele zur Erinnerung an eine glorreiche Vergangenheit. Die echte Latino-Kultur existiert nur als Konserve. Wie in den anderen Fällen der Idealisierung lassen sich auch die Techniken der Musealisierung vor allem dann feststellen, wenn die Kommunikationspolitik die Mehrheitsgesellschaft erreicht.

Techniken der Amerikanisierung

Die Ausführungen zur Ethnisierung der Zielgruppe haben deutlich gemacht, dass Toyota die geografische Gegenwart der Hispanics in den USA verortet. Mit den Techniken der Amerikanisierung geht Toyota noch einen Schritt weiter und konzipiert auch die kulturelle Zukunft der Zielgruppe als US-amerikanisch. Sicht- und hörbar wird dies beispielsweise durch die zunehmende Verwendung des Englischen in Kombination mit oder als Ersatz der spanischen Sprache. Dies liegt unter anderem darin begründet, dass Toyota die junge Generation der Nuevo Latinos als bereits relativ stark akkulturiert sieht (vgl. u.a. USA52). Daher folgen die Techniken der Amerikanisierung der Annahme eines stufenweisen Assimilationsmodells. Dieses wird bei der Kommunikation über Mainstream-Medien als innere Einstellung und Überzeugung der Hispanics, und dabei speziell der zukunftsorientierten Familien, vermittelt. Der deutlichste Passus im Datenmaterial stammt auch hier aus dem TV-Spot zum Camry Hybrid, wenn der Sohn fragt: »And why did you learn English?« und der Vater antwortet: »For your future.« (USA01) Das Bekenntnis zu den USA als Heimatland geht in diesem Spot weit über die Sprache hinaus: Über dem PKW mit Vater und Sohn fliegt ein Seeadler, der sich in dieselbe Richtung bewegt wie der PKW. Beide, Vater und Sohn, blicken zum Adler auf, wobei der Eindruck entsteht, die beiden Hispanics im Toyota würden dem Wappentier der USA folgen. Wie hier, so finden sich in der Konzeption der gegenwärtigen oder zukünftigen Lebensweise der Hispanics durch die Kampagnen immer wieder Hinweise auf Symbole und grundlegende Narrative aus der US-amerikanischen Kultur- und Mentalitätsgeschichte. An diesen Stellen verweisen die Techniken der Amerikanisierung bereits auf dominierende Integrationsdiskurse, die in Abschnitt 6.5 unter Einbezug von Kontextmaterial genauer besprochen werden.

Techniken einer ökonomisierten Argumentation

Toyota lässt in Verlautbarungen der Unternehmensspitze keinerlei Zweifel an seiner ökonomischen Motivation für Ethnomarketing. So stellt Mike Morrison, Präsident der Toyota University, mit Blick auf das Hispanic Marketing des Konzerns unmissverständlich klar: »We do it because it's good business.« (USA61) Hier deutet sich bereits eine offen nutzenmaximierende Argumentation für die

Verfolgung der Ethnomarketing-Strategie an, die sich in zahlreichen weiteren Elementen des Marketing-Mix beobachten lässt. So wird beispielsweise über den Vergleich der hybriden Identität der Hispanics im TV-Spot mit einem sparsamen Hybridmotor die Wertschätzung kultureller Hybridität ökonomisiert (vgl. USA01). Auch die Ankündigung des »Hybrid Synergy Drive« (ebd.) am Ende desselben Spots verknüpft den Begriff der Hybridität mit dem klar im ökonomischen Kontext verorteten Terminus der Synergieeffekte. Eine ähnliche Argumentation findet sich auch in den Ausführungen Toyotas zur Diversity-Strategie des Unternehmens. So soll die Förderung der »supplier diversity« (USA20m) die Kunden- und Mitarbeitervielfalt widerspiegeln und damit »significant competetive advantage« (ebd.) garantieren. Auch die Förderung der Business Partnering Groups wird ökonomisch begründet. Toyota rückt auf diese Weise den Beitrag der Zielgruppe zur ökonomischen Gewinnmaximierung in den Vordergrund. Der Einbezug von US-Latinos auf allen Ebenen des Marketing erscheint gewissermaßen als »rational choice«.

Zwischenbilanz zu kollektiven Integrationsprozessen

Eine Positionierung Toyotas in den Aushandlungsprozessen um die Rahmenbedingungen der Teilhabe von Hispanics an der US-amerikanischen Gesellschaft deuten insbesondere die Techniken der Normalisierung an: Sie vermitteln das Bild einer Zielgruppe, die sich ganz selbstverständlich als einen Bestandteil der USA begreift. Über die Techniken der offenen Kommunikation wird diese Auffassung an die Mehrheitsgesellschaft herangetragen und mittels der Techniken der ökonomisierten Argumentation begründet. Toyotas Hispanic Marketing positioniert sich auf diesem Wege offen für eine bessere Anerkennung und Wertschätzung der US-Latinos. Allerdings wird diese Normalisierung durch die die Techniken der Amerikanisierung und Idealisierung entscheidend relativiert beziehungsweise gefiltert (vgl. Abbildung 10): Die Techniken der Amerikani-

Abbildung 10: Verhaltene Normalisierung (eigene Darstellung)

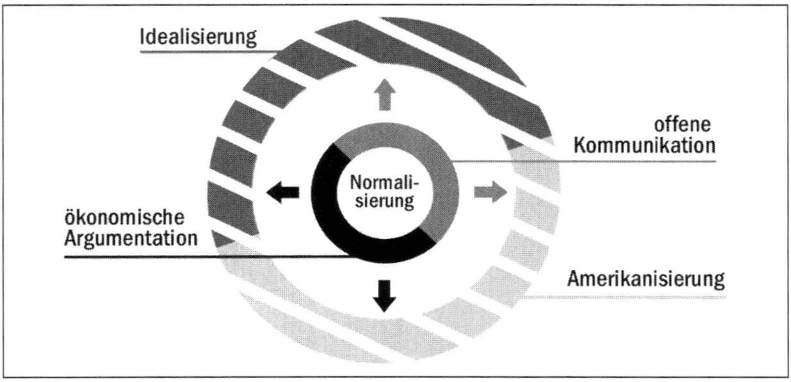

sierung bewirken, dass die gleichberechtigte Anerkennung der US-Latinos nur unter bestimmten Prämissen erfolgt, beispielsweise bei Vorhandensein englischer Sprachkenntnisse. Die Techniken der Idealisierung der Zielgruppe haben zur Folge, dass vor allem die Kampagnen in Mainstream-Medien potenzielle Problemfelder meiden und stellenweise verharmlosen. Insgesamt tritt Toyotas Hispanic Marketing daher in kollektiven Integrationsprozessen nur für die gleichberechtigte Teilhabe einer idealisierten Zielgruppe ein.

6.5 Prozesse der Systemintegration: An den Grenzen der Diskurse

Die vorangegangenen Abschnitte stützten sich überwiegend auf Material, das direkt den Hispanic Marketing-Aktivitäten Toyotas zuzuordnen ist. Auf dieser Basis wurden Techniken herausgearbeitet, derer sich Toyota in kollektiven Integrationsprozessen bedient. Im folgenden Abschnitt wird mit Hilfe von Kontextmaterial einer Verschränkung ökonomisch induzierter Marketingmaßnahmen mit Integrationsdiskursen der US-amerikanischen Gesellschaft nachgegangen. Dabei werden vier Diskursfelder angesprochen, in denen Denken und Handeln um Integration in den USA produziert und limitiert wird: Demografischer Wandel, nationale Identität, Integrationspolitik und Liberalismus.

Diskursfeld Demografischer Wandel

> [It] cannot be denied that the United States is undergoing a gradual and profound transformation that could fairly be referred to as ›Latinisation‹. (Cohen 2002: 111)

Toyotas Entscheidung, Hispanic Marketing zu intensivieren, basiert auf der Wahrnehmung eines beschleunigten Wachstums der Zielgruppe. Mit dem Slogan *Somos muchos* spricht Toyota explizit die quantitative Bedeutung der Hispanics an und steht damit keinesfalls alleine da: Wirtschaft, Politik und Wissenschaft sprechen längst von einer »Latinisation« (Cohen 2002: 111) der USA. Die jüngsten Census-Daten für das Jahr 2010 scheinen diese Tendenz zu untermauern: Für den Bundesstaat Texas diagnostizierte das Census Bureau beispielsweise mit einem Minderheitenanteil von 55 Prozent zum ersten Mal für diesen Staat eine »majority-minority population« (Humes et al. 2011: 19).[24] Neben Texas fielen im Census 2010 auch Kalifornien, New Mexico, Hawaii

24 | Eine »majority-minority population« liegt vor, wenn »non-Hispanic Whites« weniger als 50% der Bevölkerung ausmachen (vgl. Humes et al. 2011: 19).

und der District of Colombia in diese Kategorie. Besonders für die südwestlich gelegenen Staaten Texas, Kalifornien und New Mexico wird die Entwicklung auf den stark gestiegenen Anteil von Hispanics zurückgeführt (vgl. ebd.). Die verstärkte öffentliche Wahrnehmung einer, zumindest demografischen, Latinisierung zeigte sich auch in den Präsidentschaftswahlkämpfen 2008 und 2012. In beiden Jahren wurde die Gewinnung und Mobilisierung der eigentlich als eher konservativ geltenden »Latino voters« als entscheidend für den Erfolg Barack Obamas gedeutet:

»Obama carried the Latino vote by sizeable margins in all states with large Latino populations. His biggest breakthrough came in Florida, where he won 57% of the Latino vote in a state where Latinos have historically supported Republican presidential candidates (President Bush carried 56% of the Latino vote in Florida in 2004). Obama's margins were much larger in other states with big Latino populations. He carried 78% of the Latino vote in New Jersey, 76% in Nevada, and 74% in California.« (Lopez 2008)[25]

Diese Entwicklungen rufen konservative Politiker und Wissenschaftler auf den Plan. Besonders prominent ist dabei Samuel Huntington, der in Fortführung seiner These vom *Clash of Civiliziations* (1997) im Aufsatz »The Hispanic Challenge« von »a major potential threat to the country's cultural and political integrity« (2004: 33) spricht. In seiner Warnung vor einer weiteren Latinisierung beruft er sich immer wieder auf Gründungsmythen der USA: »There is no ›Americano dream‹. There is only the American dream created by an Anglo-Protestant society.« (Ebd.: 35) Auch auf politischer Ebene führt die Angst vor einer Überfremdung durch lateinamerikanische Einwanderer zu weltweit beachteten und teilweise drastischen Maßnahmen. So unterzeichnete George W. Bush in seiner zweiten Amtszeit den *Secure Fence Act of 2006*, der den Bau eines Grenzzauns zu Mexiko vorschrieb. Trotz zunächst anders lautender Bekundungen hielt auch Barack Obama an dem Projekt fest und verkündete im Mai 2011: »Well, that fence is now basically complete.« (Zengerle 2011) Ähnlich wie der Bau des Zauns wurde der *Support Our Law Enforcement and Safe Neighborhoods Act* des Bundesstaates Arizona im Jahr 2010 von heftigen Reaktionen aller politischen Lager begleitet. Das Gesetz ermöglicht polizeiliche Kontrollen zur Überprüfung des rechtmäßigen Aufenthaltes bereits dann, wenn »reasonable suspicion exists that the person is an alien who is unlawfully present in the

25 | Im Jahr 2012, und damit nach Abschluss der vorliegenden Untersuchung, konnte Obama sein Ergebnis bei den Hispanics sogar nochmals verbessern, in Florida beispielsweise auf 60% der »Latino vote«. Landesweit erreichte Obama die Stimmen von rund 71% der Hispanics, soviel wie vorher kein anderer demokratischer Präsidentschaftskandidat (vgl. Lopez & Taylor 2012).

United States« (State of Arizona 2010: 1). Insbesondere gegen den vagen Passus der »reasonable suspicion« richtete sich massiver zivilgesellschaftlicher Protest, der auch von Präsident Obama unterstützt wurde (vgl. Archibold 2010). Die Heftigkeit der öffentlichen Debatten und die uneinheitliche Haltung Obamas weisen darauf hin, dass ein dominierender und nicht hinterfragbarer Diskurs zur Bewertung der hispanischen Einwanderung bislang nicht existiert. Mit Blick auf das Hispanic Marketing Toyotas fällt auf, dass gerade die am stärksten diskutierten Themen (v.a. illegale Einwanderung) von Techniken der Tabuisierung erfasst werden.

Interessant sind jedoch auch diejenigen Themen, die in Medien, Politik, Wissenschaft und Wirtschaft nicht (mehr) diskutiert werden: So gilt es als faktisch gesichertes Wissen, dass eine Zunahme der Zahl der Hispanics einen steigenden Einfluss der hispanischen Kultur auf große Teile des Landes bedeutet. Eine besondere Berücksichtigung dieser Gruppe gilt somit als Verpflichtung und Chance für Politik und Wirtschaft. Dies impliziert, dass Hispanics als grundsätzlich ethnisch homogene Einheit wahrgenommen werden – selbst wenn ihre interne Heterogenität anerkannt wird. Dabei wird durchaus festgestellt, dass die ethnische Kategorie der Hispanics erst in den USA konstruiert wird: »[T]he groups subsumed under the label ›Hispanic‹ or ›Latino‹ [...] were not ›Hispanics‹ or ›Latinos‹ in their countries of origin; rather, they only became so in the United States.« (Rumbaut 2009: 16) Neue Einwanderer aus Lateinamerika werden, so wird häufig vorausgesetzt, der ethnischen Gruppe der Hispanics automatisch einverleibt. Dies hat unter anderem zur Folge, dass man stillschweigend davon ausgeht, dass Hispanics als einheitliche Gruppe angesprochen und mobilisiert werden können – sei es für politische Wahlen oder für den Autokauf. Dieses Wissen liegt als Diskurs der Latinisierung allen politischen Auseinandersetzungen als stillschweigender Konsens zugrunde und sorgt dafür, dass die Klassifikation der Hispanics immer wahrhaftiger wird und in letzter Konsequenz sogar zur quasi-rassischen Kategorie im Census erhoben wird (vgl. u.a. Humes et al. 2011: 1; Schildkraut 2007: 607).[26] Die Auswirkungen zeigen sich auch im Hispanic Marketing Toyotas. Selbst wenn man dort explizit die Heterogenität des Marktsegments anerkennt, geht man doch von einer gemeinsamen ethnischen Basis aus. Zudem unterstreicht man das Bild einer beständig wachsenden und einflussreichen Gruppe durch den selbstbewussten Slogan »Somos muchos Latinos«. In seinen Ethnomarkeitng-Maßnahmen reproduziert Toyota daher den herrschenden Diskurs und trägt dazu bei, die Wahrnehmung einer Latinisierung der USA zu objektivieren.

26 | Einen Einblick in die Diskussion um die »Racialization« der Hispanics bietet u.a. Rumbaut (2009).

Diskursfeld Nationale Identität

Bevor Toyota den Werbespot zum Camry Hybrid produzieren und beim Super Bowl ausstrahlen ließ, hatte es bei den Verantwortlichen erhebliche Bedenken gegeben: »While developing the campaign, the company feared a backlash.« (USA16) Die Furcht lag insbesondere in der Verwendung der spanischen Sprache begründet, wie Sandi Kayse, National Advertising Manager bei Toyota bemerkt: »Prior to the ad coming out, we received a small amount of negative feedback saying that we shouldn't use Spanish on English TV stations.« (Ebd.) In diesem »small amount of negative feedback« spiegelt sich die Sorge um einen jahrhundertelang unumstrittenen Grundpfeiler der nationalen Identität der USA: die englische Sprache. Der Soziologe Tomás Jiménez bemerkt in diesem Zusammenhang, dass US-Amerikaner die englische Sprache als »a key component of national identity« (2011: 5) betrachten würden. Er stützt sich dabei unter anderem auf die Arbeiten von Deborah Schildkraut (2007) und ihre Auswertung der *21st Century Americanism Survey* aus dem Jahr 2004. Danach schätzten 94 Prozent der Befragten den Punkt »being able to speak English« als wichtig oder sehr wichtig zur Bestimmung der US-amerikanischen Identität ein (vgl. Schildkraut 2007: 602). Diese Bedeutung der englischen Sprache für die nationale Identität der USA kollidiert jedoch mit dem empirischen Befund, dass Hispanics des Englischen eher unterdurchschnittlich gut mächtig sind:

> »Immigrants from Latin America have the highest proportion of Limited English Proficient (LEP) individuals (64.7 percent), followed by immigrants from Asia (46.6 percent), and Europe (29.8 percent). Given that immigrants from Spanish-dominant countries make up the majority of the immigrant population, and immigrants from these countries thus have more opportunity to speak Spanish, Latin Americans have higher LEP rates. It is partly because of this fact that the descendants of Latin American immigrants maintain Spanish-language use alongside English-language use more than immigrants from other regions of the world.« (Jiménez 2011: 5)

Vor diesem Hintergrund sieht sich das Hispanic Marketing Toyotas beim Gebrauch der spanischen Sprache stets mit dem Vorwurf konfrontiert, Hispanics in ihrer sprachlichen Segmentation zu bestärken und somit die nationale Identität der USA an zentraler Stelle zu untergraben. Dennoch blieben heftige Reaktionen aus, als der Hybrid-Spot ausgestrahlt wurde – zur Verwunderung vieler Fachleute: »In fact, the lack of controversy surrounding this ad is precisely why many advertisers and marketers are still talking about it.« (USA16) Ein Erklärungsansatz für die mangelnde Kontroverse bietet sich, wenn man weitere Komponenten der nationalen Identität der USA in den Blick nimmt. Schildkraut weist beispielsweise darauf hin, dass 97 Prozent der Befragten »respecting other people's cultural differences« (2007: 602) als einen wichtigen oder sehr wichtigen Teil der US-amerikanischen Identität ansehen.[27] Zudem geben 93 Prozent an, dass es eine wichtige US-amerikanische Eigenschaft sei, »people of all backgrounds as Americans« (ebd.) anzusehen.[28] Dieses außerordentlich weit verbreitete Bekenntnis zu einer pluralen Gesellschaft begünstigt eine offene Ansprache ethnischer Minderheiten durch Unternehmen.

Im Diskursfeld Nationale Identität existieren somit zwei wirkmächtige, dominierende Diskurse, die mit Blick auf Toyotas Hispanic Marketing widersprüchliche Ergebnisse produzieren: Einerseits ermöglicht ein Diskurs der Vielfalt die angewandten Techniken der offenen Kommunikation. Andererseits sorgt ein Diskurs des Englischen dafür, dass die Verwendung des Spanischen immer wieder durchbrochen wird. Zusätzlich fungieren die Techniken der Idealisierung und Amerikanisierung als eine Art »diskursive Polizei« (Foucault 1977a: 25). Im Beispiel des Camry Hybrid-Spots zeigt sich deren Wirkung beispielhaft an der Verwendung patriotischer Symbolik und der Dominanz des Englischen bei gleichzeitigem Gebrauch nur weniger, für das Verständnis der Botschaft nicht notwendiger spanischer Wörter (»Papá«, »Si«, »Mira«).[29]

---

27 | Schildkraut (2007: 602) nennt als übergeordnete Kategorien für insgesamt 18 »American Identity Items« die vier Punkte »ethnoculturalism« , »civic republicanism«, »incorporatism« und »liberalism«. Einige Items werden unten nochmals aufgegriffen.

28 | Karsten Fitz (2010: 302) führt die ab Mitte des 20. Jahrhunderts zu beobachtende Debatte über Antidiskriminierung und Bürgerrechte – insbesondere hinsichtlich der Frauen und der African Americans – auf eine Erinnerungskultur zurück, die ihre Wurzeln in der Zeit der Amerikanischen Revolution zwischen den 1830er und 1850er Jahren hat. Durch die »visual integration of African Americans and women« (ebd.) seien diese Gruppen Bestandteil amerikanischer, kollektiver Erinnerung geworden und konnten daran anknüpfen, um für ihre Rechte zu streiten.

29 | Die in diesem Abschnitt besprochenen Diskurse verweisen auf weitere Diskursfelder, die mit dem der nationalen Identität verbunden sind. So könnte beispielsweise der Liberalismus bereits als Bestandteil der nationalen Identität verstanden werden, wird aber weiter unten gesondert behandelt, da er sich nahe am Diskurs der ökonomischen Logik, und damit der treibenden Kraft hinter dem Ethnomarketing-Projekt, befindet.

Diskursfeld Integrationspolitik

> [I]ndividuals still believe that blending into the larger society is essential for national belonging (nearly three-quarters rank it high). (Jiménez 2011: 16)

Der Begriff der Assimilation war im US-amerikanischen Kontext zunächst weniger mit der einseitigen Anpassung von Einwanderern an eine herrschende, als ethnisch definierte Kultur konnotiert als vielmehr mit dem Bild des »Melting Pot«. Diese Metapher wurde von Hector St. Jean de Crèvecoeur im Jahr 1782 im Essay *Letters from an American Farmer* geprägt und 1908 von Israel Zangwill in seinem Drama *The Melting Pot* einer breiteren Rezeption zugeführt (vgl. Georgi-Findlay 2000: 55; Jacoby 2004). Der Begriff beschreibt einen Integrationsautomatismus in der US-amerikanischen Gesellschaft und »impliziert, dass beide Seiten ihre alte Identität aufgeben, um gemeinsam eine neue zu bilden« (Fluck 2004: 712). Angesichts eines empirisch beobachtbaren Drucks zur »Anglo-Konformität« (Georgi-Findlay 2000: 55) wurde das auf wechselseitige Angleichung ausgelegte Konzept jedoch schon bald in Frage gestellt. Der Amerikanisierungsbewegung des frühen 20. Jahrhunderts kam dabei eine entscheidende Rolle zu:

> »Faced with large numbers of immigrants arriving primarily from eastern and southern Europe, communities throughout the country engaged in a massive effort to integrate and, in some instances, forcibly turn immigrants into ›Americans‹. Programs coordinated by public- and private-sector organizations provided English-language training, civics classes, and symbolic displays of patriotism – all aimed at expediting the removal of ›Old World ways‹ and the adoption of a singular American identity.« (Jiménez 2011: 18)

Auch als dieser »proactive approach to immigrant integration« (ebd.) seitens des Staates nachgelassen hatte, blieb ein überwiegend einseitiges Verständnis von Assimilation erhalten. Dieses findet sich auch im grundlegenden theoretischen Werk *Assimilation in American Life* von Milton Gordon (1964). In diesem arbeitet Gordon verschiedene Stadien der Angleichung an die Aufnahmegesellschaft heraus und konstatiert, dass der Grad kultureller Assimilation im Generationenverlauf steige (vgl. für einen neueren Ansatz auch Alba & Nee 2005). Gordons Assimilationstheorie wurde zwar schon bald kritisch hinterfragt, jedoch blieb sie in ihren Grundzügen als diskursive Formation im Bewusstsein der Öffentlichkeit verankert und wird eng mit dem Begriff des Melting Pot verbunden: »[The] melting pot often means little more than ›Anglo conformity‹.« (Branigin 1998: A1). Die Metapher des Melting Pot dient in diesem Sinne bis heute dazu, eine Art Integrationsautomatismus zu beschreiben, der Einwanderer spätestens nach zwei bis drei Generationen zu Amerikanern macht. Anderen bildhaften Konzepten, wie der »Salad Bowl« oder dem »Mosaic« (vgl. Fluck 2004: 713), gelang es nicht, den geradezu mythischen Diskurs des Schmelztiegels dauerhaft zu verdrängen. Dies mag auch daran liegen, dass ein scheinbar unaufhaltsamer Assimilationsmechanismus keiner politischen Steuerung bedarf – und daher besonderen Charme in einem Umfeld besitzt, das von einer grundsätzlich liberalen politischen Grundhaltung geprägt ist.

Nach Tomás Jiménez mündete der tief verwurzelte Glaube an den Melting Pot konsequenterweise in einen »laissez faire approach that relies on an absence of policy intervention« (2011: 18). Dieser sei ab den 1920er Jahren feststellbar und dominiere bis heute. Staatlich koordinierte Hilfestellungen für Migranten, jenseits von Asylbewerbern und Illegalen, suche man bislang vergebens. Es existierten lediglich »a patchwork of programs that together do not constitute a coherent integration policy« (ebd.). Mit dem dominierenden Diskurs der Latinisierung bei gleichzeitiger wirtschaftlicher Krisenanfälligkeit des Landes wird die Selbstverständlichkeit des Integrations- beziehungsweise Assimilationsautomatismus jedoch zunehmend in Frage gestellt (vgl. Jiménez 2011: 19). Die Regierung Bush richtete daher eine Task Force on New Americans ein, die im Dezember 2008 Vorschläge für eine neue Integrationspolitik vorlegte. Der Bericht ist überschrieben mit dem Titel *Building an Americanization Movement for the Twenty-first Century* (Task Force on New Americans 2008) und verweist explizit auf die Amerikanisierungsbewegung des frühen 20. Jahrhunderts. In der Pressemitteilung der zuständigen Behörde, der U.S. Citizenship and Immigration Services, heißt es über die Ausrichtung des Papiers:

»›The Task Force believes that immigrants do generally assimilate in the United States‹, said Alfonso Aguilar, Chair of the Task Force's Technical Committee, and Chief of U.S. Citizenship and Immigration Services' (USCIS) Office of Citizenship. ›But trends show government can do more to help newcomers learn English, learn about America, and promote integration across our nation.‹« (USCIS 2008)

In diesen Äußerungen kommt eine wesentliche diskursive Formation zum Ausdruck, die das Diskursfeld der Integrationspolitik zu Beginn des 21. Jahrhunderts durchzieht: Ihre Basis ist der weiterhin lebendige Mythos des Melting Pot, der auch in obigem Zitat zum Ausdruck kommt. Darauf aufbauend konstituiert sich der emergente Diskurs einer neuen Amerikanisierungsbewegung, der einen »proactive approach« einer »laissez faire«-Politik vorzieht. Diesem Diskurs steht ein zunehmendes Selbstbewusstsein der als Hispanics konstruierten Gruppe gegenüber. Branigin hatte dazu bereits im Jahr 1998 formuliert:

»There is a sense that, especially as immigrant populations reach a critical mass in many communities, it is no longer the melting pot that is transforming them, but they who are transforming American society.« (Branigin 1998: A1)

Die Hispanic Marketing-Agentur Conill, verantwortlich für alle an US-Latinos gerichtete Toyota-Kampagnen, bringt dieses Verständnis auf ihrer Internetpräsenz auf den Punkt: »Thought this was anywhere but the US? It is the US. It is the Nuevo America.« (USA21) In die gleiche Kerbe schlägt Toyotas *Somos muchos*-Kampagne: Eine kommende »majority-minority« beansprucht in den Spots das Recht, die amerikanische Gesellschaft umfassend zu verändern – und bereits verändert zu haben. Die ausschließliche Betrachtung der *Somos muchos*-Kampagne könnte jedoch zu dem Schluss verleiten, dass sich Toyotas Hispanic Marketing außerhalb des dominierenden Diskurses der neuen Amerikanisierungsbewegung positioniert. Die Techniken der Normalisierung könnten vor diesem Hintergrund als Bekenntnis zu einem wechselseitigen Integrationsverständnis gedeutet werden. Allerdings ergibt sich ein anderes Bild, wenn man die Techniken der Idealisierung und Amerikanisierung in Betracht zieht, die insbesondere bei einer offenen Kommunikation gegenüber der Mehrheitsgesellschaft zum Einsatz kommen. In den Spots in Mainstream-Medien (v.a. Camry-Hybrid und Tundra) wird die Dominanz des Englischen nicht angetastet und das »blending into the larger society« (Schildkraut 2007: 602) ganz offensichtlich unterstützt. Dies geschieht unter anderem durch die Musealisierung der Latino-Kultur oder die Verwendung US-amerikanischer Symbolik. In diesen kommunikationspolitischen Aktivitäten zeigt sich deutlich die Wirkung des assimilativen Diskurses der neuen Amerikanisierungsbewegung.

Zusammenfassend kann für das Diskursfeld der Integrationspolitik festgehalten werden, dass Toyotas Hispanic Marketing zwischen zwei Interpretationen des Melting Pot-Mythos oszilliert: Einerseits ist der Gedanke der Formation einer neuen Gesellschaft, eines »Nuevo America«, durchaus lebendig. Andererseits wird bei Kommunikationsaktivitäten, die die angloamerikanisch dominierte Mehrheitsgesellschaft einschließen, der Diskurs der neuen Amerikanisierungsbewegung reproduziert. Dabei wird mit Hilfe der Techniken der Amerikanisierung das integrationspolitische Ziel der Assimilation aufrechterhalten. Durch Techniken der Idealisierung werden gleichzeitig potenziell als unamerikanisch wahrnehmbare Einflüsse kaschiert.

Diskursfeld Liberalismus

In den vorherigen Abschnitten wurde bereits mehrfach darauf hingewiesen, dass im Marketing-Mix Toyotas, und dabei speziell in den Techniken der ökonomisierten Argumentation, ein Diskurs aufscheint, der wie kaum ein zweiter prägend für die US-amerikanische Gesellschaft ist: der Liberalismus. Bereits Max Weber (1988 [[1]1920]) hatte in der US-amerikanischen Bevölkerung eine erhöhte Leistungsethik diagnostiziert und diese auf den Einfluss puritanischen Denkens zurückgeführt. Der Amerikanist Winfried Fluck nennt Webers Text daher auch das erste »Erfolgshandbuch der amerikanischen Kultur« (Fluck 2004: 707).[30] Und auch wenn Webers Interpretationen heute zunehmender Kritik ausgesetzt sind (vgl. u.a. Steinert 2010), bleibt doch sein Befund unumstritten, dass sich in den USA sehr früh ein liberales Denken herausbildete, das sich über persönliche Freiheit, Gleichheit vor dem Gesetz, Demokratie und den Schutz des Privateigentums definierte. Von diesen Prinzipen sind auch die *Declaration of Independance* von 1776 und die *Constitution* von 1789 durchdrungen und können wohl – gemeinsam mit der britischen *Bill of Rights* von 1689 und der Erklärung der Menschenrechte während der französischen Revolution 1789 – als wichtigste politische Dokumente des Liberalismus gelten.

Auch heute noch ist die Legitimation von Gesetzesentwürfen besonders hoch, wenn sie an die in den Gründungsdokumenten der USA verankerten Prinzipien anknüpfen. So stellt Schildkraut aufgrund von empirischen Studien fest: »Each liberal norm [...] is overwhelmingly endorsed as ›American‹ by the public.« (Schildkraut 2007: 605) Liberal zu sein gilt also als ur-amerikanisch und bezieht sich längst nicht nur auf gesetzliche Normen, sondern hat Auswirkungen auf sämtliche Lebensbereiche. Beispielsweise findet sich der Liberalismus in allen mit dem »American Dream« und dem »American way of life« verbundenen Mythen und Konzepten.[31] Der »selfmade man« ist dabei die Verkörperung des individualisierten Strebens nach Glück und kann, so der dominierende liberale Diskurs, durch harte Arbeit prinzipiell von jedem erreicht werden. Dementsprechend halten 91 Prozent der Befragten in der *21st Century Americanism Survey* die Eigenschaft »pursuing economic success through hard work« für sehr wichtig oder wichtig bei der Beschreibung der amerikanischen Identität (vgl. Schildkraut 2007: 602).

Der Diskurs des Liberalismus bringt außerdem ein Gerechtigkeitsverständnis hervor, das man mit John Rawls (2005 [[1]1971]: 108ff.) über das »Liberty Principle« und das »Equality Principle« näher bestimmen kann. Dabei wird ein Konzept der Chancengleichheit postuliert, nach dem Gerechtigkeit nicht auf Basis eines zu definierenden Resultats, sondern durch Gewährung gleicher

30 | Der Begriff des Liberalismus wird daher in den Nordamerikastudien häufig durch »Puritanismus« (Georgi-Findlay 2000: 53), »kapitalistisches Ethos« (Vorländer 2004: 304) oder »Erfolgsmythos« (Fluck 2004: 706) ersetzt. Um einen einseitigen Bezug auf Weber und den Einfluss der Religion zu vermeiden, wird der allgemein-philosophische Begriff des Liberalismus bevorzugt.

31 | An dieser Stelle werden keine ausführlichen Erklärungen zu American Dream oder American Way of Life vorgenommen, sondern nur die Umrisse der relevanten Diskurse aufgezeigt. Für nähere Ausführungen wird daher auf die entsprechende Grundlagenliteratur verwiesen, in diesem Fall u.a. Cullen (2004).

Startchancen hergestellt werden soll. Dieses Verständnis hat zur Folge, dass in den USA – in staatlichen Organisationen genauso wie in Unternehmen – eine starke Antidiskriminierungspolitik existiert, um Chancengleichheit zu garantieren. Auch die Bürgerrechtsbewegungen der 1960er Jahre, die in Antidiskriminierungsmaßnahmen mündeten, können hier verortet werden. Über Startchancengerechtigkeit hinausgehende sozialpolitische Politikansätze haben es dagegen in den USA vor dem Hintergrund des liberalistischen Diskurses traditionell schwer. Einschneidendes Beispiel ist der umfassende Widerstand gegen die Reform des Gesundheitswesens durch Barack Obama zu Beginn seiner Präsidentschaft. Der Vorstoß zur Einrichtung einer staatlich organisierten sozialen Absicherung forderte sowohl das liberale Gerechtigkeitsverständnis, als auch die Idee des selbstverantwortlichen, freien Bürgers heraus. Als Reaktion und Ausdruck der diskursiven Praktiken des Liberalismus entstand die konservativ-liberalistische Bewegung des Tea Party Movement, die sich Präsident Obama seit 2009 entgegenstellt (vgl. Gast & Kühne 2011). Die namensgebende Boston Tea Party im Jahr 1773 gilt als Meilenstein der Unabhängigkeit der USA und ist programmatisch für die Ausrichtung der Bewegung. Der Politikwissenschaftler Jared Goldstein merkt mit Blick auf ihre ideologischen Bezüge an: »More than any political movement in recent memory, the Tea Party movement is centrally focused on the meaning of the Constitution.« (Goldstein 2011: 2) Ziel der Bewegung ist die Bewahrung der liberalistisch ausgelegten Verfassung und damit assoziierter Wertvorstellungen. Letztere bewirken, dass der dominierende Diskurs des Liberalismus mit stark konservativen Elementen angereichert wird. Interessant ist in diesem Zusammenhang, dass sowohl Anhänger von Tea Party als auch diejenigen der neuen Amerikanisierungsbewegung zumeist als »non-Hispanic Whites« mit eher konservativer Gesinnung identifiziert werden können (vgl. Burk & Wagner 2010; Gast & Kühne 2011).

Wie lässt sich das Ethnomarkeitng Toyotas im Diskursfeld des Liberalismus verorten? Zunächst kann festgehalten werden, dass die Diversity-Strategie des Konzerns darauf abzielt, Chancengleichheit im Unternehmen herzustellen. Damit folgt sie einem wesentlichen Prinzip des Liberalismus. Auch die Techniken der ökonomisierten Argumentation entspringen, wie oben bereits angemerkt, direkt der nutzenmaximierenden Logik des Liberalismus. Sie tragen dazu bei, die Debatte um den Einbezug der Hispanics in die US-amerikanische Gesellschaft weiter zu ökonomisieren, indem sie eine Wahrnehmung der US-Latinos vor allem als kaufkräftige Kunden oder als wertvolle Mitarbeitende zulassen. Beide Punkte können durchaus zu einer Versachlichung der Debatte führen und kollektive wie individuelle Integrationsprozesse grundsätzlich erleichtern. Sie reduzieren die Frage nach Immigration und ethnischer Vielfalt aber auch auf einen reinen Kosten-Nutzen-Ansatz (vgl. dazu u.a. Schmidtke 2010). Zusätzlich zu den Auswirkungen einer ökonomischen Logik zeigen sich konservative Einflüsse des Liberalismus-Diskurses im Ethnomarketing Toyotas. Sichtbar werden diese vor allem in den Techniken der Idealisierung und Amerikanisierung, die mit den oben besprochenen Diskursen der nationalen Identität und der neuen Amerikanisierungsbewegung korrespondieren. Zusammenfassend ist daher festzuhalten, dass Toyotas Marketing-Mix den Diskurs der Liberalisierung weitgehend reproduziert und dabei auch dessen konservative Facetten aufnimmt.

Zwischenbilanz zu Prozessen der Systemintegration

Die Analyse der Interaktion von »phenomenon« und »context« (Yin 2009: 18) zeigt, dass das Ethnomarketing Toyotas jeweils angepasste ökonomische Strategien als Antwort auf dominierende Integrationsdiskurse hervorgebracht hat. Dies geschieht im Diskursfeld des demografischen Wandels ohne jegliche Abweichung von der gesellschaftlich produzierten Norm, indem die Hispanics als vielfältige Einheit gezeichnet werden, die beständig wächst und als Gruppe mobilisierbar ist. Auch im Diskursfeld des Liberalismus schreiben die Techniken der ökonomisierten Argumentation den dominierenden Liberalismus-Diskurs weiter. Die Techniken der Idealisierung und Amerikanisierung sorgen zudem dafür, dass auch konservative Elemente aufgegriffen werden. In den Diskursfeldern der nationalen Identität und der Integrationspolitik verläuft die Reproduktion des herrschenden Diskurses dann nicht so eindeutig. Bei einer Kommunikation nach innen, also ausschließlich an die Zielgruppe gerichtet, befinden sich die Kampagnen etwas außerhalb des dominierenden Diskurses. Sobald sie jedoch potenziell auch von der Mehrheitsgesellschaft rezipiert werden können, zwingen die Techniken der Idealisierung und Amerikanisierung die Kampagne in die Grenzen des dominierenden Diskurses zurück. Diese Strategie bewirkt, dass sich Toyotas Hispanic Marketing in den Augen der Mehrheitsgesellschaft beständig »im Wahren« (Foucault 1977a: 25) des Diskurses bewegt. Vor diesem Hintergrund verwundert es nicht, dass integrationspolitische Kontroversen zu den Kampagnen überwiegend ausbleiben. Einzig über die *Somos muchos*-Kampagne, die immer wieder die Grenzen des Diskurses der neuen Amerikanisierungsbewegung überschreitet, wurde in den Mainstream-Medien ausführlich berichtet.

7. Fallstudie Mercedes UK

Das Institute of Practitioners in Advertising stellte im Jahr 2010, basierend auf dem *Minority Report* des Marktforschungsunternehmens Starfish (vgl. UK23), fest, dass ethnische Minderheiten im Vereinigten Königreich »[are] twice as likely to own a Mercedes Benz than the population as a whole« (UK08: 17). Dieses Phänomen wird insbesondere den sogenannten South Asians, also den Einwanderern aus Indien, Pakistan und Bangladesh,[1] zugeschrieben, bei denen Mercedes als Statussymbol gilt. Die Automarke wird dabei auch zum vermeintlichen Gradmesser für die (strukturelle) Integration des Einzelnen oder wie *The Telegraph* konstatierte: »Mercedes remains the symbol of Asian success, a signal that the driver has arrived in the eyes of the peers.« (UK16)

Bei der Umsetzung einer Ethnomarketing-Strategie kann Mercedes also davon profitieren, dass es keiner Imageverbesserung der Marke bei der Zielgruppe bedarf. Dies lässt die Kosten-Nutzen-Relation zusätzlicher Maßnahmen positiv erscheinen. Vor diesem Hintergrund verwundert es nicht, dass Mercedes zu den Pionieren des Ethnomarketing im Vereinigten Königreich gezählt wird (vgl. u.a. UK01; UK05; UK11).[2] So hatte das Unternehmen die British Asians bereits seit den späten 1980er Jahren im Blick und steigerte die Aktivitäten mit der Ausweitung und Diversifizierung der ethnischen Medienlandschaft sowie der Verbreitung neuer Medien ab den 00er Jahren nochmals deutlich (vgl. UK08; UK16). Der Beginn der Fallstudie korreliert mit der Gründung von sogenannten Sales Houses, die erstmals professionell und zentralisiert Werbung auf verschiedenen Internetseiten der ethnischen Communities platzierten (vgl. UK38).

Während die Professionalisierung der ethnischen Medienlandschaft Ethnomarketing in dieser Zeit aus technischer Sicht einfacher machte, bewirkte die

1 | Der Begriff der South Asians basiert auf einer Einteilung der Vereinten Nationen. Danach gehören zum Gebiet »Southern Asia« außerdem Afghanistan, Bhutan, Iran, Maldives, Nepal, Sri Lanka (vgl. UK41).

2 | Mittlerweile steigen einige Mitbewerber in den Markt ein. Beispielsweise inseriert Skoda intensiv in *ZeeTV*, einer Zeitschrift für junge British Asians (vgl. UK54), Renault ist auf einigen der Websites vertreten, auf denen auch Mercedes inseriert (vgl. UK55).

Multikulturalismus-Politik der Labour-Regierung unter Tony Blair und Gordon Brown, dass mit wenig politischem oder öffentlichem Gegenwind zu rechnen war. Im Gegenteil: Im Vereinigten Königreich waren und sind staatliche Institutionen wesentliche Akteure des Ethnomarketing (u.a. Royal Air Force, National Health Service). Aktivitäten von Unternehmen fügen sich damit gewissermaßen in ein staatliches Programm ein.[3] Einen weiteren Grund, die Ethnomarketingaktivitäten auszuweiten, lieferten die Ergebnisse im Census 2001, die eine starke Präsenz der asiatischen Minderheiten zeigten:[4] 4,4 Prozent der Bevölkerung bezeichneten sich als »Indian«, »Pakistani«, »Bangladeshi«, »Chinese« oder »Other Asian«, wobei der größte Teil (1,8 Prozent der Gesamtbevölkerung) auf indischstämmige Menschen entfiel (vgl. UK39). Zehn Jahre später weist der Census 2011 noch höhere Zahlen auf: 7,5 Prozent der Bevölkerung bezeichneten sich nun als »Asian/ Asian British«. Rechnet man Chinesen und »Other Asian« heraus, so bleiben 5,3 Prozent, die sich als Inder, Pakistani oder Bangladeshi identifizierten (vgl. Casciani 2012).[5]

7.1 Betriebswirtschaftliche Strategie: Bezahlbare Statussymbole

Die Aktivitäten von Mercedes zielen vor diesem Hintergrund darauf ab, die Marke für British Asians weiterhin attraktiv und vor allem bezahlbar erscheinen zu lassen. Außerdem will man die Möglichkeiten der neuen Medien (Internet, Mobiltelefonie) wirkungsvoll implementieren. Das explizit formulierte ökonomische Ziel ist es, »additional car sales« (UK01) zu generieren.

---

3 | Dies ändert sich unter der Regierung Camerons teilweise (vgl. Abschnitt 7.5).

4 | Die Fallstudie konzentriert sich bei Angaben zu Bevölkerungsdaten auf England. Wales, Schottland und Nordirland werden von der Untersuchung ausgeklammert, da sich die untersuchten Ethnomarketingaktivitäten ausschließlich in England verorten lassen. In Schottland und Nordirland leben nur ca. 3% der Zielgruppe (vgl. UK24).

5 | Diese Ergebnisse lagen erst Ende 2012 vor, und damit deutlich nach Abschluss der vorliegenden Studie. Allerdings existierten bereits vorher Prognosen des Office for National Statistics, veröffentlicht im Mai 2011, nach denen sich der Anteil der South Asians auf über 5% erhöht haben sollte (vgl. UK40). Damit traf die Prognose recht genau zu. In der Studie wurde auch geschätzt, dass sich die chinesische Minderheit im Zeitraum von 2002 bis 2009 fast verdoppelt hatte. Obwohl Chinesen damit die am schnellsten wachsende Bevölkerungsgruppe darstellen, werden sie bei Untersuchungen zum Ethnomarketing für British Asians ausgeklammert, da sie nie gemeinsam mit den anderen relevanten Zielgruppen (South Asians) angesprochen werden. Wenn in der vorliegenden Arbeit von British Asians oder Asian British die Rede ist, bezieht sich die Aussage auf Menschen aus Indien, Bangladesh und Pakistan.

Marketing-Mix im Ethnomarketing von Mercedes UK

Im Ethnomarketing von Mercedes UK sind, anders als bei den vorangegangenen Fallbeispielen, kaum umfassende, vom Mainstream unabhängige Kampagnen für British Asians auszumachen. Vielmehr erscheint Ethnomarketing als ein Element von crossmedialen Mainstream-Kampagnen. Einige Besonderheiten lassen sich jedoch feststellen, insbesondere hinsichtlich der Auswahl der Produkte sowie der Kommunikationswege.

Produktpolitik

Aus dem Datenmaterial gehen im Wesentlichen drei Markierungen hervor, entlang derer Mercedes die Produktpalette für die Zielgruppe der British Asians definiert: Erstens rücken aktive Marketingmaßnahmen ausschließlich Personenkraftwagen in den Vordergrund, Nutzfahrzeuge werden nicht aktiv beworben. Zweitens wird innerhalb dieser Sparte vor allem das sogenannte Business-Segment bedient: Insbesondere Modelle der C- und E-Klasse sowie seit 2011 auch der neuen B-Klasse werden hervorgehoben (vgl. u.a. UK02; UK03; UK04; UK12). Diese Fahrzeugklassen sind im mittleren bis oberen Preissegment angesiedelt, reichen jedoch nicht an die Modelle der Luxusklasse heran. Die dritte Markierung schließlich verläuft entlang der Grenze »Neuwagen versus Gebrauchtwagen«. Die Anzeigen verweisen meist auf die Sparte »Approved Used Mercedes-Benz« (UK28), bei denen der Kunde zertifizierte Gebrauchtwagen direkt vom Hersteller bezieht. Durch die Engführung des Sortiments auf gebrauchte PKW der Business-Klasse schafft Mercedes ein Angebot, das die beworbenen Produkte als bezahlbare Statussymbole erscheinen lässt. Auf diese Weise wird die psychologische und tatsächliche preisliche Schwelle zum Erwerb eines Mercedes auch für weniger wohlhabende Käufer gesenkt.

Preis- und Konditionenpolitik

Die Ausrichtung der Sortimentspolitik wird durch die Preis- und Konditionenpolitik unterstützt. So findet sich in vielen Printanzeigen bereits der Preis des jeweils beworbenen Modells. Außerdem existieren am Point of Sale zahlreiche Hinweise auf Rabatte: Am Standort Kingston upon Thames beispielsweise lockt ein Plakat mit »Dream Car. Dream Offer« (UK 14a), in Waltham Cross wird auf Fahnen ein »Extra Value Event Now« (UK14c) angekündigt. Außerdem sind Finanzierungsmöglichkeiten auf großformatigen Plakaten in den Autohäusern präsent, so zum Beispiel in Birmingham: »Please ask about our flexible finance packages.« (UK14b) Es muss in diesem Zusammenhang aber auch erwähnt werden, dass die Angebote der Preis- und Konditionenpolitik generell für alle Kunden der Produktsparte »Approved Used« gelten, eine direkt ethnisierte Preispolitik ist nicht auszumachen. Allerdings wird in der Kommunikation, die sich speziell an British Asians richtet, besonders stark mit den preislichen Vorteilen der Produkte geworben. Damit erscheint der Mercedes direkt vom Hersteller als bezahlbar. Das Unternehmen versucht auf diese Weise, einen Markt abzuschöpfen, der normalerweise ohne Beteiligung der Hersteller funktioniert: »Even a poor Asian will go for a beat-up, second-hand Mercedes.« (UK16)

Distributionspolitik

Ähnlich wie für die Preispolitik gilt auch für die Vertriebspolitik, dass spezielle ethnische Anpassungen nicht vorgenommen werden. Wie in Abschnitt 7.3 besprochen werden wird, hat das Ethnomarketing-Engagement des Unternehmens mit Blick auf das Verkaufspersonal keine unmittelbaren Auswirkungen. Allerdings lässt sich feststellen, dass die beworbenen Standorte des größten Approved Used-Händlerringes (Mercedes-Benz Retail Used Cars) eine starke Korrelation mit der geografischen Verteilung der British Asians aufweisen.

Abbildung 11: Vertriebsstandorte Mercedes Benz Approved Used

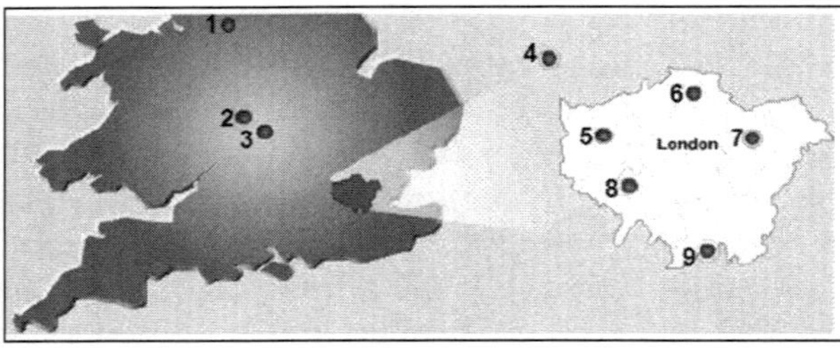

Nr	Standort
1	Manchester
2	Birmingham
3	Balsall Common
4	Hemel Hempstead
5	Park Royal
6	Waltham Cross
7	East London
8	Kingston upon Thames
9	Caterham

Quelle: eigene Darstellung auf Grundlage von UK15

Die oben stehende Grafik (Abbildung 11) zeigt den besonderen Schwerpunkt der Vertriebspolitik auf (Greater) London, wo sich sechs der neun Händlerbetriebe befinden. Der Raum London ist zum Zeitpunkt der Untersuchung mit 734.000 British Asians das Zentrum der ethnischen Minderheit: »54% of all Bangaldeshis live in London, 41% of Indians, [...] 19% of Pakistanis« (UK24). Die Region mit der zweithöchsten Population sind die West Midlands um Birmingham. Hier findet sich bei insgesamt 365.000 British Asians die höchste Konzentration an Pakistani. Der Nordwesten, mit der Region um Manchester, folgt an dritter Stelle und ist Heimat für rund 215.000 Menschen asiatischer Herkunft (vgl. ebd.). Entsprechend sind zwei Autohäuser in Birmingham und eines in Manchester angesiedelt. Außerhalb Englands, wo nur wenige British Asians leben (»Under 3% live outside England – less than 25,000 in Scotland, Wales and Northern Ireland combined«, ebd.), werden im Ethnomarketing von Mercedes keine Standorte beworben. Blickt man auf die Verteilung der Standorte innerhalb Londons, so lässt sich vor allem ein Autohaus ausmachen, das für Ethnomarketing am Point of Sale besonders relevant erscheint: Dort, wo mit den Bezirken Ealing, Brent und Harrow die bevorzugten Stadtviertel der indischen und zum Teil auch der pakistanischen Community (vgl. UK 24) aneinandergrenzen, befindet sich der Standort »Park Royal« (vgl. UK15). Eine offensichtliche Ethnisierung des Point of Sale ist zwar – wie an allen anderen Standorten (vgl. UK14a-c) – nicht auszumachen, allerdings finden sich überdurchschnittlich viele Plakate, die speziell auf »affordable finance« (UK14d) aufmerksam machen: »Price that put you in the driving seat.« (Ebd.) Ein explizit beabsichtigter Zusammenhang zwischen der Standortwahl und dem Ethnomarketing-Projekt geht aus dem Datenmaterial nicht hervor. Dennoch kann festgehalten werden, dass eine auffällige Korrelation zwischen Regionen mit einem hohen Anteil asiatischer Bevölkerung und Standorten der Approved Used-Sparte besteht. Diese Korrelation bezieht sich auf die jeweilige Stadt inklusive Einzugsbereich und geht in einem Fall bis auf Stadtteilebene.

Kommunikationspolitik

Auch in der Kommunikationspolitik bleibt der Fokus auf der Sparte der zertifizierten Gebrauchtwagen erhalten. Die Werbung verweist meist direkt auf Händlerstandorte (vgl. u.a. UK02; UK03), Kommunikations- und Distributionspolitik sind also eng miteinander verknüpft. In der Gestaltung weicht man nur wenig von der Mainstream-Kommunikation ab. Den Schwerpunkt legt Mercedes auf die Platzierung von Werbung in zielgruppenspezifischen Medien. Die Ethnomedien-Landschaft im Vereinigten Königreich gilt als äußerst ausgeprägt und vielfältig (vgl. u.a. Brunt & Cere 2010). Dies liegt insbesondere daran, dass »ethnic communities [are] paying more money to subscribe to their own channels of choice« (UK08: 21). Diese mit Kaufkraft hinterlegte Wertschätzung für Ethnomedien hat mit Blick auf das Fernsehen im Vereinigten Königreich zu einem »ethnic television phenomenon« (ebd.) geführt: Neben zahlreichen asiatischen TV-Sendern, deren Inhalte Indien oder Pakistan fokussieren, entstehen zunehmend genuine Ethno-Sender mit Sitz in England. Noch stärker als im TV-Segment sind ethnische Radiostationen verbreitet. Die bekanntesten Sender sind unter dem Dach der Sunrise Group zusammengefasst und bieten Programme für verschiedene Zielgruppen. Sanjay Shabi von der Agentur Culture Com fasst diese Entwicklung wie folgt zusammen:

> »Where previously ethnic products [i.e. media; Anm. d. Vf.] took an ›all eggs in one basket‹ approach to their audienc by providing content that appealed to a broad demographic spread, there are now various media and spin-off brands catering specifically by generation, and even by differing topics of interest.« (UK08: 19)

Mercedes schaltet in diesen Ethnomedien nun Werbespots. Wie die Auswahl der Kanäle getroffen wird, lässt sich aus dem Datenmaterial nur ansatzweise herausarbeiten. Es kann aber davon ausgegangen werden, dass ein Großteil der Werbeplätze über sogenannte Sales Houses vertrieben wird. Im TV-Bereich ist dabei ZMTV die bedeutendste Agentur und fungiert als Mittler zwischen

Unternehmen und Zielgruppe (vgl. UK25). Sales Houses spielen auch bei Online-Medien eine entscheidende Rolle. Hier ist im Untersuchungszeitraum besonders die 2007 gegründete Agentur Indoormedia hervorzuheben. Diese war enger Partner der Full-Service-Agentur Maxus, welche die Kommunikationsaktivitäten von Mercedes UK federführend verantwortet. Nach Auskunft von Indoormedia hat Mercedes von 2007 bis 2011 »26 separate campaigns« (UK06) über dieses Portal geschaltet und bedient sich auf diese Weise einer Reihe unterschiedlicher Websites, um die Zielgruppe der »affluent ethnic car owners« (UK01) zu erreichen.

Ein wesentliches Standbein der Online-Kommunikation bilden Nachrichtenportale großer Zeitungen: *Times of India* ebenso wie *Economic Times* und *Hindustan Times* (vgl. ebd.). Der Inhalt der Banner und Anzeigen ist meist ähnlich: Das Produkt steht im Vordergrund und wird mit einem Satz beworben, der auf die Finanzierbarkeit des Wagens hinweist, so zum Beispiel im September 2009: »Yes you can. Approved Used« (UK01). Interessant ist außerdem, dass Indoormedia auch Internetangebote der Mainstream-Medien wie *Financial Times* oder *The Economist* im Angebot hat (vgl. ebd.). Neben den überwiegend auf Geschäftsleute ausgerichteten Informationsangeboten schaltet Mercedes auch Werbung auf Unterhaltungsportalen der asiatischen Community. Ein Beispiel hierfür ist »redhotcurry.com« (UK06), nach eigenen Angaben seit dem Gründungsjahr 2001 zu »Britain's Leading South Asian Lifestyle Portal« (UK45) aufgestiegen. Auf redhotcurry.com schaltet Mercedes sowohl animierte Bannerwerbung als auch ein Video, das in den Seiteninhalt eingebettet ist. Unter der Aufforderung »Take a closer look« (ebd.) führt Mercedes den Besucher auf eine Produktseite, auf der das beworbene Fahrzeug genauer vorgestellt wird. Bei dem Produkt handelt es sich diesmal nicht um ein Approved Used-Modell, sondern um einen Neuwagen. Die Anzeigen sind hier als emotionale Imagewerbung zu verstehen und finden sich insbesondere in den Rubriken »News«, »Business« und »Entertainment« (vgl. UK06). Die Links in den Online-Anzeigen verweisen meist auf die Mainstream-Website der Mercedes-Benz Retail Used Cars (UK13; UK15). Dort finden sich keinerlei kulturell angepassten Bild- oder Textelemente.

Neben TV, Radio und Online-Medien setzt Mercedes auf Print-Werbung in Zeitschriften und Zeitungen der Community. Die Publikationen hier sind ebenfalls sehr stark ausdifferenziert: So existieren Zeitungen und Magazine, die sich an Subzielgruppen richten, die sich entweder durch ihre Sprache (u.a. *Garavi Gujarat, Gujarat Samachar*) oder durch ihre Interessen (u.a. *Pharmacy Business* für britisch-asiatische Apotheker oder *Spice Times Magazine* für Restaurantbesitzer) unterscheiden. Daneben gibt es panasiatische Magazine für British Asians wie *Asian Voice* oder *Eastern Eye,* die sich in englischer Sprache an eine überwiegend indische und teilweise pakistanische Leserschaft richten. Mercedes inseriert insbesondere in letzteren Zeitschriften, die sich durch ihre hohe Reichweite auszeichnen. Vor allem in *Asian Voice* und in der im selben Verlag erscheinenden *Gujarat Samachar* schaltet das Unternehmen regelmäßig Anzeigen auf der Titelseite (vgl. u.a. UK12; UK50). *Asian Voice* erscheint auf Englisch, *Gujarat Samachar* in Gujarati, einer insbesondere bei indischen Emigranten verbreiteten Sprache (vgl. u.a. UK52).

Die Printanzeigen folgen dabei immer einem ähnlichen Aufbau und werben für die Sparte »Approved Used« (vgl. UK02; UK03; UK04; UK12). Meist handelt es sich um querformatige Anzeigen, auf deren linker Seite eine Produktabbildung platziert ist. Am rechten Rand ist das Firmenlogo (Mercedes-Stern) sowie der Schriftzug »Mercedes-Benz« zu sehen. In der Mitte der Anzeige befindet sich der eigentliche Anzeigentext. Dieser weist meist auf den Preis der Fahrzeuge hin und spielt mit dem Bild von Mercedes als teurem Statussymbol. So heißt es in der *Asian Voice* vom 01. Oktober 2011: »Star quality has its price, it's just less than you thought.« (UK12) Es folgt der Verweis auf die Händler, inklusive einer Telefonnummer und Internetadresse (vgl. Abbildung 12).

Abbildung 12: Print-Anzeige aus Asian Voice *(UK12)*

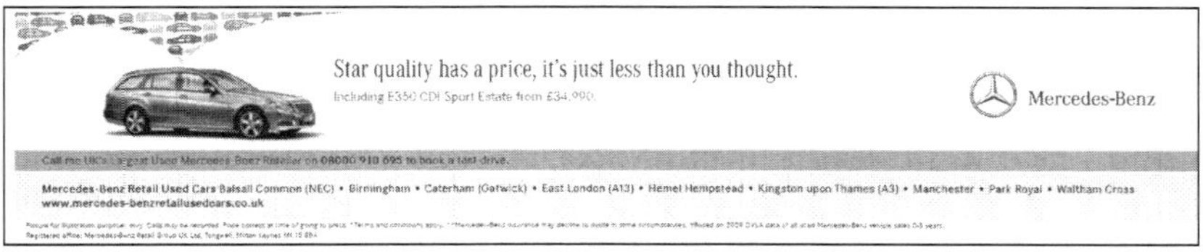

Aufbau und Inhalt bleiben auch bei Übersetzung in eine andere Sprache gleich. Beispielsweise folgt die Anzeige in *Gujarat Samachar* demselben Muster wie diejenige in *Asian Voice*: Ein Vergleich von zur selben Zeit erschienen Anzeigen in beiden Blättern zeigt, dass in *Gujarat Samachar* zwar der Anzeigentext komplett in Gujarati übersetzt ist, inhaltlich und bildlich jedoch keine Veränderungen festzustellen sind. Auch die beworbenen Autohäuser bleiben dieselben, genauso wie die Sparte der »Approved Used Cars« (vgl. UK50 und UK51 sowie UK04 und UK53).

Insgesamt ist bei der Analyse der Kommunikationspolitik festzustellen, dass sich Mercedes einer recht klassischen Werbeform bedient, bei der potenzielle Kunden einseitig angesprochen werden. Im Quellenmaterial zeigt sich eine interaktive Form einzig in einem Gewinnspiel, das ebenfalls in *Asian Voice* und *Gujarat Samachar* (UK03; UK47; UK53) beworben wird: Um ein Fahrzeug (»Mercedes-Benz C-Class worth 20,000«, ebd.) zu gewinnen, muss der Kunde Kontakt zum lokalen Händler aufnehmen und die Beschriftung auf dem Nummernschild des in der Werbung abgebildeten Fahrzeugs vervollständigen. Hier spielt Mercedes auf das Phänomen an, dass British Asians besonders viel Geld für personalisierte Nummernschilder ausgeben. Die Boulevardzeitung *The Sun* berichtet beispielsweise im Jahr 2008, dass es einem wohlhabenden Autofahrer rund 250.000 Pfund wert war, das Nummernschild mit »51 NGH« (= »Singh«), und damit einen in der Sikh-Religion sehr verbreiteten Nachnamen, zu ersteigern (vgl. UK48). Das Gewinnspiel ist gleichzeitig eines der wenigen Beispiele für eine Ethnisierung des Werbeinhalts. Ein weiteres zeigt sich in einer Anzeige, die auf das Hindu-Fest Diwali hinweist (vgl. UK04). Hier lautet der Text: »Celebrate Diwali in style with Mercedes-Benz-Used Cars.« (Ebd.) Abgesehen von solchen vereinzelten Ethnisierungstendenzen ist die Kommunikationspolitik jedoch kaum abweichend von Mainstream-Kampagnen. Bestimmend bleibt der Fokus auf Gebrauchtwagen.

In der Gesamtschau des Marketing-Mix lässt sich die Strategie von Mercedes UK mit Klee & Wiedmann (2003: 99) als Spezialisierungs- oder Fokus-Strategie bezeichnen. Der Fokus liegt dabei auf der Verzahnung von Kommunikations- und Vertriebspolitik. Ein wichtiger Eckpfeiler der Strategie ist zudem die Spezialisierung auf eine Produktsparte.

Zeitlicher Verlauf und Erfolg

Wie eingangs erwähnt, ist Mercedes UK seit vielen Jahren im Ethnomarketing engagiert (vgl. UK16). Im Untersuchungszeitraum bleiben die Aktivitäten relativ konstant. Besonders Print- und Online-Anzeigen werden regelmäßig geschaltet, es ist kein wesentlicher Unterschied im Zeitablauf auszumachen. Auffällig ist jedoch, dass die Online-Aktivitäten im Jahr 2007 ansteigen und danach relativ konstant gehalten werden. Der Erfolg wird von der verantwortlichen Agentur als durchweg gut bezeichnet, dabei bezieht man sich vor allem auf Online-Aktivitäten (vgl. UK01). Auch das Image von Mercedes als Statussymbol bleibt offensichtlich bestehen: »Our research has shown that Asians in the UK tend to be predisposed to aspirational brands like Mercedes and have an income level to match.« (Ebd.) Nach ethnischen Gruppen aufgeschlüsselte Umsatzzahlen sind nicht zugänglich, dennoch scheint das Ethnomarketing-Projekt die Zielgruppe zunehmend von der Finanzierbarkeit der Fahrzeuge zu überzeugen (vgl. UK05).

7.2 Ethnisierung der Zielgruppe: Briten im Gebrauchtwagen

In der Kommunikationspolitik sind auf den ersten Blick recht wenige offensichtlich ethnisierende Elemente erkennbar. Bei genauer Betrachtung kann jedoch durchaus eine – vermeintlich widersprüchliche – Stereotypisierung ausgemacht werden. Diese manifestiert sich in einem Slogan der Kampagne: »Yes you can. Approved Used.« (UK01)

»Yes you can« – Teilhabe an der britischen Gesellschaft[6]

Diversität der Zielgruppe

Eine der Herausforderungen, denen Mercedes bei der Ansprache der British Asians gegenübersteht, zeigt sich beim Blick auf die demografischen Fakten der Zielgruppe: So könnte eine Kampagne mindestens drei Nationen (Indien, Pakistan, Bangladesh) und fünf Religionen (Hinduismus, Islam, Buddhismus, Sikh, Christentum) mit mehreren Sprachen berücksichtigen. Außerdem könnte auf die in der Marktsegmentierung üblichen Markierungen Geschlecht, Alter, Bildungsstand, Einkommen, Beruf oder Interessengebiete eingegangen werden. Die Aufgabe von Mercedes ist es nun, mit dieser Diversität umzugehen, ohne die Zielgruppe in ökonomisch ineffiziente Subgruppen aufzuspalten. Dazu wählt man einen Weg der segmentierten Kommunikation. Dies bedeutet, dass die verschiedenen Subgruppen über verschiedene Ethnomedien angesprochen werden. Gleichzeitig hält man daran fest, die verschiedenen Subgruppen als eine Zielgruppe zu verstehen (vgl. UK01). In dieser Strategie zeigt sich, dass Mercedes über die internen Unterschiede der Zielgruppe keineswegs hinweggeht, sondern im Gegenteil die Diversität zu ihrem Charakteristikum erhebt.

Zielgruppe als Bestandteil der britischen Gesellschaft

Viele der Anzeigen für die Zielgruppe in Ethnomedien könnten auch in Mainstream-Medien für die Mehrheitsgesellschaft geschaltet werden (vgl. u.a. UK02, UK12). Ein Bezug auf kulturelle Stereotype – Bollywood oder ähnliche – fehlt mit Blick auf grafische Elemente und Bilder völlig und ist im Text nur vereinzelt anzutreffen. Die Distributions- und Preispolitik am Point of Sale macht zudem keinen erkennbaren Unterschied zwischen Kunden aus der Mehrheitsgesellschaft und British Asians. Mit Blick auf Gestaltung und Inhalt der Vertriebs-, Preis- und Kommunikationspolitik erscheinen die British Asians somit

---

6 | Es liegt nahe, den Slogan als Adaption des Wahlkampfmottos von Barack Obama aus dem Jahr 2008 (»Yes, you can«) zu verstehen und hinsichtlich des Wunsches ethnischer Minderheiten nach gleichberechtigter Teilhabe zu interpretieren. Allerdings finden sich im Datenmaterial selbst keine entsprechenden Hinweise. Der Slogan wird daher ausschließlich im Kontext des Vereinigten Königreichs interpretiert.

als eine Gruppe innerhalb der britischen Gesellschaft, die sich vor allem durch das Interesse für bestimmte Medien abgrenzen lässt. Dies ist eine vergleichsweise weiche Grenzziehung, die einer Inklusion der Gruppe in die Gesellschaft grundsätzlich nicht entgegensteht. Unterstützt wird diese Tendenz dadurch, dass sich im gesamten Datenmaterial keine Referenz zur Mehrheitsgesellschaft findet. Dies bedeutet, dass die Zielgruppe nicht als Gegenbild der britischen Gesellschaft entworfen wird. Vielmehr wird das Vereinigte Königreich als Heimat der Zielgruppe begriffen, in der sich die British Asians sicher bewegen. Die überwiegende Verwendung der englischen Sprache in der Kommunikationspolitik zeigt, dass Mercedes es nicht für nötig hält, die potenziellen Kunden gewissermaßen kulturell an die Hand zu nehmen (vgl. u.a. UK13; UK15). Der Verzicht auf eine permanent präsente und offensive kulturelle Abgrenzung zur Mehrheitsgesellschaft verhindert, dass die British Asians im Ethnomarketing von Mercedes als Ausländer konzipiert werden. Mit ihrer Lebensrealität werden sie als selbstverständlicher Bestandteil der britischen Gesellschaft begriffen.

Streben nach Erfolg und Status

Mit dem Bekenntnis zur Ansprache der »affluent ethnic car owners« (UK01) schreibt Mercedes der Zielgruppe einen gewissen Wohlstand zu. Diese Aussage wird mit Marktforschungsergebnissen untermauert, wobei besonders auf die Neigung der Zielgruppe hingewiesen wird, prestigeträchtige Produkte zu erwerben (vgl. ebd.). Diese Auffassung führt beispielsweise dazu, dass Online-Werbung bevorzugt in bestimmten Rubriken der ausgewählten Websites platziert wird. Dabei sind besonders die Kategorien »News« und »Business« relevant (vgl. UK06). Die Platzierung der Anzeigen sowie die Tatsache, dass die Premiummarke Mercedes überhaupt Ethnomarketing für British Asians betreibt, transportiert die Botschaft, dass British Asians in der Lage sind, sich das Statussymbol Mercedes zu leisten. Die Zielgruppe wird damit nicht nur als selbstverständlicher, sondern auch als kaufkräftiger und potenter Bestandteil der Gesellschaft skizziert. Mercedes kommuniziert diese Einschätzung dann auch direkt an die British Asians: »Yes you can.« (UK01)

»Approved Used« – Einschränkung der Teilhabe

Begrenzter Wohlstand

Das »Yes you can« wird allerdings durch den Zusatz »Approved Used« noch in derselben Anzeige deutlich eingeschränkt. Mit dem Fokus nahezu des gesamten Ethnomarketing auf die Sparte der zertifizierten Gebrauchtwagen wird deutlich, dass Mercedes die Zielgruppe nicht so solvent einschätzt, als könne sie ohne weiteres einen Neuwagen erwerben. Die Preisspanne der Modelle in den Werbeanzeigen vermittelt eine Vorstellung darüber, wann Mercedes einen Kauf durch British Asians für realistisch hält (vgl. im Folgenden UK03; UK12; UK46; UK47; UK53). Ein Modell der B-Klasse wird beispielsweise bei knapp 15.000

Pfund angesetzt, die C-Klasse bewegt sich bei rund 20.000 Pfund und ein Kombi der E-Klasse liegt bei knapp 35.000 Pfund. Damit kommt das teuerste beworbene Fahrzeug – »E350 CDI Sport Estate from £34,990« (UK12) – kaum auf die Hälfte des Grundpreises für die teuersten Neuwagenmodelle des Herstellers (vgl. UK56). Neuwagenmodelle werden generell gegenüber British Asians nur vereinzelt beworben (UK06), und wenn dies geschieht, fehlt im Gegensatz zur *Approved Used*-Kampagne jeder Verweis auf einen Preis. Der Eindruck, dass Mercedes die Zielgruppe der British Asians nur bedingt als wohlhabend einschätzt, setzt sich beim Blick auf die Finanzierung fort. Ein Großteil der Plakate am Point of Sale geht auf diese Frage ein. Dabei befinden sich die meisten Hinweise zu »affordable finance« (UK14d) an dem Standort, der am stärksten mit der geografischen Verteilung der Zielgruppe korreliert. Aus dem Datenmaterial gehen somit insgesamt drei Kategorien hervor, die das Bild der kaufkräftigen, ökonomisch erfolgreichen Zielgruppe etwas einschränken: Erstens der Fokus auf Gebrauchtwagen, zweitens die Preisspanne der beworbenen Fahrzeuge und drittens die Betonung der Finanzierung am Point of Sale. In einer etwas saloppen Abwandlung des eingangs erwähnten Slogans könnte man diese Beobachtung auch zusammenfassen als: »Yes you can [afford only] Approved Used«.

Dominanz des Indischen

Auch wenn Mercedes die Diversität der Zielgruppe grundsätzlich berücksichtigt, lässt sich doch ein deutlicher Fokus auf die indischstämmige Community ausmachen. Dies zeigt sich beispielsweise in den im Marketing-Mix ausgewählten Ethnomedien: Erstens erhalten dort die explizit auf Indien bezogenen Medien (u.a. *Gujarat Samachar* oder *Hindustan Times*) deutlich mehr Beachtung als diejenigen für Bangladesh und Pakistan. Zweitens sind die panasiatischen Medien, die sich explizit an die gesamte Gruppe der British Asians richten, ebenfalls stark durch indische Popkultur (Bollywood, Banghra, Punjabi) und indisches Personal dominiert (vgl. u.a. UK27, UK30). Gerade in solchen Medien (u.a. *Asian Voice*, Sunrise Radio, redhotcurry.com) wirbt Mercedes und unterstützt damit die indische Dominanz in der Konstruktion der kollektiven Identität der British Asians. Dies wird dadurch verstärkt, dass auch die wenigen inhaltlichen und formalen Ethnisierungen, die im Ethnomarketingprojekt vorgenommen werden, einen deutlichen Bezug zu Indien aufweisen. Zu nennen sind hier die Übersetzung von Anzeigen in Gujarati oder die Erwähnung des hinduistischen Diwali-Festes (vgl. UK04, UK50, UK53). Besonders letzteres Beispiel zeigt zusätzlich einen leichten Fokus in der Kampagne auf den Hinduismus als Religion. Eine Erwähnung des Islams, der besonders in Pakistan, aber auch in Indien, große Relevanz besitzt, sucht man dagegen im gesamten Ethnomarketing-Projekt von Mercedes UK vergebens.

Zwischenbilanz zur Ethnisierung der Zielgruppe

Die Ethnisierung der Zielgruppe in den Ethnomarketingaktivitäten von Mercedes ist vergleichsweise schwach ausgeprägt. Es ist jedoch ein deutlicher Akzent auf die indische Kultur (mit hinduistischer Religion) als dominierende Kultur im Bild der Zielgruppe auszumachen. Darüber hinaus werden British Asians als selbstverständlicher und prosperierender Bestandteil der britischen Gesellschaft begriffen – allerdings ohne ihre emotionale Identifikation mit dem Vereinigten Königreich zu thematisieren. Außerdem bewirkt die Assoziation der Zielgruppe mit Gebrauchtwagen, dass British Asians noch nicht als vollwertige Kunden einer Premiummarke erscheinen. Mercedes konstruiert die Zielgruppe daher in seinem Ethnomarketing, zugespitzt formuliert, als indischstämmige Briten in Gebrauchtwagen.

7.3 INDIVIDUELLE SOZIALINTEGRATION: ASSIMILATION IM BERUFSLEBEN

Die Untersuchung der Auswirkungen der Kampagnen auf individuelle Integrationsprozesse konzentriert sich auch bei Mercedes UK auf die Verkaufsberater. Da der Vertrieb allerdings nur mittelbar ethnisch strukturiert ist, sind aus dem Kampagnenmaterial selbst kaum valide Aussagen generierbar. Allerdings lassen die Berührungspunkte der Kampagne mit der Diversity-Strategie einige Schlussfolgerungen zu.

Kaum Anpassung der Personalpolitik

Aus dem Datenmaterial gehen keinerlei dezidierte Hinweise darauf hervor, dass Mercedes gezielt British Asians als Verkaufsberater in den Autohäusern der *Approved Used*-Kampagne einsetzt. Die Anforderungen in den Stellenanzeigen sind zu einem großen Teil standardisiert. Keine der geforderten Qualifikationen kann als ethnisiert oder kulturalisiert bezeichnet werden: Ein Verweis auf Fremdsprachenkenntnisse fehlt ebenso wie der Wunsch nach interkulturellen oder minderheitenspezifischen Kompetenzen. Im Vordergrund steht stattdessen die individuelle Erfahrung als Verkaufsberater für Gebrauchtwagen. Die folgenden Anforderungen sind typisch für entsprechende Anzeigen (vgl. UK17; UK18; UK42; UK43):

» Key Skills, Knowledge and Experience:
- Has completed sales training, ideally in the automobile industry. [...]
- Excellent listening and communication skills. [...]
- Structuring and leading discussions / talks. [...]
- Attitude to company. [...]
- Efficient procedures, knowledge of processes, systemic skills.« (UK42)

Derartige Kriterien zeigen keinerlei ethnisierte Anforderungen. Auch die Zielgruppe, auf deren Erwartungen sich die Bewerber einstellen sollen (»customer expectations are exceed[ed]«, UK43), wird in den Stellenanzeigen nicht näher definiert. Ein Anreiz zur Selbstethnisierung im Laufe des Bewerbungsprozesses ist daher nicht gegeben. Ein Foto auf der Website der *Approved Used*-Kampagne lässt allerdings den Schluss zu, dass durchaus Verkaufsberater aus der Gruppe der British Asians in den Niederlassungen arbeiten (vgl. UK13). Unter der Überschrift »Vehicle Handover« wird darauf verwiesen, dass »our sales staff will take you through a comprehensive checklist and demonstration to ensure you are familiar with your vehicle« (ebd.). Das nebenstehende Bild zeigt einen äußerlich als British Asian markierten Verkaufsberater (dunkler Teint, schwarze Haare, Sonnenbrille), der die Hand einer – nicht als British Asian zu klassifizierenden – Kundin schüttelt. Dieses Bild ist das einzige auf der gesamten Website von Mercedes-Benz Retail Used Cars, das einen Verkaufsberater zeigt. Im Zusammenhang mit den Hinweisen in der sonstigen Vertriebs- und Kommunikationspolitik wird also die Präsenz der British Asians innerhalb der *Approved Used*-Kampagne auch im Bereich des Personaleinsatzes angedeutet. Allerdings sind über dieses Foto hinaus die Hinweise nicht so stark, als dass von einer Ethnisierung der Personalpolitik gesprochen werden könnte. Eine Einbeziehung ethnischer Minderheiten in die Personalstruktur bei Mercedes UK scheint zwar grundsätzlich möglich, ist aber kein hervorstechendes Element der Ethnomarketingaktivitäten und wird durch diese wohl auch nicht wesentlich beeinflusst.

Ethnomarketing und Diversity-Management bei Mercedes UK

Mit Blick auf die Korrelation zwischen der Abbildung eines asiatischstämmigen Verkaufsberaters liegt die Vermutung nahe, dass die Ethnomarketing-Kampagne bei Mercedes UK eng an eine Diversity-Strategie des Unternehmens gekoppelt sein könnte. Dies wäre dann der Fall, wenn Ethnomarketing als Teil des unternehmerischen Umgangs mit Vielfalt aufgefasst würde. Mercedes hat als Gesamtkonzern eine Diversity-Strategie, die in mehreren Veröffentlichungen festgehalten ist. In der konzernweiten Broschüre *Drivers. Diversity Management at Daimler* (UK34) findet sich beispielsweise die Absichtserklärung, »Marketing and recruitment initiatives for focused target groups« (ebd.: 7) anzubieten. Allerdings werden diese Gruppen nicht näher spezifiziert, der Text beschränkt sich nahezu ausschließlich auf die Potenziale von Frauen für das Unternehmen (vgl. ebd.). Damit wird der Gender-Aspekt im weltweiten Diversity Management von Mercedes besonders stark betont. Deutlich wird diese Schwerpunktsetzung auch in einem Interview mit dem Vorstandsvorsitzenden Dieter Zetsche in der unternehmenseigenen Publikation *Diversity Shapes Our Future* (UK33):

»If we want to meet our future staffing requirements, the workforce will necessarily have to be older, more international, and include more women. Our customer base is also becoming more diverse – and sooner or later that will also have to be reflected in the workforce. Put simply: if more women are driving Mercedes cars, then the Mercedes company also has to be driven by more women.« (UK33)

Zwischenbilanz zu individuellen Integrationsprozessen

Auf Grundlage des Datenmaterials, sowohl des eigentlichen Falles als auch des unmittelbaren Unternehmenskontextes, lässt sich feststellen, dass Ethnomarketing bei Mercedes UK den Personaleinsatz nicht explizit ethnisiert und darüber hinaus auch keine Anreize zur Selbstethnisierung der Mitarbeitenden bietet. Außerdem existiert keine Kopplung zwischen Diversity-Strategie und Marketingmaßnahmen für ethnische Minderheiten. Damit wird ethnische Herkunft zur Privatsache, die keine Rolle im (öffentlichen) Berufsleben zu spielen hat. Eine spezielle Förderung der strukturellen, kulturellen, sozialen und identifikativen Integration ethnisierter Mitarbeitender dürfte damit eher ausgeschlossen sein. In der Konsequenz wird tendenziell eine assimilative Integrationsstrategie im Berufsleben propagiert.

7.4 Kollektive Sozialintegration: ›Ethclass-Marketing‹

Techniken der Individualisierung ethnischer Zugehörigkeit

Es ist eine wesentliche Grundausrichtung jeder Ethnomarketing-Strategie, dass sie die Präsenz ethnischer Minderheiten in einem Land wahrnimmt und darauf mit Marketingmaßnahmen reagiert. Im Falle von Mercedes UK finden sich jedoch deutliche Hinweise darauf, dass die Wahrnehmung hier eine besondere Komponente enthält: So wird in der Kampagne beispielsweise unterstellt, dass die Zielgruppe problemlos gemeinsam mit den Kunden der Mehrheitsgesellschaft über das gleiche Vertriebsnetz erreicht werden kann. Auch die Einstellung ethnisierter Verkaufsberater wird als nicht notwendig erachtet. Die vertriebspolitische Strategie konzipiert ethnische Zugehörigkeit damit als nachrangige Kategorie, die zwar anerkannt, aber nicht besonders berücksichtigt werden muss.

Im Gegensatz zur Distributionspolitik wird in der Kommunikationspolitik ganz bewusst ethnische Segmentierung betrieben. Wie oben dargelegt, beschränkt sich diese aber vor allem auf die Auswahl der Kommunikationskanäle, das heißt auf die Platzierung von Werbung in Ethnomedien. Eine inhaltliche oder formale Anpassung findet dagegen nur eingeschränkt statt, die Art der Kommunikation mit den ethnisierten Kunden weicht kaum von der Kommunikation mit der Mehrheitsgesellschaft ab. Damit erkennt Mercedes an, dass British Asians segmentierte Kommunikationskanäle nutzen, interpretiert dies jedoch nicht als Zeichen einer umfassenden kulturellen Abschottung, sondern eher als persönliche Präferenz. Ethnische Zugehörigkeit beeinflusst aus dieser Perspektive zwar die Wege, nicht jedoch die Art und Weise der Kommunikation. Wie sehr ethnische Zugehörigkeit als individuelle Entscheidung konzipiert wird, zeigt auch die Fokussierung der Werbeaktivitäten auf Online-Medien. Das Internet ist grundsätzlich ein sehr individuell nutzbares Medium, in dem der User auf Basis einer virtuellen, gestaltbaren Identität agiert (vgl. u.a. Rauchhaupt 2007). In diesem Umfeld erscheint die Verwirklichung einer »Bastelexistenz« (Hitzler & Honer 1994: 308) am ehesten realisierbar. Der Zugang zur ethnischen Gruppe über ethnisierte Internetportale gleicht einer selbstgewählten, individualisierten Ethnisierung. Diese wird durch die Mercedes-Kampagne unterstützt. Die Techniken der Individualisierung ethnischer Zugehörigkeit finden sich somit als wiederkehrendes Muster in der Distributions- und Kommunikationspolitik. Mercedes zeigt hier, wie ethnische Identität in einer multiethnischen Gesellschaft zur Privatsache werden kann. Damit entspricht man in gewisser Weise dem Idealbild Hartmut Essers, der in seinen Ausführungen zur Assimilation mit Blick auf die anzustrebende Bedeutung ethnischer Zugehörigkeit formuliert:

»Eine ethnische Pluralisierung ist dabei selbstverständlich auch in den modernen Gesellschaften möglich, vielleicht sogar gerade dort. Dies aber eben nicht auf der Ebene von ›institutionell vollständigen‹ Parallel- und Subgesellschaften, sondern als privatisierte und individualisierte Angelegenheit – im Prinzip ohne jede weitere systematische Konsequenz für die anderen Bereiche der Teilhabe am gesellschaftlichen Leben, so wie das (inzwischen) für andere Kategorisierungen auch gilt, etwa nach Religion oder nach kulturellem Geschmack. Die ethnische Pluralisierung wäre in dieser Sicht nichts als eine weitere Facette der ›Neuen Sozialen Ungleichheit‹, der Pluralisierung und Individualisierung der gesellschaftlichen Zugehörigkeiten und sozialen Systeme in die unterschiedlichsten ›Milieus‹ und ›Szenen‹.« (Esser 2001: 44)

Durch die Individualisierung ethnischer Zugehörigkeit nimmt das Ethnomarketing von Mercedes UK auf zwei Arten an kollektiven Integrationsprozessen teil: Erstens wird eine Kommunikation über ethnische Grenzen hinweg als selbstverständlich konzipiert, der Integrationsprozess als kollektiver Aushandlungsprozess wird als praktisch realisierbar propagiert. Zweitens wird die Eindeutigkeit ethnischer Grenzziehung aufgebrochen und der Konstruktionscharakter von Ethnizität betont. Damit erscheint eine politische Mobilisierung anhand objektivistischer Ethnizitätskriterien weniger leicht möglich. Auf diese Weise könnte dazu beigetragen werden, soziale Spannungen entlang ethnischer Grenzen zu verringern.

Techniken der Assimilierung

Neben der Konzeption ethnischer Zugehörigkeit als »privatisierte und individualisierte Angelegenheit« (Esser 2001: 44) finden sich in der Kampagne von Mercedes UK immer wieder Techniken der Assimilierung. Nach Esser (ebd.) kann der Abbau struktureller Ungleichheit zwischen Minderheit und Mehrheit bei Vorliegen einer Machtasymmetrie nur dadurch geschehen, dass die kleinere Gruppe sich in wesentlichen Aspekten, insbesondere der kulturellen Dimension, an die Standards der größeren Gruppe anpasst. Eine solche Assimilierung wird durch das Ethnomarketing von Mercedes UK zwar nicht als Forderungen explizit geäußert, ist jedoch vielen Maßnahmen der Kampagne inhärent. Sie bezieht sich dabei vor allem auf die Dimension der kulturellen Integration, ist aber auch in sozialer Hinsicht festzustellen.

In den bisherigen Ausführungen wurden bereits zwei Beispiele für eine Assimilierung im Bereich der kulturellen Sozialintegration genannt: So zeigten die Untersuchungen zu individuellen Integrationsprozessen, dass im Bereich der Personalrekrutierung völlig auf ethnische Markierungen verzichtet wird: Eingestellt wird, wer den Anforderungen der allgemeinen Stellenanzeigen – und damit des britischen Arbeitsmarktes – entspricht. Eine spezielle Wertschätzung ethnischer Ressourcen findet nicht statt. Aus dem Datenmaterial ging außerdem hervor, dass in Distributions- und Kommunikationspolitik Englisch als primäre Kommunikationssprache fungiert. Während in der Werbung noch vereinzelt andere Sprachen verwendet werden, ist spätestens die Finanzierungsvereinbarung in englischer Sprache gehalten.[7] Es scheint somit für einen Kunden unmöglich, sich sowohl in Werbung als auch im Verkaufsgespräch und beim Vertragsabschluss ausschließlich auf nicht englische Sprachkenntnisse zu verlassen. Je konkreter die Kaufabsicht wird, desto stärker besteht die Notwendigkeit, des Englischen mächtig zu sein.

Auch in sozialer Hinsicht wird eine einseitige Assimilierung propagiert. So findet weder auf der Internetseite der Mercedes Benz Approved Used Cars, noch am Point of Sale eine Segregation in Mehrheit und Minderheit statt. Es ist auch keine Entwicklung bikultureller oder hybrider Strukturen im Sinne des Einbezugs ethnischer Markierungen festzustellen, die auf British Asians verweisen würden. Die Minderheit erhält auf diese Weise zwar denselben Zugang zu den virtuellen und realen Räumen der Kampagne wie die Mehrheit – allerdings bleiben diese Räume von der Mehrheit dominiert.

---

7 | Aufgrund der Kolonialvergangenheit ist die Kenntnis des Englischen auch bei der Gruppe der neu zuwandernden British Asians vergleichsweise groß. Der Assimilationsprozess wurde hier bereits durch die Kolonialpolitik initiiert. An ihn knüpft das Ethnomarketing-Projekt von Mercedes an.

Techniken der Unterschichtung

Solange sich Kunden durch Ethnomarketing angesprochen fühlen, müssen sie als ethnisch gelten – und damit als nicht vollständig assimiliert. Auf der Ebene der kollektiven Sozialintegration wird verhandelt, inwiefern eine (teilweise) ausbleibende Anpassung auch mit einem Weniger an Teilhabe einhergeht. Die *Approved Used*-Kampagne von Mercedes UK bezieht zu dieser Frage relativ eindeutig Position, indem sie die Zielgruppe im Vergleich zu den Kunden der Mehrheitsgesellschaft offenbar weniger solvent einschätzt. Der Fokus auf Gebrauchtwagen zeigt, dass man von einer geringeren Teilhabe der British Asians ausgeht.[8] Im Ethnomarketing von Mercedes UK wird auf diese Weise eine Koppelung von sozialer Schicht und ethnischer Zugehörigkeit vollzogen. Mit Milton Gordon könnte man in diesem Zusammenhang sogar davon sprechen, dass Mercedes UK seine Kunden in »Ethclasses« (1964: 51) einteilt. Dieser These könnte entgegengehalten werden, dass Mercedes UK soziale Mobilität über ethnische Grenzen hinweg keineswegs unmöglich macht. Schließlich wird in der Kampagne ethnische Zugehörigkeit individualisiert und Teilhabe über Assimilierung propagiert. Außerdem schließt das Unternehmen den Erwerb eines Neuwagens durch British Asians keineswegs aus. Allerdings muss der Neuwagenkauf außerhalb des Ethnomarketing-Projektes erfolgen. Damit wird die Behandlung als vollwertiger Neuwagenkunde erst durch den Verzicht auf eine ethnisierte Ansprache möglich. Zugespitzt formuliert bewirken die Techniken der Unterschichtung innerhalb der Kampagne, dass ein Beharren auf der eigenen ethnischen Identität einem Verharren in sozial benachteiligten Strukturen gleich kommt. Die Ethnomarketing-Strategie von Mercedes UK impliziert die Botschaft, dass sozialer Aufstieg aus der benachteiligten ethnischen Klasse nur durch vollständige und einseitige Assimilation möglich ist.

Techniken der Unterstützung ethnisierter Interessenvertretung

Ein wesentlicher Pfeiler der Ethnomarketing-Strategie von Mercedes UK ist die Auswahl geeigneter Ethnomedien für kommunikationspolitische Maßnahmen. Während Mercedes dabei einerseits panasiatische und indische Medien auswählt, ist ein zunehmender Fokus auf genuine Ethnomedien, das heißt Ethnomedien aus dem Vereinigten Königreich, festzustellen. Diese bezeichnen sich immer häufiger als Sprecher einer britisch sozialisierten, asiatischstämmigen Minderheit. Ein Beispiel ist der 2008 gegründete TV-Sender Sunrise TV, der nach eigenen Angaben bereits jetzt »the most talked about television« (UK44) in der Community darstellt und den Anspruch hat, »a major contribution to the UK's Asian culture, economy and communities« (ebd.) zu leisten. Noch offensiver nimmt der Musik- und Lifestyle-Sender BritAsia TV diese Rolle an.

8 | Vgl. dazu auch die Untersuchung der Ethnisierungsprozesse in Abschnitt 7.2 (u.a. mit dem Fokus auf Gebrauchtwagen und Finanzierung).

Das Unternehmen existiert seit 2010 und wendet sich an ein junges, urbanes Publikum, dessen hybride Identität es ganz bewusst gestalten und fördern will: »BritAsia TV is playing an integral role in shaping the new culture of young British Asians and revitalising any culture that has been lost over the generations.« (UK09)[9] Regelmäßige Inserate schaltet Mercedes im Rahmen der *Approved Used*-Kampagne in *Asian Voice* (vgl. u.a. UK02; UK03; UK04; UK47; UK51). Auch diese Zeitschrift begreift sich bereits im Titel als Sprachrohr der British Asians und spiegelt in ihrem Inhalt die Lebensrealität der Minderheit wider:

»Asian Voice has been serving the British Asian community for 35 years. [...] Asian Voice brings you news from both the UK and abroad - all with an emphasis on the large South Asian diaspora.« (UK58)

Interessant ist hier, dass Asian Voice die sogenannten Herkunftsländer der British Asians unter der Kategorie »abroad« subsummiert. Dies zeigt im Umkehrschluss deutlich, dass man sich und die Zielgruppe im Vereinigten Königreich verortet – selbst wenn man sich gleichzeitig als Diaspora bezeichnet. Dieses Selbstverständnis von *Asian Voice* als dezidiert britisch-asiatisches Medium entspricht demjenigen zahlreicher anderer genuiner Ethnomedien, wie zum Beispiel *ZeeTV-Magazine* (UK54) oder redhotcurry.com (UK06). Die Auswahl genuiner Ethnomedien durch Mercedes, speziell für die *Approved Used*-Kampagne, scheint aus ökonomischer Sicht leicht nachvollziehbar. Schließlich ist die Kommunikation konkreter Vertriebsstandorte nur für eine Zielgruppe sinnvoll, die grundsätzlich die Möglichkeit hat, diese Standorte auch aufzusuchen. Würde man in den sogenannten Auslandsmedien inserieren oder internationale Satelliten-Programme auswählen, so hätte man Streuverluste zu erwarten.[10]

Die Auswahl der Ethnomedien für die Schaltung von Anzeigen und Spots ist rein ökonomisch begründbar, hat jedoch Konsequenzen für den Integrationsprozess auf kollektiver Ebene: Gestärkt werden diejenigen Ethnomedien, die politische und soziale Ereignisse im Vereinigten Königreich abbilden – und so zur Meinungsbildung der Medienkonsumenten beitragen. Hinzu kommt, dass genuine Ethnomedien häufig herkunftslandübergreifend ausgerichtet sind. Damit tragen sie zur Konstruktion eines gemeinsamen Bewusstseins der Zielgruppe als Minderheit im Aufnahmeland bei. Auf diese Weise wird ein kollektiver Sprecher konstruiert, durch den British Asians in Integrationsdebatten

9 | Zur Rolle ethnischer Medien im UK vgl. u.a. Husband (2002: 164ff.).

10 | Dies gilt grundsätzlich für die Auswahl der Medien im Ethnomarketing in jedem Land. Allerdings ist nicht immer eine derart vielseitige und ausgeprägte Ethnomedien-Landschaft vorhanden wie im Vereinigten Königreich. In Deutschland beispielsweise herrschen immer noch Auslandsmedien vor, das heißt Ethnomedien mit Redaktionen im Herkunftsland (vgl. dazu u.a. Calagan 2010; Müller 2010; Worbs 2010).

mobilisiert werden können. Die Ethnomarketing-Strategie von Mercedes legt durch die Techniken der Unterstützung ethnischer Interessenvertretung die Grundlage für (politische) Partizipation beziehungsweise für die organisierte Teilnahme der British Asians an kollektiven Integrationsprozessen.

Zwischenbilanz zu kollektiven Integrationsprozessen

Mit den Techniken der Assimilierung folgt Mercedes UK einem Integrationsverständnis, nach dem gleichberechtigte Teilhabe nur durch vollständige Anpassung erreicht werden kann. Findet eine solche Anpassung nicht in vollem Umfang statt, ist auch Teilhabe nur eingeschränkt möglich. Aus dieser Perspektive wird jede ethnische Minderheit per se als unterprivilegiert wahrgenommen. Ein Ethnomarketing, das daran ansetzt, wird sich daher stets als Marketing für eine sozial und ökonomisch schwache Gruppe verstehen. In der Ethnomarketing-Strategie von Mercedes UK wird diese Logik vor allem durch den Fokus auf Gebrauchtwagen sowie durch die damit verbundenen Techniken der Unterschichtung konsequent umgesetzt. Dies bedeutet jedoch nicht, dass die Zielgruppe als völlig desintegriert betrachtet wird, vielmehr werden die potenziellen Mercedes-Kunden aufgrund der Rolle der Marke als Statussymbol bereits als zumindest teilweise assimiliert begriffen: Die Techniken der Assimilierung garantieren, dass Kunden und Mitarbeiter bereits ein gewisses Assimilationsniveau erreicht haben müssen, um mit dem Unternehmen in Kontakt zu treten. Denjenigen, die an dieser Hürde scheitern, wird bewusst gemacht, dass sozialer Aufstieg nur über einseitige Anpassung möglich ist. Dabei wird suggeriert, dass Assimilation auch unter Beibehaltung der ursprünglichen ethnischen Zugehörigkeit erfolgen kann. Diesen »oft gewünschte[n], theoretisch jedoch kaum realistische[n] und auch empirisch sehr seltene[n] Fall« (Esser 2001: 20) der Mehrfachintegration verkörpern die Techniken der Individualisierung ethnischer Zugehörigkeit. Über ihre symbolische und idealisierende Funktion hinaus kommt ihnen die Rolle zu, die eigene Identität als grundsätzlich gestaltbar zu vermitteln. Dies ist eine wichtige Voraussetzung dafür, dass die Anpassung an andere kulturelle Standards überhaupt für möglich gehalten wird.

Betrachtet man das Zusammenwirken der Techniken der Individualisierung, Assimilierung und Unterschichtung in unten stehender Grafik (Abbildung 13), so lässt sich schlussfolgern, dass Mercedes in kollektiven Integrationsprozessen ein Modell einseitiger Anpassung der ethnischen Minderheit an die Mehrheitsgesellschaft befördert. Ethnomarketing erscheint als vorübergehendes Modell für noch nicht vollständig assimilierte Angehörige einer unterprivilegierten Minderheit – als eine Art temporäres ›Ethclass-Marketing‹. Sobald die individuelle Assimilierung vollzogen ist, würde Ethnomarketing nicht mehr benötigt. Die vierte Technik der Unterstützung ethnisierter Interessenvertretung bewirkt jedoch, dass das Bild von Mercedes UK in kollektiven Integrationsprozessen um eine Facette erweitert werden muss: Die Schaltung von Werbung besonders in genuinen Ethnomedien – und damit einhergehend deren finanzielle Unterstützung – sorgt dafür, dass die ethnische Gruppe durchsetzungsstärker und damit attraktiver für ihre Mitglieder wird. Während also einerseits ein Assimilationsdruck auf die ethnische Gruppe ausgeübt wird, werden andererseits ihre Grenzen stabilisiert. Die Suche nach Ursachen für diese Ambivalenzen wird Gegenstand der folgenden Abschnitte sein.

Abbildung 13: Ethnomarketing als Ethclass-Marketing (eigene Darstellung)

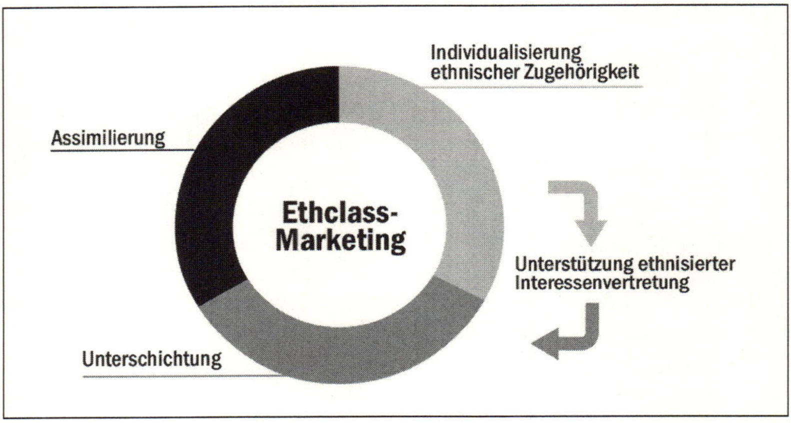

7.5 PROZESSE DER SYSTEMINTEGRATION: AMBIVALENZ DER DISKURSE

Die Analyse der ökonomisch induzierten Techniken in kollektiven Integrationsprozessen konnte anhand von direkt fallbezogenem Datenmaterial zeigen, welche Rollen das Ethnomarketing von Mercedes UK in kollektiven Integrationsprozessen einnimmt. In den folgenden Abschnitten soll nun herausgearbeitet werden, mit welchen Integrationsdiskursen diese Techniken interagieren. Das fallbezogene Datenmaterial liefert dabei den Anstoß für die Suche nach Kontextmaterial, das zur Explikation herangezogen wird. Insgesamt ergeben sich daraus vier Diskursfelder, in denen das Denken und Handeln zu Integration im Vereinigten Königreich geformt wird: Multikulturalismus, Britishness, Postkolonialismus und Klassengesellschaft.

Diskursfeld Multikulturalismus

Besonders auffällig bei der Analyse der Mercedes-Kampagne in kollektiven Integrationsprozessen ist die Gleichzeitigkeit von Assimilationsdruck einerseits und Stärkung ethnischer Sprecherrolle andererseits. Hinter diesem Widerspruch verbirgt sich ein Diskursfeld, das im Vereinigten Königreich stark umkämpft und mit dem Schlagwort des Multikulturalismus assoziiert ist. Der Begriff hat in Wissenschaft und Politik mehrere Facetten. Oft dient er schlicht dazu, die kulturelle Pluralität einer Gesellschaft zu beschreiben:

»Such pluralism might stem from the coexistence of longstanding minority groups [...] or it might be due to the migration of people with different cultures, religions, languages, and origins, as is the case in many countries around the world.« (Bloemraad 2011: 1)

Die Soziologin Irene Bloemraad betont aber auch, dass Multikulturalismus nicht nur eine Zustandsbeschreibung darstellt, sondern darauf aufbauend auch eine politische Weltsicht oder Ideologie bedeuten kann: »Multiculturalism as a philosophical orientation recognizes de facto pluralism in a society, and celebrates that diversity.« (Ebd.: 2) Ein so verstandener Multikulturalismus erklärt kulturelle Vielfalt zu einem Wert an sich, den es zu schützen und zu fördern gilt. Ergebnis einer multikulturalistischen Orientierung können dann konkrete politische Praktiken in nahezu allen Handlungsfeldern des Staates sein:

»In policy terms multiculturalism frames procedures, representations, materials and resources in education, health, welfare, policing, the arts and leisure - indeed, in practically every public institutional sphere (especially on the level of local government).« (Vertovec 2001: 3)

Legt man die hier angeführten Facetten des Multikulturalismus zugrunde, so finden sie sich alle in ihrer realpolitischen Ausprägung im Vereinigten Königreich.[11] Randall Hansen (2007: 5) merkt zwar an, dass der Begriff selbst lange Zeit wenig verwendet wurde und erst mit dem Wahlsieg der Labour Party im Jahr 1997 verstärkt auf die politische Bühne trat. Eine multikulturelle Ideologie und daraus erwachsende politische Handlungen bildeten jedoch bereits seit den 1960er Jahren einen staatlichen Diskurs des Multikulturalismus, dessen Praktiken das staatliche Sprechen und Handeln rund um ethnische Minderheiten

11 | Dies unterscheidet den Multikulturalismus, wie er im Vereinigten Königreich verstanden wird, von der Begriffsverwendung in Deutschland. Als hierzulande Angela Merkel »Multikulti« im Jahr 2010 für gescheitert erklärte (vgl. Schrader 2010), bezog sie sich sie eben nicht auf konkrete politische Maßnahmen, die an Minderheiten gerichtet wären, sondern auf eine passive, kulturrelativistische Einstellung zu multiethnischen Gesellschaften. Diese Unterscheidung wird häufig unterschlagen (vgl. beispielhaft bei Bloemgaard 2011). Zu den Auswirkungen des realpolitischen Multikulturalismus auf den Wohlfahrtsstaat vgl. u.a. Banting & Kymlicka (2006).

prägten (vgl. u.a. Kamm & Lenz 2004: 100ff.; Vertovec 2001: 2ff.). Hansen identifiziert drei wesentliche Säulen, auf denen der britische Multikulturalismus im Sinne staatlicher Praktiken aufgebaut ist:

»Erstens steht er für die Anerkennung der gesellschaftlichen Realität des Vereinigten Königreichs als Gesellschaft, die aus vielen Kulturen besteht. Zweitens basiert er auf der weit verbreiteten Ansicht, dass Multikulturalismus eine ›gute Sache‹ sei. Drittens liegt ihm das Prinzip zugrunde, dass ›britisch werden‹ nicht bedeutet, dass Menschen ihre früheren kulturellen Bindungen und Praktiken ablegen müssen.« (2007: 5)

Die politischen Praktiken des Multikulturalismus-Diskurses zeigen sich vor allem in einer stark ausgebauten Antidiskriminierungspolitik (vgl. Berg 2006a; Hansen 2007; Odello 2011; Schönwälder & Sturm-Martin 2001): So sorgte der *Race Relations Act* bereits seit 1965 dafür, dass Benachteiligungen aufgrund ethnischer Zugehörigkeit geahndet werden können. Dieser rechtliche Schutz wurde in den Folgejahren ausgebaut und ist im aktuell gültigen *Equality Act* aus dem Jahr 2010 mit anderen Diskriminierungstatbeständen (u.a. Diskriminierung wegen des Geschlechts, der Behinderung, der sexuellen Orientierung) zu einem einheitlichen Statut verschmolzen (vgl. EHRC 2011).[12] Die dort verankerten Regelungen richten sich einerseits gegen einen offen artikulierten Rassismus, andererseits aber auch gegen die Exklusion von Minderheiten von gesellschaftlichen Teilbereichen, insbesondere von Arbeitsmarkt und Bildungssystem. In diesen für strukturelle und kulturelle Sozialintegration höchst relevanten Handlungsfeldern soll darauf geachtet werden, dass ethnische Minderheiten repräsentiert und nicht an der Teilhabe gehindert werden. Auswirkungen dieser Politik zeigen sich vor allem in staatlichen Organisationen, wo eine gezielte Personalpolitik betrieben wird, um die Repräsentanz ethnischer Minderheiten zu sichern (vgl. Kamm & Lenz: 2004: 105). Als Konsequenz dieser Ausrichtung betreibt der Staat selbst eine Art Ethnomarketing und versucht, unter anderem für die British Army, Minderheiten über spezielle Recruiting-Maßnahmen anzuwerben (vgl. Mediareach 2011). Darüber hinaus werden spezielle Aufklärungs- oder Informationskampagnen zu staatlichen Programmen durchgeführt, die sich über Ethnomedien gezielt an ethnische Minderheiten richten. Dies trifft insbesondere auf den Bereich der gesundheitlichen Aufklärung des National Health Service zu (vgl. Ethnicreach 2011).

12 | Der *Race Relations Act* wurde in den Jahren 1968, 1976 und 2000 erweitert und angepasst. Im Jahr 2006 wurde dann erstmals der *Equality Act* verabschiedet und 2010 wesentlich überarbeitet. Seine Durchsetzung wurde bis 2007 durch die Commission for Racial Equality (CRE) und ab 2007 durch die Equality and Human Rights Commission begleitet (vgl. EHRC 2011).

Jürgen Kamm und Bernd Lenz betonen allerdings auch, dass Multikulturalismus und kulturelle Vielfalt im Vereinigten Königreich seit jeher umstritten waren: »Großbritannien war [...] von Anfang an eine multikulturelle Gesellschaft, und Spannungen zwischen den Kulturen sind ebenso wenig ein Charakteristikum unserer Zeit wie die Angst vor einer Überfremdung.« (2004: 98) Sebastian Berg (2006a: 484) weist in diesem Zusammenhang darauf hin, dass stets vorhandene einwanderungskritische Stimmen durch die Terroranschläge des 11. September 2001 in New York an Aufmerksamkeit und Unterstützung gewannen. Dies führte sogar so weit, dass im Jahr 2004 Trevor Phillips, der Vorsitzende der damaligen Commission for Racial Equality, der heutigen Equality and Human Rights Commission, darauf hinwies, man befinde sich »now in a different world from the 60s and 70s« (zitiert nach BBC 2004) und Multikulturalismus sei als überholtes Konzept zu bezeichnen.

Die Terroranschläge des Jahres 2005 in London ließen die Unterstützung anti-multikulturalistischer Tendenzen weiter zunehmen. Bereits wenige Tage nach dem Attentat vom 7. Juli 2005 veröffentlichte die rechtsextreme British National Party (BNP) ein Plakat, auf dem neben einem Foto, das die Zerstörungen zeigte, zu lesen war: »Maybe now it's time to start listening to the BNP« (BBC 2005; vgl. zur BNP auch Kramer 2011: 398ff.). In der Folge beobachtet Berg eine »langsame Aushöhlung des Multikulturalismus« (2006a: 483), angetrieben durch die »Angst vor weiteren Anschlägen, diskursive Polarisierung und New Labours Vorliebe für Patriotismus, Kommunitarismus und gesellschaftliche Kohäsion« (ebd.). Mit dem Regierungswechsel von New Labour zu der von David Cameron angeführten Koalition aus Tories und Liberal Democrats im Jahr 2010 verschärfte sich der Ton weiter. Am 5. Februar 2011 hielt Cameron eine viel beachtete Rede auf der Münchener Sicherheitskonferenz, in der er die Politik des staatlichen Multikulturalismus scharf attackierte: »Under the doctrine of state multiculturalism, we have encouraged different cultures to live separate lives, apart from each other and apart from the mainstream.« (Cameron 2011a: 4). Er bezog sich dabei insbesondere auf vermeintlich segregierte muslimische Communities, in denen islamistische Extremisten die Sicherheit und den gesellschaftlichen Zusammenhalt in den westlichen Ländern bedrohen würden. Cameron forderte daher eine Abkehr von der seiner Ansicht nach »passiven Toleranz« der vergangenen Jahre:

»So, when a white person holds objectionable views, racist views for instance, we rightly condemn them. But when equally unacceptable views or practices come from someone who isn't white, we've been too cautious frankly – frankly, even fearful – to stand up to them. [...] Frankly, we need a lot less of the passive tolerance of recent years and a much more active, muscular liberalism.« (Ebd.)

In seiner Rede konstruiert Cameron den Multikulturalismus als Wegbereiter von Segregation und Terrorismus. Nebenbei wird – wie generell in westlichen Staaten nach dem 11. September 2001 zu bemerken – eine Kriminalisierung des Islams vorgenommen. Anstelle eines kulturrelativistischen Multikulturalismus fordert Cameron eine Anpassung der Einwanderer an britische Werte und Lebensart. Damit bedient er einen zunehmend an Stärke gewinnenden Diskurs der Assimilation, der sich auch in den Diskussionen um die Inhalte einer nationalen Identität, der sogenannten Britishness, immer deutlicher zeigt (s.u.). Das Diskursfeld des Multikulturalismus im Vereinigten Königreich ist folglich von zwei wirkmächtigen und rivalisierenden diskursiven Formationen durchdrungen: Einerseits gewinnt der durch Cameron gestärkte Diskurs der Assimilation zunehmend an Bedeutung. Er tritt vor allem an der Oberfläche politischer Debatten um Immigration, Islam und Terrorismus in Erscheinung. Andererseits ist der Diskurs des Multikulturalismus weiterhin in Gesetzen, in Verwaltungshandeln und nicht zuletzt in der Existenz zahlreicher Ethnomedien verankert.

Im Ethnomarketing von Mercedes UK überlagern sich diese beiden Diskurse: Der Diskurs des Multikulturalismus wird unter anderem darin sichtbar, dass die Gestaltung und Platzierung von Werbung durch dieselbe Agentur koordiniert wird, die auch für Mainstream-Kampagnen verantwortlich zeichnet. Dies entspricht einem Modell der ethnischen Repräsentanz in Mainstream-Organisationen, das sich – wie oben ausgeführt – aus den Antidiskriminierungsgesetzen entwickelt hatte. Der Diskurs der Assimilation drückt sich in den Techniken der Assimilierung aus. Dabei sind besonders das Primat der englischen Sprache oder die fehlende Berücksichtigung des Islams zu erwähnen, aber auch die Vermeidung von sozialer Segregation am Point of Sale. Während also multikulturalistische Strukturen die Grundausrichtung der Kampagne weiterhin durchdringen, werden ihre öffentlich sichtbaren und flexibleren Bereiche – und hier besonders die Kommunikationspolitik – wesentlich vom Diskurs der Assimilation geprägt. Die geringe Intensität des Ethnomarketing könnte auch damit zusammenhängen, dass eine klare Orientierung fehlt. Die Kampagne wirkt angesichts des ambivalenten Diskursfeldes teilweise wie gelähmt.

Diskursfeld Britishness

> What is British? Who is British? Can we talk of Britishness at all? Who decides on what and who is British? (CRE 2005: 14)

Da im Marketing-Mix von Mercedes ein Teil der Kommunikationswege sowie das gesamte Vertriebssystem für Mehrheit und Minderheit identisch sind, muss man annehmen, dass Mercedes zumindest von einem Mindestmaß bereits existierender Gemeinsamkeiten zwischen den Gruppen ausgeht. Die Ausführungen zur Ethnisierung legen nahe, dass dies vor allem die englische Sprache und die Lebensrealität als Bewohner des Vereinigten Königreichs sind. Diese Elemente werden zum nicht hinterfragten, gemeinsamen kulturellen Nenner des Marketing-Mix. Doch wie kommt es zu diesen scheinbaren Selbstverständlichkeiten? Bei der Suche nach einer Antwort stößt man schnell auf ein geradezu ur-britisches Diskursfeld, das eng mit dem des Multikulturalismus verwoben ist: das der Britishness (vgl. dazu u.a. Colley 2009; Storry & Childs 2007).

Seit Jahrhunderten ringt das Vereinigte Königreich beständig um kulturelle Einheit und kollektive Identität, die sowohl England und Wales als auch Schottland und Nordirland umfasst. Insbesondere Schottland wehrt sich immer wieder gegen eine kulturelle Kolonialisierung durch England (vgl. Kamm & Lenz 2004: 60ff.). Um eine Identifikation mit der kollektiven Identität im gesamten Land zu erreichen, muss eine Britishness also die regionalen Identitäten des »(Dis-) United Kingdom« (ebd.: 39) integrieren. Dies hat auch zur Folge, dass Britishness seit jeher als »more ›civic‹ than ›ethnic‹« (Odello 2011: 245) verstanden wird. Zwar geben Jürgen Kamm und Bernd Lenz zu bedenken, dass sich »die Frage nach der *Britishness* heute anders als vor einhundert Jahren« (2004: 105, Herv. i.O.) stellt, denn schließlich werden historische Debatten um regionale Kulturen heute zunehmend von migrationsbedingten Kulturkonflikten überlagert. Doch die damit verbundene Herausforderung sei im Grunde dieselbe geblieben: Es gehe darum, »eine Synthese zwischen zentralistischer Einheit und partikularer Vielfalt zu finden« (ebd.: 99). Der Schotte und spätere Premierminister Gordon Brown formulierte diese Aufgabe im Jahr 2006, unter Bezugnahme auf die Londoner Terroranschläge vom Juli 2005, als Notwendigkeit, ein »shared sense of purpose« (BBC 2006) zu entwickeln: »We have to be clearer now about how diverse cultures, which inevitably contain differences, can find the essential common purpose also without which no society can flourish.« (Ebd.) Dieses Ansinnen Browns stieß auch bei der Commission for Racial Equality auf breite Zustimmung. Dort hatte man im Jahr zuvor eine Studie veröffentlicht, die auf einer Vielzahl qualitativer Interviews aufbaute und den Titel *Citizenship and Belonging. What is Britishness?* (CRE 2005) trägt.[13] Die Studie zeigt unter anderem eine interessante Beziehung zwischen den Begriffen Britishness und Englishness: Während ein großer Teil der autochthonen Bevölkerung in England keinen Unterschied zwischen ihnen macht, halten insbeson-

13 | Unmittelbar vor Veröffentlichung der vorliegenden Arbeit im Frühjahr 2013 erschien eine Studie der Organisation British Future, eines Think Tank mit Fokus auf Migration, Identität und Integration (vgl. British Future 2013). In dieser Studie wurde das Recht auf freie Meinungsäußerung als wichtigstes Kriterium einer Britishness genannt, gefolgt von Sprache und Rechtssystem. Die Ergebnisse sind nur bedingt vergleichbar mit denen der CRE-Erhebung und werden an dieser Stelle auch nicht weiter besprochen, da die Studie außerhalb des Untersuchungszeitraums durchgeführt wurde.

dere ethnische Minderheiten eine Selbstidentifikation ausschließlich über das Konzept der Britishness für möglich: »We are British. We are not English. English is white people. British is everyone« (Ebd.: 37). Die Studie führt dazu aus:

»In England, white English participants perceived themselves as English first and as British second, while ethnic minority participants perceived themselves as British; none identified as English, which they saw as meaning exclusively white people. Thus, the participants who identified most strongly with Britishness were those from ethnic minority backgrounds resident in England.« (Ebd.: 7)

Das Konzept der Britishness scheint also gerade für ethnische Minderheiten in England, und damit auch für die Zielgruppe der Mercedes-Kampagne, ein wichtiges Identifikationsangebot darzustellen. Die Studie der CRE argumentiert, dass »[f]or many ethnic minority participants, in particular, maintaining the difference between the English and the British was crucial, because this provided them with some space to belong« (ebd.: 24). Während Englishness also als eine quasi-ethnische Kategorie wahrgenommen wird, bezieht sich Britishness auf prinzipiell erwerbbare Charakteristika. Ein solches Verständnis von Britishness als »psychologically represented social system« (ebd.: 11), das auch von Immigranten angenommen werden kann, ist die Voraussetzung dafür, dass kollektive Identität als Grundlage des gesellschaftlichen Zusammenhalts dienen kann.[14] Die Studie fragt vor diesem Hintergrund weiter: »What values and loyalties, if any, must be shared by communities and individuals in all parts of Britain?« (Ebd.: 10). Als Antwort werden acht Eckpfeiler einer Britishness präsentiert, von denen einige mehr, andere weniger Konsens unter den Befragten erreichen (vgl. im Folgenden CRE 2005: 5f.): Geografie (insbesondere Insellage), nationale Symbolik (insbesondere Monarchie, Union Jack), Bevölkerung (insbesondere multi- versus monoethnische Konzepte), Werte / Einstellungen (Menschenrechte, Arbeitsethos, »hooliganism«), kulturelle Eigenheiten (»queuing«, »English Breakfast«), Staatsbürgerschaft, englische Sprache sowie historische Errungenschaften (industrielle Revolution, Demokratie). Eine ausführliche Besprechung aller Elemente würde an dieser Stelle zu weit führen – und ist für eine kontextbezogene Explikation der Ethnomarketing-Strategie Mercedes' auch nicht zielführend.[15] Hier interessiert vor allem die Frage, ob einige der genannten Punkte als selbstverständliche Bestandteile einer Britishness gelten können, das heißt konkret: Gab es zu einem oder mehreren Elementen einen unwidersprochenen Konsens? Betrachtet man die Ergebnisse der Studie unter

14 | Die Studie bezieht sich explizit auf Andersons *Imagined Communities* (2006).

15 | Historische Entwicklungen, welche die Ergebnisse kulturwissenschaftlich erklären könnten, finden sich u.a. bei Lenz et al. (2007), Kamm & Lenz (2004), Kamm (2006) sowie Kastendiek & Sturm (2006).

dieser Perspektive, so fällt auf, dass die größte Einigkeit in Bezug auf die englische Sprache (»to be British is to speak English«; ebd.: 30) sowie hinsichtlich der territorialen Verortung als Briten auf dem Gebiet des Vereinigten Königreichs besteht (als Reduktion der Kategorien Geografie und Staatsbürgerschaft; vgl. ebd.). Diese beiden Elemente stellen den kleinsten gemeinsamen Nenner dar, auf den sich alle Befragten einigen konnten. Sie werden als Selbstverständlichkeiten nicht mehr hinterfragt und beschreiben zwei unangefochtene Diskurse, die das Diskursfeld der nationalen Identität wesentlich prägen: der Diskurs der englischen Sprache und der Diskurs des britischen Territoriums.

Blickt man auf den Ethnomarketing-Mix bei Mercedes UK, so sind es genau diese beiden Diskurse, die in den Praktiken der Kampagne reproduziert werden. Erstens wird die Verwendung der englischen Sprache umso notwendiger, je näher der Vertragsabschluss rückt. Zweitens lassen sich keine Bestrebungen finden, die Vertriebswege über Ethnisierungen als (virtuelle) Heimat außerhalb des Vereinigten Königreichs erscheinen zu lassen. Damit wird die Identifikation mit britischem Territorium und englischer Sprache bei der Zielgruppe der British Asians vorausgesetzt. Auf weitere, möglicherweise umstrittene Elemente der Britishness wird im Ethnomarketing-Mix verzichtet. Die Techniken der Individualisierung ethnischer Zugehörigkeit sorgen somit dafür, dass die Kampagne keine Englishness propagiert und auf diese Weise auch für ethnische Minderheiten »some space to belong« (CRE 2005: 24) garantiert.

Diskursfeld Kolonialismus

Die Techniken der Individualisierung ethnischer Zugehörigkeit und der Unterstützung ethnisierter Interessenvertretung erwecken den Anschein, als gäbe Mercedes der Zielgruppe die Möglichkeit, ihre asiatische und britische Identität gleichzeitig und gleichberechtigt zu leben. Dieser scheinbar spielerische Umgang mit bikultureller oder hybrider Identität in der Kampagne korreliert mit der gesamtgesellschaftlichen Entwicklung, und dabei insbesondere mit der von Musik und Film:

> »Already we have seen the film industry tackle these issues in films like ›East is East‹, ›Bend it like Beckham‹ and ›Bride and Prejudice‹, similarly the music industry in Britain is developing mainstream popular music where there is a clear fusion of western and eastern rhythms.« (Sekhon & Szmigin 2005: 9)

Andererseits weisen die Techniken der Assimilierung und jene der Unterschichtung im Ethnomarketing von Mercedes UK darauf hin, dass die Vision eines gleichberechtigten »Sowohl-als-auch« (Beck et al. 2004: 32) der Kulturen bereits innerhalb der Kampagne in Frage gestellt wird. Einer ebenbürtigen Hybridität steht hier das Konzept einer dominierenden Kultur gegenüber. Dieses Oszillieren zwischen Gleichberechtigung und Unterwerfung anderer Kulturen findet sich besonders stark ausgeprägt in der kolonialen Vergangenheit des Vereinigten Königreichs, die auch die Zuwanderung der South Asians bedingt hatte: Die während der Empire-Zeit entstandenen Migrationsnetzwerke wurden nach der Unabhängigkeit Indiens 1947 wieder aktiviert, als ab den 1950er Jahren die britische Wirtschaft den eigenen Arbeitskräftebedarf nur unzureichend durch Einheimische decken konnte (vgl. Clark, Peach & Vertovec 2010: 17).[16] Erleichtert wurde die Zuwanderung aus den ehemaligen Kolonien durch den *British Nationality Act* von 1948, der allen Bürgern des Commonwealth grundsätzlich das Leben und Arbeiten im Vereinigten Königreich ermöglichte (vgl. Lunn 2007: 78). Als Nebenfolge dieser Entscheidung wurde »für alle Bewohner des Vereinigten Königreichs und seiner Kolonien eine gemeinsame Staatsangehörigkeit festgeschrieben« (ebd.). Diese rechtliche Gleichstellung der vormaligen Kolonialherren mit den Bewohnern der Kolonien währte jedoch nur eine begrenzte Zeit. Als die Nachfrage nach Arbeitskräften wieder sank, der Zustrom der Immigranten jedoch weiter zunahm, wurde die Freizügigkeit aus den ehemaligen Kolonien deutlich eingeschränkt. In den Jahren 1962, 1968 und 1971 zogen zwei *Commonwealth Immigrants Acts* und ein *Immigration Act* die Grenzen deutlich enger (vgl. Berg 2006b: 253). Mit der heute noch gültigen Neufassung des *British Nationality Act* von 1981 wurde dann auch die Definition der britischen Staatsbürgerschaft neu formuliert (Home Office 2004: 3):

» British citizens (BCs) - who have the right of abode in the United Kingdom;
British overseas territories citizens (BOTCs) - who have a connection with the sovereign base areas of Cyprus (all other BOTCs became British citizens on 21.5.02 under the provisions of the British Overseas Territories Act 2002);
British Overseas citizens (BOCs) - who, generally speaking, have no automatic right to reside anywhere rather than any alternative citizenship to which they may have/ have had a claim. They require leave to enter the United Kingdom.«

Während man den Bürgern der ehemaligen Kolonien also kurz nach dem Zerfall des Empire zunächst einen gleichberechtigten Zugang zum Leben im Vereinigten Königreich ermöglicht und somit die Entwicklung einer gleichberechtigten Hybridität beförderte hatte, machte die heute noch gültige Gesetzesreform von 1981 diesen Schritt rückgängig. Mit der Einführung verschiedener Statusrechte reproduzierte man letztlich einen kolonialen Diskurs der Machtasymmetrie, der in Kolonialherren und Untertanen unterschied.[17]

16 | Zu Migrationsbewegungen, die während des Empires und in der Phase der Dekolonialisierung einsetzten vgl. u.a. Lunn (2007: 78ff.) oder Osterhammel (2006: 90ff.).
17 | Dieser Eindruck wird durch Statistiken zur sozialen Ungleichheit noch erhärtet (vgl. u.a. Hills et al. 2010). Dies wird weiter unten noch eine Rolle spielen.

Die Barrieren für den Zugang zur vollwertigen Staatsbürgerschaft – und damit für die tatsächlich gleichberechtigte Teilhabe – wurden in den darauffolgenden Jahren immer weiter verstärkt. So ist der Erwerb der britischen Staatsangehörigkeit seit dem *Nationality, Immigration and Asylum Act* von 2002 an das Ablegen eines Loyalitätsgelöbnisses gekoppelt (vgl. Berg 2006b: 250). Im Jahr 2011 kündigte David Cameron (2011b: 7) eine weitere Verschärfung des Einbürgerungstests über Wissensfragen an. In dieser Entwicklung zeigt sich nicht nur das Bemühen, den Zugang zu Ressourcen enger zu kontrollieren und bestehende Machtverhältnisse aufrecht zu erhalten, Cameron verband mit der Reform des Tests auch das Ziel, »British history and culture« (ebd.) an die Immigranten zu vermitteln. Hier klingt, neben der üblichen Rhetorik des Assimilationsdiskurses, auch der koloniale Diskurs des Erziehungsauftrags an, dem Rudyard Kipling mit *The White Man's Burden* im Jahr 1899 ein lyrisches Denkmal gesetzt hatte (vgl. Kamm & Lenz 2004: 94). Kipling verlieh mit der Metapher einer damals weit verbreiteten Überzeugung Ausdruck, dass es die noble Pflicht des Vereinigte Königreichs sei, zivilisatorisches Licht ins Dunkel der vermeintlich barbarischen Kolonien zu bringen. Sebastian Berg stellt mit Blick auf die Aktualität von Kiplings Versen fest:

> »Diese eigentümliche Ambivalenz in der Haltung zu den ›Fremden‹ und damit auch zu den ImmigrantInnen, in denen sich weltoffene und tolerante mit autoritären und belehrenden Elementen mischen, ist bis heute spürbar. Ein gutes Verhältnis zu den (ehemaligen) Kolonien war (und ist nach wie vor) erwünscht, gleichzeitig erwartet der britische Staat aber gerade in jüngster Zeit wieder verstärkt die Anpassung an ›britische Werte‹.« (Berg 2006b: 250)

Der weiter oben, im Diskursfeld des Multikulturalismus, herausgearbeitete Assimilationsdiskurs, der Immigranten zu einer einseitigen Anpassung bringen will, kann somit auf einem kulturgeschichtlich stark prägenden Vorgängerdiskurs aufbauen. Es ließe sich möglicherweise sogar davon sprechen, dass die Assimilationsrhetorik im Vereinigten Königreich des beginnenden 21. Jahrhunderts in Teilen den kolonialen Diskurs des Erziehungsauftrags reproduziert.[18] Mit Kamm und Lenz (2004: 97) kann man feststellen: »Die Empire-Mentalität ist anscheinend auch heute noch nicht ausgestorben.«

Beide hier besprochenen kolonialen Diskurse, derjenige der Machtasymmetrie und der des Erziehungsauftrags, spiegeln sich im Ethnomarketing von Mercedes UK wider: So sind die Techniken der Unterschichtung letztlich als

18 | Diese Hypothese findet sich implizit bereits u.a. bei Berg (2006b: 250), sie bedürfte zur Bestätigung jedoch einer weiteren Ausarbeitung, die im Rahmen der vorliegenden Arbeit nicht geleistet werden kann. An dieser Stelle muss es genügen, auf die Korrelationen beider Diskursformationen hinzuweisen.

Praktiken eines ungleichen Zugangs zu gesellschaftlichen Ressourcen zu verstehen (= Machtasymmetrie). Die Techniken der Assimilierung vermitteln der Zielgruppe daran anschließend, dass ein Mehr an anglisiertem Wissen auch ein Mehr an Teilhabe bedeuten kann (= Erziehungsauftrag). Der Blick auf koloniale Diskurse liefert damit einen Erklärungsansatz, warum die durchaus vorhandenen Elemente eines postkolonialen, gleichberechtigten Umgangs mit hybriden Identitäten in Mercedes Ethnomarketing-Mix deutlich abgeschwächt werden.

Diskursfeld Klassengesellschaft

> Britain is an unequal country, more so than many other industrial countries [...] But inequalities in people's economic positions are also related to their characteristics – whether they are men or women, their ages, ethnic backgrounds, and so on. (Hills et al. 2010: 1)

Die Analyse des Ethnomarketing-Mix mit Blick auf kollektive Integrationsprozesse ergab, dass Mercedes eine Art Ethclass-Marketing betreibt. Dies lässt besonders in einem Land, das seit Jahrhunderten durch ein vergleichsweise starres Standes- und Klassendenken gekennzeichnet ist (vgl. u.a. Kamm & Lenz 2004: 199ff.; Roberts 2006: 226ff.), einen Einfluss diskursiver Formationen auf die Gestaltung des Ethnomarketing-Mix vermuten. Im Folgenden wird daher der Frage nachgegangen, wie die Art und Weise, wie Mercedes im UK Ethnomarketing betreibt, mit Diskursen um die britische Klassengesellschaft und um die Einordung von ethnischen Minderheiten in diese korrespondiert.

Die Erforschung der Klassenstruktur und der Durchlässigkeit der Klassengrenzen hat im Vereinigten Königreich eine lange Tradition. In Abkehr von dem durch Karl Marx geprägten Begriff der Klasse entstehen immer wieder neue Einteilungen, die eine berufsbezogene Schichtung der Gesellschaft auf Grundlage der aktuellen Gegebenheiten vornehmen. Als besonders einflussreich kann die ab den frühen 1970er Jahren erfolgte Einteilung der Bevölkerung anhand von Einkommensquellen durch Erikson & Goldthorpe (1992) gelten. Dieses »Goldthorpe Class Schema« prägt auch aktuell einflussreiche Modelle (vgl. Evans 1992: 211). Zu nennen sind die Definitionen des staatlichen Office of National Statistics (ONS) und der privaten Marktforschungsgesellschaft Ipsos MORI. Letztere hatte 1977 das bereits in den 1960er Jahren im Rahmen der *National Readership Survey* eingeführte System der »Social Grades« (Ipsos MORI 2009: 1) übernommen und populär gemacht. Das System teilt Menschen nach dem Beruf und Einkommen des Hauptverdieners einer Familie in insgesamt sechs Gruppen ein. Dabei entsprechen die Berufsgruppen A bis C1 der sogenannten Mittelklasse, die Gruppen C2 bis E können der Unterschicht zugeordnet werden (vgl. Kamm & Lenz 2004: 213). Auch das ONS benutzt seit 2001 eine differenzierte Tabelle zur Bestimmung der Klassenzugehörigkeit, die »National Statistics Socio-economic Classification« (ONS 2011b). Diese besteht aus acht Gruppen, die ähnlich aufgebaut sind wie die MORI-»Social Grades« und kann daher als konkurrierendes Modell verstanden werden.[19] In der unten abgebildeten Tabelle wurden, in Erweiterung einer Tabelle des britischen Soziologen Ken Roberts (2006: 233), nicht nur die aktuellen Klassifikationen von ONS, sondern auch diejenigen von MORI, neben die im Alltag und in der akademischen Diskussion gebräuchlichen Begriffe gestellt.[20]

Tabelle 8: Klassengesellschaft im Vereinigten Königreich

Socio-econ. Classification (ONS 2011b)		**Social Grades** (Ipsos MORI 2009)		**Sprachgebrauch**
1	Higher managerial, administrative and professional occupations	A	High managerial, administrative or professional	Middle Classes
2	Lower managerial, administrative and professional occupations	B	Intermediate managerial, administrative or professional	
3	Intermediate occupations	C1	Supervisory, clerical and junior managerial, administrative or professional	Intermediate Classes
4	Small employers and own account workers	C2	Skilled manual workers	Working Classes
5	Lower supervisory and technical occupations			
6	Semi-routine occupations	D	Semi and unskilled manual workers	
7	Routine occupations			
8	Never worked and long-term unemployed	E	State pensioners, casual or lowest grade workers, unemployed with state benefits only	Underclass

Quelle: eigene Tabelle, angelehnt an Roberts (2006: 233)

19 | Ispos MORI bemüht sich, die Unterschiede zwischen »Social Grade« und »Social Class« hervorzuheben (vgl. Ipsos MORI 2009: 3). Allerdings gesteht man mit Blick auf das aktuelle ONS-Modell auch zu, dieses sei »similar to social grade« (ebd.).

20 | Bei beiden gebräuchlichen Klassifikationen fällt auf, dass die »Upper Class« fehlt. Dies liegt daran, dass sie für die britische Gesellschaft zwar durchaus mentalitätsgeschichtlich, nicht jedoch in quantitativer Hinsicht eine Rolle spielt (vgl. u.a. Kamm & Lenz 2004: 200).

Obwohl in der öffentlichen Debatte die traditionellen Klassenbegriffe weiterhin dominieren, verzichten die gebräuchlichsten Schemata darauf, die Begrifflichkeiten aufzugreifen. Damit entsprechen sie einer politischen Rhetorik, die zeitweise versuchte – und immer noch versucht – das fest zementierte Klassendenken aufzubrechen. Ken Roberts bemerkt, dass »der Begriff ›Klasse‹ aus dem Wortschatz der Politiker gestrichen« (2006: 227) sei. Stattdessen wurde die soziale Durchlässigkeit der Schichten stärker in den Vordergrund gerückt (vgl. Golver 2007). Allerdings konnte sich die Rede von der klassenlosen Gesellschaft im Vereinigten Königreich nie vollständig durchsetzen. Trotz der Tabuisierung des Begriffs gehen die meisten Briten weiterhin davon aus, dass ihre Gesellschaft, ebenso wie ihr eigenes Leben, stark von Klassenzugehörigkeit bestimmt ist (vgl. Kamm 2006: 55ff.). Polly Toynbee fasst diesen Widerspruch im Guardian pointiert zusammen: »This is no classless society, but a society whose politics conspire to deny it.« (Toynbee 2008)

Der Diskurs des Klassendenkens lässt sich auch durch empirische Umfragen belegen. So konnten sich 95 Prozent der Befragten in einer Studie des Marktforschungsunternehmens YouGov im Jahr 2006 auf Anhieb einer Klasse zuordnen (vgl. YouGov 2006: 1). Mit Bezug auf ihren aktuellen Status gaben 70 Prozent an, derselben sozialen Klasse anzugehören wie ihre Eltern (vgl. ebd.: 3). Außerdem erwarteten 59 Prozent, dass sie sich auch am Ende des Lebens in der Klasse ihrer Eltern befinden würden, nur 28 Prozent glaubten an einen möglichen Aufstieg (vgl. ebd.: 2). Auch die Einordnung anderer Menschen in Klassen gilt als Normalität: In einer Studie im Auftrag der Zeitung *The Guardian* waren 89 Prozent der Befragten der Meinung, dass »people are still judged by their class« (Golver 2007). Solche Zahlen zeigen nicht nur, dass Klassenstrukturen im Vereinigten Königreich weiterhin als existent wahrgenommen werden, sondern auch, dass soziale Mobilität nur eingeschränkt für möglich gehalten wird. Aus dieser Annahme heraus entwickelten sich, ganz im Sinne von Bourdieus Habitus-Theorie, eigene Kleidungs- oder Kunststile verschiedener Klassen, klassengeprägte Sprache oder gemeinschaftsstiftende Narrative. Geradezu sprichwörtlich für letztere ist beispielsweise die Solidarität und der proletarische Stolz der Arbeiterklasse (vgl. Kamm & Lenz 2004: 208ff.).

Das Diskursfeld bleibt somit von einem wirkmächtigen Diskurs des Klassendenkens durchzogen. Dieser kam und kommt auch im Umgang mit Einwanderern zum Tragen. So diagnostizierten John Rex und Sally Tomlinson bereits im Jahr 1979 mit Blick auf die Arbeitskräfte-Immigration aus dem Commonwealth »the emergence of an underclass« (Rex & Tomlinson 1979: 320), die sich unterhalb bestehender Klassenstrukturen – insbesondere der Arbeiterklasse – bilden würde. Die Forscher ordneten damit Immigranten in die Klassenstruktur des Vereinigten Königreichs ein, wiesen ihnen jedoch gleichzeitig einen separierten und unterprivilegierten Platz zu. Empirische Begründungen dafür lassen sich auch mehr als 30 Jahre später mühelos finden – beispielsweise im staatlichen *Equality Panel* aus dem Jahr 2010:

»The end result of all this is that some minority ethnic groups still have equivalent net incomes that are well below those of the rest of the population [...]. Those from Bangladeshi and Pakistani households have a median equivalent net income of only £238 per week, compared to the national median of £393. Nearly half are below the official poverty line.« (Hills et al. 2010: 391)

Während ein Großteil der Pakistani und Bangladeshi also weiter einer unterprivilegierten Klasse zugerechnet wird, schneiden in demselben Bericht indischstämmige Menschen vergleichsweise gut ab: Sowohl mit Blick auf Bildungserfolge (ebd.: 74ff.), als auch hinsichtlich des Einkommens (ebd.: 130ff.) liegen sie deutlich vor den anderen südasiatischen Gruppen. In der Auswertung des Spitzenstundenlohns für Männer rangieren sie sogar vor den »White British« (ebd.) – wobei sie im Durchschnitt weiterhin weniger verdienen (vgl. ebd.: 148). Blickt man auf diese empirischen Daten, so haben British Indians/Indian British als Gruppe in den letzten Jahrzehnten einen deutlichen sozialen Aufstieg vollzogen. Gleichzeitig macht die Studie klar, dass die Lohnunterschiede innerhalb der Gruppe ebenso hoch wie oder höher als die in der Mehrheitsgesellschaft sind (vgl. ebd.: 130). Aus Sicht von Berg lassen sich ethnische Gruppen daher als »Class Fractions« (2006b: 260) begreifen. Sie seien »Gruppen, die z.B. zur Working Class oder zur Middle Class gehören, aber innerhalb dieser Classes durch rassistische Diskriminierung partiell ausgegrenzt werden« (ebd.). Damit bilden sie eine »Underclass« (Rex & Tomlinson 1979: 320) innerhalb der jeweiligen Klasse. Mit Blick auf die British Asians bedeutet dies, dass Pakistani und Bangladeshi sowie ein Teil der Inder die Arbeiterklasse unterschichten, während ein anderer Teil der Inder der Mittelklasse zugerechnet werden kann, dort aber ebenfalls tendenziell benachteiligt ist. Die Benachteiligung in allen Klassen produziert einen Diskurs der ethnischen Klasse, der bewirkt, dass British Asians grundsätzlich als sozial schwächer wahrgenommen werden – egal in welcher Klasse sie sich nach den statistischen Fakten befinden (vgl. dazu u.a. Modood 2004: 89).

Die Ausführungen zur Ethnisierung der Zielgruppe im Abschnitt 7.2 haben ergeben, dass vor allem indischstämmige Briten angesprochen werden. Dies entspricht ihrer sozial gehobeneren Stellung; die geringere Berücksichtigung der Bangladeshi und Pakistani lässt sich also durch eine rein rationale Entscheidung erklären. Der Zielgruppe wird allerdings auch unterstellt, zwar ökonomisch relativ gut situiert zu sein, sich aber aufgrund begrenzter finanzieller Mittel besonders für Gebrauchtwagen zu interessieren. Dies entspricht nur zu einem Teil den sozioökonomischen Fakten, korreliert aber mit der Wahrnehmung ethnischer Minderheiten als »Underclasses« oder »Class Frictions«.

Die Ethnomarketing-Strategie von Mercedes UK verstärkt daher einen Diskurs, der Minderheiten per se als unterschichtet begreift. Anders ausgedrückt: Das Ethclass-Marketing von Mercedes UK zementiert die Selbstverständlichkeit ethnisch geschichteter Klassen in einer als starr wahrgenommenen Klassengesellschaft.

Zwischenbilanz zu Prozessen der Systemintegration

Die Suche nach Kontextmaterial zur Erklärung der verwendeten ökonomischen Techniken bei Mercedes UK förderte vier Diskursfelder zu Tage. In zweien davon zeigen sich jeweils unangefochtene Diskurse, die sich im Ethnomarketing-Mix von Mercedes in ihren Grundzügen wiederfinden. So reproduziert das Ethclass-Marketing den dominierenden Diskurs ethnischer Unterschichtung im Diskursfeld der Klassengesellschaft und verstärkt die Wahrnehmung des Klassenmodells an sich. Im Diskursfeld der Britishness konstruiert Mercedes eine Identifikationsmöglichkeit für die Zielgruppe auf Grundlage der herrschenden Diskurse der englischen Sprache und des Wohnortes im Vereinigten Königreich. Auch hier bauen die Praktiken des Marketing-Mix auf gesellschaftlich produzierten Selbstverständlichkeiten auf. In den Diskursfeldern des Multikulturalismus und des Kolonialismus dagegen zeigen sich widerstreitende Diskurse, die nicht auf einem stabilen gesellschaftlichen Konsens aufbauen können. Diese Ambivalenzen wirken sich auf den Marketing-Mix von Mercedes UK aus. Im Diskursfeld des Multikulturalismus folgt man beispielsweise einerseits dem Diskurs des Multikulturalismus, der die Repräsentanz ethnischer Minderheiten garantiert. Gleichzeitig zeichnen sich jedoch auch die Praktiken eines stärker werdenden Diskurses der Assimilation ab. Diese Diskursverschränkung bewirkt eine assimilative Ausrichtung der Kampagne bei gleichzeitigem Bejahen ethnischer Diversität. Ähnliches gilt für das Diskursfeld des Kolonialismus: Dort findet sich einerseits die Unterstützung bikultureller und im postkolonialen Sinne hybrider Identitäten, andererseits werden die kolonialen Diskurse der Machtasymmetrie und des Erziehungsauftrags reproduziert. Für beide Diskursfelder gilt also, dass die Ethnomarketing-Praxis von Mercedes UK die Widersprüche aufnimmt und ökonomische Techniken entwickelt, diesen Ambivalenzen möglichst störungsfrei zu begegnen. Die Tendenz geht dabei in Richtung der Unterstützung des Assimilationsdiskurses beziehungsweise der (Wieder-)Herstellung der kolonialen Machtverhältnisse.

8. Fallübergreifende Hypothesen

> [T]heory development has been limited in the research of ethnic marketing. (Cui 2001: 28)

Wie für die meisten empirischen Arbeiten, so gilt auch für die vorliegende, dass sie sowohl theoriegeleitet ist als auch den Anspruch hat, zur Theoriebildung beizutragen. Ausgehend von theoretischen Grundlagen, die dazu beitragen, das Erkenntnisobjekt greifbar zu machen und den Erkenntnishorizont abzustecken, erhofft sie sich im gewählten Praxisfeld »eine befriedigende Erklärung zu finden für alles, was einer Erklärung zu bedürfen scheint« (Hillmann 1994: 869). Diesem Anspruch folgend, war es das Ziel der einzelnen Fallstudien, möglichst tief in das jeweilige Ethnomarketing-Projekt und seinen Kontext einzutauchen und erste Verknüpfungen mit Integrationsprozessen aufzuzeigen. Doch Theoriebildung auf Basis qualitativer Forschung besteht aus mehr als aus der Untersuchung von Einzelfällen. Sie muss versuchen, aus dem Vergleich der Fallstudien valide, generalisierbare Aussagen abzuleiten und diese als grundsätzlich falsifizierbare Hypothesen zu formulieren (vgl. u.a. Flick 2007: 369ff.). Ein entsprechender Versuch soll im Folgenden unternommen werden. Dabei erweist sich die Entscheidung für Fallstudien aus drei verschiedenen kulturellen Kontexten – insbesondere hinsichtlich der Migrations- und Integrationsgeschichten – als sinnvoll. Sie bewirkt, dass Gemeinsamkeiten in den Fallstudien nicht auf den gleichgelagerten nationalstaatlichen Kontext zurückgeführt werden können.[1] Unterschiede in den Fallstudien, die sich auf Basis eines gemeinsamen Merkmals ergeben, können gleichzeitig leichter im kulturellen und gesellschaftlichen Kontext verortet werden. Dabei ist jedoch zu beachten, dass die Auswahl dreier unterschiedlicher Unternehmen zumindest die

1 | Homologien könnten auch in gleichen Kontextbedingungen der Automobilbranche begründet liegen. Diese Möglichkeit wurde bei der Auswertung berücksichtigt. Ebenfalls möglich wären kulturelle Homologien in westlichen Staaten. Diese werden hier jedoch nicht kontrolliert, da die Untersuchung ausschließlich innerhalb eines westlichen Kontextes stattfindet.

Möglichkeit offen lässt, dass unterschiedliche Unternehmenskulturen oder das jeweilige Image der Marke ausschlaggebend für abweichende Ergebnisse sein könnten. Sofern sich bei der Analyse solche »rival explanations« (Yin 2009: 133) anbieten, wird diesen nachgegangen. Die folgenden Hypothesen stellen also nur diejenigen Gemeinsamkeiten – und an diesen anschließende Unterschiede – dar, die sich in der fallübergreifenden Analyse als valide und vorerst immun gegenüber rivalisierenden Erklärungen erwiesen haben. In den einzelnen Fallstudien selbst finden sich darüber hinaus zahlreiche weitere Schlussfolgerungen, die für den jeweiligen Kontext genauer geprüft werden könnten. Der Hypothesenkatalog versteht sich also nicht als abschließend, sondern als Auftakt zu einer Theoriebildung rund um Ethnomarketing und Integration. Um die weitere Forschung zu erleichtern und den wissenschaftlichen Dialog zu ermöglichen, wurden die Hypothesen soweit wie möglich generalisiert und so formuliert, dass sie grundsätzlich falsifizierbar sind. Ihr unmittelbarer Geltungsanspruch beschränkt sich auf Ethnomarketing der Automobilindustrie in den untersuchten Ländern. Die Präsentation der Hypothesen folgt den übergeordneten Forschungsfragen, die auch als Struktur für die Fallstudien gedient haben. Die Hypothesen sind fortlaufend nummeriert.

8.1 Ethnomarketing als betriebswirtschaftliche Strategie

Hypothesen

1a Ethnomarketing im Automobilsektor folgt einer betriebswirtschaftlichen Spezialisierungsstrategie, bei der insbesondere Kommunikations- und Distributionspolitik an der ethnischen Zielgruppe ausgerichtet werden.

1b Eine ethnische Anpassung der Produktpolitik erfolgt im Automobilsektor nur durch die gezielte Auswahl von Produkten aus der vorhandenen Produktpalette für die Kommunikations- und Distributionspolitik.

1c Ethnomarketing im Automobilsektor verzichtet auf eine ethnische Anpassung der Preis- und Konditionenpolitik.

Bei der vergleichenden Analyse der drei Fallstudien zeigen sich aus betriebswirtschaftlicher Sicht wesentliche Gemeinsamkeiten hinsichtlich der strategischen Ausrichtung. So ist in allen Fallstudien ein Fokus auf die Kommunikations- und Distributionspolitik auszumachen, wobei beide Bereiche meist eng miteinander verzahnt sind. Besonders auffällig ist dies bei VW Deutschland, wo die Verkaufsberater mit Namen, Foto und Kontaktadresse in den Werbeanzeigen genannt werden. Auch die Ergebnisse hinsichtlich der Produktpolitik ähneln sich stark: Bei Mercedes UK ist ein Fokus auf die Sparte der Gebrauchtwagen festzustellen, bei Toyota USA werden bestimmte Produkte für bestimmte Subzielgruppen beworben und auch bei VW Deutschland hatte man zu Beginn nur die Sparte der Nutzfahrzeuge getestet. Produktpolitik bedeutet hier also ausschließlich Sortimentspolitik. Damit beugt man sich den Restriktionen der Automobilindustrie, wo eine Produktanpassung grundsätzlich mit extrem hohen Kosten verbunden ist. Eine Anpassung der Preis- und Konditionenpolitik dagegen wäre leichter möglich, wird jedoch durch keines der untersuchten Unternehmen konsequent umgesetzt. Dies könnte auf der Befürchtung beruhen, dass eine ethnisierte Konditionenpolitik Missfallen bei den Kunden der Mehrheitsgesellschaft hervorrufen könnte. Die Übereinstimmung in der grundsätzlichen Ausrichtung der Ethnomarketing-Strategien aller Fallstudien legt die Vermutung nahe, dass sie auf einer gleichgerichteten, kontextunabhängigen, höchstens branchenspezifisch gebrochenen, ökonomischen Logik basieren. Diese Annahme wird dadurch unterstützt, dass die Gleichmäßigkeit der Strategien weder auf eine gemeinsame Unternehmenskultur (drei unterschiedliche Konzerne), noch auf einen gemeinsamen gesellschaftlichen oder kulturellen Kontext (drei unterschiedliche Nationalstaaten) zurückzuführen ist.[2]

8.2 ETHNOMARKETING IN ETHNISIERUNGSPROZESSEN

Ethnomarketing und die Konstruktion kollektiver Identitäten

Hypothesen

2a Ethnomarketing wirkt unabhängig vom gesellschaftlichen und kulturellen Kontext auf eine Homogenisierung der Zielgruppe hin.

2b Die Bemühungen zur Konstruktion einer gemeinsamen kollektiven Identität für die Zielgruppe sind besonders stark ausgeprägt, wenn die Zielgruppe als intern heterogen begriffen wird.

In allen untersuchten Fallstudien werden Identifikationsangebote für die Zielgruppe bereitgestellt, wodurch eine Homogenisierung der ethnischen Gruppe

2 | Außerhalb der Automobilbranche dürften vor allem die Hypothesen 1b und 1c wenig Gültigkeit besitzen. So besteht beispielsweise das Ethnomarketing von Mobilfunkanbietern hauptsächlich darin, spezielle Tarife für Auslandstelefonate anzubieten, ist also in erster Linie durch Anpassung der Produktpolitik gekennzeichnet (vgl. u.a. Bücker 2007; Köppel & Sandner 2008; Seidel 2008). Ähnliches gilt für Lebensmittelanbieter (vgl. u.a. Geipel 2010). In diesem Zusammenhang läge die Vermutung nahe, dass sich die Grundausrichtung betriebswirtschaftlicher Ethnomarketing-Strategien zwar nie an kulturellen Kontexten, jedoch stets an Branchen orientiert. Zur Begründung dieser Hypothese bedürfte es jedoch weiterer Studien.

vorangetrieben wird. Dieses Ergebnis bestätigt die einschlägigen kulturwissenschaftlichen Studien und kann sich dabei auf empirische Daten aus mehreren Kulturräumen stützen. Darüber hinaus zeigt die vergleichende Analyse der Fallstudien, dass Ethnomarketing – vor allem in den USA – wesentlich aktiver mit der Rolle des Marketing bei der Herausbildung kollektiver Identitäten umgeht, als dies die bisherige Forschung vermuten lässt.[3] Besonders deutlich wird dies im Falle von Toyota USA, wo man explizit von einer heterogenen Zielgruppe ausgeht, die man in mehrere Subzielgruppen unterteilt. Gleichzeitig jedoch werden Instrumente eines Tribal Marketing eingesetzt, die bewirken, dass auf der Basis vorhandener Homologien eine gemeinsame kollektive Identität entstehen kann. Auch bei Mercedes UK wird zunächst die Heterogenität der Zielgruppe anerkannt, die Ansprache der Gruppen wird dann aber verstärkt über diejenigen Ethnomedien umgesetzt, die als Sprecher für British Asians generell fungieren. Bei VW Deutschland schließlich erkennt man eine Diversifizierung der Zielgruppe in verschiedene Generationen. Diese Generationen werden allerdings gemeinsam angesprochen und beispielsweise im Werbespot durch die Darstellung einer typisch deutschtürkischen Familie vereint. In allen drei Fallstudien ist den Unternehmen also die Heterogenität der jeweiligen Zielgruppe bekannt, dennoch wirken die Kampagnen auf eine Homogenisierung der Gruppe hin. Am stärksten differenziert ist die Wahrnehmung der Zielgruppe bei Toyota USA, gefolgt von Mercedes UK und VW Deutschland. Die Intensität der Aktivitäten zur Etablierung einer gemeinsamen Identität für die Zielgruppe – im Gegensatz zur bloßen Abbildung ethnischer Stereotype – folgt derselben Reihung. Dies könnte darauf hindeuten, dass ethnische Konstruktionsprozesse durch Ethnomarketing immer dann besonders stark sind, wenn die Zielgruppe als besonders heterogen begriffen wird.[4] Begründet werden kann diese Hypothese mit einer recht einfachen betriebswirtschaftlichen Argumentation: Ethnomarketing ist dann besonders effizient, wenn die ethnische Zielgruppe groß und leicht anzusprechen ist. Wird eine Segmentierung in ethnische Subzielgruppen notwendig, so wirkt sich dies in jedem Fall negativ auf die Kosten-Nutzen-Relation aus. Die Stärkung einer ethnischen Identität ist also direkt mit der Gewinnerzielungsabsicht verknüpft. In Hypothese 2b manifestiert sich somit eine ökonomische Logik, die offensichtlich nicht entscheidend durch einen gesellschaftlichen Kontext gebrochen wird. Eine Geltung auch außerhalb der Automobilbranche ist wahrscheinlich.

3 | Die wichtigsten kulturwissenschaftlichen Forschungen zu Ethnomarketing liegen mehr als zehn Jahre zurück (v.a. Halter 2000; Dávila 2001). In jüngeren Arbeiten (u.a. Kulinna 2007; Penaloza 2007) klingen die hier geäußerten Vermutuungen bereits an.

4 | Damit scheinen die empirischen Ergebnisse auch die theoretischen Überlegungen zu bestätigen, in denen ein Wandel hin zu einer aktiveren Beteiligung des Ethnomarketing bei der Konstruktion ethnischer Gruppen vermutet wurde (vgl. Kapitel 2).

Ethnomarketing und ethnische Grenzziehung

Hypothesen

3 Ethnomarketing kann eine Grenzziehung zwischen Mehrheit und Minderheit befördern. Ob dies geschieht, variiert mit dem gesellschaftlichen Kontext.

3a Ethnomarketing für Deutschtürken und Hispanics betont die Unterschiede zwischen Zielgruppe und Mehrheitsgesellschaft. Dabei wird als Abgrenzungsmerkmal neben der Sprache vor allem eine stereotypisierte Emotionalität der Zielgruppe betont.

3b Ethnomarketing für British Asians verzichtet auf scharfe Grenzziehungen zwischen Mehrheit und Minderheit.

Hinsichtlich der Grenzziehung zwischen Zielgruppe und Mehrheitsgesellschaft im Ethnomarketing zeigt sich erstmals keine gleichförmige ökonomische Logik. Stattdessen findet sich eine Diskrepanz zwischen den Aktivitäten von VW Deutschland und Toyota USA auf der einen und Mercedes UK auf der anderen Seite. VW Deutschland grenzt die Zielgruppe insbesondere in den Verkaufsgesprächen über die Betonung von Emotionalität und durch das Spötteln über Deutsche von der Mehrheitsgesellschaft ab. Bei Toyota USA fließen dieselben Elemente (Emotion und Spötteln über die Mehrheit) in die Gestaltung der Werbung ein. Eine derart scharf markierte Grenze ist bei Mercedes UK nicht auszumachen. Zwar ist mit Blick auf andere Branchen im Vereinigten Königreich anzumerken, dass sich durchaus auch im Ethnomarketing für British Asians Beispiele finden lassen, in denen die Emotionalität der Zielgruppe betont wird. Dies gilt vor allem für Ethnomarketing in der Musik-, Film-, Lebensmittel- oder der Mobilfunkbranche. Für Mercedes trifft die Betonung der Emotionalität jedoch nicht zu. Man könnte versuchen, die Befunde in den Fallstudien mit verschiedenen Unternehmenskulturen oder einem divergierenden Image der Marken zu erklären. Es ließe sich argumentieren, dass Toyota- und VW-Konzern durch eine besondere Empathie für die Zielgruppe auffallen wollten, während Mercedes eher auf ausgleichende Botschaften setzt. Diese Erklärung wäre angesichts der Rolle von Mercedes als Symbol des souveränen Geschäftsmannes und dem eher bodenständigen Charakter von Toyota und VW nicht völlig von der Hand zu weisen. Allerdings zeigt der Blick auf andere Branchen im Vereinigten Königreich, dass auch dort keine scharfe Abgrenzung zwischen Mehrheit und Minderheit vorgenommen wird (vgl. u.a. Planet Talk 2011; East End 2011). Wie in den Erläuterungen zu Hypothese 12c außerdem deutlich werden wird, finden sich im Vereinigten Königreich ambivalente Diskurse, die eine scharfe Abgrenzung zwischen Mehrheit und Minderheit im Ethnomarketing unwahrscheinlich werden lassen.

Ethnomarketing und die Verbindung zum Nationalstaat

Hypothesen

4 Ethnomarketing stellt stets eine Verbindung zwischen der angesprochenen ethnischen Minderheit und dem jeweiligen Nationalstaat her. Wie dies geschieht, variiert mit dem gesellschaftlichen Kontext.

4a Ethnomarketing für Deutschtürken konzipiert Deutschland als faktische und die Türkei als emotionale Heimat der Zielgruppe.

4b Ethnomarketing für Hispanics konzipiert die USA als faktische und emotionale Heimat der Zielgruppe.

4c Ethnomarketing für British Asians konzipiert das Vereinigte Königreich als faktische Heimat der Zielgruppe.

Die vergleichende Analyse der Fallstudien ergibt, dass die Kampagnen stets eine Verbindung zwischen ihren Zielgruppen und dem jeweiligen Nationalstaat herstellen. Dies beginnt bei der geografischen Verortung, wo auffällt, dass die Zielgruppen stets in Großstädten des jeweiligen Landes dargestellt werden. Dies entspricht jeweils der geografischen Verteilung der Zielgruppe und wäre an sich noch nicht überraschend. Interessant ist aber, dass sich die Verortung der Zielgruppe in den Kommunikationsmaterialien der Kampagnen reproduziert. Insbesondere VW Deutschland und Toyota USA zeigen die jeweilige Minderheit an klar identifizierbaren Orten deutscher beziehungsweise US-amerikanischer Großstädte. Mercedes UK macht in seiner Kampagne den Bezug zwischen Zielgruppe und britischer Lebensrealität unter anderem durch die Verknüpfung von Kommunikations- und Vertriebspolitik deutlich. Unabhängig vom kulturellen Kontext wird die Minderheit ganz konkret als Bestandteil des jeweiligen Landes verortet. Allerdings lassen sich deutliche Unterschiede in der Qualität dieser Verortung beobachten. VW Deutschland konzipiert die Zielgruppe als Türken in Deutschland – und damit zumindest als emotionale Ausländer. Zwar wird die gegenwärtige und künftige Lebensrealität in Deutschland gesehen, die emotionale Heimat bleibt jedoch die Türkei. Toyota USA dagegen beschreibt die Zielgruppe der US-Latinos als faktischen und emotionalen Bestandteil des Landes, dessen Kultur die der USA bereichert. Mercedes UK schließlich beschränkt sich darauf, die Lebensrealität der Zielgruppe im Vereinigten Königreich abzubilden, ein emotionaler Bezug fehlt.[5]

Die Analyse des kulturellen Kontextes offenbart Korrelationen zwischen diesen Befunden und gesamtgesellschaftlichen Diskursformationen, die es wahrscheinlich machen, dass die ökonomische Logik der Kampagne durch die

5 | Dies verwundert besonders angesichts der Tatsache, dass gerade Automobilwerbung besonders häufig emotional aufgeladen ist (vgl. u.a. Temath 2011: 95ff.).

jeweiligen Diskursformationen entscheidend gebrochen wird. Für Deutschland kommt hier insbesondere das Diskursfeld der Leitkultur in Frage. Für die USA finden sich in den Diskursfeldern des demografischen Wandels und der Integrationspolitik Anschlusspunkte, und im Vereinigten Königreich zeigt der Blick auf die Diskursfelder des Multikulturalismus und des Kolonialismus Erklärungsansätze.

Ethnomarketing und die Thematisierung hybrider Identität

Hypothesen

5 Ethnomarketing thematisiert die Frage nach einer Realisierung hybrider Identität. Wie dies geschieht, variiert mit dem gesellschaftlichen Kontext.

5a Ethnomarketing für Deutschtürken konzipiert Hybridität als idealisierte Zukunft.

5b Ethnomarketing für Hispanics konzipiert Hybridität als gelebte Realität.

5c Ethnomarketing für British Asians konzipiert Hybridität als Privatsache.

Die Konstruktion personaler Identität ist für Angehörige einer ethnischen Minderheit häufig mit der Frage nach der Realisierung einer hybriden Identität im Sinne eines gleichberechtigten Sowohl-als-auch der verschiedenen kollektiven Identitäten verbunden. Der Vergleich der Fallstudien ergibt, dass diese Frage in allen Kampagnen zumindest implizit aufworfen wird. Es scheint sich somit um ein kontextunabhängiges Spezifikum von Ethnomarketing zu handeln, wobei die jeweils gegebenen Antworten deutlich variieren. So zeichnet sich die Marketing-Praxis bei VW Deutschland durch eine umfassende Segmentierung und eine Betonung des Türkischen aus. Hybridität im Sinne eines gleichberechtigten Sowohl-als-auch zweier Identitäten ist allenfalls als Idealvorstellung für die junge Generation im TV-Spot erkennbar. Bei Toyota USA wird Hybridität ganz explizit, unter anderem im Werbespot zum Super Bowl, thematisiert. Außerdem geht man bei der Ansprache der Subzielgruppe der Nuevo Latinos davon aus, dass diese Hybridität, beispielsweise in der Sprache, tatsächlich leben. Mercedes UK schließlich propagiert die Realisierung von Hybridität im privaten Kontext indirekt, insbesondere über die Stärkung von Ethnomedien. Allerdings wird an wichtigen Stellen in der direkten Marketing-Praxis ein tatsächlich gleichberechtigtes Nebeneinander der kollektiven Identitäten negiert.

Bei der Suche nach Erklärungen für diese Unterschiede scheint einmal mehr der Blick auf den kulturellen Kontext vielversprechend. Für Deutschland finden sich Anknüpfungspunkte besonders im Diskursfeld der Integrationsdefizite, wo ein Diskurs der Vielfalt – als Voraussetzung für die gleichberechtigte Anerkennung mehrerer Identitäten – längst nicht als Normalität gelten kann. Die Beobachtungen für Hybridität in den USA korrelieren unter anderem mit denen im Diskursfeld des demografischen Wandels, wo die dauerhafte Präsenz der Hispanics als selbstverständlich anerkannt wird. Für das Vereinigte Königreich sind vor allem die Ausführungen zur Staatsbürgerschaft im Diskursfeld des Kolonialismus relevant.

8.3 Ethnomarketing in individuellen Integrationsprozessen

Hypothesen

6 Ethnomarketing kann Auswirkungen auf individuelle Integrationsprozesse von Mitarbeitenden haben. Welche Auswirkungen dies sind, hängt erstens davon ab, ob die Personalrekrutierung ausschließlich an das Ethnomarketing-Projekt gekoppelt ist und zweitens, ob im Projekt oder im Unternehmen Anreize zur Selbstethnisierung gegeben werden.

6a Eine Kopplung von Ethnomarketing und Personalrekrutierung bei gleichzeitigem Anreiz zur Selbstethnisierung kann zu einer (Re-)Ethnisierung der Mitarbeitenden führen.

6b Eine fehlende Kopplung von Ethnomarketing und Personalrekrutierung bei gleichzeitigem Anreiz zur Selbstethnisierung kann zur Ethnisierung der Karriere führen.

6c Eine fehlende Kopplung von Ethnomarketing und Personalrekrutierung ohne Anreiz zur Selbstethnisierung kann Assimilationsstrategien für das Berufsleben befördern.

Auf Grundlage der vergleichenden Analyse der Fallstudien lässt sich die Annahme treffen, dass Ethnomarketing durchaus Auswirkungen auf die identifikative, soziale und strukturelle Integration der Verkaufsberater haben kann. Die Qualität dieser Auswirkungen bemisst sich daran, ob Ethnomarketing eng an die Einstellung der Mitarbeitenden gekoppelt ist und ob sich Anreize zur Selbstethnisierung bieten. Diese Kriterien ergeben sich insbesondere aus der unterschiedlichen Ausgestaltung der Personalrekrutierung. So wurde in der Fallstudie zu VW Deutschland festgestellt, dass das Unternehmen über die verantwortliche Ethnomarketing-Agentur gezielt Verkaufsberater anwirbt. Weiter wurde herausgearbeitet, dass sich für die so ausgewählten Mitarbeitenden zunächst deutliche Anreize zur Selbstethnisierung bieten. Dies führt tendenziell zu einer verstärkten Identifikation als Türke sowie vermehrtem Kontakt mit Deutschtürken. Daher wurde eine (Re-)Ethnisierung der Integrierten diagnostiziert, die ohne eine entsprechende Diversity-Politik im Unternehmen auch zu einer strukturellen Mobilitätsfalle und damit zu einem Verharren in der ethnischen Nische führen könnte. Bei Toyota USA ist Ethnomarketing nicht an die Personalrekrutierung gekoppelt. Allerdings bietet eine stark ausgebaute Diversity-Strategie durchaus Anreize zur Selbstethnisierung – sowohl bei Einstellung als auch bei der Besetzung höherer Positionen. Dies kann zu einer Ethnisierung der Karriere führen, die zwar tendenziell positive Auswirkungen auf die strukturelle Integration hat, jedoch auch eine Binnenintegration in die ethnische Gruppe unterstützt. Bei Mercedes UK existieren weder eine Kopplung von Ethnomarketing und Personalrekrutierung noch Anreize zur Selbstethnisierung. Hier wird über die Privatisierung ethnischer Zugehörigkeit ein assimilatives Integrationsmodell für das Berufsleben propagiert. Die folgende Grafik (Abbildung 14) zeigt die Typen individueller Sozialintegration im Ethnomarketing nochmals im Überblick.[6]

Abbildung 14: Typologie individueller Sozialintegration (eigene Darstellung)

		Anreiz zur Selbstethnisierung?	
		JA	NEIN
Kopplung von Ethnomarketing und Personalrekrutierung?	JA	(Re-)Ethnisierung der Integrierten (VW Deutschland)	?
	NEIN	Ethnisierung der Karriere (Toyota USA)	Assimilation im Berufsleben (Mercedes UK)

Die Verknüpfung von Personaleinsatz mit den jeweiligen Ethnomarketing-Aktivitäten unterscheidet sich in den Fallstudien somit wesentlich. Worin diese Unterschiede begründet liegen, kann nicht mit Sicherheit gesagt werden. Zwar spricht einiges dafür, dass sich auch hier zentrale Integrationsdiskurse reproduzieren, allerdings könnten auch die Einflüsse der Unternehmenskultur eine Rolle spielen. Toyota beispielsweise ist weltweit für den »Toyota Way« (Liker & Meier 2006) bekannt, der aus einem intensiven Einbezug der Ressourcen aller Mitarbeitenden besteht. Hier kann eine starke Diversity-Politik also kaum verwundern. Aufgrund der Vielzahl möglicher Einflussfaktoren wird an dieser Stelle auf Hypothesen zur Kulturabhängigkeit der Unterschiede verzichtet.

6 | Wegen der begrenzten Fallzahl bleibt naturgemäß eine Zelle leer. Allerdings stellt sich die Frage, ob es in der Praxis tatsächlich vorkommen kann, dass die Einstellung eines Mitarbeitenden an das Ethnomarketing-Projekt gekoppelt ist, ohne dass dies automatisch mit einem Anreiz zur Selbstethnisierung einher geht.

8.4 Ethnomarketing in kollektiven Integrationsprozessen

Ethnomarketing und Ethnomedien

Hypothese

7 Ethnomarketing kommuniziert bevorzugt über genuine Ethnomedien.

In den Fallstudien wurde deutlich, dass Toyota USA und Mercedes UK dazu neigen, bevorzugt über die sogenannten genuinen Ethnomedien zu kommunizieren, die – im Gegensatz zu den Auslandsmedien – stärker auf die Lebensrealität der ethnischen Minderheit im jeweiligen Land fokussieren. In Deutschland ist die genuine Ethnomedienlandschaft zwar vergleichsweise gering ausgeprägt (vgl. u.a. Müller 2010: 225; Worbs 2010). In den wenigen professionellen Medien ist Volkswagens Kampagne allerdings durchaus präsent. Die Tendenz zur Bevorzugung genuiner Ethnomedien ist in allen Fallstudien festzustellen und lässt sich durch eine Kosten-Nutzen-Abwägung erklären: Bei Auslandsmedien erreicht man in der Regel auch Personen außerhalb der eigentlichen Zielgruppe, was den Preis für den einzelnen angestrebten Kontakt nach oben treibt. Genuine Ethnomedien richten sich dagegen direkt an die Zielgruppe im Inland, Streuverluste werden so minimiert. Mit Blick auf kollektive Integrationsprozesse wird genuinen Ethnomedien häufig die Rolle zugesprochen, eine Anwaltschaft für die jeweilige ethnische Minderheit zu übernehmen und als eine Art Sprecher im »Dialog der Kulturen« (Nassehi 2006) zu agieren. Die ökonomische Logik des Ethnomarketing trägt nun dazu bei, dass diese Sprecher finanziert und mittelbar gestärkt werden.

Ethnomarketing und seine Botschaft an die Zielgruppe

Hypothesen

8 Ethnomarketing vermittelt der Zielgruppe, dass man ihre Präsenz im Land wahrnimmt. Daneben transportiert Ethnomarketing weitere Botschaften der Anerkennung, deren Bezugspunkte mit dem gesellschaftlichen Kontext variieren.

8a Ethnomarketing vermittelt Deutschtürken, dass sie als Kunden wahrgenommen und wertgeschätzt werden.

8b Ethnomarketing vermittelt Hispanics, dass ihr Beitrag zur US-amerikanischen Gesellschaft wertgeschätzt wird.

8c Ethnomarketing vermittelt British Asians, dass ihr ökonomischer Erfolg anerkannt wird.

Die fallübergreifende Analyse zeigt, dass alle untersuchten Kampagnen der Zielgruppe Wertschätzung vermitteln. Diese bezieht sich darauf, dass die Präsenz der Zielgruppe im jeweiligen Land – und damit ihre Rechtmäßigkeit dort zu leben – anerkannt wird. Es ist interessant, dass diese Feststellung unabhängig vom jeweiligen Kontext gilt. Über diese grundsätzliche Gemeinsamkeit hinaus zeigt sich in der vergleichenden Analyse aber auch, dass die Vermittlung von Wertschätzung für die Zielgruppe jeweils einen anderen Bezugspunkt hat. So ist bei VW Deutschland die Kommunikations- und Vertriebspolitik explizit darauf ausgerichtet, das Integrationsdefizit der fehlenden Anerkennung zu kompensieren und so einen Zusatznutzen für die Zielgruppe zu generieren. Entsprechend steht bei der Kommunikation im Vordergrund, dass man Deutschtürken als Kunden wahrnimmt und wertschätzt. Darüber hinaus vermittelt man Kunden Sicherheit in einer als unsicher empfunden Umgebung. Bei Toyota USA fällt auf, dass die untersuchten Kampagnen häufig die Botschaft enthalten, dass eine fortschreitende Latinisierung der USA nicht nur Tatsache, sondern auch ein Gewinn für die Gesellschaft sei. Man unterstützt die Zielgruppe auf dieser Basis bei einem selbstbewussten Auftreten als US-Latinos. Auch bei Mercedes UK finden sich Elemente der Anerkennung, die über das Wahrnehmen der faktischen Präsenz der British Asians hinausgehen. Hier beschränkt sich die zusätzliche Botschaft allerdings darauf, dass man den ökonomischen Erfolg – und damit die strukturelle Integration – der Zielgruppe wahrnimmt.

Im Falle von Mercedes UK könnte die Begründung in der Rolle des Produktes als Symbol für ökonomischen Erfolg begründet liegen. Für Toyota und VW jedoch lässt sich eine solche Verbindung nicht herstellen. Bei diesen sind die Botschaften des Ethnomarketing zu speziell auf die Zielgruppe zugeschnitten, als dass sie in einem übergeordneten Marketingkonzept zu verorten wären. Außerdem korrelieren die jeweiligen Inhalte der Wertschätzung in allen Ländern mit Aspekten, die durch die jeweils betroffene Minderheit tendenziell als negativ empfunden werden. Dies sind in Deutschland eine starke Defizitorientierung der Integrationspolitik, in den USA der Vorwurf an Hispanics, die US-amerikanische Kultur zu zersetzen sowie im Vereinigten Königreich ein kolonial geprägtes Bild der British Asians als ökonomisch wenig privilegierte Unterschicht. Mit der Vermittlung von Wertschätzung gegenüber der Zielgruppe signalisiert Ethnomarketing Verständnis für genau diese als defizitär empfundenen Bereiche. Hier liegt die Vermutung nahe, dass Ethnomarketing in allen Kontexten auf Deprivationserfahrungen von Minderheiten rekurriert. Dies lässt jedoch noch nicht darauf schließen, dass Ethnomarketing eine Sprecherrolle für die Zielgruppe in gesamtgesellschaftlichen Aushandlungsprozessen übernimmt. Dies ist abhängig von den Botschaften, die an die Mehrheitsgesellschaft transportiert werden.

Ethnomarketing und seine Botschaft an die Mehrheitsgesellschaft

Hypothesen

9 Ethnomarketing idealisiert und relativiert die Botschaften der Anerkennung und Wertschätzung, sobald die Marketingaktivitäten durch die Mehrheitsgesellschaft wahrgenommen werden können.

9a Ethnomarketing für Deutschtürken transportiert gegenüber der Mehrheitsgesellschaft die Botschaft, die Zielgruppe bedürfe spezieller Unterstützung.

9b Ethnomarketing für Hispanics transportiert gegenüber der Mehrheitsgesellschaft die Botschaft, die Zielgruppe sei bereit, amerikanisiert zu werden.

9c Ethnomarketing für British Asians transportiert gegenüber der Mehrheitsgesellschaft die Botschaft, die Zielgruppe würde sich strukturell gut integrieren, dabei jedoch nicht das Niveau der Mehrheitsgesellschaft erreichen.

In den Fallstudien werden Botschaften, die besonders stark auf Anerkennung und Wertschätzung der Zielgruppe fokussieren oder gar Forderungen der Minderheit thematisieren, fast ausschließlich über ethnische Kommunikationskanäle transportiert. Immer dann, wenn die untersuchten Kampagnen auch für die Mehrheitsgesellschaft sichtbar sind – etwa durch die Kommunikation über Mainstream-Medien – nehmen sie eine veränderte Position ein. Toyota USA verwendet beispielsweise im TV-Spot anlässlich des Super Bowl nationale Symbolik und betont die Bedeutung der englischen Sprache. Damit wird die Position einer Normalisierung der Präsenz lateinamerikanischer Kultur in den USA zugunsten eines assimilierenden Verständnisses aufgeweicht. VW Deutschland idealisiert in Pressemitteilungen die Auswirkungen der Kampagne auf die Einstellung deutschtürkischer Verkaufsberater und verortet die Integrationsdefizite bei den Migranten. Darüber hinaus kommuniziert man die Kampagne nicht aktiv. Auch bei Mercedes UK werden die Ethnomarketing-Aktivitäten weitgehend tabuisiert und als relativ unbedeutender Teil der Gesamtstrategie eingeordnet. Außerdem wird der ökonomische Erfolg der Zielgruppe durch den Fokus auf Gebrauchtwagen relativiert. Die in allen Fallstudien aufscheinende Strategie der Abschwächung (und teilweise sogar Umkehrung) von Positionen bei der Kommunikation mit der Mehrheit führt dazu, dass die Kampagnen keine oder nur eine verhaltene Sprecherrolle für die Belange der Minderheiten einnehmen können.

Der Grund für die Diskrepanz zwischen den Botschaften gegenüber Zielgruppe und Mehrheit lässt sich schwerlich in Unternehmenskultur oder Marken-Image verorten, wollte man nicht unterstellen, dass diese in sich inkonsistent wären. Die vergleichende Analyse des gesellschaftlichen Kontextes legt nahe, dass die jeweiligen Positionen stets an diskursiven Formationen im jeweiligen nationalstaatlichen Kontext gebrochen werden. In Deutschland sind dies insbesondere der Diskurs der Defizitorientierung und der Diskurs der Einheit. In den USA können vor allem der Diskurs der (neuen) Amerikanisierungsbewegung und der Diskurs der nationalen Identität genannt werden. Im Vereinigten Königreich sind unter anderem die Diskurse der ethnischen Unterschichtung und der kolonialen Machtasymmetrie zu erwähnen. Bei allen Unterschieden in den diskursiven Formationen ist jedoch auch festzuhalten, dass es eine Art universelle Vermeidungsstrategie des Ethnomarketing hinsichtlich der Kommunikation mit der Mehrheit zu geben scheint. Hypothese 12a geht auf diesen Zusammenhang nochmals ein.

Ethnomarketing und Religion

Hypothese
10 Ethnomarketing in der Automobilindustrie tabuisiert den Islam, nicht jedoch andere Religionen.

Toyota USA betont in seiner Charro-Kampagne die christliche Frömmigkeit der Hispanics, und Mercedes UK geht in einer Printanzeige explizit auf das hinduistische Diwali-Fest ein. Religion kann also durchaus ein Thema für Ethnomarketing in der Automobilindustrie sein. Allerdings fällt auf, dass Mercedes UK zwar auf den Hinduismus, nicht jedoch auf den Islam eingeht – und das, obwohl sich in der Zielgruppe der British Asians zahlreiche Muslime finden. Auch bei VW Deutschland ist der Islam ein Tabuthema: Den Verantwortlichen galt er zu keinem Zeitpunkt als geeignet für die Kommunikations- oder Vertriebspolitik. Zwar bleibt Toyota eine Entscheidung zum Umgang mit dem Islam aufgrund einer nicht-muslimischen Zielgruppe erspart, der Vergleich der Beobachtungen bei VW und Mercedes legt jedoch den Schluss nahe, dass Ethnomarketing dazu neigt, nicht Religion an sich, sondern den Islam im Speziellen zu tabuisieren. Nun könnte man einwenden, dass es zahlreiche Gegenbeispiele für eine offensive Thematisierung des Islams im Ethnomarketing gibt. Doch dabei steht in der Regel ein Produkt im Fokus, das aufgrund religiös geprägter Bedarfe entwickelt wurde. So finden sich im europäischen Einzelhandel immer häufiger halal hergestellte Lebensmittel (vgl. Kiesel 2010), und auch die Finanzindustrie setzt zunehmend auf »Islamic Banking« (Fahim Khan & Porzio 2010). Die Automobilindustrie jedoch wagte den Schritt, ihre Produktentwicklung entsprechend anzupassen, bislang nicht.[7] Ohne den direkten Bezug zum Produkt scheint

7 | Zwar hatte der im muslimisch geprägten Malaysia ansässige Autobauer Proton im Jahr 2007 angekündigt, das erste islamische Auto bauen zu wollen, nahm jedoch drei Jahre später Abstand von diesen Plänen (vgl. Nasseri 2010). Das Vorhaben wird nun durch den iranischen Automobilhersteller Khodro weiterverfolgt (vgl. PressTV 2011). Ein Datum für den Produktionsbeginn stand zum Abschluss der Studie noch nicht fest.

man die Thematisierung des Islams, im Gegensatz zu anderen Religionen, für unnötig oder gar geschäftsschädigend zu halten. Die Tabuisierung des Islams dürfte ihre Wurzeln in einem (westlichen) Diskurs der Islamkritik haben. Indem das Ethnomarketing der Automobilindustrie diesen Diskurs reproduziert, spricht es dem Islam jede Integrationsfähigkeit ab.

Ethnomarketing und Assimilation

Hypothesen

11 Ethnomarketing propagiert ein Mindestmaß an Assimilation. Dies beinhaltet stets die Notwendigkeit, die Landessprache zu beherrschen. Die weiteren Elemente variieren.

11a Ethnomarketing für Deutschtürken betont neben der Sprache rechtliche Normen.

11b Ethnomarketing für Hispanics betont neben der Sprache den Mythos des American Dream als Leitbild.

11c Ethnomarketing für British Asians betont neben der Sprache den Bezug zum Territorium des Nationalstaates.

Es ist, besonders in Deutschland, ein oft gehörter Vorwurf, dass Ethnomarketing zur Segmentation der Gesellschaft beitrage und Gefahr laufe, zu einem »Ghetto-Marketing« (Nickel 2009: 4) zu verkommen. Die vorliegende Studie kommt auf Basis einer fallübergreifenden Analyse jedoch zu einem Befund, der diesen Befürchtungen zumindest teilweise die Spitze nehmen kann, denn: Ethnomarketing propagiert stets ein Mindestmaß an einseitiger Anpassung. So wurde in allen untersuchten Kampagnen die Landessprache an entscheidenden Stellen eingesetzt. Bei VW Deutschland dominiert zwar die türkische Sprache, aber spätestens der Kaufvertrag ist in Deutsch verfasst. Bei Toyota USA wird Englisch ergänzend zum und teilweise auch anstelle des Spanischen gebraucht und bei Mercedes UK zieht sich die Verwendung des Englischen durch den gesamten Marketing-Mix. Zur vollständigen Teilhabe, so wird stets deutlich, sind Kenntnisse der Landessprache unumgänglich. Neben der Sprache propagieren die untersuchten Kampagnen weitere, vermeintliche Selbstverständlichkeiten des Zusammenlebens im jeweiligen Land: Volkswagen reproduziert in der engen Kopplung von Sprache und Kaufvertrag die Eckpfeiler Sprache und Recht des Diskursfeldes der Leitkultur. Toyota betont die nationalen Mythen des American Dream und des Melting Pot. Und Mercedes vermittelt mit Sprache und Territorium grundlegende Werte des Diskursfeldes der Britishness. Ethnomarketing ist also keinesfalls als Marketing für eine völlig entkoppelte Parallelgesellschaft zu verstehen, sondern reproduziert stets die Mindestanforderungen der Mehrheitsgesellschaft an die Teilhabe ethnischer Minderheiten.

8.5 Ethnomarketing in Prozessen der Systemintegration

Ethnomarketing und Integrationsdiskurse

Hypothesen

12 Ethnomarketing ist gekennzeichnet durch eine ökonomische Logik, die an den diskursiven Formationen rund um Integration und ethnische Minderheiten des jeweiligen gesellschaftlichen Kontextes gebrochen wird.

12a Ethnomarketing reagiert auf dominierende Integrationsdiskurse mit Anpassungs- und Vermeidungsstrategien.

12b Wenn Ethnomarketing durch einen dominierenden Integrationsdiskurs in seiner Segmentierungsstrategie hinterfragt wird, bewirkt die ökonomische Vermeidungsstrategie eine weitere Entfernung von den Grenzen dieses Diskurses.

12c Ethnomarketing reagiert auf ambivalente Diskursfelder mit einer geringen Intensität der Marketing-Maßnahmen.

Die vergleichende Analyse lässt den Schluss zu, dass sich im Ethnomarketing eine kontextunabhängige Logik manifestiert, die bewirkt, dass Ethnomarketing in allen untersuchten Gesellschaften tendenziell ähnliche betriebswirtschaftliche Strategien verfolgt und ähnliche Formen entwickelt, mit kontextbedingten Herausforderungen umzugehen. Dabei sucht Ethnomarketing, wenn es auf Integrationsdiskurse trifft, den Weg des geringsten Widerstandes. Anders ausgedrückt: Die diskursiven Formationen geben im jeweiligen Kontext die Richtung der ökonomischen Strategien vor. Die Gestaltung des Marketing-Mix wird dabei meist völlig an den herrschenden Diskurs angepasst. Sofern eine solche Anpassung nicht mit der ökonomischen Logik der Kampagnen kollidiert, kann man hier von einer konfliktfreien Reproduktion des Diskurses sprechen. Besonders augenfällige Beispiele sind im deutschen Diskursfeld der Leitkultur, im US-amerikanischen Diskursfeld des Liberalismus oder im britischen Diskursfeld der Britishness zu finden (vgl. Hypothese 11). Nicht immer jedoch werden die dominierenden Integrationsdiskurse bereits im Vorfeld einer Kampagne erkannt und entsprechend reproduziert. Immer wieder zeigt sich, dass die betriebswirtschaftliche Strategie der Kampagne zunächst mit einem herrschenden Integrationsdiskurs kollidiert. In diesem Fall sind ökonomische Strategien der Vermeidung auszumachen, die darauf hinwirken, einen potenziellen Konflikt um die Kampagne zu entschärfen. Solche Anpassungs- und Vermeidungsstrategien konnten in allen Fallstudien nachgewiesen werden und zeigen sich beispielshaft in den Hypothesen über die Kommunikation an Mehrheit und Minderheit (Hypothesen 8 und 9).

Grundsätzlich zwingen die Vermeidungsstrategien Ethnomarketing in die Grenzen des jeweils herrschenden Diskurses zurück. Allerdings zeigt die Analyse auch eine entscheidende Ausnahme von dieser Regel: Ein universelles Wesensmerkmal von Ethnomarketing ist die Segmentierung der Konsumenten in ethnische Gruppen. Genau dieser Grundsatz jedoch kollidiert in Deutschland im Diskursfeld Gesellschaftlicher Zusammenhalt mit dem dort dominierenden Diskurs der Einheit. Dieser verweigert der Segmentation der Gesellschaft die soziale Akzeptanz. Damit wird Ethnomarketing als Gesamtstrategie in Frage gestellt. Nun könnte auf Basis der Hypothese 12a gefolgert werden, dass klassisch segmentierendes Ethnomarketing in Deutschland bei Vorhandensein eines derart konträren Diskurses nicht möglich wäre. Die Fallstudie zeigt jedoch im Gegenteil, dass Segmentierungsstrategien bei VW Deutschland besonders stark ausgeprägt sind. Um das ökonomisch erfolgversprechende Ethnomarketing-Projekt trotz der starken »diskursiven Polizei« (Foucault 1977a: 25) des kulturellen Kontextes durchzuführen, entfernt sich Ethnomarketing also weiter vom herrschenden Diskurs, als es ohne dessen Einfluss zu erwarten wäre. Diesem scheinbaren Paradoxon wird mit Hypothese 12b Rechnung getragen.

Anpassungs- und Vermeidungsstrategien kommen insbesondere dann zum Einsatz, wenn der herrschende Diskurs klar identifizierbar ist. In den Fallstudien zeigen sich aber auch Diskursfelder, die voller Ambivalenzen sind und bei denen kein dominierender Integrationsdiskurs auszumachen ist. Dies gilt insbesondere für das Diskursfeld des Islams in Deutschland und, noch wesentlich stärker, für das Diskursfeld des Multikulturalismus im Vereinigten Königreich. Hier ist Ethnomarketing jeweils mit einer unklaren Kontextsituation konfrontiert, die eine Entscheidung für eine klare Strategie zum betriebswirtschaftlichen Risiko macht. In den Fallstudien zeigte sich, dass Ethnomarketing auf diese Unsicherheit mit einer Verringerung oder mit Unterlassen von Marketing-Aktivitäten in ambivalenten Diskursfeldern reagiert. Bei VW Deutschland drückt sich dies in einer Tabuisierung des Islams und in der Einstellung entsprechender Aktivitäten aus. Bei Mercedes UK schlagen sich die unklaren Kräfteverhältnisse zwischen Assimilationsdiskurs und Multikulturalismus in einer generell geringen Intensität des Ethnomarketing nieder.

Da die Befunde zur Aversion gegenüber Unsicherheit ebenso wie zu den Vermeidungsstrategien mit grundlegenden ökonomischen Annahmen zu Entscheidungsmaximen korrespondieren, spricht einiges dafür, dass die Hypothesen auch jenseits der Automobilbranche Geltung besitzen.

Ethnomarketing und gesellschaftlicher Wandel

Hypothesen

13a Ethnomarketing als Gesamtstrategie stabilisiert das gesellschaftliche System durch die Reproduktion dominierender Diskurse.

13b Durch die Dissonanzen zwischen ökonomischer Logik und Integrationsdiskursen bewegt sich Ethnomarketing immer wieder über die Grenzen dominierender Integrationsdiskurse hinaus. Damit erweitert Ethnomarketing die Möglichkeitsbedingungen des Sprechens und Handelns rund um Integration und ethnische Minderheiten.

Die erwähnten Anpassungs- und Vermeidungsstrategien sorgen dafür, dass die dominierenden Integrationsdiskurse grundsätzlich im Ethnomarketing reproduziert werden. Die Ausführungen in den Fallstudien, aber auch viele der hier aufgestellten Hypothesen, liefern dafür zahlreiche Belege. Durch die Wiederholungen der herrschenden Diskurse oder – um mit Foucault zu sprechen – durch das »Gewimmel der Kommentare« (Foucault 1977b: 18) stabilisiert Ethnomarketing die bestehende gesellschaftliche Ordnung. Selbst wenn eine Positionierung außerhalb der gesellschaftlich akzeptierten Norm in einzelnen Aktivitäten festzustellen ist (vgl. Hypothese 12b), trägt Ethnomarketing unter Berücksichtigung des gesamten Marketing-Mix zum Erhalt der Systemintegration bei.

Allerdings bewirken die »orderly or conflictful relationships« (Lockwood 1964: 245) von ökonomischer Logik und Integrationsdiskursen auch, dass sich Ethnomarketing immer wieder an den Grenzen dominierender Diskurse wiederfindet. Deutlich wird dies unter anderem in der *Somos muchos*-Kampagne von Toyota USA: Indem Toyota hier das Selbstbewusstsein der US-Latinos als Bewohner der USA bei einer tendenziell offenen Kommunikation stärkt, provoziert man öffentliche Debatten über die Folgen der Latinisierung. Die Kampagne als Ganzes bewegt sich zwar nicht völlig außerhalb des Diskurses – zu präsent sind die Techniken der Idealisierung – allerdings oszilliert sie doch zwischen gegensätzlichen Diskursen. Ähnliches geschieht, wenn die nicht immer tabuisierbare Segmentierungsstrategie von VW Deutschland an die Öffentlichkeit tritt, oder wenn die Luxusmarke Mercedes im Vereinigten Königreich um die Gunst der vermeintlichen »Underclass« (Rex & Tomlinson 1979: 320) der British Asians buhlt. Trotz abschwächender Strategien – Betonung der Defizitorientierung bei VW Deutschland und Fokus auf Gebrauchtwagen bei Mercedes UK – werden die Möglichkeitsbedingungen der tangierten Diskurse doch leicht verschoben. In solchen Momenten zeigt sich, dass Ethnomarketing aktiv an der Formation der Integrationsdiskurse teilnimmt und so, um mit Foucault zu sprechen, »Wahnsinn« und »Wahrheit« einander näher bringt.

Schlussbetrachtungen

Ethnomarketing ist nicht nur ein Phänomen multiethnischer Gesellschaften, sondern gestaltet diese auch aktiv mit. Es entfaltet Wirkung in individuellen und kollektiven Integrationsprozessen und ist eingebettet in das Wechselspiel von ökonomischer Logik und gesamtgesellschaftlichen Integrationsdiskursen. Der kulturelle Kontext ist prägend für die Umsetzung der betriebswirtschaftlichen Strategie und lenkt die Rationalität der handelnden Akteure in gesellschaftlich akzeptierte Bahnen. Innerhalb dieser Kontextbedingungen kann sich Ethnomarketing allerdings auf sehr unterschiedliche Weise positionieren. Die vorliegende Arbeit hat diese Zusammenhänge detailliert beschrieben und damit ein bislang zwar medial beachtetes, aber wissenschaftlich kaum bearbeitetes Forschungsfeld erschlossen. Die wichtigsten Ergebnisse werden im Folgenden nochmals kurz skizziert, bevor die Arbeit mit Reflexionen zum Untersuchungsansatz, einer Einordnung der Studie in den wissenschaftlichen und praktischen Kontext und einem Ausblick auf Entwicklungen des Ethnomarketing in den untersuchten Gesellschaften schließt.

Zentrale Ergebnisse

Die in Kapitel 8 aufgestellten Hypothesen liefern erste Antworten auf Fragen nach betriebswirtschaftlichen Strategien, nach Ethnisierungen und nach Integrationsprozessen auf individueller, kollektiver und diskursiver Ebene. Aus betriebswirtschaftlicher Sicht zeigt sich, dass Ethnomarketing in der Automobilindustrie zur Spezialisierung auf Kommunikations- und Distributionspolitik tendiert (Hypothese 1a). Die Botschaften der Kommunikationspolitik werden dabei hinsichtlich kultureller, und dabei insbesondere sprachlicher, Markierungen angepasst und meist über Ethnomedien vermittelt. Die Vertriebspolitik wird an den Wohnorten der Zielgruppe ausgerichtet und teilweise durch den Einsatz von Verkaufsberatern aus der jeweiligen ethnischen Minderheit ergänzt.

Mit Blick auf Ethnisierungsprozesse ist bemerkenswert, dass die aktive Konstruktion kollektiver Identität durch die Kampagnen dann stark ausgeprägt ist, wenn die Zielgruppe als besonders heterogen begriffen wird (Hypothese 2b). In diesem Zusammenhang bestätigt sich die Vermutung, dass sich im Ethnomarketing zunehmend Ansätze eines Tribal Marketing finden lassen, das den Anspruch hat, die Zielgruppe aktiv mitzugestalten. Dies schließt die ethnische Grenzziehung zwischen Zielgruppe und Mehrheitsgesellschaft ein, die in den USA und Deutschland wesentlich schärfer erfolgt als im Vereinigten Königreich (Hypothesen 3a-c). Trotz solcher Abgrenzungen ist Ethnomarketing keinesfalls ein Marketing für »Integrationsverweigerer« (Heinsohn 2010), sondern bekennt sich zur langfristigen Präsenz der Zielgruppe im Inland. Deutlich wird dies unter anderem dadurch, dass alle Kampagnen eine Verbindung zwischen Nationalstaat und Zielgruppe herstellen (Hypothese 4). Der jeweilige gesellschaftliche Kontext wird dabei als Lebenswirklichkeit der ethnischen Minderheit verstanden. Gleichzeitig thematisiert Ethnomarketing die Frage nach der Realisierung einer hybriden Identität beziehungsweise nach Vereinbarkeit mehrerer, gleichberechtigter kollektiver Identitäten (Hypothese 5). Dies zeigt, dass die Kampagnen Mehrfachintegration als ein anzustrebendes Ziel konzipierten – selbst wenn die Einschätzung zur Realisierbarkeit in den untersuchten Beispielen sehr unterschiedlich ausfällt.

Hinsichtlich individueller Integrationsprozesse der Mitarbeitenden legt die Studie nahe, dass die Wirkung von Ethnomarketing davon abhängt, ob die Personalrekrutierung an das Projekt gekoppelt wird (Hypothese 6). In diesem Fall kann es zu einer verstärkten Ethnisierung kommen, die ihrerseits die Gefahr von Mobilitätsfallen birgt. Ist die Personalpolitik dagegen nicht an das Ethnomarketing-Projekt geknüpft, befördert sie tendenziell Assimilationsstrategien im Berufsleben. Auf der Ebene kollektiver Integrationsprozesse unterstützt Ethnomarketing vor allem diejenigen Ethnomedien, die eine Sprecherrolle der Minderheit im jeweiligen Land wahrnehmen (Hypothese 7). Damit wird die Verhandlungsposition derjenigen medialen Akteure gestützt, die – im Gegensatz zu den Auslandsmedien – stärker an gesellschaftlichen Prozessen im Inland interessiert sind. Die Analyse zeigt aber auch, dass die Kampagnen unterschiedliche Botschaften an Zielgruppe und Mehrheitsgesellschaft transportieren und gegenüber letzterer zu einer Idealisierung der Ethnomarketing-Projekte neigen (Hypothesen 8 und 9). Sobald die Kommunikation vor den Augen der Mehrheit stattfindet, distanzieren sich die Unternehmen von der Zielgruppe. Besonders virulent wird dies bei der Positionierung bezüglich religiöser Pluralität: Hier lässt sich feststellen, dass Ethnomarketing in der Automobilindustrie zu einer Tabuisierung des Islams, nicht aber anderer Religionen, neigt (Hypothese 10).

Die in öffentlichen Diskussionen immer wieder geäußerte Befürchtung vor einer gesellschaftlichen Spaltung durch Ethnomarketing lässt sich vor dem Hintergrund der empirischen Ergebnisse nicht bestätigen. Angesichts der eingangs erwähnten Debatten um ein vermeintlich segregierendes »Ghetto-Marketing« (Nickel 2009: 4) ist es ein zentrales und gleichzeitig überraschendes Ergebnis der Studie, dass Ethnomarketing stets ein Mindestmaß an Assimilation von der Zielgruppe einfordert (Hypothese 11). Seine Segmentierungsstrategie verstärkt

Ethnomarketing erst dann, wenn es auf Kritik aus der Mehrheitsgesellschaft trifft (Hypothese 12b). An Intensität verliert Ethnomarketing dagegen insbesondere dann, wenn die Kräfteverhältnisse im jeweils tangiereten Diskursfeld nicht eindeutig identifizierbar sind (Hypothese 12c). Mit Blick auf das gesellschaftliche System insgesamt ist zunächst festzustellen, dass Ethnomarketing die existenten (Macht-)Verhältnisse durch die Reproduktion dominierender Diskurse grundsätzlich stabilisiert (Hypothese 13a). Durch die beständige Balance zwischen Segmentationsstrategie und Assimilationsforderungen bewegt sich Ethnomarketing aber auch immer wieder über die Grenzen herrschender Diskurse hinaus und kann so gesellschaftlichen Wandel unterstützen (Hypothese 13b).

Diese Hypothesen bilden in ihrer Summe ein erstes Gerüst von Erklärungen zum Zusammenhang von Ethnomarketing und Integration. Sie liefern Antworten auf die eingangs aufgeworfenen Forschungsfragen und verstehen sich als Auftakt zu einer umfassenderen Theoriebildung. Im Kontext der bisherigen Ethnomarketing-Literatur lässt sich die vorliegende Studie außerdem als Bindeglied zwischen wirtschafts- und kulturwissenschaftlicher Forschung verstehen: Sie macht deutlich, wie Märkte und Kultur einander bedingen können – selbst wenn die Märkte vorgeben, wie das Eingangszitat dieser Arbeit nahelegt, keine Kultur zu »kennen« (Esser 2006: 34).

Reflexionen zum Untersuchungsansatz

Neben der Bearbeitung der Forschungsfragen tritt die Studie den Nachweis an, dass sich eine dezidiert kulturwirtschaftliche Perspektive nicht darauf beschränken muss, mehrere Theorien oder Disziplinen zur Kenntnis zu nehmen. Vielmehr zeigt sie, dass kulturwirtschaftliche Forschung nicht nur theoretisch denkbar, sondern auch praktisch realisierbar ist. Der dazu vorgeschlagene Untersuchungsansatz überführt die Triangulation der Disziplinen und Theorien in eine Triangulation der Daten und Methoden. Auf diese Weise wird eine ganzheitliche Betrachtung von Ethnomarketing und Integration möglich.

Hätte sich die Studie, wie in vielen kulturwissenschaftlichen Arbeiten üblich, auf die Analyse von Werbematerial beschränkt, wären beispielsweise die Aussagen zu islamisch geprägten Finanzinstrumenten, zur ethnischen Grenzziehung in Verkaufsgesprächen oder zur Einteilung der Zielgruppe in ethnische Klassen über die Sortimentspolitik nicht möglich gewesen. Erst das Verständnis von Marketing als Gesamtstrategie sorgte dafür, dass in allen Dimensionen des Marketing-Mix nach Datenmaterial und Informationen gesucht wurde. Die Analyse des gesamten Marketing-Mix bot zudem die Möglichkeit, Ergebnisse, die in einem Bereich generiert wurden, in einem anderen zu überprüfen und zu verfeinern. Zum Beispiel wies das Ethnomarketing von Mercedes UK in der Kommunikations-, Preis- und Vertriebspolitik nur eine geringe ethnische Anpassung auf. Dies hätte darauf schließen lassen können, dass generell keine großen Unterschiede zwischen Minderheit und Mehrheit gemacht würden.

Allerdings zeigte der Blick auf die Produkt- beziehungsweise die Sortimentspolitik, dass sich die Ethnomarketing-Kampagne auf die Sparte Gebrauchtwagen konzentrierte. Erst in der Kombination dieser Beobachtungen ergab sich ein Bild, das die Zielgruppe als weitgehend assimilierte, aber sozial benachteiligte Minderheit erscheinen ließ. Derartige Schlussfolgerungen wären bei der Analyse nur einer Dimension des Marketing-Mix unmöglich gewesen, tragen aber entscheidend dazu bei, verkürzte Interpretationen zu vermeiden. Der betriebswirtschaftliche Blick lenkte das Augenmerk der Studie somit auf bislang durch die Kulturwissenschaften vernachlässigte Bereiche.

Auf der anderen Seite konnte die Berücksichtigung gesamtgesellschaftlicher Integrationsdiskurse diejenigen Stellen aufzeigen, an denen die vermeintlich rein rationale ökonomische Logik am kulturellen Kontext gebrochen wurde. Beispielsweise hätten wirtschaftswissenschaftliche Instrumentarien allein nicht erklären können, weshalb in Deutschland eine besonders starke Tabuisierung der Kampagne gegenüber der Mehrheit erfolgt, während in den USA die Kommunikationspolitik zwar Medien der Mehrheitsgesellschaft einschließt, dabei aber die Zielgruppe idealisiert und amerikanisiert. Auch die geringe Intensität des Ethnomarketing im Vereinigten Königreich hätte man kaum hinreichend erklären können. Die kulturwissenschaftliche Kontextanalyse jedoch lieferte in all diesen Fällen plausible Erklärungsansätze: Sie verwies auf die Furcht vor dem Verlust des gesellschaftlichen Zusammenhalts in Deutschland, auf Grundpfeiler nationaler Identität in den USA sowie auf die ergebnisoffene Debatte nach der Ausgestaltung des Multikulturalismus im Vereinigten Königreich.

Während eine Triangulation wissenschaftlicher Disziplinen dazu beitrug, den Forschungsgegenstand ganzheitlich zu betrachten, sorgte die Triangulation soziologischer Theorien dafür, den Integrationsbegriff fassbar zu machen. Die getrennte Bearbeitung von Sozial- und Systemintegration mit den jeweils passenden theoretischen Zugängen sorgte dafür, dass die Stärken beider Perspektiven genutzt und auf diese Weise konkrete Fragen an den Zusammenhang von Ethnomarketing und Integration formuliert werden konnten. Wäre die Studie einem einseitig handlungsorientierten Integrationsbegriff verhaftet geblieben, hätte sie zwar die Rolle von Ethnomarketing in individuellen und kollektiven Integrationsprozessen herausarbeiten können. Sie hätte aber nicht erklären können, wie es zu einer solchen Positionierung gekommen war. Hätte die Arbeit dagegen eine ausschließlich diskursanalytische Perspektive eingenommen, so hätte bei der Beschreibung der Kampagnen die Gefahr bestanden, den Spielraum des innerhalb diskursiver Grenzen durchaus rational handelnden Individuums zu unterschätzen. Somit wäre der Einfluss der Akteure bei der Gestaltung von Rahmenbedingungen individueller Teilhabe vernachlässigt worden.

Neben der Entwicklung eines interdisziplinären, theoretischen Fundamentes war die Arbeit mit äußerst vielfältigem Datenmaterial konfrontiert. Die oben erwähnte Notwendigkeit, den gesamten Marketing-Mix zu berücksichtigen, erforderte ein Korpus, das von Videos über Pressemitteilungen und Geschäftsberichte bis hin zu Beobachtungen, Zeitungsartikeln, Print-Anzeigen und Interviews reichte. Bei Toyota USA musste beispielsweise eine Vielzahl an Material zur Kommunikationspolitik ausgewertet werden, während bei Volkswagen Deutschland der zentralen Rolle der Verkaufsberater durch Interviews Rechnung getragen wurde. Diese Vielfalt hatte den entscheidenden Vorteil, dass zahlreiche ökonomische Techniken – wie die Idealisierung der Kampagne – in mehreren Quellen nachgewiesen und somit validiert werden konnten. Sie stellte aber auch besondere Anforderungen an die Analyse und Interpretation des Materials. Hier erwies sich die Entscheidung zur Verschriftlichung aller Quellen als hilfreich, denn sie erleichtere nicht nur die Analyse der Fallstudien, sondern auch die fallübergreifende Untersuchung.

Bei der Auswertung der verschriftlichten Daten bediente sich die vorliegende Arbeit zweier, sich ergänzender Methoden aus dem Spektrum der qualitativen Inhaltsanalyse nach Mayring (2008): Zusammenfassung und Explikation. Die Zusammenfassung reduzierte das Datenmaterial zu zentralen Aussagen, die Explikation reicherte es, ausgehend von erklärungsbedürftigen Passagen in der Reduktion, um Kontextmaterial an. Dieses Vorgehen führte dazu, dass die Einordnung der Ergebnisse in gesamtgesellschaftliche Zusammenhänge bereits auf der Ebene der Fallstudien vorgenommen werden konnte. Damit wurde bereits auf dieser Stufe ein relativ hohes Abstraktionsniveau erreicht, das die Generalisierung zu Hypothesen deutlich erleichterte.

Relevanz der Ergebnisse für Forschung und Praxis

Galt das Forschungsfeld, in dem Definitionen und klare Fragestellungen fehlten, bislang als schwer zugänglich, so liefern die Hypothesen der vorliegenden Arbeit konkrete Ansatzpunkte für weitere Studien. Ein Forschungsprogramm zu Ethnomarketing und Integration könnte dabei sowohl in die Breite als auch in die Tiefe streben: In der Breite könnten mehr Branchen und Unternehmen innerhalb eines Landes untersucht werden, um die unternehmens- und kontextspezifischen Hypothesen zu überprüfen und zu erweitern. Die Berücksichtigung mehrerer Länder könnte zudem die Geltung kontextübergreifender Hypothesen validieren oder falsifizieren. Eine Forschung in der Tiefe könnte an einzelne Hypothesen anschließen und zu diesen eine Reihe qualitativer Studien durchführen: Eine Längsschnittstudie könnte beispielsweise danach fragen, wie sich die individuellen Integrationsprozesse von Mitarbeitenden im Zeitablauf entwickeln; eine teilnehmende Beobachtung könnte untersuchen, welche Modi ethnischer Grenzziehung in Verkaufsgesprächen zum Einsatz kommen; und eine Inhaltsanalyse von Pressemitteilungen könnte dazu beitragen, die Botschaft der Unternehmen an die Mehrheitsgesellschaft noch deutlicher herauszuarbeiten. In ähnlicher Weise ließen sich zahlreiche weitere Forschungsthemen formulieren – das vermeintlich schwer zugängliche Feld erweist sich bei genauer Betrachtung als fruchtbarer Boden für eine Vielzahl wirtschafts-, kultur- und sozialwissenschaftlicher Fragestellungen. Es scheint darüber hinaus durchaus vorstellbar, dass sich mit Hilfe des kulturwirtschaftlichen Untersuchungsansatzes auch weitere Forschungsobjekte zwischen Wirtschaft und Gesellschaft in ihrem »real-life context« (Yin 2009: 18) analysieren lassen.

Die Ergebnisse der Arbeit könnten aber auch für öffentliche Diskussionen um Ethnomarketing nutzbar gemacht werden. Sie liefern konkrete Aussagen zum Zusammenhang von Ethnomarketing und Integration und könnten so zu einer Fundierung und Versachlichung der Debatte beitragen. Die Studie stellt sich dabei weder auf die Seite der Befürworter noch der Kritiker, sondern stellt Grundlagen für eine differenzierte Meinungsbildung bereit. Für Akteure der Ethnomarketing-Praxis kann sie als Instrument zum besseren Verständnis der eigenen, betriebswirtschaftlich induzierten aber kulturell beeinflussten Strategie genutzt werden. Sie stellt ihnen außerdem eine Argumentationshilfe zur Verfügung, mit der sie der Frage nach den gesellschaftlichen Nebenwirkungen von Ethnomarketing aktiv begegnen können. Potenziell desintegrative Vermeidungsstrategien erscheinen dann weniger notwendig. Für Akteure der Integrationsarbeit könnte die Studie Hinweise darauf liefern, an welchen Stellen Ethnomarketing für Integrationsprozesse genutzt werden kann und an welchen Stellen Forderungen an Unternehmen erhoben werden müssten. Daneben könnte die Differenzierung des Integrationsbegriffs dazu beitragen, in der Integrationspolitik deutlicher als bisher zwischen Maßnahmen auf individueller Ebene (u.a. Sprachkurse) und kollektiver Ebene (u.a. Dialogforen mit Migrantenorganisationen) zu unterscheiden.

Aufbruch in ein lebendiges Forschungsfeld

Ethnomarketing ist ein sehr lebendiges, kulturwirtschaftliches Phänomen, das in den untersuchten Gesellschaften von einer großen Dynamik geprägt ist. Dies zeigt sich an einigen Entwicklungen nach Abschluss der vorliegenden Studie: So schaltete der deutsche Mobilfunkanbieter Ay Yildiz im Jahr 2011 einen zweisprachigen Spot im Programm der Fernsehsender Pro7, Kabel 1 und DMAX (vgl. E-Plus 2011), der die bikulturelle Identität junger Deutschtürken in den Mittelpunkt stellte. Im Winter 2012 waren zudem in vielen Einkaufsstraßen deutscher Großstädte, beispielsweise in Berlin, Stuttgart und München, Plakatwände in türkischer Sprache zu sehen. Diese Kommunikation von Ethnomarketing in offenen Kanälen der Mehrheitsgesellschaft erregte kaum öffentlichen Widerspruch. Dies könnte darauf hinweisen, dass – wie in dieser Arbeit vermutet – der Diskurs der Vielfalt in Deutschland trotz emotionaler Integrationsdebatten tatsächlich an Stärke gewinnt.

In den USA dagegen eröffnet sich mit der Frage nach dem Umgang mit Religion im Ethnomarketing ein neues Diskussionsfeld. So wurde die Baumarkt-Kette Lowe's im Dezember 2011 mit Boykottaufrufen durch christliche Gruppen konfrontiert, weil sie einen TV-Spot in einer Fernsehserie über junge, in den USA lebende Muslime platziert hatte (vgl. Langer 2011). Lowe's beugte sich – der Hypothese 10 zur Tabuisierung des Islams entsprechend – dem diskursiven Druck und stoppte die Kampagne. Die weitere Entwicklung in diesem Feld wird zeigen, ob der US-amerikanische Diskurs der Vielfalt in der Lage ist, neben ethnischer auch religiöse Pluralität zu inkludieren.

Im Vereinigten Königreich schließlich trugen die gewaltsamen Ausschreitungen in zahlreichen Städten des Landes im Sommer 2011 weiter dazu bei, »[to] undermine the idea of multiculturalism« (Odello 2011: 236). Im Zuge der medialen Auseinandersetzung mit den Vorfällen nahm die ohnehin starke Anti-Multikulturalismus-Rhetorik nochmals zu (vgl. u.a. BNP 2012). Dies ging einher mit erhöhter Xenophobie und Angst vor ethnischen Konflikten. So nannten Anfang des Jahres 2013 in einer Umfrage 30 Prozent der Bevölkerung »immigration first when thinking about tensions facing British society as a whole« (British Future 2013: 10). Derartige Entwicklungen könnten dazu führen, dass Unternehmen ihre Bemühungen um ethnische Gruppen einstellen, um negative Reaktionen bei der Mehrheitsbevölkerung zu vermeiden. Die immer lauter geäußerte These von parallelgesellschaftlich organisierten, ethnischen Communities könnte umgekehrt aber auch bedeuten, dass Unternehmen diese vermeintlich gut abgegrenzten Gruppen als vielversprechendes Marktsegment wahrnehmen und durch intensiveres und von der Mehrheit noch stärker segmentiertes Ethnomarketing bearbeiten (vgl. Hypothese 12b). Welche Ergebnisse die Interaktion von Ethnomarketing und gesellschaftlichem Kontext im Vereinigten Königreich tatsächlich hervorbringt, bleibt abzuwarten.

Es ist vor dem Hintergrund der skizzierten Entwicklungen wohl keine allzu gewagte Prognose, dass Ethnomarketing auch in Zukunft reichlich Stoff für öffentliche Debatten und wissenschaftliche Studien liefern wird. Einige Hypothesen der vorliegenden Arbeit werden durch nachfolgende Untersuchungen möglicherweise revidiert oder weiterentwickelt werden müssen. Der hier vorgestellte kulturwirtschaftliche Ansatz stellt jedoch ein wirkungsvolles Instrumentarium bereit, um den Zusammenhang von Ethnomarketing und Integration auch in Zukunft immer wieder neu zu hinterfragen.

Fallstudienmaterial[1]

Volkswagen Deutschland

D01 Video: *Der perfekte Schwiegersohn* (Deutschland 2008, Drehbuch & Regie: Yücel Yolcu, Produktion: Telemaz Commercials).

D02, Interview: N.N. (2010), Interview mit Beteiligtem an Volkswagens Ethnomarketing-Projekt, geführt vom Verfasser, Berlin, 23.03.2010.

D03, Interview: N.N. (2010) Interview mit Beteiligtem an Volkswagens Ethnomarketing-Projekt, geführt vom Verfasser, Berlin, 17.06.2010.

D04, Flyer: KOM GmbH (2007), »Davetiye – Einladung. Volkswagen lädt herzlich zur Vorstellung des Projektes Volkswagen spricht Türkisch ein«, http://www.kom-gmbh.de/index.php/lang-de/referenzen/volkswagen.html (05.02.2012).

D05, Zeitungsbeilage: KOM GmbH & Volkswagen AG (2010), »Hürriyet Otomobil. Yeni Touareg (Anzeigen-Sonderveröffentlichung)«, *Hürriyet*, 28. Mai.

D06, Pressemitteilung: KOM GmbH & Volkswagen AG (2008), »Volkswagen spricht auch in Stuttgart Türkisch«, http://www.vw-spricht-tuerkisch.de/vwcms/master_public/virtualmaster/de_tr/die_idee/presse/milliyet_09_05_08_S11.html (05.02.2012).

D07, Pressemitteilung: KOM GmbH & Volkswagen AG (2008), »Botschafter Acet besucht Volkswagen«, http://www.vw-spricht-tuerkisch.de/vwcms/master_public/virtualmaster/de_tr/die_idee/presse/0.html (05.02.2012).

D08, Pressemitteilung: KOM GmbH & Volkswagen AG (2008), »Volkswagen Türkçe konuşuyor hat seinen Erfolg auf der Essen Motor Show gefeiert«,

1 | Das Verzeichnis des Fallstudienmaterials ist als Abkürzungsverzeichnis zu lesen. Die Vergabe der Sigel erfolgte in der Reihenfolge der Erhebung. Für die Quellenangaben werden die Zitierkonventionen des Literaturverzeichnisses verwendet, allerdings werden mehrere Quellen eines Autors/Herausgebers aus demselben Jahr nicht mit einem Buchstaben an der Jahreszahl (z.B. 2008b) gekennzeichnet, sondern nur durch das Sigel unterschieden. Außerdem ist jede Quelle zur schnellen Übersicht mit einer kurzen Typenbezeichnung (z.B. »Video«) versehen. Die Gesprächspartner der Interviews wurden aus Datenschutzgründen anonymisiert und mit »N.N.« gekennzeichnet.

http://www.vw-spricht-tuerkisch.de/vwcms/master_public/virtualmaster/de_tr/die_idee/presse/1.html (05.02.2012).

D09, Pressemitteilung: KOM GmbH & Volkswagen AG (2008), »Kaffeegenuss bei Volkswagen«, http://www.vw-spricht-tuerkisch.de/vwcms/master_public/virtualmaster/de_tr/die_idee/presse/2.html (05.02.2012).

D10, Pressemitteilung: KOM GmbH & Volkswagen AG (2008), »Durusoy besucht die VW-Autostadt«, http://www.vw-spricht-tuerkisch.de/vwcms/master_public/virtualmaster/de_tr/die_idee/presse/3.html (05.02.2012).

D11, Beobachtung: Sitemap von http://www.vw-spricht-tuerkisch.de, erstellt durch den Verfasser, 20.07.2010.

D12, Internetseite: Volkswagen AG (2011), »Volkswagen spricht Türkisch«, http://www.vw-spricht-tuerkisch.de/vwcms/master_public/virtualmaster/de_tr.html (05.02.2012).

D13, Internetseite: Volkswagen AG (2008), »Die Idee«, http://www.vw-spricht-tuerkisch.de/vwcms/master_public/virtualmaster/de_tr/die_idee.html (05.02.2012).

D14, Internetseite: Volkswagen AG (2008), »TV-Spot«, http://www.vw-spricht-tuerkisch.de/vwcms/master_public/virtualmaster/de_tr/die_idee/tv_spot.html (05.02.2012).

D15, Stellenanzeige: Volkswagen AG (2010), »Jobangebot«, http://www.vw-spricht-tuerkisch.de/vwcms/master_public/virtualmaster/de_tr/die_idee/jobangebot.html (03.09.2010).

D16; Internetseite: Volkswagen AG (2010), »In der Presse«, http://www.vw-spricht-tuerkisch.de/vwcms/master_public/virtualmaster/de_tr/die_idee/presse.html (05.02.2012).

D17; Verkaufsberater: Volkswagen AG (2010), »Ihre Ansprechpartner«, http://www.vw-spricht-tuerkisch.de/vwcms/master_public/virtualmaster/de_tr/ansprechpartner.html (25.09.2010).

D18, Internetseite: Volkswagen AG (2010), »Modelle«, http://www.vw-spricht-tuerkisch.de/vwcms/master_public/virtualmaster/de_tr/modelle.html (05.02.2012).

D19, Internetseite: Volkswagen AG (2010), »Events«, http://www.vw-spricht-tuerkisch.de/vwcms/master_public/virtualmaster/de_tr/events.html (12.11.2010).

D20, Stellenanzeige: KOM GmbH (2010), »Jobangebot. Wir suchen für unsere Volkswagen-Händlerbetriebe deutschlandweit Teammitglieder«, http://www.vw-spricht-tuerkisch.de/vwcms/master_public/virtualmaster/de_tr/die_idee/jobangebot/0.html (05.02.2012).

D21, Video: *Making-Of* (Deutschland 2008, Drehbuch & Regie: Yücel Yolcu, Produktion Telemaz Commercials).

D22, Stellenanzeige: KOM GmbH (2008), »Bewerben Sie sich jetzt!«, http://www.vw-spricht-tuerkisch.de/vwcms/master_public/virtualmaster/de_tr/die_idee/jobangebot/bewerben.html (05.02.2012).

D23, Interview: Nickel Volker (2010), Sprecher des Zentralverbandes der deutschen Werbewirtschaft, Interview geführt vom Verfasser, Berlin, 05.02.2010.

D24, Interview: N.N. (2010), Interview mit Beteiligtem an Volkswagens Ethnomarketing-Projekt, geführt vom Verfasser, Berlin, 23.03.2010.

D25, Präsentation: KOM GmbH (2010), *Ethnomarketing-Projekt der Volkswagen AG. Zielgruppe: Türkischsprachige Bevölkerung in Deutschland* (Power-Point-Präsentation), Berlin: KOM GmbH.

D26, Internetseite: KOM GmbH (2010), »Herzlich Willkommen«, http://www.kom-gmbh.de (05.02.2012).

D27, Print-Anzeige: KOM GmbH (2008), »Volkswagen Türkçe konuşuyor. Nihaet o da artık aramızda!«, Anzeige in diversen Zeitungen.

D28, Print-Anzeige: KOM GmbH (2007), »Volkswagen Türkçe konuşuyor. Transporter'in 60. Yiları kutluyor«, Anzeige in diversen Zeitungen.

D29, Geschäftsbericht: Volkswagen AG (2007), »Volkswagen Nutzfahrzeuge spricht Türkisch«, *VW-Geschäftsbericht 2007*, 46-29, http://www.volkswagenag.com/content/gb2007/content/de/driving_ideas/performance/volkswagen_commercial_vehicles_speaks_turkish.bin.html/downloadfilelist/downloadfile/downloadfile/file/GB_DE_46-49.pdf (05.02.2012).

D30, Pressemitteilung: Volkswagen AG (2008), »Erster TV-Spot verstärkt Kampagne für Ethnomarketing-Projekt Volkswagen spricht Türkisch«, https://www.volkswagen-media-services.com/medias_publish/ms/content/de/pressemitteilungen/2008/03/14/erster_tv-spot_verstaerkt.standard.gid-oeffentlichkeit.html (05.02.2012).

D31, Mitarbeiterzeitung: Volkswagen AG (2005), »Volkswagen Türkçe konuşuyor. Volkswagen spricht Türkisch«, autogramm – Die Zeitung für Mitarbeiterinnen und Mitarbeiter von Volkswagen 11/2005, http://autogramm.volkswagen.de/11_05/standorte/1105_standorte_17.htm (05.02.2012).

D32, Pressemitteilung: Volkswagen Automobile Stuttgart GmbH (2008), »Volkswagen Türkçe konuşuyor.«, http://www.firmenpresse.de/pressinfo6226 3.html (05.02.2012).

D33, Pressemitteilung: Volkswagen Nutzfahrzeug Zentrum Hamburg (2007), »Volkswagen spricht Türkisch – und zwar ab sofort bei Raffay«, http://www.lifepr.de/pressemeldungen/raffay-gmbh-co-kg-/boxid-25743.html (10.09.2010).

D34, Stellenanzeige: KOM GmbH (2010), »Jobs«, http://www.kom-gmbh.de/index.php/lang-de/jobs.html (23.10.2010).

D35a, Veranstaltung: Volkswagen AG (2010), »Türkischer Abend in Kassel 2010«, http://www.vw-spricht-tuerkisch.de/vwcms/master_public/virtualma

ster/de_tr/events/vergangene/Tuerkischer_Abend_in_Kassel_2010.html (05.02.2012).

D35b, Veranstaltung: HNA.de (2010), »Veranstaltung im Werk Baunatal«, http://www.hna.de/nachrichten/kreis-kassel/baunatal/volkswagen-spricht-tuerkisch-bn-643919.html (05.02.2012).

D36, Veranstaltung: Volkswagen AG (2008), »Essen Motorshow 2008«, http://www.vw-spricht-tuerkisch.de/vwcms/master_public/virtualmaster/de_tr/events/vergangene/essen_motorshow_2008.html (04.02.2012).

D37, Veranstaltung: Motorzeitung (2009), »Türkischer Botschafter würdigt Integration und kulturelle Vielfalt bei Volkswagen«, http://motorzeitung.de/6591/news/tuerkischer-botschafter-wuerdigt-integration-bei-volkswagen (05.08.2010).

D38, Presse: Schulz, Georg (2008), »Stop and Go. VW entdeckt das Ethnomarketing«, http://www.abendblatt.de/ratgeber/auto-motor/article522152/VW-entdeckt-das-Ethno-Marketing.html (05.02.2012).

D39, Presse: Bundesregierung online (2008), »Newsletter der Kampagne ›Vielfalt als Chance‹«, http://www.bundesregierung.de/Content/DE/Artikel/IB/Artikel/Newsletter/2008-06-30-ib-newsletter-juni-2008-vielfalt-als-chance,layoutVariant=Druckansicht.html (18.03.2010).

D40, Presse: HNA.de (2010), »VW hat Ingenieure und Meister aus der Türkei«, http://www.hna.de/nachrichten/kreis-kassel/baunatal/ingenieure-meister-tuerkei-646277.html (05.02.2012).

D41, Presse: Horizont.net (2008), »VW startet TV-Spot für türkische Zielgruppe«, http://www.horizont.net/aktuell/marketing/pages/protected/VW-startet-TV-Spot-fuer-tuerkische-Zielgruppe_75228.html (05.02.2012).

D42, Presse: Krix, Pia (2008), »Deutsche Autobauer sprechen Türkisch«, http://www.automobilwoche.de/article/20080505/HEFTARCHIV/805050379/1009/deutsche-autobauer-sprechen-turkisch (05.02.2012).

D43, Presse: Spitzer-Ewersmann, Claus (2007), »Feingefühl im Schlaraffenland«, *Werben & Verkaufen* 22/2007, 53-55.

D44, Sponsoring: Volkswagen AB (2009), »Werbung für erfolgreichen Schulabschluss – ein Jahr TGD-Projekt ›Bildung on Tour‹«, http://www.vw-spricht-tuerkisch.de/vwcms/master_public/virtualmaster/de_tr/events/vergangene/werbung_fuer_erfolgreichen.html (05.02.2012).

D45, Radio-Spot: *VW Nutzfahrzeuge ASB Berlin* (Deutschland 2009, Text, Regie & Produktion: Metropol FM).

D46, Radio-Spot: *VW PKW – Polo Berlin Pankow* (Deutschland 2010, Text, Regie & Produktion: Metropol FM).

D47, Flyer: Metropol FM (2009), »Metropol FM«, Flyer zur Verteilung.

D48, Veranstaltung: KOM GmbH & Volkswagen AG (2008), »Taxi-Aktion in Berlin«, http://www.vw-spricht-tuerkisch.de/vwcms/master_public/virtualmaster/de_tr/events/vergangene/0.html (05.02.2012).

D49, Sponsoring: KOM GmbH & Volkswagen AG (2009), »Volkswagen ist Premium-Sponsor der DeuKischen Abendgala«, http://www.vw-spricht-tuerkisch.de/vwcms/master_public/virtualmaster/de_tr/events/vergangene/1.html (05.02.2012)

D50, Stellenanzeige: KOM GmbH (2009), »Volkswagen Bayilerinde satiş danışmanı olarak calışmak istermisiniz?«, Flyer zur Verteilung.

D51, Stellenanzeige (D): Autohaus Fleischauer (2010), »Treibende Kraft gesucht«, Stellenanzeige auf http://www.monster.de (08.11.2010).

D52, Stellenanzeige (D): Volkswagen Automobile Berlin (2010), »Profis gesucht«, Stellenanzeige auf http://www.monster.de (08.11.2010).

D53, Stellenanzeige (D): Autowelt König (2010), »Verkaufsberater (m/w)«, http://www.autowelt-koenig.de/unternehmen/jobs-karriere/offene-stellen/verkaufsberater-mw.html (08.11.2010).

D54, Stellenanzeige (D): Volkswagen Automobile Stuttgart (2010), »Automobilverkäufer Neuwagen«, http://www.volkswagen-automobile-stuttgart.de/unternehmen/jobs-&-karriere/stellenangebote/ (08.11.2010).

D55, Stellenanzeige (D): Volkswagen Automobile Rhein-Neckar (2010), »Neuwagenverkäufer m/w«, http://www.volkswagen-automobile-rhein-neckar.de/unternehmen/personal/jobangebote.html (08.11.2010).

D56, Stellenanzeige (D): Volkswagen Automobile Frankfurt (2010), »Automobil verkäufer/-in PKW Neuwagen (senior)«, http://www.volkswagen-frankfurt.de/unternehmen/stellenangebote/275- (08.11.2010).

D57, Beobachtung: Statistik: Verhältnis von männlichen und weiblichen VW-Verkaufsberatern bei 33 beteiligten Autohäusern, eigene Statistik auf Grundlage der Angaben der Autohäuser, 09.11.2010.

D58, Konzeptpapier: Volkswagen AG (2010), »Chancengleichheit und Diversity Management als Erfolgsstrategie«, http://www.volkswagenag.com/content/vwcorp/content/de/sustainability_and_responsibility/CSR_worldwide/Chancengleichheit_und_Diversity_Management_als_Erfolgsstrategie.html (09.11.2010).

D59, Verkaufsberater: ASB Autohaus Berlin (2010), »Berlin Otomobil Bayı, Pankow. Berlin'in kuzeyindeki güvenilir Volkswagen Partner iniz«, http://www.autohaus-berlin.de/tuerkisch/overview.html (05.02.2012).

D60, Interview: N.N. (2010), Statement von Beteiligtem an Volkswagens Ethnomarketing-Projekt, geäußert gegenüber dem Verfasser, Berlin, 17.06.2010.

D61, Internetseite: Volkswagen AG (2010), »Angebote und Aktionen«, http://www.volkswagen.de/de/angeboteaktionen.html (11.11.2010).

D62, Internetseite: KOM GmbH (2011), »Werbemittel«, http://www.kom-gmbh.de/index.php/lang-de/leistungen/werbemittel.html (12.11.2011).

D63a, Internetseite: KOM GmbH & Volkswagen AG (2008), »Unsere Modelle«, http://www.vw-spricht-tuerkisch.de/vwcms/master_public/virtualmaster/de_tr/modelle.html (05.02.2012).

D63b, Internetseite: KOM GmbH & Volkswagen AG (2008), »Modellerimiz«, http://www.vw-spricht-tuerkisch.de/vwcms/master_public/virtualmaster/de_tr/modelle.html (05.02.2012).

D64a, Beobachtung: Google-Abfrage zu deutschen Textbausteinen aus Produktwerbung, durchgeführt vom Verfasser, 11.11.2010.

D64b, Beobachtung: Google-Abfrage zu türkischen Textbausteinen aus Produktwerbung, durchgeführt vom Verfasser, 11.11.2010.

Toyota USA

USA01, Video: *Toyota Hybrid Camry. Super Bowl Commercial* (USA 2006, Drehbuch, Regie & Produktion: Conill).

USA02, Video: *Is that the Lineman?* (USA 2009, Drehbuch, Regie & Produktion: Conill).

USA03, Presse: Smartend News (2010), »News Update: Toyota Offering Free Hispanic Pride Stickers«, http://www.youtube.com/watch?v=NH5YMfbQLXE (05.02.2012).

USA04, Video: *El Yaris te inspira. Invitamos a muchos chicos y chicas a participar en este projecto* (USA 2010, Drehbuch, Regie & Produktion: Conill).

USA04a, Video: *El Yaris te inspira. ¿A quién se le ocurrió esto? Snowman* (USA 2010, Drehbuch, Regie & Produktion: Conill).

USA04b, Video: *El Yaris te inspira. ¿Quién?* (USA 2010, Drehbuch, Regie & Produktion: Conill).

USA05a, Social Media: Toyota Motor Sales U.S.A., Inc. (2010), »Contact«, http://www.facebok.com/ToyotaLatino (17.01.2011).

USA05b, Social Media: Toyota Motor Sales U.S.A., Inc. (2010), »Events«, http://www.facebook.com/ToyotaLatino?v=app23406103 (17.01.2011).

USA05c, Social Media: Toyota Motor Sales U.S.A., Inc. (2010), »Pics«, http://www.facebok.com/ToyotaLatino (17.01.2011).

USA05d, Social Media: Toyota Motor Sales U.S.A., Inc. (2010), »Stickers«, http://www.facebok.com/ToyotaLatino (17.01.2011).

USA05e, Social Media: Toyota Motor Sales U.S.A., Inc. (2010), »Wall«, http://www.facebok.com/ToyotaLatino (17.01.2011).

USA05f, Social Media: Toyota Motor Sales U.S.A., Inc. (2010), »Videos«, http://www.facebook.com/ToyotaLatino?v=app2392950137 (17.01.2011).

USA05g, Social Media: Toyota Motor Sales U.S.A., Inc. (2010), »¡Somos muchos Latinos, y queremos una camiseta!«, http://www.facebook.com/ToyotaLatino?sk=info (13.03.2011).

USA05h Social Media: Toyota Motor Sales U.S.A., Inc. (2010), »Polls«, http://www.facebok.com/ToyotaLatino (14.03.2011).

USA05i Social Media: Toyota Motor Sales U.S.A., Inc. (2010), »Past Events«, http://www.facebok.com/ToyotaLatino (01.05.2011).

USA06, Beobachtung: *Somos Muchos*: Besuch auf Facebook-Seite http://www.facebook.com/ToyotaLatino, vom Bildschirm abgefilmt durch den Verfasser, 20.01.2011.

USA07 Video: *Somos Muchos Latinos* (USA 2010, Drehbuch, Regie & Produktion: Conill).

USA08, Video: *Somos Muchos. Argentinos* (USA 2010, Drehbuch, Regie & Produktion: Conill).

USA09, Konzeptpapier: Toyota Motor Sales U.S.A., Inc. (2001), *Toyota's 21st Century Diversity Strategy*, http://www.toyota.com/about/diversity/21stCenturyDivStrategy.pdf (15.02.2012).

USA10, Video: *Live Camry* (USA 2008, Drehbuch, Regie & Produktion: Conill).

USA11a, Pressemitteilung: Conill (2008), »Reality is the New Perception about Toyota Camry«, http://www.saatchi.com/news/archive/reality_is_the_new_perception_about_toyota_camry (15.02.2012).

USA11b, Video: *Camryaliy* (USA 2008, Drehbuch, Regie & Produktion: Conill).

USA12, Pressemitteilung: Toyota Motor Sales U.S.A., Inc. (2007), »Overview of Toyota's Diversity Activities«, http://www.toyota.com/diversity (04.10.2011).

USA13, Presse: Wentz, Laurel (2010), »Toyota Wins Back Hispanic Drivers with 259,000 Decals«, *Advertising Age*, 18. November, http://adage.com/print?article_id=147196 (15.12.2010).

USA14, Pressemitteilung: Toyota Motor Sales U.S.A., Inc. (2010), »Toyota Program Provides Latinos a Way to Express Their Cultures on Their Cars«, http://www.digitaljournal.com/pr/10719 (16.01.2011).

USA15, Internetseite: National Minority Supplier Development Council (2011), »Certification«, http://www.nmsdc.org/nmsdc/app/template/contentMgmt%2CContentPage.vm/contentid/1959;jsessionid=9DD535A938F55821C15B7141E0EC606B#.TzwY40EZ6kM (15.02.2012).

USA16, Presse: Farah, Samar (2006), »Latino Marketing Goes Mainstream«, *The Boston* Globe, 9. Juli, http://www.boston.com/business/articles/2006/07/09/latino_marketing_goes_mainstream (05.02.2012).

USA17a, Video: *Charros. Paso de la Muerte* (USA 2008, Drehbuch, Regie & Produktion: Conill).

USA17b, Video: *Charros. Cala de Caballos* (USA 2008, Drehbuch, Regie & Produktion: Conill).

USA17c, Video: *Charros. Charro Museo* (USA 2008, Drehbuch, Regie & Produktion: Conill).

USA18, Video: *Paranoia Campaign* (USA 2008, Drehbuch, Regie & Produktion: Conill).

USA19a, Kontaktformular: Toyota Motor Sales U.S.A., Inc. (2011), »Contacta con nosotros«, http://www.toyota.com/espanol/help/contactus.html (19.12.2011).

USA19b, Internetseite: Toyota Motor Sales U.S.A., Inc. (2011), »Financiamiento de tu Toyota«, http://www.toyota.com/espanol/financial-services/financi al_financiamiento (19.12.2011).
USA19c, Internetseite: Toyota Motor Sales U.S.A., Inc. (2011), »La Seguridad Toyota«, http://www.toyota.com/espanol/safety (19.12.2011).
USA19d, Internetseite: Toyota Motor Sales U.S.A., Inc. (2011), »Servicios Financieros Toyota«, http://www.toyota.com/espanol/financial-services/# (19.12. 2011).
USA20a, Diversity-Text: Toyota Motor Sales U.S.A., Inc. (2011), »Avenues for Advancement«, http://www.toyota.com/about/diversity/dealers/avenues_for_adva ncement.html (15.02.2012).
USA20b, Diversity-Text: Toyota Motor Sales U.S.A., Inc. (2011), »Career Development«, http://www.toyota.com/about/diversity/employees/career_develop ment.html (15.02.2012).
USA20c, Diversity-Text: Toyota Motor Sales U.S.A., Inc. (2011), »Dealer Development Program«, http://www.toyota.com/about/diversity/dealers/dealer_ development_program.html (15.02.2012).
USA20d, Diversity-Text: Toyota Motor Sales U.S.A., Inc. (2011), »Diversity Advisory Board«, http://www.toyota.com/about/diversity/diversity_advisory_ board/ (15.02.2012).
USA20e, Diversity-Text: Toyota Motor Sales U.S.A., Inc. (2011), »Diversity in Our Workforce«, http://www.toyota.com/about/diversity/employees/ (15. 02.2012).
USA20f, Diversity-Text: Toyota Motor Sales U.S.A., Inc. (2011), »Diversity and Inclusion Turns the Key«, http://www.toyota.com/about/diversity/ (15.02. 2012).
USA20g, Internetseite: Toyota Motor Sales U.S.A., Inc. (2011), »ohne Titel«, http://www.toyota.com/ (15.02.2012).
USA20h, Internetseite: Toyota Motor Sales U.S.A., Inc. (2011), »ohne Titel«, http://www.toyota.com/espanol/ (15.02.2012).
USA20i, Diversity-Text: Toyota Motor Sales U.S.A., Inc. (2011), »How to Do Business with Us«, http://www.toyota.com/about/diversity/suppliers/busi ness_with_us.html (15.02.2012).
USA20j, Diversity-Text: Toyota Motor Sales U.S.A., Inc. (2011), »Open-Door Policy«, http://www.toyota.com/about/diversity/suppliers/open_door_policy/ (15.02.2012).
USA20k, Diversity-Text: Toyota Motor Sales U.S.A., Inc. (2011), »Recruitment«, http://www.toyota.com/about/diversity/employees/recruitment.html (15.02.2012).
USA20l, Diversity-Text: Toyota Motor Sales U.S.A., Inc. (2011), »Our Policy«, http://www.toyota.com/about/diversity/suppliers/our_policy.html (15.02. 2012).

USA20m, Diversity-Text: Toyota Motor Sales U.S.A., Inc. (2011), »Toyota in the Community«, http://www.toyota.com/about/philanthropy/community/ (15. 02.2012).

USA20n, Diversity-Text: Toyota Motor Sales U.S.A., Inc. (2011), »Business Partnering Groups«, http://www.toyota.com/about/diversity/employment/tbpg/ (09.11.2011).

USA20o, Grafik: Toyota Motor Sales U.S.A., Inc. (2011), »Toyota Operations in the United States«, http://www.toyota.com/about/our_business/operations map_usa/ (15.02.2012).

USA21, Beobachtung: Conill: Besuch auf Internetseite der Agentur Conill http://www.conill.com, vom Bildschirm abgefilmt durch den Verfasser, 19.01.2011.

USA22, Video: *Breakfast* (USA 2008, Drehbuch, Regie & Produktion: Conill).

USA23, Pressemitteilung: Conill (2008), »Conill Wins Gold Cannes Lion«, http://conill.com/assets/news/Gold_Lion_081110131020.pdf (07.09.2011).

USA24, Statistik: U.S. Census Bureau (2010), »U.S. Census Bureau Press Brief ing December 21, 2010«, http://2010.census.gov/news/pdf/transcript_12 -21-10.pdf (13.02.2012).

USA25, Presse: Huffington Post (2010), »Somos Muchos: Toyota Offers Free Hispanic Pride Stickers«, http://www.hufingtonpost.com/2010/09/07/so mos-muchos-toyota (14.02.2011)

USA26, Pressemitteilung: Carson Toyota (2010), »Carson Toyota Proud of New Latino Campaign«, http://www.prlog.org/10941285-carson-toyota-proud-of-new-latino-campaign.html (14.02.2012)

USA27, Presse: Wentz, Laurel (2011), »Conill Is Ad Age's Multicultural Agency of the Year«, *Advertising Age*, 24. Januar, http://adage.com/print?arti cleid=148382 (10.02.2012).

USA28, Presse: Wentz, Laurel (2011), »LatinWorks Is No. 9 on the Ad Age Agency A-List«, *Advertising Age*, 24. Januar, http://adage.com/print?article id=148350 (10.02.2012).

USA29, Presse: Visconti, Luke (2010), »No. 36: Toyota Motor North America«, *DiversityInc.*, 9. März, http://diversityinc.com/cgi-bin/cms/article.cgi?mode=printable&id=7297 (20.02.2011).

USA30, Presse: DiversityInc. (2010), »Previous DiversityInc Top 50 Lists«, http://www.diversityinc.com/content/1757/article/1738 (28.02.2011).

USA31, Presse: Rosario, Loida (2008), »Multicultural Marketing: A Misunderstood Concept and Untapped Business Strategy«, http://www.wiglafjournal.com/marketing/2009/06/multicultural-marketing-a-misunderstood-con cept-and-untapped-business-strategy/ (12.02.2012)

USA32, Presse: Kleis, Mark (2010), »Toyota Courts Latino Buyers with Free Decals and Spanish Website«, http://www.leftlanenews.com/toyota-courts-lati no-buyers-with-free-decals-spanish-web-site.html (04.02.2012).

USA33, Social Media: Toyota Motor Sales U.S.A., Inc. (2011), »Home« http://www.facebook.com/ToyotaYaris (09.12.2011).

USA34, Presse: BWW News Desk (2011), »Toyota Sienna Hosts Two Complimentary FUERZA BRUTA Performances, 8/7-8«, http://offbroadway.broadwayworld.com/printcolumn.php?id=156524 (10.11.2011).

USA35, Marktforschung: Miller, Lionel (2009), »Hispanics and the U.S. Auto Market« (Polk View), https://www.polk.com/knowledge/polk_views/hispanics_and_the_u.s._auto_market (09.02.2012).

USA36, Radio-Spot: *Somos Muchos. Wedding* (USA 2010, Text, Regie & Produktion: Conill).

USA37, Radio-Spot: *Somos Muchos. Soccer* (USA 2010, Text, Regie & Produktion: Conill).

USA38, Radio-Spot: *Somos Muchos. Parade* (USA 2010, Text, Regie & Produktion: Conill).

USA39, Internetseite: Toyota Motor Sales U.S.A., Inc. (2011), »Yaris 11«, http://www.toyota.com/espanol/yaris (20.05.2011).

USA40, Internetseite: Chevrolet (2011), »Chevy. Más modelos que Honda o Toyota«, http://www.chevrolet.com/pages/open/empty/sitelet/es.do (21.05.2011).

USA41, Marktforschung: Polk (2010), »Asian Brands Dominate Preference among Hispanic Buyers in the U.S.«, https://www.polk.com/company/news/asian_brands_dominate_preference_among_hispanic_buyers_in_the_u.s._accordin (13.02.2012).

USA42, Marktforschung: TrueCar (2011), »Hispanic Car Buyers Prefer Imported Brands According to TrueCar.com Study«, http://www.truecar.com/media/references/TrueCar_Hispanic_Car_Buying_April_2011.pdf (07.12.2011).

USA43, Internetseite: Toyota Motor Sales U.S.A., Inc. (2011), »1950's & 1960's«, http://www.toyota.com/about/our_business/our_history/u.s._history/1950s_&_1960s.html (15.02.2012).

USA44, Video: *Somos Muchos Case Study* (USA 2010, Drehbuch, Regie & Produktion: Conill).

USA45, Beobachtung: Online-Abfrage der spanischsprachigen Verkaufsberater in Toyota-Autohäusern, Statistik durch den Verfasser erhoben, 26.04.2011.

USA46, Statistik: U.S. Census Bureau (2009), »State & County Quick Facts. Los Angeles County, California«, http://quickfacts.census.gov/qfd/states/06/06037.html (04.09.2009).

USA47, Video: *El 90 por ciento* (USA 2009, Drehbuch, Regie & Produktion: Conill).

USA48, Beobachtung: Statistik zu Pinnwand-Einträgen bei *Somos Muchos*: http://www.facebook.com/ToyotaLatino, erhoben durch den Verfasser, 30.05.2011.

USA49a, Video: *Charro. Behind the Scenes 1* (USA 2008, Drehbuch, Regie & Produktion: Conill).

USA49b, Video: *Charro. Behind the Scenes 2* (USA 2008, Drehbuch, Regie & Produktion: Conill).

USA50, Pressemitteilung: Effe Awards (2007), »2008 Silver Effie Winner Tundrazo«, http://conill.com/#/awards (13.11.2011).

USA51, Video: *Charro. Museum* (USA 2008, Drehbuch, Regie & Produktion: Conill).

USA52, Pressemitteilung: Effie Awards (2007), »2007 Gold Effie Winner Toyota Motor Sales - Yaris ›Mundo Yaris‹«, http://www.findthatfile.com/download.php?i=7787775&t=hPDF (15.02.2012).

USA53, Presse: PRNewsWire (2006), »Toyota Launches All-New Camry with Hybrid Super Bowl Ad«, http://www.prnewswire.com/news-releases/toyota-launches-all-new-camry-with-hybrid-super-bowl-ad-53632902.html (15.02.2012).

USA54 Presse: Hispanic Scholarship Fund (2011), »HSF Corporative Donor Profiles«, http://www.hsf.net/innerContent.aspx?id=102 (10.12.2011).

USA55 Beobachtung: Pinnwand-Einträge auf Facebook-Seite http://www.facebook.com/ToyotaLatino, erhoben durch den Verfasser, 29.-30.05.2011.

USA56, Video: *Somos muchos. Dominicanos* (USA 2010, Drehbuch, Regie & Produktion: Conill).

USA57, Video: *Somos muchos. New York* (USA 2010, Drehbuch, Regie & Produktion: Conill).

USA58, Video: *Somos muchos. California* (USA 2010, Drehbuch, Regie & Produktion: Conill).

USA59, Video: *Somos muchos. Miami - Modelo* (USA 2010, Drehbuch, Regie & Produktion: Conill).

USA60, Presse: Tornoe, Juan (2011), »Case Study: Hispanics Agree, ›Somos Muchos Toyota‹«, juantornoe.blogs.com/hispanictrending/2011/10/case-study-hispanics-agree-somos-muchos-toyota.html (14.02.2012).

USA61, Presse: Wiscombe, Janet (2007), »Toyota: Driving Diversity«, *Workforce Management* Online, http://fpd.gsfc.nasa.gov/diversity/Toyota_Driving_Diversity.pdf (14.02.2012).

USA62, Pressemitteilung: Toyota Motor Sales U.S.A., Inc. (1993), »Toyota and Los Angeles Urban League Open Automotive Training Center«, http://www.thefreelibrary.com/TOYOTA+AND+LOS+ANGELES+URBAN+LEAGUE+OPEN+AUTOMOTIVE+TRAINING+CENTER-a013143839 (15.02.2012).

USA63, Internetseite: Los Angeles Urban League (2005), »Automotive Training Center«, http://www.laul.org/automotive.htm (08.11.2011).

USA64, Presse: DiversityInc (2011), »No. 46: Toyota Motor North America«, http://diversityinc.com/the-2011-diversityinc-top-50/no-46-toyota-motor-north-america/ (17.12.2011).

USA65, Social Media: Toyota Motor Sales U.S.A., Inc. (2010), »Stickers« http://www.facebook.com/ToyotaLatino (10.02.2012).

Mercedes UK

UK01, Präsentation: Indoormedia (2011), »Case Study: Mercedes Benz UK«, http://indoormedia.co.uk/index.php?option=com_content&view=article&id=79 (15.02.2012).

UK02, Print-Anzeige: Mercedes-Benz UK (2011), »Three years free servicing«, Anzeige in *Asian Voice*, 22. Juli, 1.

UK03, Print-Anzeige: Mercedes-Benz UK (2011), »Win a Mercedes«, Anzeige in *Asian Voice*, 8. Juli, 1.

UK04, Print-Anzeige: Mercedes-Benz UK (2010), »Celebrate Diwali«, Anzeige in *Asian Voice*, 05. November, 1.

UK05, Pressemitteilung: Indoormedia (2011), »Testimonials«, http://www.indoormedia.co.uk/testimonials.html (14.02.2012).

UK06, Beobachtung: Screenshots der Internetseite http://www.redhotcurry.com, aufgenommen durch den Verfasser am 15.07.2011.

UK07, Video: *Approved Used* (UK 2010, Drehbuch, Regie, Produktion: Maxus).

UK08, Marktforschung: IPA – Institute of Practitioners in Advertising (2010), *The Marketing Opportunities for Advertisers and Agencies in Today's Multicultural Britain*, London: IPA.

UK09, Ethnomedien: BritAsia (2010), »About«, http://www.britasia.tv/about (15.02.2012).

UK10, Presse: Dhaliwal, Spinder (2011), »Asian Wealth in the UK«, http://www.isbe.org.uk/AsianWealth (13.02.2012).

UK11, Pressemitteilung: Continental Research (2009), »Mainstream Advertisers Ignore UK's Asian TV Channels«, http://www.bdrc-continental.com/EasysiteWeb/getresource.axd?AssetID=2248&type=full&servicetype=Inline (13.02.2012).

UK12, Print-Anzeige: Mercedes-Benz UK (2011), »Star quality has a price«, Anzeige in *Asian Voice*, 01. Oktober, 1.

UK13, Internetseite: Mercedes-Benz Retail Used Cars (2011), »About Us - Peace of Mind«, http://www.mercedes-benzretailusedcars.co.uk/about-quality.aspx (10.01.2012).

UK14a, Beobachtung: Fotos vom Standort Kingston upon Thames, aufgenommen via Google Street View, http://maps.google.de/ (10.07.2011).

UK14b, Beobachtung: Fotos vom Standort Birmingham, aufgenommen via Google Street View, http://maps.google.de/ (10.07.2011).

UK14c, Beobachtung: Fotos vom Standort Waltham Cross, aufgenommen via Google Street View, http://maps.google.de/ (10.07.2011).

UK14d, Beobachtung: Fotos vom Standort Park Royal, aufgenommen via Google Street View, http://maps.google.de/ (10.07.2011).

UK15, Internetseite: Mercedes-Benz Retail Used Cars (2011), »Locations«, http://www.mercedes-benzretailusedcars.co.uk/centres.aspx (02.01.2012).

UK16, Presse: Roy, Amit (2001), »Asian Persuasion«, *The Telegraph*, 5. Mai, http://www.telegraph.co.uk/motoring/4750101/Asian-persuasion.html (10.02.2012).

UK17, Stellenanzeige: Mercedes-Benz UK (2011), »Online Application Form -Used«, http://www.mercedes-benz.motortrak.com/careers/online_form.php?id (15.02.2012).

UK18, Stellenanzeige:Mercedes-Benz UK (2011), »Online Application Form -Sales«, http://www.mercedes-benz.motortrak.com/careers/online_form.php?id (17.02.2012).

UK19, Statistik: BBC (2009), »2011 Census Questions Published«, http://news.bbc.co.uk/2/hi/uk_news/politics/8318637.stm (10.02.2012).

UK20, Konzeptpapier: The Tourism Network (2008), »The Business Case for Working with Ethnic Minorities«, http://www.multicultural.co.uk/ethnicminorities.htm (10.02.2012).

UK21, Statistik: Directgov (2011), »Census 2011 - everything you need to know«, http://www.direct.gov.uk/en/Nl1/Newsroom/DG_194922 (17.01.2012).

UK22, Statistik: ONS (2011), »Household Questionnaire England«, http://www.ons.gov.uk/ons/guide-method/census/2011/the-2011-census/2011-census-questionnaire-content/index.html (13.12.2011).

UK23, Marktforschung: Starfish Research (2006), »Minority Report – Results«,http://www.starfishresearch.com/minority_report_sample.html (16.02. 012).

UK24, Marktforschung: ZMTV (2011), »UK Asian Market«, http://www.zmtv.co.uk/'ukasianmarkets.php (17.02.2012).

UK25, Ethnomedien: ZMTV (2012), »Our Channels«, http://www.zmtv.co.uk/ourchannels.php (18.02.2012).

UK26, Ethnomedien: ZMTV (2011), »Languages«, http://www.zmtv.co.uk/languages.php (12.02.2012).

UK27, Video: *Sunrise TV* (UK 2010, Drehbuch, Regie & Produktion: Sunrise Group).

UK28, Social Media: Mercedes-Benz Retail Used Cars (2011), »Mercedes-Benz Retail Used Cars«, http://www.facebook.com/pages/Mercedes-Benz-Retail-Used-Cars/100421093351872 (10.02.2012).

UK29, Ethnomedien: GG2 (2011), *Guaravi Guarat*, 44:21.

UK30, Print-Anzeige: Mercedes-Benz-Retail-Used-Cars (2011), »Ohne Titel«, Anzeige in *Eastern Eye*, 05. November, 1.

UK31, Presse: Charlton, Graham (2007), »Indoor Media Launches Asian Ad Network«, http://econsultancy.com/uk/blog/1634-indoor-media-launches-asian-ad-network (16.02.2012).

UK32, Ethnomedien: Indoormedia (2009), »Media Information: Ad Masala«, http://www.indoormedia.co.uk/images/stories/AdMasala_one_pager_.pdf (17.12.2011).

UK33, Konzeptpapier: Daimler AG (2008), *Diversity Shapes Our Future* (International Strategy), Stuttgart: Daimler AG.

UK34, Konzeptpapier: Daimler AG (2008), *Drivers. Diversity Management at Daimler*, Daimler AG: Stuttgart.

UK35, Presse: Power, Carla (2007), »Good Morning London«, *Forbes.com*, 07. Februar, http://www.forbes.com/global/2007/0702/046_print.html (16.02.2012).

UK36, Präsentation: Maxus (2011), »Case Study: Mercedes-Benz Approved-Used«, http://www.maxusglobal.co.uk/whatwedo/casestudies/details/?id=13 (10.11.2011).

UK37, Marktforschung: SMMT (2011), *Motor Industry Facts 2011*, London: SMMT.

UK38, Präsentation: Indoormedia (2010), »About Us«, http://www.indoormedia.co.uk/about-us.html (14.02.2012).

UK39, Statistik: ONS (2005), »2001 Census«, http://www.ons.gov.uk/ons/guide-method/census/census-2001/index.html (01.12.2011).

UK40, Statistik: ONS (2011), *Population Estimates by Ethnic Group 2002 – 2009* (Statistical Bulletin), Newport: Office for National Statistics.

UK41, Statistik: UN (2011), »Country or Area & Region Codes«, http://millenniumindicators.un.org/unsd/methods/m49/m49regin.htm (14.02.2012).

UK42, Stellenanzeige: Mercedes-Benz Retail Used Cars (2011), »Sales Executive – Kingston upon Thames«, http://www.mercedes-benz.motortrak.com/careers/index.php (30.09.2011).

UK43, Stellenanzeige: Mercedes-Benz Retail Used Cars (2011), »Sales Executive – Birmingham«, http://www.mercedes-benz.motortrak.com/careers/index.php (09.10.2011).

UK44, Ethnomedien: Sunrise TV (2011), »About Us«, http://www.sunrisetv.tv/content/?id=38 (16.02.2012).

UK45, Social Media: Redhotcurry (2011), »Wall«, http://www.facebook.com/group.php?gid=57360910865&v=wall&ref=ts (17.01.2012).

UK46, Print-Anzeige: Mercedes-Benz UK (2011), »Choices, choices, choices«, Anzeige in *Asian Voice*, 08. Oktober, 1.

UK47, Print-Anzeige: Mercedes-Benz UK (2011), »Win a Mercedes«, Anzeige in *Asian Voice*, 25. Juni, 1.

UK48, Presse: Wooding, David (2008), »Asians Pay Most for Reg Plates«, *The Sun*, 23. Oktober, http://www.thesun.co.uk/sol/homepage/news/article1849344.ece (15.02.2012).

UK49, Social Media: Asian Forum (2009), »World's Largest Mercedes Showroom«, http://www.asianforum.co.uk/forums/showthread.php?t=179 10 (10.02.2012).

UK50, Print-Anzeige: Mercedes-Benz UK (2011), »Autumn Offers«, Anzeige in *Gujarat Samachar*, 24. September, 1.

UK51, Print-Anzeige: Mercedes-Benz UK (2011), »Autumn Offers«, Anzeige in *Asian Voice*, 17. September, 1.

UK52, Presse: Edwards, Viv (2007), »Gujarati Today«, http://www.bbc.co.uk/voices/multilingual/gujarati.shtml (16.02.2012).

UK53, Print-Anzeige: Mercedes-Benz UK (2011), »Win a Mercedes«, Anzeige in *Gujarat Samachar*, 02. Juli, 1.

UK54, Print-Anzeige: Skoda UK (2011), »Simply Clever«, Anzeige in *ZeeTV Magazine*, http://www.zeetvmagazine.com/ (09.12.2012).

UK55, Print-Anzeige: Renault UK (2011), »Click to find out more«, Anzeige auf Internetportal http://www.redhotcurry.com/ (07.10.2012).

UK56, Internetseite: Mercedes-Benz UK (2011), »New E 63 AMG Saloon«, http://www2.mercedes-benz.co.uk/content/unitedkingdom/mpc/mpc_unitedkingdom_website/en/home_mpc/passengercars/home/new_cars/models/e-class/211.html (08.01.2012).

UK57, Ethnomedien: Zee Magazine (2011), *Media Pack*, London: Programme Master.

UK58, Ethnomedien: Newsstand (2010), »Asian Voice Magazine«, http://www.newsstand.co.uk/553-Asian-Magazines/7782-Subscribe-to-ASIAN-VOICE-Magazine-Subscription.aspx (10.01.2012).

Literatur

Abels, Heinz (2001), *Interaktion, Identität, Präsentation. Kleine Einführung in interpretative Theorien der Soziologie* (2. Aufl.), Wiesbaden: Westdeutscher Verlag.

Academic American Encyclopedia (1986), *Academic American Encyclopedia*, Danbury: Grolier.

Advertising Age (2011), *Hispanic Fact Pack. Edition 2011*, Chicago: Crain.

AFP (2010), »Merkel erklärt Wulff. Grundgesetz statt Scharia«, *n-tv.de*, 06. Oktober, http://www.n-tv.de/politik/Merkel-erklaert-Wulff-article1658361.html (18.11.2010).

Ager, Alastair, Claire Fyvie, Gavan Curley & Maja Korac (2003), *Integration: Mapping the Field. Distilling Policy Lessons from the ›Mapping the Field‹ Exercise* (Home Office Online Report), www.homeoffice.gov.uk/rds/pdfs2/rdsolr2903.pdf (18.12.2011).

Ager, Alastair & Alison Strang (2004), *Indicators of Integration. Final Report* (Home Office Development and Practice Report), London: Home Office.

Alba, Richard & Victor Nee (2005), *Remaking the American Mainstream. Assimilation and Contemporary Immigration*, Cambridge: Harvard University Press.

Allied Media (2009), »Ethnic Market Research«, http://www.allied-media.com/Services/marketing_research.htm (03.09.2009).

Al Rahman (2010), »Liste der Einschiebungen«, http://islam.alrahman.de/37_einschiebungen.htm (15.02.2012).

AMA - American Marketing Association (2007), »Definition of Marketing«, http://www.marketingpower.com/AboutAMA/Pages/DefinitionofMarketing.aspx (20.02.2012).

Anderson, Benedict (2006), *Imagined Communities. Reflections on the Origin and Spread of Nationalism* ([1]1983), London - New York: Verso.

Anhut, Reimund & Wilhelm Heitmeyer (2007), »Desintegrationstheorie – ein Erklärungsansatz«, *BI.research* 30/2007, 55-58.

APA / dpa (2010), »Seehofer legt mit Orientierung an deutscher Leitkultur nach«, *TT.com*, 16. Oktober, http://www.tt.com/csp/cms/sites/tt/%C3%9

Cberblick/Politik/PolitikContainer/1475276-8/seehofer-legt-mit-orientierung-an-deutscher-leitkultur-nach.csp (18.01.2012).

Archer, Margaret Scotford (1995), *Realist Social Theory. The Morphogenetic Approach*, Cambridge: Cambridge University Press.

— (1996), »Social Integration and System Integration: Developing the Distinction«, *Sociology* 30:4, 679-699.

— (2003), *Structure, Agency and the Internal Conversation*, Cambridge: Cambridge University Press.

Archibold, Randal C. (2011), »Arizona Enacts Stringent Law on Immigration«, *New York Times*, 23. April, http://www.nytimes.com/2010/04/24/us/politics/24immig.html? (16.06.2011).

ARD/ZDF-Medienkommission (2011), *Migranten und Medien 2011. Neue Erkenntnisse über Mediennutzung, Erwartungen und Einstellungen von Menschen mit Migrationshintergrund in Deutschland*, http://www.ard.de/intern/presseservice/-/id=2162042/property=download/nid=8058/1let37x/index.pdf (02.02.2012).

Ashcroft, Bill, Gareth Griffiths & Helen Tiffin, Hg. (2009), *The Post-Colonial Studies Reader* (2. Aufl.), London: Routledge.

Asian Wedding Network (2011), »About Us«, http://www.asianweddingnetwork.co.uk/information/aboutUs/ (20.11.2011).

Assmann, Aleida & Heidrun Friese, Hg. (1998), *Identitäten. Erinnerung, Geschichte, Identität 3*, Frankfurt/Main: Suhrkamp.

Aygün, Tanju (2005), *Deutschtürkisches Konsumentenverhalten. Eine empirische Untersuchung zur Einkaufsstättenwahl im Lebensmitteleinzelhandel*, Lohmar: Eul.

Bade, Klaus J. (2006a), »Integration und Politik - aus der Geschichte lernen?«, *Aus Politik und Zeitgeschichte* 40-41/2006, 3-6.

— (2006b), »Leitfragen-Bilanz. Eine Würdigung«, *Kulturpolitische Mitteilungen* 1/2006, 24-35.

Bade, Klaus J. & Jochen Oltmer (2007), »Deutschland«, in Klaus J. Bade, Hg., *Enzyklopädie Migration in Europa. Vom 17. Jahrhundert bis zur Gegenwart*, Paderborn - München: Ferdinand Schöningh / Wilhelm Fink, 141-170.

Baer, Dieter & Matthias Wermke (2002), *Duden Fremdwörterbuch* (7. Aufl.), Augsburg: Dudenverlag / Weltbild Verlag.

BAMF - Bundesamt für Migration und Flüchtlinge (2010), *Bundesweites Integrationsprogramm. Angebote der Integrationsförderung in Deutschland – Empfehlungen zu ihrer Weiterentwicklung*, Nürnberg: Bundesamt für Migration und Flüchtlinge.

— (2011), *Migrationsbericht des Bundesamts für Migration und Flüchtlinge im Auftrag der Bundesregierung. Migrationsbericht 2010*, Nürnberg: Bundesamt für Migration und Flüchtlinge.

Banting, Keith G. & Will Kymlicka (2006), *Multiculturalism and the Welfare State. Recognition and Redistribution in Contemporary Democracies*, Oxford: Oxford University Press.

Barker, Olivia (2001), »The Asianization of America«, USA Today, 22. März, http://www.usatoday.com/news/nation/2001/03/2001-03-22-acovthu.htm (20.03.2009).

Barmeyer, Christoph (2010a), »Kultur in der interkulturellen Kommunikation«, in Christoph Barmeyer, Petia Genkova & Jörg Scheffer, Hg., *Interkulturelle Kommunikation und Kulturwissenschaft. Grundbegriffe, Wissenschaftsdisziplinen, Kulturräume*, Passau: Stutz, 13-34.

— (2010b), »Kulturdimensionen und Kulturstandards«, in Barmeyer, Genkova & Scheffer, 87-118.

Barth, Fredrik (1996), »Ethnic Groups and Boundaries (1969)«, in Werner Sollors, Hg., *Theories of Ethnicity. A Classical Reader*, New York: New York University Press, 294-324.

— (1998), *Ethnic Groups and Boundaries. The Social Organization of Culture Difference* ([1]1969), Long Grove: Waveland Press.

Bartling, Hartwig & Franz Luzius (2002), *Grundzüge der Volkswirtschaftslehre. Einführung in die Wirtschaftstheorie und Wirtschaftspolitik* (14. Aufl.), München: Vahlen.

Bauer, Michael & Herbert Buscher (2006), *Wirtschaft heute*, Bonn: Bundeszentrale für Politische Bildung.

Bauman, Zygmunt (2008), *Liquid Modernity*, Cambridge: Polity Press.

— (2009), *Gemeinschaften. Auf der Suche nach Sicherheit in einer bedrohlichen Welt*, Frankfurt/Main: Suhrkamp.

Baumann, Gerd (1998), »Ethnische Identität als duale diskursive Konstruktion. Dominante und demotische Identitätsdiskurse in einer multiethnischen Vorstadt von London«, in Assmann & Friese 1998, 288-313.

Baumann, Mechthild (2009), *Migration und Sicherheit* (WISO-direkt), Bonn: Friedrich-Ebert-Stiftung.

BBC (2004), »Debate Call on ›Multicultural‹ UK«, *BBC News*, 05. April, http://news.bbc.co.uk/go/pr/fr/-/2/hi/uk_news/politics/3599925.stm (05.11.2011).

— (2005), »BNP Campaign Uses Bus Bomb Photo«, *BBC News*, 12. Juli, http://news.bbc.co.uk/2/hi/4674675.stm (14.11.2011).

— (2006), »Brown Speech Promotes Britishness«, *BBC News*, 14. Januar, http://newsvote.bbc.co.uk/mpapps/pagetools/print/news.bbc.co.uk/2/hi (14.11.2011).

— (2010), »Biggest UK Mosque Plans Collapse«, *BBC News*, 18. Januar, http://news.bbc.co.uk/2/hi/uk_news/england/london/8465694.stm (02.02.2012).

Beck, Ulrich (2007), *Risikogesellschaft. Auf dem Weg in eine andere Moderne*, Frankfurt/Main: Suhrkamp.

Beck, Ulrich, Wolfgang Bonß & Christoph Lau (2004), »Entgrenzung erzwingt Entscheidung: Was ist neu an der Theorie reflexiver Modernisierung?«, in Ulrich Beck & Christoph Lau, Hg., *Entgrenzung und Entscheidung. Was ist neu an der Theorie reflexiver Modernisierung?*, Frankfurt/Main: Suhrkamp, 13-62.

Beck, Ulrich, Anthony Giddens & Scott Lash, Hg. (1994), *Reflexive Modernization. Politics, Tradition and Aesthetics in the Modern Social Order*, Cambridge: Polity Press.

Beck, Ulrich, Anthony Giddens, Scott Lash & Philipp Rang, Hg. (1996), *Reflexive Modernisierung. Eine Kontroverse*, Frankfurt/Main: Suhrkamp.

Beck, Ulrich & Edgar Grande (2004), *Das kosmopolitische Europa. Gesellschaft und Politik in der Zweiten Moderne*, Frankfurt/Main: Suhrkamp.

Becker, Gary (1974), »A Theory of Social Interactions«, *Journal of Political Economy* 82:4, 1063-1093.

— (1993), *Der ökonomische Ansatz zur Erklärung menschlichen Verhaltens* (2. Aufl.), Tübingen: Mohr.

Behrens, Roger (2009), »Kritische Theorie«, in Georg Kneer & Markus Schroer, Hg., *Handbuch soziologische Theorien*, Wiesbaden: VS Verlag für Sozialwissenschaften, 199-220.

Behringer, Luise (1998), *Lebensführung als Identitätsarbeit. Der Mensch im Chaos des modernen Alltags*, Frankfurt/Main - New York: Campus.

Beicht, Ursula & Mona Granato (2009), *Übergänge in eine berufliche Ausbildung. Geringere Chancen und schwierige Wege für junge Menschen mit Migrationshintergrund*, Bonn: Friedrich-Ebert-Stiftung.

Berg, Sebastian (2006a), »Britisch oder muslimisch? Die Integrationsdebatte in Großbritannien«, *Blätter für deutsche und internationale Politik* 4/2006, 483-491.

— (2006b), »Einwanderung und multikulturelle Gesellschaft«, in Hans Kastendiek & Roland Sturm, Hg., *Länderbericht Großbritannien. Geschichte, Politik, Wirtschaft, Gesellschaft*, Bonn: Bundeszentrale für Politische Bildung, 250-272.

Berger, Peter A. (1996), *Individualisierung. Statusunsicherheit und Erfahrungsvielfalt*, Opladen: Westdeutscher Verlag.

Berger, Peter L & Thomas Luckmann (2004), *Die gesellschaftliche Konstruktion der Wirklichkeit. Eine Theorie der Wissenssoziologie* ([1]1966), Frankfurt/Main: Fischer.

Berry, John W. (1990), »Psychology of Acculturation«, in John J. Berman & Gustav Jahoda, Hg., *Cross-Cultural Perspectives. Nebraska Symposium on Motivation, 1989: Symposium Proceedings*, Lincoln: University of Nebraska Press, 201-234.

Berry, John W. & Uichol Kim (1988), »Acculturation and Mental Health«, in Pierre R. Dasen, John Berry & Norman Sartorius, Hg., *Health and Cross-Cultural Psychology. Toward Applications*, Newbury Park: Sage, 207-236.

Bhabha, Homi K. (1990), »The Third Space«, in Jonathan Rutherford, Hg., *Identity, Community, Culture, Difference*, London: Lawrence & Wishart, 207-221.

— (2000), *Die Verortung der Kultur*, Tübingen: Stauffenburg.

— (2007), *The Location of Culture* (¹1994), London: Routledge.

Bialek, Catrin (2012), »Gesucht: Guter Draht zu Migranten«, *Handelsblatt*, 07. Februar, 24.

Bloemraad, Irene (2011), »The Debate Over Multiculturalism: Philosophy, Politics, and Policy« (Migration Information Source), http://www.migrationinformation.org/Feature/print.cfm?ID=854 (05.10.2011).

BMI – Bundesministerium des Inneren (2008), *Einbürgerungstestverordnung vom 5. August 2008 (BGBl. I S. 1649)*, http://www.gesetze-im-internet.de/einbtestv/BJNR164900008.html (02.02.2012).

— (2010), *Förderrichtlinien der MBE*, http://www.bamf.de/SharedDocs/Anlagen/DE/Downloads/Infothek/Migrationserstberatung/mbe-foeri_pdf.pdf?__blob=publicationFile (03.02.2012).

BNP – British National Party (2012), »The World @8 - Hate on the Streets of Greater Manchester«, http://www.bnp.org.uk/news/national/world-8-hate-streets-greater-manchester (13.02.2012).

Bommes, Michael (1994), »Migration und Ethnizität im nationalen Sozialstaat«, *Zeitschrift für Soziologie* 23:5, 364-377.

— (1999), *Migration und nationaler Wohlfahrtsstaat. Ein differenzierungstheoretischer Entwurf*, Opladen: Westdeutscher Verlag.

Bös, Mathias & Carla Schraml (2009), »Ethnizität - Zum Individualisierungspotenzial kollektiver Sozialformen«, in Gerhard Preyer, Hg., *Neuer Mensch und kollektive Identität in der Kommunikationsgesellschaft. Karl Otto Hondrich (1937 - 2007) zum Gedächtnis*, Wiesbaden: VS Verlag für Sozialwissenschaften, 95-107.

Bourdieu, Pierre (1979), *La distinction. Critique sociale du jugement*, Paris: Minuit.

— (2006), »Sozialer Raum, symbolischer Raum«, in Jörg Dünne & Hermann Doetsch, Hg., *Raumtheorie. Grundlagentexte aus Philosophie und Kulturwissenschaften*, Frankfurt/Main: Suhrkamp, 354-368.

Brachat, Hannes, Willi Dietz & Stefan Reindl (2012), *Grundlagen der Automobilwirtschaft: Das Standardwerk der Automobilbranche* (5. Aufl.), München: Autohaus Buch und Formular.

Branigin, William (1998), *Immigrants Shunning Idea of Assimilation. America's Racial and Ethnic Divides* (The Myth of the Melting Pot), http://www.washingtonpost.com/wp-srv/national/longterm/meltingpot (18.06.2011).

British Future (2013), *State of the Nation. Where is bittersweet Britain heading?*, http://www.britishfuture.org/wp-content/uploads/2013/01/State-of-the-Nation-2013.pdf (05.02.2013).

Brown, Susan K. & Frank D. Bean (2006), »Assimilation Models, Old and New: Explaining a Long-Term Process« (Migration Information Source), http://www.migrationinformation.org/USfocus/print.cfm?ID=442 (10.10.2011).

Bruhn, Manfred (2009), *Kommunikationspolitik. Systematischer Einsatz der Kommunikation für Unternehmen* (5. Aufl.), München: Vahlen.

Brumbaugh, Anne M. & Sonya A. Grier (2006), »Insights from a ›Failed‹ Experiment:Directions for Pluralistic, Multiethnic Advertising Research«, *Journal of Advertising* 35:3, 45-46.

Brunt, Rosalind & Rinella Cere (2011), *Postcolonial Media Culture in Britain*, New York: Palgrave Macmillan.

Bryson York, Emily (2009), »Ethnic Insights from Foundations of McDonald's Marketing«, http://juantornoe.blogs.com/hispanictrending/2009/11/ethnic-insights-form-foundations-of-mcdonalds-marketing.html (01.12.2009).

Bücker, Max (2007), »Marketing von der Stange funktioniert hier nicht«, *absatzwirtschaft – Zeitschrift für Marketing* 12/2007, 92-96.

Bundeskanzleramt (2012), »Zukunftsdialog – Wie wollen wir zusammenleben?«, https://www.dialog-ueber-deutschland.de/DE/20-Vorschlaege/10-Wie-Leben/vorschlag_einstieg_node.html?cms_gts=500186_Dokumente%253Dvotes#Inhalt (25.02.2012).

Bundeszentrale für Politische Bildung, Hg. (2011), *Islam in Deutschland*, Berlin: BPB.

Bureau of the Census (1987), *The Hispanic Population in the United States: March 1986 and 1987* (Advance Report), Washington D.C.: Bureau of the Census.

Burk, Anna-Lena & Norbert Wagner (2010), *Taxed Enough Already. Die Tea-Party-Bewegung in den USA* (Länderbericht), Washington D.C.: Konrad-Adenauer-Stiftung.

Burton, Dawn (2002), »Towards a Critical Multicultural Marketing Theory«, *Marketing Theory* 2/2002, 207-236.

— (2009), *Cross-Cultural Marketing. Theory, Practice and Relevance*, London: Routledge.

Calagan, Nesrin (2010), *Türkische Presse in Deutschland. Der deutsch-türkische Medienmarkt und seine Produzenten*, Bielefeld: Transcript.

Cameron, David (2011a), »PM's Speech at Munich Security Conference«, http://www.number10.gov.uk/news/pms-speech-at-munich-security-conference (05.11.2011).

— (2011b), »Prime Minister's Speech on Immigration«, http://www.number10.gov.uk/news/prime-ministers-speech-on-immigration/ (02.01.2012).

Cancela, José (2007), *The Power of Business en Español. 7 Fundamental Keys to Unlocking the Potential of the Spanish-Language Hispanic Market*, New York: Rayo.

Carmichael, Matt (2011), »Where Does Multicultural Targeting Fit in a Diverse World?«, *Advertising Age*, 30. Mai, http://adage.com/article/news/multicultural-targeting-fit-a-diverse-world/227826/ (19.01.2012).

Carstens, Peter (2011), »Streit über Islam in Deutschland«, *Frankfurter Allgemeine Zeitung*, 04. März, http://www.faz.net/aktuell/politik/inland/innenminister-friedrich-streit-ueber-islam-in-deutschland-1604683.html (02.02.2012).

Carter, Bob (2000), *Realism and Racism. Concepts of Race in Sociological Research*, London: Routledge.

Casciani, Dominic (2012), »Census shows rise in foreign-born«, http://www.bbc.co.uk/news/uk-20677515 (30.12.2012).

Castro Varela, María do Mar (2008), »Was heißt hier Integration? Integrationsdiskurse und Integrationsregime«, in Ursula Sorg & Margret Spohn, Hg., *Alle anders – alle gleich? Was heißt hier Identität? Was heißt hier Integration?*, München: Landeshauptstadt München - Stelle für Interkulturelle Arbeit, 77-88.

Certeau, Michel de (2006), »Praktiken im Raum«, in Jörg Dünne & Hermann Doetsch, Hg., *Raumtheorie. Grundlagentexte aus Philosophie und Kulturwissenschaften*, Frankfurt/Main: Suhrkamp, 343-354.

Ceylan, Rauf (2006), *Ethnische Kolonien. Entstehung, Funktion und Wandel am Beispiel türkischer Moscheen und Cafés*, Wiesbaden: VS Verlag für Sozialwissenschaften.

Chan, Alvin M. & Farid Ahmed (2006), »Ethnic Marketing in Australia«, *International Review of Business Research Papers* 2:4, 10-21.

Charta der Vielfalt (2010), »Die Charta im Wortlaut«, http://www.charta-der-vielfalt.de/de/charta-der-vielfalt/die-charta-im-wortlaut.html (16.02.2011).

Chung, Ed (2000), »Navigating the Primordial Soup: Charting the Lived Worlds of the Migrant Consumer«, *Journal of Consumer Marketing* 17:1, 36-54.

Chung, Ed & Eileen Fischer (1999a), »Embeddedness: Socialising the ›Social‹ Construction of Ethnicity«, *International Journal of Sociology and Social Policy* 19:12, 34-55.

— (1999b), »It's Who You Know: Intracultural Differences in Ethnic Product Consumption«, *Journal of Consumer Marketing* 16:5, 482-501.

Cohen, James (2002), »The Latinisation of the United States: Social Inequalities and Cultural Obsessions«, in Marco Martiniello & Brigitte Piquard, Hg., *Diversity in the City*, Bilbao: University of Deusto, 111-134.

— (2005), *Spanglish America. Les enjeux de la latinisation des États-Unis* (Questions d'époque), Paris: Félin.

Colley, Linda (2009), *Britons. Forging the Nation, 1707-1837*, New Haven: Yale University Press.

Comaroff, John L. & Jean Comaroff (2009), *Ethnicity, Inc.*, Chicago: University of Chicago Press.

Conill (2007), *Interacculturation in the Nuevo America. Connecting with Consumers in a Latino-infused American Culture*, http://www.conill-ideas.com/pdfs/interacculturation.pdf (01.04.2008).

Coser, Lewis A. (1964), *The Functions of Social conflict. An Examination of the Concept of Social Conflict and Its Use in Empirical Sociological Research* (11. Aufl.), New York: Free Press.

Cova, Bernard & Véronique Cova (2002), »Tribal Marketing: The Tribalisation of Society and Its Impact on the Conduct of Marketing«, *European Journal of Marketing* 36:5/6, 595-620.

Cova, Bernard, Robert Kozinets & Avi Shankar (2007), »Tribes, Inc.: The New World of Tribalism«, in Bernard Cova, Robert Kozinets & Avi Shankar, Hg., *Consumer Tribes*, Amsterdam: Elsevier/Butterworth-Heinemann, 3-26.

CRE – Commission for Racial Equality (2005), *Citizenship and Belonging. What is Britishness?*, London: Commission for Racial Equality.

Cui, Geng (2001), »Marketing to Ethnic Minority Consumers: A Historical Journey (1932-1997)«, *Journal of Macromarketing* 21/2001, 23-31.

Cui, Geng & Pravat Choudhury (2000), *Marketing to Ethnic Consumers. An Annotated Bibliography*, Chicago: American Marketing Association.

Cullen, Jim (2004), *The American Dream. A Short History of an Idea That Shaped a Nation* (2. Aufl.), Oxford - New York: Oxford University Press.

Dangschat, Jens (2005), »Integration oder Ablenkungsmanöver? Zielsetzungen und Beitrag des Bund-Länder-Programms ›Soziale Stadt‹ zur Integration sozialer Gruppen«, in Sylvia Greiffenhagen & Katja Neller, Hg., *Praxis ohne Theorie? Wissenschaftliche Diskurse zum Bund-Länder-Programm Stadtteile mit besonderem Entwicklungsbedarf - die soziale Stadt*, Wiesbaden: VS Verlag für Sozialwissenschaften, 289-307.

Dávila, Arlene M. (2001), *Latinos, Inc. The Marketing and Making of a People*, Berkeley: University of California Press.

— (2008), *Latino Spin. Public Image and the Whitewashing of Race*, New York: New York University Press.

Derrida, Jacques (1972), »Die differánce«, in Jacques Derrida, Hg., *Randgänge der Philosophie*, Wien: Passagen, 29-52.

Deshpandé, Rohit, Wayne D. Hoyer & Naveen Donthu (1986), »The Intensity of Ethnic Affiliation: A Study of the Sociology of Hispanic Consumption«, *Journal of Consumer Research* 13:2, 214-220.

Dhaliwal, Spinder & Peter Kangis (2006), »Asians in the UK: Gender, Generations and Enterprise«, *Equal Opportunities International* 25:2, 92-108.

DIK – Deutsche Islam Konferenz (2006): „Der Islam ist Teil Deutschlands. Wolfgang Schäuble im Interview auf sueddeutsche.de am 26.09.2006", http://www.deutsche-islam-konferenz.de/DIK/DE/Service/Bottom/Re

denInterviews/Interviews/20060926-sz-islam-teil-deutschlands.html (25.01.2013).

— (2010), »Startseite«, http://www.deutsche-islam-konferenz.de/cln_117/nn_1319566/SubSite (16.11.2010).

Dikmen, Sinasi (2006), »Solange man dich noch sieht«, *Aus Politik und Zeitgeschichte* 28-29/2006, 3-5.

Dittrich, Eckhard & Astrid Lentz (1994), *Die Fabrikation von Ethnizität*, in Reinhardt Kössler & Tilmann Schiel, Hg., *Nationalstaat und Ethnizität*, Frankfurt/Main: IKO-Verlag für Interkulturelle Kommunikation, 23-41.

DMV - Deutscher Marketing Verband (2009), »Wir über uns«, http://www.marketingverband.de/deutscher-marketing-verband/wir-ueber-uns.html (19.12.2011).

Dorfner, Wolfgang (2009), Ethno-Marketing unter dem Aspekt der demografischen Entwicklung, Köln: Eul.

dpa (2008), »Großmoschee in Duisburg eingeweiht«, *Tagesspiegel*, 26. Oktober, http://www.tagesspiegel.de/weltspiegel/eroeffnung-grossmoschee-in-duisburg-eingeweiht/1357428.html (10.01.2012).

Drucker, Peter F. (1954), *The Practice of Management*, New York: Harper & Row.

Durkheim, Émile (2007), *De la division du travail social* ([1]1893), Paris: Presses universitaires de France.

Dutt, Vijay (2007), »Chicken Tikka Masala Celebrates 60 Years in UK, Where Else?«, http://www.hindustantimes.com/StoryPage/Print.aspx?Id=ffe13ee3-0110-4696-8f08-7e5c0aa7029b (20.03.2009).

East End (2011), »Home«, http://www.eastendcashandcarry.com/ (01.12.2011).

EHRC - Equality and Human Rights Commission (2011), »Equality Act«, http://www.equalityhumanrights.com/legal-and-policy/equality-act/ (03.02.2012).

Eisenstadt, Samuel (1999), »Kollektive Identitätskonstruktionen in Europa, den Vereinigten Staaten, Lateinamerika und Japan. Eine vergleichende Betrachtung«, in Rien Segers & Reinhold Viehoff, Hg., *Kultur, Identität, Europa: über die Schwierigkeiten und Möglichkeiten einer Konstruktion*, Frankfurt/Main: Suhrkamp, 370-400.

Engels, Dietrich, Ruud Koopmans, Regine Köller & Jutta Höhne (2011), *Zweiter Integrationsindikatorenbericht. Erstellt für die Beauftragte der Bundesregierung für Migration, Flüchtlinge und Integration*, Köln - Berlin: Die Beauftragte der Bundesregierung für Migration, Flüchtlinge und Integration.

E-Plus (2011), »Sadece für dich – Nur für dich. AY YILDIZ startet bundesweite Werbekampagne«, http://newsdesk.eplus-gruppe.de/ay-yildiz-werbekampagne-sadece/ (02.02.2012).

Erdem, Kutay & Ruth A. Schmidt (2008), »Ethnic Marketing for Turks in Germany«, *International Journal of Retail & Distribution Management* 36:3, 212-223.

Erikson, Erik (2003), *Identität und Lebenszyklus. Drei Aufsätze* ([1]1973), Frankfurt/Main: Suhrkamp.

Erikson, Robert & John H. Goldthorpe (1992), *The Constant Flux. A Study of Class Mobility in Industrial Societies*, Oxford: Clarendon Press.

Esser, Hartmut (1980), *Aspekte der Wanderungssoziologie. Assimilation und Integration von Wanderern, ethnischen Gruppen und Minderheiten: eine handlungstheoretische Analyse*, Darmstadt - Neuwied: Luchterhand.

— (1998), »Ist das Konzept der Integration gescheitert? Zur Bilanz der Migrationspolitik«, *Theorie und Praxis der Sozialen Arbeit* 4/1998, 128-135.

— (2000), *Die Konstruktion der Gesellschaft* (Soziologie: Spezielle Grundlagen), Frankfurt/Main: Campus.

— (2001), *Integration und ethnische Schichtung* (Arbeitspapiere 40), Mannheim: Mannheimer Zentrum für Europäische Sozialforschung.

— (2002), *Sinn und Kultur* (Soziologie: Spezielle Grundlagen), Frankfurt/Main: Campus.

— (2006), *Sprache und Integration. Die sozialen Bedingungen und Folgen des Spracherwerbs von Migranten*, Frankfurt/Main: Campus.

Ethnicreach (2011), »UK Transplant: NHS Blood & Transplant«, http://www.ethnicreach.co.uk/case-studies/UK-Transplant.pdf (03.02.2012).

Evans, Geoffrey (1992), »Testing the Validity of the Goldthorpe Class Schema«, *European Sociological Review* 8:3, 211-232.

Fahim Khan, Muhammad & Mario Porzio (2010), *Islamic Banking and Finance in the European Union. A Challenge*, Cheltenham - Northampton: Elgar.

Faist, Thomas (2000), *Transstaatliche Räume. Politik, Wirtschaft und Kultur in und zwischen Deutschland und der Türkei*, Bielefeld: Transcript.

— (2002), *Transstaatliche Gemeinschaften*, Bielefeld: Transcript.

Farah, Samar (2006), »Latino Marketing Goes Mainstream. Prime-time Ads Break New Ground by Recognizing the Rise of Hispanic Consumers«, *The Boston Globe*, 09. Juli, http://www.boston.com/business/articles/2006/07/09/latino_marketing_goes_mainstream/?page=full (20.09.2011).

Filsinger, Dieter (2008), *Bedingungen erfolgreicher Integration - Integrationsmonitoring und Evaluation*, Bonn: Friedrich-Ebert-Stiftung.

Fitz, Karsten (2010), *The American Revolution Remembered, 1830s to 1850s. Competing Images and Conflicting Narratives*, Heidelberg: Winter.

Flaig, Egon (2000), »Pierre Bourdieu: Entwurf einer Theorie der Praxis (1972)«, in Walter Erhart, Herbert Jaumann & Renate Schlesier, Hg., *Jahrhundertbücher. Große Theorien von Freud bis Luhmann*, München: Beck, 358-382.

Fletcher, David (2003), »Reaching The Ethnic Consumer: A Challenge for Marketers«, http://www.redhotcurry.com/pdfs/ETHNICAD.PDF (13.03.2008).

Flick, Uwe (2007), *Qualitative Sozialforschung. Eine Einführung*, Reinbek bei Hamburg: Rowohlt.

— (2008), *Triangulation. Eine Einführung* (2. Aufl.), Wiesbaden: VS Verlag für Sozialwissenschaften.

Fluck, Winfried (2004), »Kultur«, in Peter Lösche, Hans Dietrich von Loeffelholz & Anja Ostermann, Hg., *Länderbericht USA. Geschichte, Politik, Wirtschaft, Gesellschaft, Kultur*, Bonn: Bundeszentrale für Politische Bildung, 698-790.

Fonseca, Vanessa (2003), *Fractal Capitalism and the Latinization of the US Market*, Austin: University of Texas at Austin.

Forehand, Mark R. & Rohit Deshpandé (2001), »What We See Makes Us Who We Are: Priming Ethnic Self-Awareness and Advertising Response«, *Journal of Marketing Research* 38:3, 336-348.

Förster, Johanne (2003), *Identität von Personen*, Mannheim: Universität Mannheim.

Foroutan, Naika & Isabel Schäfer (2006), »Hybride Identitäten - muslimische Migrantinnen und Migranten in Deutschland und Europa«, *Aus Politik und Zeitgeschichte* 05/2009, 11-18.

Foucault, Michel (1973), *Archäologie des Wissens*, Frankfurt/Main: Suhrkamp.

— (1977a), *Der Wille zum Wissen* (Sexualität und Wahrheit), Frankfurt/Main: Suhrkamp.

— (1977b), *Die Ordnung des Diskurses*. Inauguralvorlesung am Collège de France, 2. Dezember 1970, Frankfurt/Main: Ullstein.

— (1993), »Wahrheit, Macht, Selbst. Ein Gespräch zwischen Rux Martin und Michel Foucault«, in Luther H. Martin, Huck Gutman & Patrick H. Hutton, Hg., *Technologien des Selbst*, Frankfurt/Main: S. Fischer, 15-23.

— (2006), *Die Ordnung der Dinge. Eine Archäologie der Humanwissenschaften* ([1]1966), Frankfurt/Main: Suhrkamp.

— (2008), *Die Hauptwerke*, Frankfurt/Main: Suhrkamp.

— (2009), *Hermeneutik des Subjekts. Vorlesungen am Collège de France (1981/82)*, Frankfurt/Main: Suhrkamp.

Foucault, Michel & Daniel Defert (2002), *Schriften / Dits et écrits 2*, Frankfurt/Main: Suhrkamp.

Foucault, Michel, Daniel Defert & Michael Bischoff (2003), *Schriften / Dits et écrits 3*, Frankfurt/Main: Suhrkamp.

Fowler-Salamini, Heather & Raymond Buve (2010), *La revolución mexicana en el oriente de México (1906-1940)*, Madrid - Frankfurt/Main: Vervuert.

Frank, Manfred (2004), »Das Subjekt kommt zurück. Michel Foucaults Vorlesungen von 1982 aus dem Nachlass werfen einen letzten Blick in die antike Seelenambulanz«, *Die ZEIT*, 08. Juli, http://www.zeit.de/2004/29/ST-Foucault (01.02.2012).

Freter, Hermann, Carsten Baumgarth & Christine Quinke (2006), »Status Quo der Marktsegmentierung in der Praxis. Diskutiert am Beispiel des Damenoberbekleidungsmarktes«, *planung&analyse* 2/2006, 74-77.

Friedrichs, Jürgen & Wolfgang Jagodzinski (2008), »Theorien sozialer Integration«, in Peter Imbusch & Wilhelm Heitmeyer, Hg., *Integration - Desintegration. Ein Reader zur Ordnungsproblematik moderner Gesellschaften*, Wiesbaden: VS Verlag für Sozialwissenschaften, 93-117.

Früh, Werner (2001), *Inhaltsanalyse. Theorie und Praxis* (5. Aufl.), Konstanz: UVK.

Fuchs, Susan (2006), »Ethnomethodologische Segmentierung«, *planung&analyse* 2/2006, 32-22.

Galuske, Michael (2007), *Methoden der sozialen Arbeit. Eine Einführung* (7. Aufl.), Weinheim: Juventa.

Ganter, Stephan (1995), *Ethnizität und ethnische Konflikte. Konzepte und theoretische Ansätze für eine vergleichende Analyse*, Freiburg: ABI.

Gast, Henrik & Alexander Kühne (2011), »Zwischen Marktradikalität und sozialer Missgunst: Die Tea Party und ihre Anhänger«, *Aus Politik und Zeitgeschichte* 51-52/2011, 12-18.

Geertz, Clifford (1963), »The Integrative Revolution: Primordial Sentiments and Civil Politics in the New States«, in ders., Hg., *Old Societies and New States: The Quest for Modernity in Asia and Africa*, London: Free Press, 105-157.

— (2000), *The Interpretation of Cultures. Selected Essays* ([1]1973), New York: Basic Books.

— (2007), *Dichte Beschreibung. Beiträge zum Verstehen kultureller Systeme*, Frankfurt/Main: Suhrkamp.

Geipel, Sabine (2010), »Ethnomarketing: Wenn der Goldbär türkisch spricht«, *Südwestrundfunk*, 31. Juli, Radiobeitrag.

Geißler, Rainer (2005), »Interkulturelle Integration von Migranten«, in Geißler & Pöttker 2005, 45-70.

Geißler, Rainer & Horst Pöttker, Hg. (2005), *Massenmedien und die Integration ethnischer Minderheiten in Deutschland* (Medienumbrüche), Bielefeld: Transcript.

Geist, Laura Clark (2010), »Recession Slashed Ethnic Marketing Efforts«, *Automotive News*, 19. April, 34.

Georgi-Findlay, Brigitte (2000), »Nordamerikastudien«, in Uwe Böker & Christoph Houswitschka, Hg., *Einführung in die Anglistik und Amerikanistik*, München: Beck, 48-88.

Gerpott, Torsten J. & Ilknur Bicak (2010), »Ethno-Marketing: Synopse empirischer Studien sowie Schlussfolgerungen für die Marketing-Praxis und -Forschung«, *der markt - Journal für Marketing* (Online-Ausgabe) 10/2010, DOI 10.1007/s12642-010-0042-7 (10.02.2012).

Gibson, Robert (2008), »Identity and Profit«, *Business Spotlight* 4/2008, 36-40.

Giddens, Anthony (1984), *The Constitution of Society. Outline of the Theory of Structuration*, Cambridge: Polity Press.

— (1994), »Living in a Post-Traditional Society«, in Beck, Giddens & Lash 1994, 56-109.
Giesen, Bernhard (1999), *Kollektive Identität* (Die Intellektuellen und die Nation 2), Frankfurt/Main: Suhrkamp.
Goldberg, Andreas, Dirk Halm & Faruk Şen (2004), *Die deutschen Türken*, Münster: LIT.
Goldstein, Jared A. (2011), *The Tea Party Movement and the Contradictions of Popular Originalism* (Legal Studies Research Paper Series), http://ssrn.com/abstract=1777466 (20.01.2012).
Golver, Julian (2007), »Riven by Class and No Social Mobility - Britain in 2007«, *The Guardian*, 20. Oktober, http://www.guardian.co.uk/uk/2007/oct/20/britishidentity.socialexclusion (03.02.2012).
Gordon, Milton M. (1964), *Assimilation in American Life*, New York: Oxford University Press.
Greshoff, Rainer (2009), »Strukturtheoretischer Individualismus«, in Georg Kneer & Markus Schroer, Hg., *Handbuch soziologische Theorien*, Wiesbaden: VS Verlag für Sozialwissenschaften, 445-468.
Guion, Lisa A. & Heather Kent (2005), *Ethnic Marketing: A Strategy for Marketing Programs to Diverse Audience*, Gainesville: University of Florida.
Gumin, Heinz & Heinrich Meier, Hg. (2009), *Einführung in den Konstruktivismus* (11. Aufl.), München: Piper.
Habermas, Jürgen (1995), *Theorie des kommunikativen Handelns* ([1]1981), Frankfurt/Main: Suhrkamp.
— (2001), *Erläuterungen zur Diskursethik*, Frankfurt/Main: Suhrkamp.
— (2006a), *Handlungsrationalität und gesellschaftliche Rationalisierung* (Theorie des kommunikativen Handelns), Frankfurt/Main: Suhrkamp.
— (2006b), *Zur Kritik der funktionalistischen Vernunft* (Theorie des kommunikativen Handelns), Frankfurt/Main: Suhrkamp.
Hacker, Patrick (04.11.2011), »Schlecker spricht türkische Mitbürger in Deutschland mit Magazin in ihrer Landessprache an«, http://schlecker-blog.com/2011/11/schlecker-spricht-turkische-mitburger-in-deutschland-mit-magazin-in-ihrer-landessprache-an (27.01.2012).
Halm, Dirk (2006), *Zur Wahrnehmung des Islams und zur soziokulturellen Teilhabe der Muslime in Deutschland*, Essen: Zentrum für Türkeistudien.
— (2007), »Das öffentliche Bild des Islams in Deutschland und der Diskurs über seine gesellschaftliche Integration«, *Zeitschrift für Türkeistudien* 1/2007, 71-104.
— (2008), *Der Islam als Diskursfeld. Bilder des Islams in Deutschland*, Wiesbaden: VS Verlag für Sozialwissenschaften.
Halm, Dirk & Martina Sauer (2006), »Parallelgesellschaft und ethnische Schichtung«, *Aus Politik und Zeitgeschichte* 1-2/2006, 18-24.

Halter, Marilyn (2000), *Shopping for Identity. The Marketing of Ethnicity*, New York: Schocken / Random House.

Hampshire, James & Shamit Saggar (2006), »Migration, Integration, and Security in the UK Since July 7« (Migration Information Source), http://migrationinformation.org/Feature/print.cfm?ID=383 (10.12.2011).

Handschuck, Sabine & Hubertus Schröer (2002), »Interkulturelle Orientierung und Öffnung von Organisationen. Strategische Ansätze und Beispiele der Umsetzung«, *neue praxis* 2/2002, 511-521.

Hansen, Randall (2007), *Länderprofil Vereinigtes Königreich* (Focus Migration, Länderprofile), Hamburg: Hamburger Weltwirtschaftsinstitut.

Hau, Rita (2005), *PONS Standardwörterbuch Latein-Deutsch, Deutsch-Latein*, Barcelona et al.: Klett.

Heckmann, Friedrich (1992), *Ethnische Minderheiten, Volk und Nation. Soziologie interethnischer Beziehungen*, Stuttgart: Enke.

— (1997), »Ethnos - eine imaginierte oder reale Gruppe? Über Ethnizität als soziologische Kategorie«, in Robert Hettlage, Petra Deger & Susanne Wagner, Hg., *Kollektive Identität in Krisen. Ethnizität in Region, Nation, Europa*, Opladen: Westdeutscher Verlag, 46-55.

Heinsohn, Gunnar (2010), »Das Grundgesetz schützt die Integrationsverweigerer«, *Welt Online*, 07. September, http://www.welt.de/debatte/kommentare/article9455641/Das-Grundgesetz-schuetzt-die-Integrationsverweigerer.html (16.02.2012).

Hieronymus, Andreas (2007), »Welche Wissenschaft braucht die Einwanderungsgesellschaft? Kritische Reflexionen zur Rolle der Wissenschaft im Nationalen Integrationsplan« (Der Nationale Integrationsplan auf dem Prüfstand), http://www.migration-boell.de/web/integration/47_1328.asp (28.01.2012).

Hillmann, Karl-Heinz (1994), *Wörterbuch der Soziologie* (4. Aufl.), Stuttgart: Kröner.

Hills, John, Mike Brewer & Stephen Jenkins (2010), *An Anatomy of Economic Inequality in the UK. Report of the National Equality Panel*, London: Government Equalities Office.

Hinrichs, Wilhelm (2003), *Ausländische Bevölkerungsgruppen in Deutschland. Integrationschancen 1985 und 2000*, Berlin: Wissenschaftszentrum Berlin für Sozialforschung.

Hirschman, Elizabeth (2001), »Ethnicity, Racism, and the Colonization of Consumption«, *American Marketing Association Conference Proceedings* 12/2001, 236-244.

Hitzler, Ronald & Anne Honer (1994), »Bastelexistenz. Über subjektive Konsequenzen der Individualisierung«, in Ulrich Beck & Elisabeth Beck-Gernsheim, Hg., *Riskante Freiheiten. Individualisierung in modernen Gesellschaften*, Frankfurt/Main: Suhrkamp, 307-313.

Hobsbawm, Eric (2008), *The Invention of Tradition* ([1]1983), Cambridge: Cambridge University Press.
Hofstede, Geert (1984), *Culture's Consequences. International Differences in Work-Related Values*, Beverly Hills: Sage.
— (2001), *Culture's Consequences. Comparing Values, Behaviors, Institutions and Organizations across Nations* (2. Aufl.), Thousand Oaks: Sage.
— (2003), *Cultures and Organizations. Software of the Mind: Intercultural Cooperation and its Importance for Survival*, London: Profile.
Home Office (2004), *Immigration Directorates' Instructions. Chapter 22 Section 2 United Kingdom Passports*, http://www.ukba.homeoffice.gov.uk/sitecontent/documents/policyandlaw/IDIs/idichapter22/section2/section2.pdf?view=Binary (04.02.2012).
Hopf, Christel (1993), *Qualitative Sozialforschung* (3. Aufl.), Stuttgart: Klett-Cotta.
Hui, Michael K., Chankon Kim & Michel Laroche (1998), »A Typology of Consumption Based on Ethnic Origin and Media Usage«, *European Journal of Marketing* 32:9/10, 868-883.
Humes, Karen R., Nicholas A. Jones & Roberto R. Ramirez (2011), *Overview of Race and Hispanic Origin: 2010* (Census Briefs), Washington D.C.: U.S. Census Bureau.
Huntington, Samuel P. (1997), *The Clash of Civilizations and the Remaking of World Order*, New York: Touchstone.
— (2004), »The Hispanic Challenge«, *Foreign Policy* 2/2004, 30-45.
Husband, Charles (2002), »Diasporic Identities and Diasporic Economies: The Case of Minority Ethnic Media«, in Marco Martiniello & Brigitte Piquard, Hg., *Diversity in the City*, Bilbao: University of Deusto, 153-168.
Hüttermann, Jörg (2006), *Das Minarett. Zur politischen Kultur des Konflikts um islamische Symbole*, Weinheim: Juventa.
Imbusch, Peter & Wilhelm Heitmeyer, Hg. (2008), *Integration - Desintegration. Ein Reader zur Ordnungsproblematik moderner Gesellschaften*, Wiesbaden: VS Verlag für Sozialwissenschaften.
Ipsos MORI (2008), »Survey on Class«, http://www.ipsos-mori.com/research publications/researcharchive (10.09.2011).
— (2009), *Social Grade. A Classification Tool*, http://www.ipsos-mori.com/DownloadPublication/1285_MediaCT_thoughtpiece_Social_Grade_July09_V3_WEB.pdf (02.02.2012).
ISG & WZB (2009), *Integration in Deutschland. Erster Integrationsindikatorenbericht: Erprobung des Indikatorensets und Bericht zum bundesweiten Integrationsmonitoring*, Berlin: Die Beauftragte der Bundesregierung für Migration, Flüchtlinge und Integration.
Jackson, Peter (2002), »Commodity Culture and South Asian Transnationality«, in Marco Martiniello & Brigitte Piquard, Hg., *Diversity in the City*, Bilbao: University of Deusto, 169-180.

Jacoby, Tamar, Hg. (2004), *Reinventing the Melting Pot*, New York: Basic Books.

Jäger, Margarete (2008), *Einwanderung im deutschen Alltagsdiskurs. Eine diskursanalytische Untersuchung*, Münster: Unrast.

Jähn, Christine (2006), »Wer darf Deutscher werden?«, *ZEIT online*, 14. März, http://pdf.zeit.de/online/2006/11/einbuergerungstest_hessen.pdf.

Jakobs, Hans-Jürgen (2009), »Wenn der Staat das Volk nicht mehr versteht«, *sueddeutsche.de*, 30. November, http://www.sueddeutsche.de/politik/minarett-verbot-wenn-der-staat-das-volk-nicht-mehr-versteht-1.133875 (15.11.2011).

Jamal, Ahmad (2003a), »Marketing in a Multicultural World: The Interplay of Marketing, Ethnicity and Consumption«, *European Journal of Marketing* 37:11/12, 1599-1620.

— (2003b), »Retailing in a Multicultural World: The Interplay of Retailing, Ethnic Identity and Consumption«, *Journal of Retailing and Consumer Services* 10/2003, 1-11.

— (2005), »Playing to Win: An Explorative Study of Marketing Strategies of Small Ethnic Retail Entrepreneurs in the UK«, *Journal of Retailing and Consumer Services* 12:1, 1-13.

Jamal, Ahmad & Adegboyega Adelowore (2008), »Customer-Employee Relationship: The Role of Self-Employee Congruence«, *European Journal of Marketing* 42:11/12, 1316-1345.

Jenkins, Roy (1967), *Essays and Speeches*, London: Collins.

Jetzkowitz, Jens & Carsten Stark, Hg. (2003), *Soziologischer Funktionalismus. Zur Methodologie einer Theorietradition*, Opladen: Leske + Budrich.

Jiménez, Tomás R. (2011), *Immigrants in the United States: How Well Are They Integrating into Society?*, Washington D.C.: Migration Policy Institute.

Kalka, Jochen & Florian Allgayer (2007), *Der Kunde im Fokus. Die wichtigsten Zielgruppen im Überblick - Milieus, Lebenswelten, Konsumenten*, Heidelberg: Moderne Industrie.

Kalter, Frank, Hg. (2008), *Migration und Integration*, Wiesbaden: VS Verlag für Sozialwissenschaften.

Kamm, Jürgen, Hg. (2006a), *Medialised Britain. Essays on Media, Culture and Society*, Passau: Stutz.

— (2006b), »New Labour - Old Classes? Recent Trends in Britain's Social Transformation«, in Bernd Lenz, Hg., *New Britain. Politics and Culture*, Passau: Stutz, 55-73.

— (2010), »Mentalität, Habitus und Lifestyle«, in Christoph Barmeyer, Petia Genkova & Jörg Scheffer, Hg., *Interkulturelle Kommunikation und Kulturwissenschaft. Grundbegriffe, Wissenschaftsdisziplinen, Kulturräume*, Passau: Stutz, 153-172.

Kamm, Jürgen & Bernd Lenz (2004), *Großbritannien verstehen*, Darmstadt: Wissenschaftliche Buchgesellschaft.

Kandel, Johannes (2004), *Organisierter Islam in Deutschland und gesellschaftliche Integration,* http://www.fes-online-akademie.de/download.php?d=Kandel_Organisierter_Islam.PDF (20.12.2011).

Kastendiek, Hans & Roland Sturm, Hg. (2006), *Länderbericht Großbritannien. Geschichte, Politik, Wirtschaft, Gesellschaft* (3. Aufl.), Bonn: Bundeszentrale für Politische Bildung.

Kaufmann, Jean-Claude (2005), *Die Erfindung des Ich. Eine Theorie der Identität,* Konstanz: UVK.

Kazim, Hasnain (2006), »Deutsche Firmen werben an Minderheiten vorbei«, 06. Juni, *SPIEGEL online,* http://www.spiegel.de/wirtschaft/0,1518,419477,00.html (13.03.2008).

Keller, Reiner (2001), »Wissenssoziologische Diskursanalyse«, in Reiner Keller, Andreas Hirseland, Werner Schneider & Willy Viehöver, Hg., *Handbuch Sozialwissenschaftliche Diskursanalyse. Theorien und Methoden,* Opladen: Leske + Budrich, 113-144.

— (2006), »Michel Maffesoli: Die Wiederkehr der Stämme in der Postmoderne«, in Stephan Moebius & Dirk Quadflieg, Hg., *Kultur. Theorien der Gegenwart,* Wiesbaden: VS Verlag für Sozialwissenschaften, 209-221.

Kerchner, Brigitte & Silke Schneider, Hg. (2006), *Foucaults Diskursanalyse der Politik. Eine Einführung,* Wiesbaden: VS Verlag für Sozialwissenschaften.

Kern, Michael (2009), »Ethnomarketing fördert wirtschaftlichen Erfolg und Integration« (Kongressbeitrag), Berlin: Managementforum GmbH.

Keupp, Heiner (1999), *Identitätskonstruktionen. Das Patchwork der Identitäten in der Spätmoderne,* Reinbek bei Hamburg: Rowohlt.

Kiesel, Heiner (2010), »Halal-Zertifikate für Muslime«, *Deutschlandfunk,* 27. August, Radiobeitrag.

Klee, Alexander & Klaus-Peter Wiedmann (2003), *Ethno-Marketing für Kreditinstitute,* Stuttgart: Deutscher Sparkassen-Verlag.

— (2006), »Deutschlands Migranten – eine ertragsstrake Zielgruppe im Dornröschenschlaf«, in Wieland Achenbach, Erich Barthel & Dirk Rudolph, Hg., *Herausforderungen an das HR-Management. Neue Aufgaben und Lösungsansätze in der Finanzindustrie,* Frankfurt/Main: University Press, 157-170.

Klein, Iris (2001), »Three Models of Explaining Ethnic Strife: Sociobiology, Neo-Marxism, and Rational Choice«, in Malcolm Cross, Hg., *The Sociology of Race and Ethnicity,* Cheltenham: Elgar, 189-197.

Kneer, Georg & Markus Schroer (2009), »Soziologie als multiparadigmatische Wissenschaft. Eine Einleitung«, in dies., Hg., *Handbuch soziologische Theorien,* Wiesbaden: VS Verlag für Sozialwissenschaften, 7-18.

Koenig, Matthias (2008), »Wie weiter mit Émile Durkheim?«, in Stiftung Hamburger Institut für Sozialforschung, Hg., *Wie weiter mit ...?,* Hamburg: Hamburger Edition.

Kohl, Karl-Heinz (1998), »Ethnizität und Tradition aus ethnologischer Sicht«, in Assmann & Friese 1998, 269-287.

Kolb, Holger (2004), *Einwanderung zwischen wohlverstandenem Eigeninteresse und symbolischer Politik. Das Beispiel der deutschen Green Card* (Studien zu Migration und Minderheiten), Münster: LIT.

Kolb, Holger & Henrik Egbert, Hg. (2008), *Migrants and Markets. Perspectives from Economics and Other Social Sciences* (IMISCOE Research), Amsterdam: Amsterdam University Press.

Köppel, Petra & Dominik Sandner, Hg. (2008), *Synergie durch Vielfalt. Praxisbeispiele zu Cultural Diversity in Unternehmen*, Gütersloh: Bertelsmann Stiftung.

Kotler, Philip & Friedhelm Bliemel (2001), *Marketing-Management. Analyse, Planung und Verwirklichung* (10. Aufl.), Stuttgart: Schäffer-Poeschel.

— (2008), *Marketing-Management. Strategien für wertschaffendes Handeln* (12. Aufl.), München: Pearson Studium.

Kramer, Jürgen (2011), »Rassistisch, anti-semitisch, anti-muslimisch, anti-demokratisch. Die British National Party, ihre Ziele, Strukturen und Erfolge«, in ders., Hg., *Taking Stock. 35 Essays from 35 Years of Studying English-Speaking Cultures*, Tübingen: Narr Francke, 398-407.

Krappmann, Lothar (1988), *Soziologische Dimensionen der Identität. Strukturelle Bedingungen für die Teilnahme an Interaktionsprozessen* (7. Aufl.), Stuttgart: Klett.

Kraus-Weysser, Folker & Natalie Ugurdemir-Brincks (2002), *Ethno-Marketing. Türkische Zielgruppen verstehen und gewinnen*, München: Moderne Industrie.

Krell, Gertraude, Barbara Riedmüller, Barbara Sieben & Dagmar Vinz, Hg. (2007), *Diversity Studies. Grundlagen und disziplinäre Ansätze*, Frankfurt/Main: Campus.

Kroneberg, Clemens (2009), »Methodologie statt Ontologie. Das Makro-Mikro-Makro-Modell als einheitlicher Bezugsrahmen der akteurstheoretischen Soziologie«, in Jens Greve, Annette Schnabel & Rainer Schützeichel, Hg., *Das Mikro-Makro-Modell der soziologischen Erklärung. Zur Ontologie, Methodologie und Metatheorie eines Forschungsprogramms*, Wiesbaden: VS Verlag für Sozialwissenschaften, 218-243.

Kulinna, Matthias (2007), *Ethnomarketing in Deutschland. Die Konstruktion von Ethnizität durch Marketingakteure*, Frankfurt/Main: Institut für Humangeografie.

KulturForum TürkeiDeutschland (2009), »Unangemessen und integrationsgefährdend«, http://www.das-kulturforum.de/presse/pressemitteilungen/pm-wdr-kuerzt-tuerkisches-programm/ (28.04.2011).

Kumoll, Karsten (2005), *From the Native's Point of View? Kulturelle Globalisierung nach Clifford Geertz und Pierre Bourdieu*, Bielefeld: Transcript.

— (2006), »Clifford Geertz: Die Ambivalenz kultureller Formen«, in Stephan Moebius & Dirk Quadflieg, Hg., *Kultur. Theorien der Gegenwart*, Wiesbaden: VS Verlag für Sozialwissenschaften, 81-90.

Kutschker, Michael & Stefan Schmid (2004), *Internationales Management* (3. Aufl.), München: Oldenbourg.

Laghan (2011), »Welcome to Laghan Entertainment«, http://www.laghan.com/ent/home.html (01.12.2011).

Langer, Annette (2011), »Bigott, beschämend, unamerikanisch. Streit über Muslime im Reality-TV«, *SPIEGEL online*, 23. Dezember, http://www.spiegel.de/panorama/gesellschaft/0,1518,803189,00.html (30.01.2012).

Lartigue, Luciana (2011), *La revolución mexicana*, Coyoacán: Ocean Sur.

Lembke, Judith (2011), »Einwanderer kaufen anders«, *Frankfurter Allgemeine Zeitung*, 11. Februar, 12.

Lenz, Bernd, Jürgen Kamm & Gerold Sedlmayr, Hg. (2007), *Insular Mentalities. Mental Maps of Britain: Essays in Honour of Bernd Lenz*, Passau: Stutz.

Levitt, Theodore (2008), *Marketing Myopia*, Boston: Harvard Business Press.

Liker, Jeffrey K. & David Meier (2006), *The Toyota Way Fieldbook. A Practical Guide for Implementing Toyota's 4Ps*, New York - London: McGraw-Hill.

LOC - Library of Congress (2011), »National Hispanic Heritage Month«, http://www.loc.gov/law/help/commemorative-observations/hispanic-heritage.php (04.02.2012).

Lockwood, David (1964), »Social Integration and System Integration«, in George K. Zollschan & Walter Hirsch, Hg., *Explorations in Social Change*, London: Routledge & Kegan, 244-257.

— (2008), »Sozialintegration und Systemintegration«, in Imbusch & Heitmeyer 2008, 35-49.

Lopez, Mark Hugo (2008), *How Hispanics Voted in the 2008 Election* (Pew ResearchCenter Publications), http://pewresearch.org/pubs/1024/exit-poll-analysis- hispanics (08.12.2011).

Lopez, Mark Hugo & Paul Taylor (2012), *Latino Voters in the 2012 Election* (Pew ResearchCenter Publications), http://www.pewhispanic.org/files/2012/11/2012_Latino_vote_exit_poll_analysis_final_11-09.pdf (10.11.2012).

Löwenstein, Stephan (2010), »Unsere Leitkultur ist das Grundgesetz. Im Gespräch: Cem Özdemir, Bundesvorsitzender der Grünen«, *FAZ.NET*, 18. November, http://www.faz.net/-01k6md (14.10.2011).

Ludwig-Mayerhofer, Wolfgang & Susanne Kühn (2010), »Bildungsarmut, Exklusion und die Rolle von sozialer Verarmung und Social Illiteracy«, in Gudrun Quenzel & Klaus Hurrelmann, Hg., *Bildungsverlierer. Neue Ungleichheiten*, Wiesbaden: VS Verlag für Sozialwissenschaften, 137-158.

Luhmann, Niklas (1972), *Funktionen und Folgen formaler Organisation* ([1]1964), Berlin: Duncker & Humblot.

— (1974), *Grundrechte als Institution. Ein Beitrag zur politischen Soziologie* (¹1965), Berlin: Duncker & Humblot.
— (1997), *Die Gesellschaft der Gesellschaft*, Frankfurt/Main: Suhrkamp.
— (2005), *Konstruktivistische Perspektiven* (3. Aufl.), Wiesbaden: VS Verlag für Sozialwissenschaften.
Lunn, Kenneth (2007), »Großbritannien«, in Klaus J. Bade, Hg., *Enzyklopädie Migration in Europa. Vom 17. Jahrhundert bis zur Gegenwart*, Paderborn - München: Ferdinand Schöningh / Wilhelm Fink, 68-84.
Madeker, Ellen (2008), *Türkei und europäische Identität. Eine wissenssoziologische Analyse der Debatte um den EU-Beitritt*, Wiesbaden: VS Verlag für Sozialwissenschaften.
Maffesoli, Michel (1988), *Le Temps des Tribus. Le déclin de l'individualisme dans les sociétés de masse*, Paris: Méridiens.
— (2007), »Tribal Aesthetic«, in Bernard Cova, Robert Kozinets & Avi Shankar, Hg., *Consumer Tribes*, Amsterdam: Elsevier/Butterworth-Heinemann, 27-34.
Mankiw, Nicholas Gregory (2001), *Grundzüge der Volkswirtschaftslehre* (2. Aufl.), Stuttgart: Schäffer-Poeschel.
Mayer de Groot, Ralf, Elmar Haimerl & Uwe Lebok, Hg. (2006), *Optimale Positionierung: warum Marktsegmentationen meistens falsch sind*, Frankfurt/Main: Deutscher Fachverlag.
Mayring, Philipp (2008), *Qualitative Inhaltsanalyse. Grundlagen und Techniken* (10. Aufl.), Weinheim: Beltz.
McCarthy, Edmund Jerome & William D. Perreault (1993), *Basic Marketing. A Global-Managerial Approach* (11. Aufl.), Homewood: Irwin.
McFarlane, Cynthia & Laura Semple (2007), »Get Connected with Latinos in Nuevo America. Interacculturation: Blended Cultures Fuel Mainstream«, *Advertising Age*, 15. Mai, 49-50.
McQuillan, Martin, Graeme Macdonald & Stephen Thomson, Hg. (1999), *Post-Theory. New Direction in Criticism*, Edinburgh: Edinburgh University Press.
Mead, George Herbert (1964), *Mind, Self, and Society. From the Standpoint of a Social Behaviorist* (¹1932), Chicago: University of Chicago Press.
Mecheril, Paul (2010), *Migrationspädagogik*, Weinheim: Beltz.
Mediareach (2011), »Army«, http://www.mediareach.co.uk/mediareach-Projects/army/ (03.02.2012).
Meyer, Thomas (2002), *Parallelgesellschaft und Demokratie*, Bonn: Friedrich-Ebert-Stiftung.
MiamiDade (2004), »Alcohol Warning Signs«, http://www.miamidade.gov/csd/library/AlcoholicWarningSign2.pdf (10.02.2012).
Micus, Matthias & Franz Walter (2006), »Mangelt es an Parallelgesellschaften?«, *Der Bürger im Staat* 56:4, 215-221.

Miebach, Bernhard (2010), *Soziologische Handlungstheorie. Eine Einführung* (3. Aufl.), Wiesbaden: VS Verlag für Sozialwissenschaften.

Modood, Tariq (2004), »Capitals, Ethnic Identity and Educational Qualifications«, *Cultural Trends* 13:50, 87-105.

Moebius, Stephan (2009), »Strukturalismus/Poststrukturalismus«, in Georg Kneer & Markus Schroer, Hg., *Handbuch soziologische Theorien*, Wiesbaden: VS Verlag für Sozialwissenschaften, 419-444.

Mueller, Barbara (2008), *Communicating with the Multicultural Consumer. Theoretical and Practical Perspectives*, New York: Peter Lang.

Müller, Daniel (2005), »Die Inhalte der Ethnomedien unter dem Gesichtspunkt der Integration«, in Geißler & Pöttker 2005, 323-355.

— (2010), »Zwischen Fremdbestimmung und Versagen am Markt. Beiträge zu einer politischen Geschichte der Medien ethnischer Minderheiten in Deutschland«, in Tobias Eberwein & Daniel Müller, Hg., *Journalismus und Öffentlichkeit. Eine Profession und ihr gesellschaftlicher Auftrag. Festschrift für Horst Pöttker*, Wiesbaden: VS Verlag für Sozialwissenschaften, 211-230.

Müller, Hans-Peter (1986), »Kultur, Geschmack und Distinktion. Grundzüge der Kultursoziologie Pierre Bourdieus«, in Friedhelm Neidhardt, M. Rainer Lepsius & Johannes Weiß, Hg., *Kultur und Gesellschaft*, Opladen: Westdeutscher Verlag, 162-190.

Müller, Stefan & Katja Gelbrich (2004), *Interkulturelles Marketing*, München: Vahlen.

Münch, Richard (2002), *Grundlegung durch die Klassiker*, Frankfurt/Main: Campus.

Nassehi, Armin (2006), »Dialog der Kulturen - wer spricht?«, *Aus Politik und Zeitgeschichte* 28-29/2006, 33-38.

Nasseri, Ladane (2010), »Iran Automaker Khodro Turns to Turkey as Proton Quits Muslim Car Venture«, *Bloomberg*, 10. Oktober, http://www.bloomberg.com/news/2010-10-10/iran-khodro-turns-to-turkey-for-islamic-car-as-malaysia-leaves-venture.html (10.02.2012).

Nickel, Volker (2009), *Ethnomarketing - Potenziale und Risiken*, Köln: Institut der deutschen Wirtschaft.

Nora, Pierre (1998), *Zwischen Geschichte und Gedächtnis*, Frankfurt/Main: Fischer.

Nufer, Gerd & Felix Müller (2011), *Ethno-Marketing* (Reutlinger Diskussionsbeiträge zu Marketing & Management 2011 – 7), Reutlingen: EBS.

Nwankwo, Sonny & Andrew Lindridge (1998), »Marketing to Ethnic Minorities in Britain«, *Journal of Marketing Practice* 4:7, 200-218.

Oberndörfer, Dieter (2001), »Leitkultur und Berliner Republik. Die Hausordnung der multikulturellen Gesellschaft Deutschlands ist das Grundgesetz«, *Aus Politik und Zeitgeschichte* 1-2/2001, 27-30.

— (2005a), *Deutschland in der Abseitsfalle. Politische Kultur in Zeiten der Globalisierung*, Freiburg: Herder.

— (2005b), »Die Rückkehr der Gastarbeiterpolitik«, in: *Blätter für deutsche und internationale Politik*, 6/2005, 725-735.

Odello, Marco (2011), »Integration Politics and the United Kingdom«, *AWR-Bulletin* 49:4, 236-247.

Ogden, Denise, James Ogden & Hope Jensen Schau (2004), »Exploring the Impact of Culture and Acculturation on Consumer Purchase Decisions: Toward a Microcultural Perspective«, *Academy of Marketing Science Review* (Special Issue), http://www.allbusiness.com/management/3504484-1.html (10.02.2012).

Öger Group (2009), *Unternehmensdarstellung Öger Group*, http://www.oeger.de/fileadmin/pdfs/company_profile.pdf (10.02.2012).

ONS - Office for National Statistics (2011a), »The National Statistics Socio-economic Classification«, http://www.ons.gov.uk/ons/guide-method/classifications/current-standard-classifications/soc2010/soc2010-volume-3-ns-sec--rebased-on-soc2010--user-manual/index.html (03.02.2012).

— (2011b), *Population Estimates by Ethnic Group 2002 – 2009* (Statistical Bulletin), Newport: Office for National Statistics.

Orientevents (2011), »Willkommen bei Orientevents«, http://orientevents.de/index.php (01.12.2011).

Osterhammel, Jürgen (2006), »Empire und Commonwealth«, in Hans Kastendiek & Roland Sturm, Hg., *Länderbericht Großbritannien. Geschichte, Politik, Wirtschaft, Gesellschaft*, Bonn: Bundeszentrale für Politische Bildung, 75-94.

Otto, Hans-Uwe & Mark Schrödter (2006), »Einführung«, in dies., Hg., *Soziale Arbeit in der Migrationsgesellschaft. Multikulturalismus - Neo-Assimilation - Transnationalität*, Lahnstein: Neue Praxis.

Palumbo, Frederick A. & Ira Teich (2004), »Market Segmentation Based on Level of Acculturation«, *Marketing Intelligence & Planning* 22:4, 472-484.

Panjawin, Ina (2007), *Ethno-Marketing am Beispiel der Russen. Theorie und Praxis*, Saarbrücken: VDM Müller.

Pardo, Claudia & Charles Dreas (2011), *Three Things You Thought You Knew about U.S. Hispanic's Engagement with Media...And Why You May Have Been Wrong*, http://www.nielsen.com (10.02.2012).

Penaloza, Lisa (1995), »Immigrant Consumers: Marketing and Public Policy Considerations in the Global Economy«, *Journal of Public Policy & Marketing* 14:1, 83-94.

— (2007), »Mainstreet USA Revisited«, *International Journal of Sociology and Social Policy* 27:5/6, 234-249.

Penaloza, Lisa & Mary C. Gilly (1999), »Marketer Acculturation: The Changer and the Changed«, *Journal of Marketing* 63:3, 84-104.

Pfister, Sandra (2002), »Die Seele umschmeicheln«, *Die ZEIT*, 24. Oktober, http://www.zeit.de/2002/44/Die_Seele_umschmeicheln (10.02.2012).
Pires, Guilherme & John Stanton (2002), »Ethnic Marketing Ethics«, *Journal of Business Ethics* 36:1/2, 111-118.
— (2003), »Identifying and Reaching an Ethnic Market: Methodological Issues«, *Qualitative Market Research* 6:4, 224-235.
— (2004), »Tangibility Consequences for Ethnic Marketing Strategy«, *Global Business and Economics Review* 6:1, 38-54.
— (2005), *Ethnic Marketing. Accepting the Challenge of Cultural Diversity*, London: Thomson.
— (2006), »Improving Expatriate Adjustment and Effectiveness in Ethnically Diverse Countries: Marketing Insights«, *Cross Cultural Management* 13:2, 156-170.
Pires, Guilherme & Jim Wiley (2004), »Developing Ethnicity as a Segmentation Criterion: An Alternative Approach«, in Australian and New Zealand Marketing Academy, Hg., *ANZMAC 2004 Conference Proceedings*, Wellington: ANZMAC.
Planet Talk (2011), »Missing Home«, http://www.planet-talk.co.uk/ (01.12.2011).
Poppe, Sandra (2008), »Einleitung«, in Sandra Poppe, Thorsten Schüller & Sascha Seiler, Hg., *9/11 als kulturelle Zäsur. Repräsentationen des 11. September 2001 in kulturellen Diskursen, Literatur und visuellen Medien*, Bielefeld: Transcript, 9-17.
Poulionakis, Andreas (2002), »Mercedes in der türkischen Lebenswelt«, *Marketingjournal* 1/2002, 30-35.
Prantl, Heribert (2010), »Fehlendes Selbstbewusstsein. Deutsch im Grundgesetz«, *sueddeutsche.de*, 10. November, http://www.sueddeutsche.de/kultur/deutsch-im-grundgesetz-fehlendes-selbstbewusstsein-1.1021575 (10.02.2012).
PressTV (2011), »Iran Khodro to Design D8 Joint Car«, *PressTV*, 16. Oktober, http://www.presstv.ir/detail/204961.html (16.12.2011).
Pries, Ludger (2008a), *Die Transnationalisierung der sozialen Welt. Sozialräume jenseits von Nationalgesellschaften*, Frankfurt/Main: Suhrkamp.
— (2008b), »Migration als Internationalisierung von unten. Neben der wirtschaftlichen Globalisierung entstehen neue, Grenzen überschreitende Alltagskulturen«, *Edition - Le Monde diplomatique* 4/2008, 20-25.
Pries, Ludger & Zeynep Sezgin (2009), *Jenseits von Identität oder Integration. Grenzen überspannende Migrantenorganisationen*, Wiesbaden: VS Verlag für Sozialwissenschaften.
Quenzel, Gudrun & Klaus Hurrelmann (2010), »Bildungsverlierer: neue soziale Ungleichheiten in der Wissensgesellschaft«, in dies., Hg., *Bildungsverlierer. Neue Ungleichheiten*, Wiesbaden: VS Verlag für Sozialwissenschaften, 11-35.

Quraishy, Bashy (2009), »Integration or Segregation? From a NGO Perspective«, *Migration und Soziale Arbeit* 31:2, 91-94.

Rada, Uwe (2002), »Werbung auf Polnisch«, *TAZ*, 30. November, http://www.taz.de/index.php?id=archivseite&dig=2002/11/30/a0209 (13.03.2008).

Rammert, Werner (2001), *Kollektive Identitäten und kulturelle Innovationen. Ethnologische, soziologische und historische Studien*, Leipzig: Leipziger Universitätsverlag.

Rao, Chatrathi Purushottama (2006), *Marketing and Multicultural Diversity*, Aldershot: Ashgate.

Rauchhaupt, Jens von (2007), »Ethno-Marketing online«, in Torsten Schwarz, Hg., *Leitfaden Online Marketing. Das kompakte Wissen der Branche*, Waghäusel: Marketing-Börse, 164-168.

Rauer, Valentin (2008), *Die öffentliche Dimension der Integration. Migrationspolitische Diskurse türkischer Dachverbände in Deutschland*, Bielefeld: Transcript.

Rawls, John (2005), *A Theory of Justice* ([1]1971), Cambridge: Harvard University Press.

Reese-Schäfer, Walter (1999), *Luhmann zur Einführung* (3. Aufl.), Hamburg: Junius.

Renner, Günter (2005), *Deutsches Ausländerrecht. Textausgabe* (20. Aufl.), München: Deutscher Taschenbuchverlag / Beck.

Reuter, Julia (2002), *Ordnungen des Anderen. Zum Problem des Eigenen in der Soziologie des Fremden*, Bielefeld: Transcript.

Rex, John & Sally Tomlinson (1979), *Colonial Immigrants in a British City. A Class Analysis*, London: Routledge & Kegan Paul.

Roberts, Ken (2006), »Class im Selbstverständnis der britischen Gesellschaft«, in Hans Kastendiek & Roland Sturm, Hg., *Länderbericht Großbritannien. Geschichte, Politik, Wirtschaft, Gesellschaft*, Bonn: Bundeszentrale für Politische Bildung, 226-249.

Robinson, Vaughan (1998), »Defining and Measuring Successful Refugee Integration«, in European Council on Refugees and Exiles, Hg., *Report of Conference on Integration of Refugees in Europe, Antwerp 12-14 November*, Brüssel: ECRE.

Rohe, Mathias (2009), *Das islamische Recht. Geschichte und Gegenwart*, München: Beck.

Rossman, Marlene (1994), *Multicultural Marketing: Selling to a Diverse America*, New York: American Management Association.

Roy, Amit (2001), »Asian Persuasion«, *The Telegraph*, 05. Mai, http://www.telegraph.co.uk/motoring/4750101/Asian-persuasion.html (08.09.2011).

Rozenberga, Līva & Laura Silko (2005), *Application of Tribal Marketing in Latvia: The Case of Snowboarders*, Riga: SSE.

Rumbaut, Rubén G. (2009), »Pigments of Our Imagination: On the Racialization and Racial Identities of Hispanics and Latinos«, in José A. Cobas, Jorge

Duany & Joe R. Feagin, Hg., *How the United States Racializes Latinos. White Hegemony and its Consequences*, Boulder: Paradigm, 15-36.

Run, Ernest Cyril de (2005), »Does Targeting Really Work? The Perspective of a Dominant Ethnic Group«, *International Journal of Business and Society* 6:1, 27-51.

Saner, Mine (2007), »The Dirty Tricks Campaign Against the ›Mega-Mosque‹«, *The Guardian*, 19. Juli, http://www.guardian.co.uk/world/2007/jul/19/religion.uk (02.02.2012).

Sarasin, Philipp (2001a), »Diskurstheorie und Geschichtswissenschaft«, in Reiner Keller, Andreas Hirseland, Werner Schneider & Willy Viehöver, Hg., *Handbuch Sozialwissenschaftliche Diskursanalyse. Theorien und Methoden*, Opladen: Leske + Budrich, 53-80.

— (2001b), *Reizbare Maschinen. Eine Geschichte des Körpers 1765-1914*, Frankfurt/Main: Suhrkamp.

— (2003), *Geschichtswissenschaft und Diskursanalyse*, Frankfurt/Main: Suhrkamp.

— (2004), *Anthrax. Bioterror als Phantasma*, Frankfurt/Main: Suhrkamp.

— (2005), *Michel Foucault zur Einführung*, Hamburg: Junius.

— (2008a), »Das Reale der Diskursanalyse. Michel Foucaults Nähe zur Genetik und zur Evolutionstheorie«, *Recherche* 3/2008, 15-16.

— (2008b), »Wie weiter mit Michel Foucault?«, in Stiftung Hamburger Institut für Sozialforschung, Hg., *Wie weiter mit ...?*, Hamburg: Hamburger Edition.

— (2009), *Darwin und Foucault. Genealogie und Geschichte im Zeitalter der Biologie*, Frankfurt/Main: Suhrkamp.

Sarrazin, Thilo (2010), *Deutschland schafft sich ab. Wie wir unser Land aufs Spiel setzen*, München: DVA.

Schammann, Hannes (2011), »Gesucht: Willkommenskultur. Den Inhalten eines neuen Modebegriffs auf der Spur«, *Blickpunkt Integration* 2/2011, 3-5.

Schammann, Hannes, Nikolas Kretzschmar & Robert Gölz (2012), »Willkommens- und Anerkennungskultur: Konkretisierung eines Begriffs«, in Bertelsmann Stiftung, Hg., *Deutschland, öffne dich! Willkommenskultur und Vielfalt in der Mitte der Gesellschaft verankern*, Gütersloh: Verlag Bertelsmann Stiftung, 27-46.

Schetsche, Michael & Ina Schmied-Knittel (2008), *Empirische Analyse sozialer Probleme. Das wissenssoziologische Programm*, Wiesbaden: VS Verlag für Sozialwissenschaften.

Schiffauer, Werner (1998), »Ausbau von Partizipationschancen islamischer Minderheiten als Weg zur Überwindung des islamischen Fundamentalismus?«, in Heiner Bielefeldt & Wilhelm Heitmeyer, Hg., *Politisierte Religion. Ursachen und Erscheinungsformen des modernen Fundamentalismus*, Frankfurt/Main: Suhrkamp, 418-437.

— (2008), *Parallelgesellschaften. Wie viel Wertekonsens braucht unsere Gesellschaft? Für eine kluge Politik der Differenz*, Bielefeld: Transcript.

Schildkraut, Deborah J. (2007), »Defining American Identity in the Twenty-First Century: How Much ›There‹ is There?«, *The Journal of Politics* 69:3, 697-615.

Schmalen, Helmut (2002), *Grundlagen und Probleme der Betriebswirtschaft* (12. Aufl.), Stuttgart: Schäffer-Poeschel.

Schmid, Sigrid & René Kaufmann (2006), *An Ethnographic Approach To Consumer Receptivity. The Multi Media Context* (New Approaches and Perspectives), http://www.g-i-m.com/file/20070702113439esomar_kaufmannschmid.pdf (10.02.2011).

Schmidtke, Oliver (2010), »Einwanderer als Ware. Wie die Marktlogik Migranten aussortiert«, *Blätter für deutsche und internationale Politik* 10/2010, 51-57.

Schmitt, Thomas (2003), *Moscheen in Deutschland. Konflikte um ihre Errichtung und Nutzung*, Flensburg: Deutsche Akademie für Landeskunde.

Schneiders, Thorsten Gerald (2009), »Einleitung«, in ders., Hg., *Islamfeindlichkeit. Wenn die Grenzen der Kritik verschwimmen*, Wiesbaden: VS Verlag für Sozialwissenschaften, 9-15.

—, Hg. (2010), *Islamverherrlichung. Wenn die Kritik zum Tabu wird*, Wiesbaden: VS Verlag für Sozialwissenschaften.

Schönwälder, Karen & Imke Sturm-Martin, Hg. (2001), *Die britische Gesellschaft zwischen Offenheit und Abgrenzung. Einwanderung und Integration vom 18. bis zum 20. Jahrhundert*, Berlin: Philo.

Schrader, Martin (2010), »Merkel erklärt Multikulti für gescheitert«, *dw-world.de*, 16. Oktober, http://www.dw-world.de/dw/article/0,,6118143,00.html (03.02.2012).

Schreiber, Alfred L. & Barry Lenson (2001), *Multicultural Marketing. Selling to the New America*, Lincolnwood: NTC Business Books.

Schröer, Hubertus (2009), »Interkulturelle Öffnung und Diversity Management. Ein Vergleich der Strategien«, *Migration und Soziale Arbeit* 31:3-4, 201-211.

Schuchert-Güler, Pakize & Martin Eisend (2007), »Ethno-Marketing - Eine kritische Betrachtung«, in Gertraude Krell et al. 2007, 217-234.

Schwab-Trapp, Michael (2001), »Diskurs als soziologisches Konzept. Bausteine für eine soziologisch orientierte Diskursanalyse«, in Reiner Keller et al., Hg., *Handbuch Sozialwissenschaftliche Diskursanalyse. Theorien und Methoden*, Opladen: Leske + Budrich, 261-283.

Schwingel, Markus (2005), *Pierre Bourdieu zur Einführung* (5. Aufl.), Hamburg: Junius.

Seidel, Hagen (2008), »Die Werbung spricht türkisch«, *Die Welt*, 26. Januar, http://www.welt.de/welt_print/article1597148/Die_Werbung_spricht_trkisch.html (13.03.2008).

Sekhon, Yasmin K. & Isabelle Szmigin (2005), »Conceptualizing Ethnicity and Acculturation of Second Generation Asian Indians in Britain«, *Academy of Marketing Science Review* 3, 1-18.

Sernovitz, Andy (2009), *Word of Mouth Marketing. How Smart Companies Get People Talking*, New York: Kaplan.

Shils, Edward (1957), »Primordial, Personal, Sacred and Civil Ties. Some Particular Observations on the Relationships of Sociological Research and Theory«, *British Journal of Sociology* 8:2, 130-145.

Shuttleworth, Martyn (2008), »Case Study Research Design«, http://www.experiment-resources.com/case-study-research-design.html (17.03.2011).

Siegert, Manuel (2006), *Integrationsmonitoring – State of the Art in internationaler Perspektive. Studie im Auftrag des Bundesamtes für Migration und Flüchtlinge*, Bamberg: europäisches forum für migrationsstudien.

Silverman, David (2010), *Doing Qualitative Research. A Practical Handbook* (3. Aufl.), London - Los Angeles: Sage.

Simmel, Georg (2006), »Über räumliche Projektionen sozialer Formen [1908]«, in Jörg Dünne & Hermann Doetsch, Hg., *Raumtheorie. Grundlagentexte aus Philosophie und Kulturwissenschaften*, Frankfurt/Main: Suhrkamp, 304-316.

Sirkeci, Ibrahim (2009), »Ethnic Marketing Potential in England and Wales: New Evidence from the 2001 UK Census«, *Asian Journal of Marketing* 3/2009, 1-9.

Smith, Anthony David (2000), *The Nation in History. Historiographical Debates about Ethnicity and Nationalism*, Hanover: University Press of New England.

— (2007), *The Ethnic Origins of Nations*, Oxford: Blackwell.

Soanes, Catherine (2006), *Oxford English Dictionary*, Oxford: Oxford University Press.

Sommer, Sarah (2011), »Türkisch für Anfänger. Deutsche Unternehmen umschmeicheln Einwanderer«, *Manager Magazin*, 28. April, http://www.manager-magazin.de/unternehmen/artikel/0,2828,740854,00.html (02.05.2011).

State of Arizona (2010), *Support Our Law Enforcement and Safe Neighborhoods Act (Senate Bill 1070)*, http://www.azleg.gov/legtext/49leg/2r/bills/sb1070s.pdf (02.02.2012).

Stefan, Gerald (2007), »Banken-Zukunft bringt Ethnisches Marketing. Neue Zielgruppen bieten Österreichs Banken Marktchancen jenseits von Best Agern und Reichen«, *financenet*, 09. November, http://www.emotion-banking.at/images/stories/files/berichterstattung/2007/financenet_09_11_07.pdf (10.02.2012).

Steinert, Heinz (2010), *Max Webers unwiderlegbare Fehlkonstruktionen. Die protestantische Ethik und der Geist des Kapitalismus*, Frankfurt/Main: Campus.

Stork, Volker (2001), *Die Zweite Moderne - ein Markenartikel? Zur Antiquiertheit und Negativität der Gesellschaftsutopie von Ulrich Beck*, Konstanz: UVK.

Storry, Mike & Peter Childs (2007), *British Cultural Identities* (3. Aufl.), London: Routledge.

Straub, Jürgen & Joachim Renn (2002), *Transitorische Identität. Der Prozesscharakter des modernen Selbst*, Frankfurt/Main - New York: Campus.

Sutterlüty, Ferdinand (2006), »Wer ist was in der deutsch-türkischen Nachbarschaft«, *Aus Politik und Zeitgeschichte* 40-41/2006, 26-34.

Task Force on New Americans (2008), *Building an Americanization Movement for the Twenty-first Century. A report to the President of the United States*, Washington, DC: Task Force on New Americans.

Temath, Bettina (2011), *Kulturelle Parameter in der Werbung. Deutsche und US-amerikanische Automobilanzeigen im Vergleich*, Wiesbaden: VS Verlag für Sozialwissenschaften.

Tharp, Mary C. (2001), *Marketing and Consumer Identity in Multicultural America*, Thousand Oaks: Sage.

Tibi, Bassam (1996), »Multikultureller Werte-Relativismus und Werte-Verlust. Demokratie zwischen Werte-Beliebigkeit und pluralistischem Werte-Konsens«, *Aus Politik und Zeitgeschichte* 52-53/1996, 27-36.

— (2000), *Europa ohne Identität? Die Krise der multikulturellen Gesellschaft*, München: Goldmann.

— (2001), »Leitkultur als Wertekonsens. Bilanz einer missglückten deutschen Debatte«, *Aus Politik und Zeitgeschichte* 1-2/2001, 23-26.

— (2005), *Islam Between Culture and Politics* (2. Aufl.), Basingstoke: Palgrave Macmillan.

Toro, Fernando de (1999), *Explorations on Post-Theory: Towards a Third Space*, Frankfurt/Main: Vervuert.

Toynbee, Polly (2008), »The Right Conspires to Hide It, But This Is No Classless Society«, *The Guardian*, 10. September, http://www.guardian.co.uk/commentisfree/2008/sep/09/britishidentity.labour (03.02.2012).

U S. Census Bureau (2009), »State & County Quick Facts. Los Angeles County, California«, http://quickfacts.census.gov/qfd/states/06/06037.html (04.09.2009).

— (2011), »Hispanic Heritage Month 2011: Sept. 15-Oct. 15«, *U.S. Census Bureau News*, 26. August, http://www.census.gov/newsroom/releases/pdf/cb11ff-18_hispanic.pdf (05.02.2012).

Ulrich, Stefan (2010), »Ärger um den Halal-Burger. Debatte um Muslime in Frankreich«, *sueddeutsche.de*, 09. September, http://www.sueddeutsche.de/panorama/debatte-um-muslime-in-frankreich-aerger-um-den-halal-burger-1.997620 (10.02.2012).

Unabhängige Kommission Zuwanderung (2001), *Zuwanderung gestalten. Integration fördern*, http://www.bmi.bund.de/cae/servlet/contentblob/150408/publicationFile/9074/Zuwanderung_gestalten_-_Integration_Id_7670_de.pdf (02.02.2013).

UN DESA (2007), *Participatory Dialogue: Towards a Stable, Safe and Just Society for All*, New York: Department of Economic and Social Affairs of the United Nations.

Usunier, Jean-Claude & Julie Anne Lee (2005), *Marketing Across Cultures* (4. Aufl.), Harlow: Financial Times/Prentice Hall.

Valiente, Claudia & Tanja Yetgin (2006), *Ethno-Marketing für die deutschtürkische Zielgruppe. Grundlagen, Kriterien, Praxis*, Saarbrücken: VDM-Müller.

van den Berghe, Pierre L. (1987), *The Ethnic Phenomenon*, New York: Praeger.

Volkswagen (2009), »Türkischer Botschafter würdigt Integration und kulturelle Vielfalt bei Volkswagen«, http://www.pressrelations.de/new/standard/result_main.cfm?pfach=1&n_firmanr_=101679&sektor=pm&detail=1&r=366560&sid=&aktion=jour_pm&quelle=0 (29.01.2012).

Vorländer, Hans (2004), »Politische Kultur«, in Peter Lösche, Hans Dietrich von Loeffelholz & Anja Ostermann, Hg., *Länderbericht USA. Geschichte, Politik, Wirtschaft, Gesellschaft, Kultur*, Bonn: Bundeszentrale für Politische Bildung, 288-318.

Wagner, Peter (1998), »Fest-Stellungen. Beobachtungen zur sozialwissenschaftlichen Diskussion über Identität«, in Assmann & Friese 1998, 44-72.

Weber, Max (2001), *Gemeinschaften* (Wirtschaft und Gesellschaft, [1]1922), Tübingen: Mohr.

Weber-Menges, Sonja (2006), »Die Entwicklung der Ethnomedien in Deutschland«, in Rainer Geißler, Hg., *Integration durch Massenmedien. Medien und Migration im internationalen Vergleich*, Bielefeld: Transcript, 121-145.

Weinbach, Christine (2004), »...und gemeinsam zeugen sie geistige Kinder: Erotische Phantasien um Niklas Luhmann und Pierre Bourdieu«, in Armin Nassehi & Gerd Nollmann, Hg., *Bourdieu und Luhmann. Ein Theorienvergleich*, Frankfurt/Main: Suhrkamp, 57-84.

Weiss, Karin & Dietrich Thränhardt (2005), »Selbsthilfe, Netzwerke und soziales Kapital in der pluralistischen Gesellschaft«, in Karin Weiss & Dietrich Thränhardt, Hg., *SelbstHilfe. Wie Migranten Netzwerke knüpfen und soziales Kapital schaffen*, Freiburg: Lambertus, 8-44.

Wenzel, Harald (1990), *George Herbert Mead zur Einführung*, Hamburg: Junius.

Weymann, Ansgar (1998), Sozialer Wandel. Theorien zur Dynamik der modernen Gesellschaft, Weinheim: Juventa.

Wiley, Norbert F. (1967), »The Ethnic Mobility Trap and Stratification Theory«, *Social Problems* 15:2, 147-159.

Wilken, Matthias (2004), *Ethno-Marketing. Erfolgreiches Marketing für eine multikulturelle Gesellschaft*, Düsseldorf: VDM-Müller.

Williams, Raymond (1961), *The Long Revolution*, London: Chatto & Windus.

Wimmer, Andreas (2005), *Kultur als Prozess. Zur Dynamik des Aushandelns von Bedeutungen*, Wiesbaden: VS Verlag für Sozialwissenschaften.

— (2008a), »Ethnische Grenzziehungen in der Immigrationsgesellschaft. Jenseits des Herder'schen Commonsense«, in Frank Kalter, Hg., *Migration und Integration*, Wiesbaden: VS Verlag für Sozialwissenschaften, 57-80.

— (2008b), »The Making and Unmaking of Ethnic Boundaries: A Multilevel Process Theory«, *American Journal for Sociology* 113:4, 970-1022.

Worbs, Susanne (2007), »Parallelgesellschaften von Zuwanderern in Deutschland?«, in Frank Gesemann & Roland Roth, Hg., *Lokale Integrationspolitik in der Einwanderungsgesellschaft. Migration und Integration als Herausforderung von Kommunen*, Wiesbaden: VS Verlag für Sozialwissenschaften, 217-234.

— (2010), *Mediennutzung von Migranten in Deutschland. Working Paper 34 der Forschungsgruppe des Bundesamtes* (Integrationsreport), Nürnberg: Bundesamt für Migration und Flüchtlinge.

Wulff, Christan (2010), *»Vielfalt schätzen – Zusammenhalt fördern«. Rede zum 20. Jahrestag der Deutschen Einheit*, http://www.bundespraesident.de/SharedDocs/Reden/DE/Christian-Wulff/Reden/2010/10/20101003_Rede_Anlage.pdf?__blob=publicationFile&v=3 (10.02.2012).

Yin, Robert K. (2009), *Case Study Research. Design and Methods* (4. Aufl.), Thousand Oaks: Sage.

— (2011), *Applications of Case Study Research* (3. Aufl.), Thousand Oaks: Sage.

YouGov (2006), »Survey Results«, http://www.google.com/url?q=http://cdn.yougov.com/today_uk_import/YG-Archives-Con-Econ-SocialClass-060815.pdf&sa=U&ei=ascrT7SHHoms-gbCrpWoDg&ved=0CAQQFjAA&client=internal-uds-cse&usg=AFQjCNHzfN-wzYaAis2NMc11QRs7twcUoQ (03.02.2012).

Young, Robert J. C. (2007), *Postcolonialism. An Historical Introduction*, Malden: Blackwell.

ZEIT online (2006), »30 Fragen für den Pass«, *ZEIT online*, 11. Januar, http://www.zeit.de/online/2006/02/gesinnungstest (17.11.2010).

Zengerle, Patricia (2011), »Obama Stresses Immigration Benefits at Mexico Border«, *Reuters*, 10. Mai, http://www.reuters.com/assets/print?aid=USTRE74905S20110510 (16.06.2011).

Zinterer, Tanja (2004), *Politikwandel durch Politikberatung? Die kanadische Royal Commission on Aboriginal Peoples und die Unabhängige Kommission Zuwanderung im Vergleich*, Wiesbaden: VS Verlag für Sozialwissenschaften.

Kultur und soziale Praxis

Anil Al-Rebholz
Das Ringen um die Zivilgesellschaft in der Türkei
Intellektuelle Diskurse, oppositionelle Gruppen und Soziale Bewegungen seit 1980
Januar 2013, 406 Seiten, kart., 33,80 €,
ISBN 978-3-8376-1770-2

Gesa Anne Busche
Über-Leben nach Folter und Flucht
Resilienz kurdischer Frauen in Deutschland
Februar 2013, 268 Seiten, kart., 29,80 €,
ISBN 978-3-8376-2296-6

Matthias Forcher-Mayr
Fragile Übergänge
Junge Männer, Gewalt und HIV/AIDS. Zur Bewältigung chronischer Arbeitslosigkeit in einem südafrikanischen Township
Juli 2013, ca. 450 Seiten, kart., ca. 35,80 €,
ISBN 978-3-8376-2302-4

Ayla Güler Saied
Rap in Deutschland
Musik als Interaktionsmedium zwischen Partykultur und urbanen Anerkennungskämpfen
Januar 2013, 310 Seiten, kart., 29,80 €,
ISBN 978-3-8376-2251-5

Susann Huschke
Kranksein in der Illegalität
Undokumentierte Lateinamerikaner/-innen in Berlin. Eine medizinethnologische Studie
Mai 2013, ca. 410 Seiten, kart., zahlr. Abb., ca. 36,80 €,
ISBN 978-3-8376-2393-2

Marcus Michaelsen
Wir sind die Medien
Internet und politischer Wandel in Iran
April 2013, 354 Seiten, kart., 32,80 €,
ISBN 978-3-8376-2311-6

Valerie Moser
Bildende Kunst als soziales Feld
Eine Studie über die Berliner Szene
Juni 2013, ca. 350 Seiten, kart., ca. 32,80 €,
ISBN 978-3-8376-2331-4

Alfred Nordheim, Klaus Antoni (Hg.)
Grenzüberschreitungen
Der Mensch im Spannungsfeld von Biologie, Kultur und Technik
Juni 2013, ca. 250 Seiten, kart., ca. 28,80 €,
ISBN 978-3-8376-2260-7

Ewa Palenga-Möllenbeck
Pendelmigration aus Oberschlesien
Lebensgeschichten in einer transnationalen Region Europas
August 2013, ca. 390 Seiten, kart., ca. 31,80 €,
ISBN 978-3-8376-2133-4

Hannah Reich
Frieden stiften durch Theater
Konfessionalismus und sein Transformationspotential: interaktives Theater im Libanon
Mai 2013, ca. 296 Seiten, kart., ca. 39,80 €,
ISBN 978-3-8376-1910-2

Irini Siouti
Transnationale Biographien
Eine biographieanalytische Studie über Transmigrationsprozesse bei der Nachfolgegeneration griechischer Arbeitsmigranten
März 2013, 254 Seiten, kart., 29,80 €,
ISBN 978-3-8376-2006-1

Leseproben, weitere Informationen und Bestellmöglichkeiten finden Sie unter www.transcript-verlag.de

Kultur und soziale Praxis

Mathias Wagner,
Kamila Fialkowska,
Maria Piechowska,
Wojciech Lukowski
Deutsches Waschpulver und polnische Wirtschaft
Die Lebenswelt polnischer Saisonarbeiter. Ethnographische Beobachtungen
Juni 2013, ca. 220 Seiten, kart., ca. 26,80 €,
ISBN 978-3-8376-2333-8